SIDDHANTA SIROMANI

A TREATISE ON ASTRONOMY

सिद्धान्तशिरोमणे—

ग्रहगणितस्य मध्यमाधिकारान्तः ।

वासनाभाष्यवासनावार्त्तिकमरीचिभिः सहितः ।

काशीस्थराजकीयसंस्कृतपाठशालायां ज्यौतिषशास्त्र—

प्रधानाध्यापकेन ज्यौतिषाचार्येण

पण्डितश्रीमुरलीधरशर्मणा झोपाभिधेन

टिप्पण्या च समलङ्कृत्य संशोधितः ।

चतुःसप्तत्यधिकोनविंशतिशततमे विक्रमाब्दे काश्यां

SIDDHÁNTA SIROMANI

A TREATISE ON ASTRONOMY

BY BHASKARACHARYA.

MADHYAMADHIKARA
WITH VASANABHASHYA, VASANAVARTIKA
AND MARICHI

EDITED WITH NOTES BY

JYAUTISHACHARYA PANDIT MURALIDHARA JHA
PROFESSOR OF MATHEMATICS & ASTRONOMY,
GOVERNMENT SANSKRIT COLLEGE, BENARES

COSMO PUBLICATIONS
2009 **New Delhi**

SIDDHANTA SIROMANI

First published by COSMO 2009

ISBN 81-307-1219-2

Published by
COSMO PUBLICATIONS
for
GENESIS PUBLISHING PVT. LTD.
24-B, Ansari Road, Darya Ganj,
New Delhi-110 002, INDIA

Printed and Bound in India

॥ श्रीगणेशाय नमः ॥

अथ सिद्धान्तशिरोमणौ-

ग्रहगणिताध्यायो

वासनाभाष्य—वासनावार्त्तिक—मरीच्यादिसहितः ।

———:o:———

जयति जगति गूढानन्धकारे पदार्थान्
जनघनघृणयाऽयं व्यञ्जयन्नात्मभाभिः ।
विमलितमनसां सद्वासनाभ्यासयोगै-
रपि च परमतत्त्वं योगिनां भानुरेकः ॥

जयति सर्वोत्कर्षेण वर्त्तते । कः । अयं भानुः सूर्यः । किंविशिष्टः । एकः अद्वितीयः । किं कुर्वन् । व्यञ्जयन् प्रकाशयन् । कान् । पदार्थान् । काभिः । आत्मभाभिः स्वदीप्तिभिः । क्व । जगति । किंविशिष्टान् पदार्थान् । गूढान् अदृश्यान् । कस्मिन् सति । अन्धकारे सति । कया हेतुभूतया । जनघनघृणया । घना चासौ घृणा च घनघृणा जनानां घनघृणा जनघनघृणा तयेत्यर्थः । न केवलं घटपटादीन् पदार्थान् व्यञ्जयन् । अपि च परमतत्त्वं परं ब्रह्म । केषाम् । योगिनाम् । कथम्भूतम् । कलुषितमनोभावादज्ञानरूपेण तमसा अतिगूढम् । किंविशिष्टानां योगिनाम् । विमलितमनसां निर्मलीकृतचेतसाम् । कैः । सद्वासनाभ्यासयोगैः । सतो ब्रह्मणो वासना सद्वासना तस्या अभ्यासयोगास्तैरमलीकृतचेतसां योगिनां परमतत्त्वं व्यञ्जयन्नेको रविरेव राजते ।

यच्च निजकृतशास्त्रे तत्प्रसादात् पदार्थान्
शिशुजनघृणयाऽहं व्यञ्जयाम्यत्र गूढान् ।

पण्डितचन्द्रदेवविनायकश्रीमहादेवभट्टैः स्वस्वटिप्पणीऽधिकः स मुद्रापितो-ऽपि मरीचिर्वञ्चितो निपुणार्ये सङ्कुचित इव विविच्य जगद्गुरुभिर्महामहोपाध्यायैः पण्डितसुधाकरद्विवेदिभिः काशीविद्यासुधानिधौ पण्डितपत्रापरपर्यायकेऽतिप्राचीने मासिकपत्रे नृसिंहकृतवासनावार्त्तिकेन सह प्रकाशनाय प्रेरितोऽहं तच्चरणशरणो यथाऽवसरं स्वटिप्पण्या च समलंकृत्य शोधयितुं प्रावर्त्तेयम ।

तत्र वासनावार्त्तिकस्य शुद्धे ज्यौतिषाचार्यज्यौतिषतीर्थ-पं॰ श्रीबबुआजीमिश्रेण स्वान्तेवासिना लब्धे तथा मरीचेरपि मैथिलाक्षरलिखिते द्विचे पुस्तकेऽप्यशुद्धिप्राचुर्यमवलोक्य विरतमना अपि तच्चरणमेव स्मारंस्मारं जीवत्स्वेव पूज्यचरणेषु कतिचन पत्राणि मुद्रापयित्वा प्रकाशितवानपि यन्त्रालयस्याव्यवस्थाऽऽलस्यवशादतिमन्दगतिश्चितं भारतसदृशं पुस्तकमेतदसकृदुज्झन्नपि तन्मां नात्यजत् । एवं कथं कथमपि सम्प्रतिग्रहगणितस्य मध्यमाधिकारपर्यन्त संमुद्र्य प्रस्तुतमनन्तरं शीघ्रां गतिं प्राप्स्यतीति जगदीशं प्रार्थयन् स्वाल्पधीदोषाशुद्धिनर्त्तकीमखिलनिपुणजनाग्रे संनर्त्य तत्सत्सूचनां लब्धुमाशासे ।

अतिविनीतो झोपाभिधो

मुरलीधरशर्मा ।

लघुभूमिका ।

जानन्ति जगति ज्यौतिषसिद्धान्तज्ञाः श्रीमतां भास्कराचार्याणां सिद्धान्तशिरोमणिं वासनाभाष्यसहितं भव्यविविधनव्योपपत्तिसंकलितम् । किन्तु सम्प्रतिपाश्चात्यगणितलाघवमाकलय्य तद्वासनारमा अपि तद्भास्करविकसितसाहित्यकमलसौरभाः प्रायो बहवो विधुरा एव ज्यौतिषिकमिलिन्दा भ्रमन्तीत्यवगम्यते प्राप्तकरुणावरुणालयश्रीदमद्गुरुलब्धज्ञानकणिकेन तदाज्ञयाऽवलोकितवासनावार्त्तिकमरीचिकेन मयाऽपीति ।

वस्तुतो मुनीश्वरमरीचिरेव सिद्धान्तशिरोमणेर्मणित्वमावहतीति कैस्तदभिज्ञैर्न स्वीक्रियेत । अपि च भास्कराचार्यानन्तरं न्यायसाहित्यकलाकुशलो ज्योतिर्विन्मुनीश्वर एवैतादृशो यद्बुद्धिप्रकर्षमसहमानः कमलाकरभट्टस्तदवलिप्तस्वजनको ज्यौतिषसिद्धान्ततत्त्वविवेकं सिद्धान्तशिरोमणेः सद्विषयस्याप्यलं खण्डनेन खण्डनरूपं विधायोपस्थापयामास । येनामुद्रितत्वादनवगतेऽपि तन्मरीचौ तथा सिद्धान्तसार्वभौमनामके स्वतन्त्रस्वग्रन्थे भास्करमुनीश्वरपाण्डित्यमुज्जृम्भत एव ।

सिद्धान्ते आर्यभट-लल्ल-वराहमिहिर-ब्रह्मगुप्त-श्रीधर-पद्मनाभकेशवादीनामाचार्याणां बहूनां ग्रन्थाः सन्त्यमुद्रिता दुर्लभाः कतिचन मुद्रिताः सुलभा अपि भास्करपुण्यपताकायितः 'सिद्धान्तशिरोमणिरेव शिरोमणिरिव राजते तेषु ।

सर्वप्रथमं कलिकातायां पण्डितजीवानन्देन वासनाभाष्यसंवलितः स सिद्धान्तशिरोमणिः प्रकाशितोऽपि बहुत्र मरीचिचितान्येव भूयांसि प्राचीनप्रमाणवचनान्यवचित्य मध्येमध्ये पाश्चात्यगणितबलसंवलितान्यपि स्वरचितवृत्तानि संरच्य जगदादृतैर्महामहोपाध्यायैः पण्डितबापूदेवशास्त्रिभिः स मेडिकल्हाल्-नाम्नि यन्त्रालये मुद्रापितः । पुनस्तच्छिष्यैः

विमलितमनसां सद्वासनाभ्यासयोगै-
हृदि भवति यथैषां तत्त्वभूतार्थबोधः ॥
वासनाऽवगतिर्गोलानभिज्ञस्य न जायते ।
व्याख्याताः प्रथमं तेन गोले या विषमोक्तयः ॥

तत्रादौ तावदभीष्टदेवतां मनोवाक्कायैर्नमस्कृत्य तस्याः सकाशा-दभीष्टार्थस्याशंसनमाह ।

यत्र त्रातुमिदं जगज्जलजिनीबन्धौ समभ्युद्गते
ध्वान्तध्वंसविधौ विधौतविनमन्निःशेषदोषोच्चये ।
वर्त्तन्ते क्रतवः शतक्रतुमुखा दीव्यन्ति देवा दिवि
द्राङ्नः सूक्तिमुचं व्यनक्तु स गिरं गीर्वाणवन्द्यो रविः ॥१॥

वा. भा.—व्यनक्तु प्रकाशयतु। कः। सः। स कः। रविः सूर्यः। काम्। गिरं वाचम्। केषाम्। नः अस्माकम्। किंविशिष्टां वाचम्। सूक्तिमुचं सूक्तिं मुञ्चतीति सूक्तिमुक् तां सूक्तिमुचम्। कथम्। द्राक् झटिति। किंविशिष्टो रविः। गीर्वाणवन्द्यः। गीर्वाणा देवास्तैर्वन्द्य इति गीर्वाणवन्द्यः। पुनः किंविशिष्टो रविः। यत्र यस्मिन्रवाविदं जगत् त्रातुं रक्षितुं निशि मृत-पतितमिवोत्थापयितुं समभ्युद्गतेऽस्यां पृथिव्यां समभितः समन्तादुद्गते सति वर्त्तन्ते प्रवर्त्तन्ते। के क्रतवः। यज्ञाः पञ्च महायज्ञा दर्शपौर्णमा-सयागज्योतिष्टोमादयः। यत्र यत्र यदा यदा स भगवानुदेति तत्र तत्र तदा तदा यज्ञाः प्रवर्त्तन्त इत्यर्थः। समभ्युद्गत इत्येवं वदताऽऽचार्येणोदि-तहोमिनामेव पक्षोऽङ्गीकृत इति नाशङ्कनीयम्। यतोऽनुदितहोमिनाम-प्युदयात् प्रागासन्न एव यागकाल इति भावः। न केवलं यज्ञाः प्रवर्त्तन्ते। अत एव कारणाद्दीव्यन्ति च क्रीडावन्तो द्योतन्ते। क्व। दिवि स्वर्गे। के। देवाः। किंविशिष्टाः। शतक्रतुमुखा इन्द्रादयः। यतस्ते यज्ञांशभुजः। पुनः किंविशिष्टे रवौ। ध्वान्तध्वंसविधौ। ध्वान्तमन्धकारस्तस्य ध्वंसं विदधातीति ध्वान्तध्वंसविधिस्तस्मिन्। पुनः किंविशिष्टे। विधौतविन-मन्निःशेषदोषोच्चये। विधौतः प्रक्षालितो विनमतां प्रणतानां निःशेषदोषो-

व्ययः सकलपापसमूहो येन असौ विधौतविनमन्निःशेषदोषोच्चयस्तस्मिन् । पुनः किंविशिष्टे । जलजिनीबन्धौ कमलिनीबन्धौ । अत्र जलजिनीशब्देन कुमुदिन्यपि गृह्यते । यतस्तामपि चन्द्रबिम्बसंक्रान्तैः स्वरश्मिभिरेवोल्लासयतीति । एवं जलजस्थलजादीनां त्रैलोक्योदरवर्त्तिनामुपकारप्रकृतिः स गिरं दिशतु । अहो एवंविशिष्टादपि भगवतः सूर्यात् किं वाङ्मात्रस्याशंसनं कृतम् । सत्यं तदप्युच्यते । इह हि कवीनां काव्यरचनोद्यतानां सद्वाक्यप्रवृत्तिरेवाभीष्टमिति भावः ॥ १ ॥

वा. वा.—यस्मात् सर्वमिदं जगत् समुदितं स्वोत्सृष्टभूतैः पुरं
कृत्वा तत्र निविश्य मानसगुणान् स्वस्मिन् वृथा मन्यते ।
स्वाज्ञानादिव बद्धमुक्त इति यं वेदो निषेधावधिं
ब्रह्मेत्याह न वेद कश्चिदपि यं प्रेमास्पदं तं भजे ॥
गङ्गाधरायामितविक्रमाय त्र्यक्षाय शर्वाय दिगम्बराय ।
त्रिशूलहस्ताय नमः शिवाय सुरेन्द्रवन्द्याय जटाधराय ॥
नमामि लक्ष्मीपतिमिन्द्रवन्द्यमुपेन्द्रमिन्द्रावरजं चतुर्भुजम् ।
गदारथाङ्गाब्जसुशङ्खहस्तं सुपर्णपृष्ठोपरिगं वरप्रदम् ॥
यां मूलप्रकृतिं जगाद कपिलो वेदान्तिनो यां महा-
मायामित्यपरे हरस्य गृहिणीं त्रैलोक्यरक्षाकरीम् ।
भक्तापद्विनिवारिणीं सुरगणैर्वन्द्यामनिन्द्यां जगद्-
वन्द्यां तां प्रणमामि विश्वजननीं वेदैर्विमृग्यां पराम् ॥
यद्भावः खगभादिके जलमये संमूर्च्छिता भास्वरा
ध्वान्तं तत् क्षपयन्ति नैशमनिशं यः सर्वदा भासते ।
कालात्मा खलु कालकृत् समयदिग्देशस्य यो व्यञ्जक-
स्तस्मै चन्द्रतनोः क्षयोपचययोः कर्त्रे सवित्रे नमः ॥
लम्बोदरं विघ्नविनाशनाय गजाननं नौमि परावरेशम् ।
यः कर्मकाले स्मरणेन सद्यः कार्यस्य सिद्धिं विदधाति पुंसाम् ॥
यस्याः प्रसादमासाद्य जडो याति बुधार्यताम् ।

ब्राह्मी जयति सा वाणी वीणापुस्तकधारिणी ॥
निजतातस्य कृष्णस्य कृत्वा पादाम्बुजं हृदि ।
शास्त्रं वितृष्यतोऽधीत्य वक्ष्येऽपूर्वां सुवासनाम् ॥
सिद्धान्तवासनाभाष्यममितार्थं मिताक्षरम् ।
व्याख्यायते नृसिंहेन गणकानन्दहेतवे ॥
विधाय सूर्यसिद्धान्तवासनाभाष्यमुत्तमम् ।
वासनावार्त्तिकं कर्त्तुमुद्यतोऽस्मि शिरोमणेः ॥

अयं शाण्डिल्यमुनिवरगोत्रावतंसः कुम्भोद्भवालङ्कृतदिगङ्गनाभरणसर्वस्वः सह्यकुलाचलाश्रित-जडविड-नगरनिवासेन पवित्रितदण्डकारण्यो नानामखार्जितपुण्यो याज्ञिकानामग्रणीर्यजुःशाखिनामुपाध्यायः सांवत्सराणामाचार्यः काव्यनाटकालङ्कारविदामध्यापयिता धीवृद्धिदोपायकर्त्ता ब्रह्मतुल्यवसिष्ठतुल्यसर्वतोभद्रादियन्त्रनिर्माता महाराष्ट्राणामाश्रयो महेश्वराचार्यनन्दनः परमकारुणिकः श्रीभास्कराचार्यः श्रीधरब्रह्मगुप्त-लल्ल-चतुर्वेदाचार्यनिर्मितापारगणितार्णवविचारवारिरिङ्गत्सन्देहसन्दोहग्राहगृहीतानुद्दिधीर्षुः सिद्धान्तशिरोमणिं प्रणिनाय । तत्र प्रत्यूहव्यूहविध्वंसकामो ग्रन्थसमाप्तिप्रचयगमनार्थं छात्रव्रातशिक्षायै मङ्गलमाचरति ।

पितामहवसिष्ठसोमरोमकपौलिशादिभ्यः पूर्वगणितशास्त्रप्रणेतृत्वाद्विवस्वतः प्रसादात् कस्य चिद्वचनेयं प्रादुर्भविष्यतीति सूर्यसिद्धान्तोक्तिश्रवणाच्च रवेर्योगाशंसनं युक्तम् । स रविर्नः गिरं व्यनक्तु । स कः । यत्रेति । यस्मिन् समभ्युद्गते क्रतवो वर्त्तन्ते प्रवर्त्तन्ते । अत्राचार्येणोदितहोमिनामेव पक्षोऽङ्गीकृत इति वदता भाष्यकारेण यज्ञपरः क्रतुशब्दो होमपरो व्याख्यातः । अस्ति होमे यागपदाभिधेयं सर्वम् । देवतामुद्दिश्य द्रव्यत्यागः किल यागः स एव प्रक्षेपाधिको होम इति । 'यजति चोदितं कार्यं जुहोति नाप्यनुद्यमानं दृष्टं किमुतात्र'—इति न कश्चिद्दोषः । 'उदिते जुहोति अनुदिते जुहोति'—इति अग्निहोत्रहोमस्यैव सूर्योदये प्रवृत्तिर्दृश्य-

ते। अग्निहोत्रं कुर्वाणा बहवो दृश्यन्त इति कर्तृबाहुल्याभिप्रायं क्रतव इति बहुवचनम्। कर्मभेदकप्रमाणानां शब्दान्तराभ्यासासन्निधिगुणसंख्या-नाम्नामभावात् प्रत्यभिज्ञातस्य कर्मण एकत्वात्। यद्वा क्रतुशब्देन पञ्च महायज्ञा गृह्यन्ते। शतक्रतुमुखा देवा दिवि स्वर्गे दीव्यन्ति तदंशभागित्वात्। अंशिनः समुदयेऽंशानां क्रीडा समुचितैव। अथ वा क्रत्वंशभागित्वात् क्रीडन्ति। यद्यपि श्रूयमाणा देवता कर्मस्वरूपनिष्पादयित्री कर्मणोऽङ्गभूता न प्रधानत्वं प्रतिपद्यते तथाऽपि कर्मणो जडत्वेन फलदातृत्वासम्भवाच्चेतनाधिष्ठितस्य कर्मणः फलदातृत्वसम्भवाच्चास्ति कर्माधिष्ठाता देवः प्रधानः। तस्य प्रीतिसम्पादकं कर्मेति क्रीडा युक्तैव। इन्द्रादयोऽपि तदंशाः। अतो न किञ्चिद्विरुद्धम् ॥ १ ॥

मरीचिः—प्रातर्बोधितपद्मपत्त्रविकसन्नेत्रो नवीनाम्बुद-
श्यामः पीतदुकूलशोभिततनुः श्रीवत्समुद्रान्वितः।
वंशीवादनतत्परो रविसुतातीरोपगो नैचकी-
गोपीभिः परिवेष्टितो मम मनस्यास्तां रमावल्लभः ॥

यः पूरयत्यनुदिनं प्रणतस्य कामान् स्वान्तःस्थितान् सकलविघ्नचयं निरस्य।
सिन्दूरपूरपरिपूरितकुम्भयुग्मो भूयान्मुदे गणपतिर्गजराजवक्त्रः ॥

या भारती सर्वबुधावलीनां मुखाब्जरङ्गे नटनं करोति।
सा मे मुखे वास्तुविधिं करोतु वस्तुं सदाऽलङ्कृतिभूषिताङ्गी ॥

यो बोधयत्यनुदिनं विबुधारविन्दं तत्पूर्वपक्षरजनीतिमिरं निरस्य।
ज्योतिर्विभावनविधेस्तु निदानभूतं श्रीमद्वराहमिहिरं मिहिरं च वन्दे ॥

येनाधायि कुतूहलादतितमां पारे सुधाम्भोनिधेः
प्रौढाहङ्कृतिवादिवारणगणन्यक्कारढक्कारवः।
ज्योतिःशास्त्रदुरन्तकाननमहासञ्चारपञ्चाननं
तं चातुर्यकलाकलापकुशलं श्रीभास्करं भावये ॥

गौरीभर्तुर्भजनकलया नीतकालः पितृव्यः
श्रीमद्रामो निखिलविषये लब्धबुद्धिप्रकाशः।

ज्योतिस्तर्कानलकवलने मूलभूतश्चकोरः
कृष्णभ्राता जयति नितरां मद्गुरुर्वर्यवर्यः ॥

सिद्धान्ताम्बुजबोधनैकमिहिरस्त्रिस्कन्धपारङ्गमो
न्याये नीतमतिः कवित्वकरणे साक्षात् पुराणो मुनिः ।
आम्नायप्रतिपादितार्थघटनाविख्यातसारस्वतो
विष्णुः कृष्णगुरुर्जयत्यतितरां श्रीमद्गणेशाप्तधीः ॥

यः श्रीकृष्णपदाम्बुजाहितमतिः सिद्धान्तवारां निधेः
पोतः श्री–जहँगीर–भूमितिलकस्यानन्यविश्वासभूः ।
षट्शास्त्रेषु कृतश्रमोऽखिलगुरुर्मान्यो वदान्यो विदां
श्रीकृष्णः किमु वर्णनीयविभवः श्रीकृष्ण एवापरः ॥

श्रीरङ्गनाथाभिधतातपादाः कृष्णानुजाः श्रीकमलाधिपास्ते ।
त्रिस्कन्धपारङ्गमरङ्गमल्ला वल्लालजा भूमितले जयन्ति ॥

नारायणो गणितशास्त्रकलाकलापः
श्रीसेवितः सकलशास्त्रसरोजभृङ्गः ।
दैवज्ञकृष्णगुरुपादरतो गुरुर्मे
क्ष्मायां जयत्यखिलपण्डितवन्द्यपादः ॥

मुनीश्वरापराख्येन विश्वरूपेण वृण्यते ।
बुद्धिशाणे मरीच्यर्थे सत्सिद्धान्तशिरोमणिः ॥

अत्रोपपत्तिविषये तु मया यदुक्तं
तत् सर्वमेव परिभावितमस्ति मन्ये ।
मान्यान् प्रणम्य विहिताञ्जलिरेष याचे
सद्भिस्तथाऽपि परिभाव्य विशोधनीयम् ॥

ग्रन्थारम्भे विशिष्टशिष्टाचारानुमितश्रुतिबोधितनिर्विघ्नपारिप्सितसमाप्तिकारणं मङ्गलमाशीरूपं नमस्काररूपं च शिष्यशिक्षायै निबध्नाति ।

यत्र त्रातुमिदम्–इति ।

सः बुद्धिस्थत्वेन प्रसिद्धः । रविः सकलद्वीपदीपः । नः अस्माकम् ।

द्राक् शीघ्रम्। गिरं वाचम्। व्यनक्तु प्रकाशयतु ददात्वित्यर्थः। ननु सिद्धेच्छाविरहाद्ग्रन्थस्य नास्ति तत् तस्येच्छाविषयमित्यस्य नियमाद्वागभावाद्वागाशंसनम्। तच्चायुक्तम्। अन्यथा शब्दप्रयोगरूपकारणाभावाद्ग्रन्थारम्भोद्योगः कथमत आह। सूक्तिमुचमिति सुयुक्तियुक्ताम्। तथा च ग्रन्थकरणे युक्तियुक्तवाक् यदि स्फुरति तदैव ग्रन्थो भवति न तु केवलया वाचेति विशिष्टावागाशंसनं युक्तमिति भावः। एतेन वागभावाद्वागाशंसनमपि न सम्भवति शब्दप्रयोगाधीनत्वात् तेनाशंसनवद्धश्लोकोऽप्यन्यस्येति निरस्तम्। विलक्षणाशंसनसत्त्वात् प्रसिद्धत्वं विवृणोति। यत्रेति। यस्मिन् रवौ इदं दृश्यं जगत् त्रैलोक्यं त्रातुं रक्षितुं निशि मृतपतितमिवोत्थापयितुं समभ्युद्गते क्षितिजोर्ध्वं सम्पूर्णमण्डले निर्गते सति क्रतवो यज्ञा ज्योतिष्टोमेति सत्रादयः। वर्त्तन्ते प्रवर्त्तन्ते भवन्तीत्यर्थः। यज्ञाद्यारम्भे रात्रेर्निषिद्धत्वात्। सूर्योदयमूलदिने तद्विधानमिति भावः। सम्प्रदायविदस्तु यस्मिन् देशे यदा सूर्योदयस्तस्मिन् देशे तदैव दर्शपौर्णमासादियागाः प्रवर्त्तन्ते। 'उदिते जुहोति'—इत्युक्तत्वात्। यद्यपि जुहोतीत्यनेनाग्निहोत्रादिकं सूर्योदये भवतीति। तथाऽपि होमस्य क्रतुशब्दवाच्यत्वात् देवतामुद्दिश्य द्रव्यत्यागस्य यागस्य तत्र सत्त्वात् अग्निहोत्रं कुर्वाणा बहव इति कर्त्तृबाहुल्याभिप्रायं क्रतव इति बहुवचनम्। न च सूर्योदयप्रागभावेऽपि अग्निहोत्रादिकं भवति—'अनुदिते जुहोति'—इत्युक्तत्वात्। कथमिदमुक्तमिति वाच्यम्। सूर्योदयासन्नपूर्वप्रागभावकाले सूर्योदयाधीने तद्विधानात् उदितहोमपक्षाङ्गीकाराद्वा न क्षतिरित्याहुः। अत एव दिवि स्वर्गे शतक्रतुमुखा इन्द्रादयो देवा दीव्यन्ति क्रीडन्ति यज्ञांशभोक्तृत्वात्। न च दीव्यन्तीति देवा इति व्युत्पत्त्या दीव्यन्तीति गतार्थमिति वाच्यम्। विशिष्टवाचकानां पदानां विशेषणवाचकपदसमवधाने विशेष्यमात्रपरत्वात् रूढेर्योगापहारकत्वाच्च। एतेन ज्योतिष्टोमादियज्ञेषु प्रवृत्तेषु यज्ञभागभुजोऽन्नादिसम्पत्त्या तर्पयन्ति। अतो जगत्त्राणं विनाऽर्कोदयं न भवतीत्यपि परम्परया दर्शितम्। नन्वेतस्याभीष्टदाने शक्त्यभावात् कथमेतदत आह। गीर्वाणवन्द्य इति देवैर्नमस्करणीयः। तदुक्तम् *।

* वराहमिहिरेण 'स्वल्पजातके' मङ्गलपद्येन।

"यस्योदयास्तसमये सुरमुकुटनिघृष्टचरणकमलोऽपि ।
कुरुतेऽञ्जलिं त्रिनेत्रः स जयति धाम्नां निधिः सूर्यः" इति ॥

एवं च सूर्योदये सति यज्ञास्तैस्ते भुक्त्वाऽऽनन्दवन्तो भवन्तीति सूर्यः परम्परया देवक्रीडायां कारणम् । तथा च यस्मादुपकारो जातस्तस्य नमस्कारः क्रियत एवेति देववन्द्यत्वादनर्हो न भवतीति भावः । एतेन मनुष्याणां सूर्यः परमाराध्य इति सूचितम् । ननु युक्तियुक्तवाग्रूपज्ञानमज्ञानसत्त्वे कथं स्याद्विरुद्धत्वादत आह । ध्वान्तध्वंसविधाविति । ध्वान्तस्यान्धकारस्य ध्वंसो नाशः । तं विदधातीति ध्वान्तध्वंसविधिः । तस्मिन् ध्वान्तध्वंसविधौ । तथा च यः सकलत्रैलोक्यस्थितपदार्थचाक्षुषप्रत्यक्षप्रतिबन्धकान्धकारध्वंसं करोति सोऽज्ञानान्धकारं ममाप्येकदेशस्थं विनाश्य विशिष्टवाग्रूपज्ञानं दास्यत्येवैवं च ध्वान्तमिव ध्वान्तमज्ञानान्धकारं तद्ध्वंसविधावित्यर्थः । एतेन सूर्यस्य प्रारिप्सितसमाप्तिविघ्नध्वंसक्षमत्वं सूचितम् । तेन विघ्नपतित्वाद्विघ्ननिवारणासाधारणकारणं गणेशस्यैव नत्यादिमङ्गलं युक्तं नार्कस्येति दूषणं परास्तम् । नन्वयं देववन्द्यत्वाद्देवानामेवाभीष्टं ददाति तत्कथमुक्तमत आह । विधौतविनमन्निःशेषदोषोच्चय इति । विधौतः प्रक्षालितः विनमतां नमस्कारकर्तॄणां निःशेषदोषोच्चयः समग्रपापसमूहो येनासौ तस्मिन्निति । तथाचायं भक्तस्याभीष्टं ददाति न तु देवानामेव । तेन मत्कृतभक्तिप्रणामान्ममाप्यभीष्टं दास्यतीति भावः । ननु 'ज्ञानमिच्छेन्महेश्वरात्'—इत्युक्तत्वाद्विशिष्टवागाशंसनं सूर्यात् कथम् । 'आरोग्यं भास्करादिच्छेत्'—इत्युक्तत्वात् तस्मादारोग्याशंसनं युक्तमिति चेन्न । 'ईश्वरात् ज्ञानमिच्छेत्'—इत्युक्तत्वात् सूर्याज्ज्योतिःशास्त्रेश्वराद्युक्तम् । न चेश्वरस्यैव ज्योतिःशास्त्रेश्वरत्वं जगत्कर्तृत्वादिति वाच्यम् । 'सूर्यो ज्योतिषां श्रेष्ठः' इत्यादिवेदप्रमाणात् सूर्यस्य नक्षत्रादिप्रतिपादकज्योतिःशास्त्रेश्वरत्वात् । स्वशन्यप्रचयकल्पारोग्यार्थं वा सूर्यादभ्यर्थितं वाग्ज्ञानम् । यद्वा सूर्ये नमस्कृते ब्रह्मविष्णुमहेशा नमस्कृता भवन्तीति युक्तं त्रयीमयत्वात् । तदुक्तम् * ।

* आदित्यहृदयनाम्नि सूर्यस्तवे ।

"नमः सवित्रे जगदेकचक्षुषे जगत्प्रसूतिस्थितिनाशहेतवे ।
त्रयीमयाय त्रिगुणात्मधारिणे विरञ्चिनारायणशङ्करात्मने" इति ॥

अत्र स्वोदयकाले निद्रितं जगत् सचेतनं करोतीति ब्रह्मरूपत्वम् । ततो भोजनादिना जगतः स्थितिरिति विष्णुरूपत्वम् । स्वास्तकाले जगतो निद्रारूपसंहारं करोतीति महेश्वररूपत्वम् । अतस्त्रयीमयत्वम् । अत एव सत्त्वरजस्तमोलक्षणत्रिगुणात्मत्वमिति वदन्ति । तथा चैकस्य जगत्प्रसूतिस्थितिनाशहेतुत्वं नासम्भवतीत्यर्थः ।

एतदुक्तम् ।

"त्रिकलितं सकलं गुरुनिद्रया सपदि जागरयन् करमुद्रया ।
जनयतीव जगद्दिननायकः समुदयविधिरूपतयाऽनया ॥
मध्यन्दिने तद्विविधैरुपायैः पानीयपानाद्दनादनार्त्तम् ।
संतर्पयन् विश्वमनन्तशक्तिरनन्तरूपेण दिनाधिनाथः ॥
सायंसमये संवृतसकलार्थं जगदिदं भानुः ।
निद्रामिषादकस्माच्छङ्कररूपेण संहरति"—इति ॥

पितामहसोमवसिष्ठरोमकपौलिशादिभ्यः पूर्वगणितशास्त्रप्रणेतृत्वाद्विवस्वतः प्रसादात् कस्य चिद्वचनेयं प्रादुर्भविष्यतीति सूर्यसिद्धान्तोक्तिश्रवणाच्च रवेर्वागाशंसनं युक्तमित्यन्ये । एतेन ज्योतिःशास्त्रेऽखिलकर्तृत्वं सूर्यस्य। अत्र कालस्य मुख्यतया तस्य सूर्याधीनत्वादिति परम्परया दर्शितम् । ननु सूर्यस्य ग्रहत्वाददृष्टानुरूपेण शुभाशुभसूचकत्वं न त्वभीष्टफलदाने शक्तिस्तत्कथं वागाशंसनं सूर्यात् कृतमत आह । जलजिनीबन्धाविति । स्वोदये कमलविकासात् कमलिनीबन्धौ । ननु जलाज्जातं जलजमिति व्युत्पत्त्या स्वोदयकाले कुमुदविकासाभावात् कमलिनीति किं नोक्तं साधारण्येन जलजिनीति कथमुक्तमिति चेन्न । चन्द्रोदये कुमुदविकासाच्चन्द्रद्वारा सूर्यस्य कुमुदविकासे हेतुत्वात् । तथा हि 'ग्रहर्क्षाण्यम्बुगोलकाः' इत्युक्त्वाच्चन्द्रस्याम्बुगोलस्य स्वतः किरणाभावात् । 'तेजसां गोलकः सूर्यः'—इत्यु-

क्तत्वात् सूर्यस्य तेजोमयत्वात् सूर्यकिरणसम्पर्काच्चन्द्रस्य किरणवत्त्वात्। विना किरणसंयोगं कुमुदिन्या विकासो न स्यादिति जलजशब्दः कमले रूढोऽस्तीति वा। तथा चाचेतनाया जलजिन्या अकारणबन्धुः स सर्वोपकारी भक्तिप्रणामरूपकारणान्ममाप्यभीष्टार्थं दास्यतीति किं चित्रमिति भावः। यो देवबन्द्यः स मनुष्यबन्द्यः सुतरामिति नमस्काररूपं मङ्गलं गीर्वाणवन्द्य इत्यनेन विनमद्विःशेष इत्याद्यनेन च कृतमिति ध्वनितम्। मङ्गलस्य समाप्तिजनकत्वं विघ्नध्वंसजनकत्वं चेत्यादिविचारो विस्तरभयात् प्रकृतानुपयुक्तत्वाच्च ग्रन्थान्तरे प्रसिद्धत्वाच्च न निरूपितः। इदं पद्यम्।

"सूर्याश्वैर्मसजस्तताः सगुरवः शार्दूलविक्रीडितम्"।

इति 'वृत्तरत्नाकरो'-क्तलक्षणाच्छार्दूलविक्रीडितम्। एतज्ज्ञानार्थम्

"सर्वगुर्मो मुखान्तर्लो यरावन्तगलौ सतौ
ग्मध्याद्यौ ज्भौ त्रिलो नोऽष्टौ भवन्त्यत्र गणास्त्रिकाः"—इति॥

गणज्ञानं सर्वत्र ज्ञेयम्।

"संयुक्ताद्यं दीर्घं सानुस्वारं विसर्गसंमिश्रम्।
विज्ञेयमक्षरं गुरु पादान्तस्थं विकल्पेन"॥

इति गुरुज्ञानमेतदन्यल्लघुरिति गणोपयुक्तज्ञानम्।

अत्र पूर्वस्थितमगणफलं श्रीः।

"मो भूमिस्त्रिगुरुः श्रियं य उदकं पुत्रं ददात्यादिलो
रो मध्ये लघुरग्निमृत्युमनिलो देशाटनं सोऽन्त्यगुः
तो व्योमान्तलघुर्धनापहरणं जोऽर्को रुजं मध्यगु-
र्भश्चन्द्रो यश उज्ज्वलं मुखगुरुर्नो नाकमायुस्त्रिलः"॥

इति गणफलसंग्रहश्लोकोक्तत्वादित्यलमेतद्विचारेण॥ १॥

इदानीं पूर्वाचार्याणां प्रशंसनं सविनयमाह।

कृती जयति जिष्णुजो गणकचक्रचूडामणि-
र्जयन्ति ललितोक्तयः प्रथिततन्त्रसद्युक्तयः।

वराहमिहिरादयः समवलोक्य येषां कृतीः
कृती भवति मादृशोऽप्यतनुतन्त्रबन्धेऽल्पधीः ॥ २॥

वा. भा.—स्पष्टार्थमिदम् ॥ २ ॥

वा. वा.—गणिताचार्यप्रशंसापूर्वकं साधनभूयस्त्वे फलभूयस्त्वमिति न्यायमाश्रित्य मङ्गलमाचरति कृती-इति ॥ २ ॥

मरीचिः—अथ गुरुग्रन्थारम्भे बहुविघ्नसंशयात् पूर्वाचार्यप्रशंसारूपं मङ्गलान्तरं निबध्नाति कृती-इति । जिष्णुजो ब्रह्मगुप्ताचार्यो जयति सर्वोत्कर्षेणास्ति । सर्वोत्कृष्टत्वं कथमत आह । कृतीति कुशलः सर्वशास्त्र इति शेषः । तथा च सर्वशास्त्राध्यापक इत्यर्थः । ततः किं सर्वशास्त्राध्यापकः सर्वपण्डितेभ्य उत्कर्षाभावादत आह । गणकचक्रचूडामणिरिति । ज्योतिर्वित्समूहशिरोमणिः । तद्गुणानिर्वचनात् । एतस्य सर्वोत्कृष्टत्वं पृथूदकस्वामिनैतत्कृतब्रह्मसिद्धान्तटीकायामादौ दर्शितम् ।

"यत् सूक्ष्मं गतिवित्तये व्यरचयं शास्त्रं ग्रहाणामहं
तस्योच्छित्तिरिहास्ति विस्तरभयान्माभूदितीवात्मभूः ।
सङ्क्षिप्तीकरणाय जिष्णुतनयव्याजेन यस्मादभूत्
तस्मादेष च तत्त्वबोधनिपुणास्तं ब्रह्मगुप्तं जगुः" ॥

इति द्वितीयश्लोकेन । अत एव समाप्तपुनरात्तत्वं न दोषः । "अद्यापि स्तनवेपथुं जनयति श्वासः प्रमाणाधिकः" इत्यत्र प्रमाणाधिकत्वस्येव गणकचक्रचूडामणित्वस्य प्रकृतसम्पादकविशेषणत्वात् । अन्वयोपपत्तिमद्वाक्याये विशेषणं समाप्तपुनरात्तमित्यत्र विशेषणपदेन प्रकृतानुपयुक्तविशेषणस्य विवक्षितत्वात् । अन्यान् स्तौति । जयन्तीति । वराहमिहिरादयः । आदिपदाल्लल्लश्रीपतिभट्टार्यभटाचार्यादयः । जयन्ति सर्वोत्कर्षेण वर्त्तन्ते । तेन सर्वोत्कर्षगतस्यापेक्षयोत्कर्षस्योक्तत्वान्मानसनमस्कारकरणात् तानहं प्रणतोऽस्मीति लभ्यते । सर्वोत्कृष्टत्वं कुतोऽत आह । ललितोक्तय इति । ललिताः सुन्दर्य उक्तयो युक्तयो वचनानि च येषां ते ।

एतादृशानां सर्वोत्कृष्टत्वं स्वतः सिद्धमिति भावः। एतादृशत्वे किं मानमत आह। प्रथिततन्त्रसद्युक्तय इति। प्रथितानि उक्तानि प्रसिद्धानि तन्त्राणि शास्त्राणि तेषु सत्यः समीचीना युक्तयो विद्यन्ते येषां ते। तथा च पञ्चसिद्धान्तिकादिप्रवरग्रन्थानां सत्त्वादेव प्रमाणमिति भावः। नन्वेषां कठिनत्वेन तज्ज्ञानाशक्यत्वात् सर्वोत्कर्षज्ञानं कथं स्यादत आह। समवलोक्येति। एषां वराहमिहिराचार्यादीनां कृतीः शास्त्राणि समवलोक्य सम्यक् दृष्ट्वा ज्ञात्वेति यावत्। मादृशो मत्सदृशोऽल्पधीरपि अल्पबुद्धीनामवधिः। अतनुतन्त्रबन्धे महाशास्त्रकरणे कृती समर्थो भवति। सुबुद्धयस्तु सुतरां भवन्तीत्युक्तप्रायम्। तथा च तद्ग्रन्थानां पठनादिना तज्ज्ञानं स्यात्। येषां ग्रन्थानामेतादृशः प्रभावस्ते सर्वोत्कर्षेण वर्त्तन्त एवेति किं चित्रमिति भावः। अत्र ग्रन्थे जिष्णुज इत्यनेन ब्रह्मगुप्ताङ्गीकृतागम एव मूलमिति ध्वनितम्। "जसौ जसयला वसुग्रहयतिश्च पृथ्वी गुरुः" इति लक्षणात् पृथ्वीवृत्तमिदम्॥ २॥

इदानीमात्मनः कर्त्तृत्वारम्भणीयस्य च सम्बन्धार्थमाह।

कृत्वा चेतसि भक्तितो निजगुरोः पादारविन्दं ततो
लब्ध्वा बोधलवं करोति * सुमतिप्रज्ञासमुल्लासकम्।
†सद्वृत्तं ललितोक्तियुक्तममलं लीलावबोधं स्फुटं
सत्सिद्धान्तशिरोमणिं सुगणकप्रीत्यै कृती भास्करः॥३॥

वा. भा.—इदमपि सुगमम्॥ ३॥

वा. वा.—निजगुरुचरणारविन्दध्यानपूर्वकं तल्लब्धप्रसादश्चिकीर्षितं प्रतिजानीते कृत्वेति। 'विमतिप्रज्ञा'—इत्यपि पाठः साधीयान् महोत्कर्षाधायकत्वात्। अनेन विशेषणेन मुनिकृतशास्त्राद्विशेषः सूचितः। सद्युक्तिमित्यनेनार्यभटशास्त्राल्ललितोक्तियुक्तमिति वराहादिशास्त्रादमलमिति लल्लश्रीपतिप्रणीतशास्त्राद्बालावबोधमिति ब्रह्मगुप्तशास्त्रात्

* सद्युक्तिम्—इति वासनावार्त्तिककारनृसिंहसम्मतः पाठः।

† विमतिप्रज्ञा—इत्यपि वासनावार्त्तिककारसम्मतः पाठः।

स्फुटमिति पितामहादिसिद्धान्ताद्विशेषः सूचितः। एतावता विशेषणव्यूहेनैतावद्विशेषजिज्ञासुरधिकारीति सूचितम् । एतद्ग्रन्थकरणफलं सुगणकप्रीतिरित्युक्तम् ॥ ३ ॥

मरीचिः—अथ

"सिद्धिः श्रोतृप्रवृत्तीनां सम्बन्धकथनाद्यतः ।
तस्मात् सर्वेषु शास्त्रेषु सम्बन्धः पूर्वमुच्यते ॥
किमेवात्राभिधेयं स्यादिति पृष्टस्तु केन चित् ।
यदि न प्रोच्यते तस्मै फलशून्यं तु तद्भवेत् ॥
सर्वस्यैव हि शास्त्रस्य कर्मणो वाऽपि कस्य चित् ।
यावत् प्रयोजनं नोक्तं तावत् केन न गृह्यते" ॥

इत्युक्तत्वात् प्रवृत्त्यङ्गविषयप्रयोजनसम्बन्धाधिकारिणः स्वकीर्त्यनुवृत्तये स्वनाम च प्रदर्शयन् शिष्यावधानार्थं चिकीर्षितं शार्दूलविक्रीडितवृत्तेन प्रतिजानीते ।

कृत्वा—इति । भास्करो भास्करशर्मा प्रसिद्धाचार्यः । निजगुरोः गुरुशब्दस्य पितृवाचकत्वात् स्वपितुः। पादारविन्दं पादकमलयोरभेदवर्णनप्रसिद्धेः। चेतसि कृत्वा तद्विषयकं ध्यानं कृत्वेत्यर्थः। ननु शिष्टाचारभीत्याऽऽपाततस्तद्ध्यानं न मनःपूर्वकं तेन साङ्गाद्विहितकर्मणः फलावश्यम्भावादसाङ्गात् फलसिद्धिः कथमत आह । भक्तित इति । आराध्यत्वेन ज्ञानरूपभक्त्या मनःपूर्वकमेव ध्यानं भवतीति फलसिद्धौ बाधकाभाव इति भावः। ततः पितुः सकाशात् बोधलवं ज्ञानांशं लब्ध्वा प्राप्य ।

"आसीन्महेश्वर इति प्रथितः पृथिव्या-
माचार्यवर्यपदवीं विदुषां प्रयातः ।
लब्ध्वाऽवबोधकलिकां तत एव चक्रे
तज्जेन बीजगणितं लघु भास्करेण" ॥

इति बीजसमाप्तावुक्तत्वात् पिता एव गुरुरिति युक्तोऽर्थः। न तु निजगुरोरित्यस्य व्याकुलतोऽर्थो गुरोः सकाशादवश्यं ज्ञानप्राप्तेः सत्त्वात् ।

ततो बोधलवमित्यस्य व्यर्थतापत्तेः। सत्सिद्धान्तशिरोमणिं सन्तः समीचीना एव सिद्धान्ताः सिद्धान्तपदार्थनिरूपकग्रन्थानामपि सिद्धान्तपदवाच्यत्वात् तेषां शिरोमणिस्तम्। यथा मणिनाऽन्धकारस्थितपदार्थज्ञाने चाक्षुषज्ञानं भवति तथाऽनेन ग्रन्थेन पूर्वसिद्धान्तान्धकारस्थितगूढपदार्थज्ञानं भवतीति मणित्वम्। मणेः शिरसि स्थापनादस्य शिरोमणित्वं युक्तम्। करोतीत्यत्र करोमीति युक्तम्। नन्वस्य ग्रन्थकरणसामर्थ्याभाव इत्यत आह। कृतीति कुशलः। ततो लब्ध्वा बोधलवम्। तेन सर्वशास्त्रज्ञ इत्यर्थः। य एतादृशस्तस्य ग्रन्थकर्तृत्वं स्वाभाविकमिति भावः। एतेन स्वकपोलकल्पितत्वशङ्का निरस्ता। ननु त्वद्ग्रन्थस्याङ्गीकारं कोऽपि न करोति द्वेषात् तेन त्वत्प्रयासो व्यर्थोऽत आह। सुगणकप्रीत्या इति। सुसाधवो ये गणकाः सिद्धान्तग्रन्थज्ञास्तेषां प्रीतिः सन्तोषस्तदर्थम् "परगुणपरमाणून् पर्वतीकृत्य" इत्यादिस्वभावानां ग्रन्थालोकनेन तद्विशेषज्ञानाच्चमत्कारोत्पत्तेः पुनर्ग्रन्थावलोकने प्रीतिस्ततस्तेषां ग्रन्थाङ्गीकारः स्वतो भवतीत्यत्रापि युक्तिवैचित्र्यदर्शनेन तेषामङ्गीकारो भवत्येवेति भावः। दुष्टानां द्वेषाकुलचित्तानां चमत्काराभावात्। ननु सुगणकानां पूर्वग्रन्थाध्ययनादिना ज्ञानसिद्धेः केवलं विलोकनेनायं ग्रन्थो न तेषां कार्यकरोऽत आह सुमतिप्रज्ञासमुल्लासकमिति। सुमतीनां प्रज्ञायाः समुल्लासकरमित्यर्थः। तथा च ग्रन्थावलोकनेन युक्तिवैचित्र्यदर्शनात् तेषामपि तद्विचारेऽधिकयुक्तिस्फुरणात् बुद्धिप्रसरकरोऽत एव चमत्कारात् प्रीतिरिति भावः। विमतिपाठस्तु प्रामादिकः। ये विमतयस्तेषां प्रज्ञाभावात् स्वरूपासिद्धेः। एतेन विमतिप्रज्ञेत्यपि पाठः साधीयान् महदुत्कर्षाधायकत्वादिति परास्तम्। आर्यभटादिग्रन्थानुरोधादत्रार्याः कृता भविष्यन्ति तास्तु पठने न युक्ता अत आह सद्वृत्तमिति। सन्ति समीचीनानि वृत्तानि शार्दूलविक्रीडितेन्द्रवज्राप्रहर्षिण्यादीनि यत्र तम्। तथा च क्वचिदार्याणां सत्त्वेऽप्यन्यवृत्तानां बहुधा सत्त्वात् पठने युक्तोऽयं ग्रन्थ इति भावः। अत्र द्वितीयपाठे युक्तिराहित्यात् सुमतिप्रज्ञासमुल्लासकः कथमत आह। सद्युक्तमिति। समीचीनयुक्त्यन्वितमित्यर्थः।

तेन युक्तिराहित्याभावाद्युक्तमिति भावः । सद्वृत्तसत्त्वेऽपि पदलालित्याभावात् पठने न युक्तस्तादृशो द्वितीयपाठाभासोक्तिश्चात आह ललितोक्तियुक्तमिति । ललिताः सुन्दर्य उक्तयो युक्तयो वचनानि च तद्युक्तमित्यर्थः । द्वितीयपाठानुरोधेन सुन्दरशब्दयुक्तमित्यर्थस्तेन न पौनरुक्त्यम् । तथा च पदलालित्याभावाभावादिना युक्तोऽयमिति भावः । नन्वार्यभटोक्तशास्त्रवत् सद्दूषणो भविष्यत्यत आह । अमलमिति । तत्त्वाप्रतिपाद्ययुक्तिर्मलस्तद्रहितं निर्दूषणमित्यर्थः । विचारपूर्वककरणात् । ब्रह्मगुप्तोक्तसिद्धान्तवद्बहुदुर्बोधो भविष्यतीत्यत आह लीलावबोधमिति । बालानामिति शेषः । किञ्चिदुपदेशेनैतज्ज्ञानं तेषां भवतीत्यर्थः । ननु तेषां सुगमत्वेऽपि प्रेक्षावतामेतन्नवीनत्वेनापठनात् कथं बोधो भविष्यतीत्यत आह । स्फुटमिति स्पष्टार्थम् । सिद्धान्तेत्यनेन सिद्धान्तोक्तपदार्था विषयाः । सिद्धान्तशिरोमणिं करोतीत्यनेन प्रतिपाद्यप्रतिपादकभावलक्षणः सम्बन्धः । गुरुतरास्तु—'ज्ञातेऽपि विषये वेदबाह्यैर्हैतुकैराधुनिकैः कल्पितं न पारम्पर्यागतमिति संशयेन नूतनकल्पितमेवेदं शास्त्रमिति भ्रमेण वा प्रेक्षावन्तः शिष्टा न प्रवर्त्तेरन् । तदर्थं पारम्पर्यसम्बन्धकथनमावश्यकम् । तच्च सिद्धान्तशिरोमणिं करोतीत्यनेन कृतमेव । तथा हि सिद्धान्तस्य वक्ष्यमाणोक्तयुक्त्या ज्यौतिषत्वं ततो वक्ष्यमाणविधिना वेदाङ्गत्वं वेदाङ्गत्वाद्ब्रह्मणः सकाशाद्वसिष्ठादिद्वारा पारम्पर्यागतमित्युक्तं भवति । तदुक्तं नारदेन । "अस्य शास्त्रस्य सम्बन्धो वेदाङ्गमिति धातृतः" इति'—इति प्राहुः । प्रयोजनं च पदार्थतत्त्वज्ञानम् । परम्परयाऽन्यदग्रे वक्ष्यति । तज्जिज्ञासुरधिकारी स द्विज एवेत्यग्रे वक्ष्यति । न च विषयादिप्रकृत्यङ्गसत्त्वात् पूर्वसिद्धान्तेष्वेव प्रवृत्तिः किमर्थमच प्रवृत्तिर्विशेषाभावादिति वाच्यम् । सद्युक्तिमित्यादिविशेषणैः पूर्वग्रन्थेभ्यो विशेषसद्भावसूचनात् । तथा हि-सद्युक्तमित्यार्यभटशास्त्राल्ललितोक्तियुक्तमिति वराहादिशास्त्रादमलमिति लल्लशास्त्राल्लीलावबोधमिति ब्रह्मगुप्तशास्त्रात् स्फुटमिति पितामहशास्त्राद्विशेषसूचित इत्येकदेशिनः ॥ ३ ॥

इदानीं ग्रन्थस्यानारम्भकारणं विशिष्टमारम्भे कारणान्तरं पूर्वार्धेनाभिधायोत्तरार्धेन सुजनगणकान् प्रार्थयन्नाह ।

कृता यद्यप्याद्यैश्चतुरवचना ग्रन्थरचना
तथाऽप्यारब्धेयं तदुदितविशेषान् निगदितुम् ।
मया मध्ये मध्ये त इह हि यथास्थाननिहिता
विलोक्याऽतः कृत्स्ना सुजनगणकैर्मत्कृतिरपि ॥ ४॥

वा. भा.—आद्यैराचार्यैर्यद्यपि चतुरवचना श्लक्ष्णा ग्रन्थरचना कृता तथाऽपि मयाऽऽरब्धा। इदमः प्रस्तुतनिर्देशादियमीदृशी चतुरवचना अचतुरवचना वा। यद्यचतुरवचना तर्हि किमारम्भणीया तदर्थमाह। तदुदितविशेषान् निगदितुमिति। यत् तैरुदितं तत् तदुदितं तस्माद्ये विशेषास्ते तदुदितविशेषाः। ये तैर्नोक्ता इत्यर्थः। अथ सुजनान् प्रत्याह। सुजनाश्च ते गणकाश्च सुजनगणकास्तैरियं मत्कृतिरपि विलोक्या। अपिशब्द समुच्चयार्थे। तेन हे सुजनगणका भवद्भिर्ब्रह्मादीनां कृतयः किल विलोकिताः। इदानीं मत्कृतिरपि मदुपरोधेन विलोक्या। यदि विलोक्या तर्हि कृत्स्ना समग्रा। किमिति। हि यस्मात् कारणात् ते विशेषा इहास्मिन् ग्रन्थे मया मध्ये मध्ये यथास्थानं यथावसरं निहिता निक्षिप्ताः। कृत्स्नग्रन्थविलोकनेन विना सर्वे न ज्ञायन्त इत्यर्थः ॥ ४ ॥

वा. वा.—नन्वेते विशेषाः सिद्धान्तचूडामणिप्रभृतिष्वपि वर्तन्ते कृतमनेन ग्रन्थप्रणयनेनेत्यत आह कृता इति। असकृत्तिप्रलापस्तु शिष्टानामनवधेयो भवतीति यथास्थान एव विशेषा अभिहिता इत्याह मया मध्ये मध्येऽत इह हि यथा स्थाननिहिता इति। विशेषावगतये मत्कृतिर्विलोक्यापि मदुपरोधेन कृत्स्नाऽपि द्रष्टव्येति। सुजनान् प्रार्थयते विलोक्याऽतः कृत्स्ना सुजनगणकैर्मत्कृतिरपि। अत्रापिशब्दो भिन्नक्रमः। विलोक्या मत्कृतिः कृत्स्नाऽपि द्रष्टव्येत्यर्थः ॥ ४ ॥

मरीचिः—ननु पूर्वविशेषणविशिष्टैतद्ग्रन्थात् पूर्वग्रन्थोक्तपदार्थानामनायासेन ज्ञानं सम्भवति। एतद्ग्रन्थस्य स्फुटत्वान्न तदाधिक्यज्ञानमिति पूर्व-

ग्रन्थोक्तपदार्थानां तट्टीकादिना स्फुटज्ञानसम्भवात् किमर्थं तव प्रयासो-ऽतः पूर्वपक्षसिद्धान्तपूर्वकं तदुत्तरमाह कृता—इति । नन्विमे विशेषाः सिद्धान्तचूडामणिप्रभृतिषु सन्तीति त्वत्प्रयासो व्यर्थोऽत आह कृतेती-त्यन्ये । यद्यपि तथाऽपीति शब्दौ पूर्वपक्षसिद्धान्तव्यञ्जकौ प्रसिद्धौ । यद्यपि आद्यैः पूर्वाचार्यैः पृथूदकस्वाम्यादिभिः । चतुरवचना सद्वृत्तमि-त्यादिविशेषयुता ग्रन्थरचना ग्रन्थनिर्मितिः कृता । तया च पूर्वसिद्धान्त-गुरुपदार्थज्ञानस्यानायासेन सम्भवान्मत्कृतश्रमो व्यर्थस्तथाऽपि मया भा-स्कराचार्येणेयं कृतिरारब्धा । अत्र हेतुमाह । तदुदितविशेषान् निगदि-तुमिति । तैः पूर्वाचार्यैः । उदिता उक्ताः । तेभ्यो ये विशेषा मद्भाविता-स्तान् निगदितुं कथयितुम् । एवं च मम यद्ग्रन्थारम्भणं तद्विशेषकथ-नायेति श्रमः सार्थक इति भावः । विशेषज्ञानायाह विलोक्येति । अतो-ऽत्र पूर्वग्रन्थापेक्षया विशेषसत्त्वात् सुजनगणकैः । सुजनपदं दुर्गणकव्यावृ-त्त्यर्थम् । तेषां सहजद्वेषात् । मत्कृतिः । क्रियत इति कृतिर्ग्रन्थः । मन्नि-र्मिता कृतिः । अपिशब्देन भवद्भिः पूर्वग्रन्थाः संपूर्णा दृष्टाः । इदानीं मत्कृतग्रन्थो द्रष्टव्योऽवश्यमित्याग्रहः सूच्यते । अन्यथा पूर्वग्रन्थविलोकने-नालस्योदयात् तेषामनादरोत्पत्तेः । कृत्स्ना निःशेषा विलोक्या अव्यवहि-तत्वेन द्रष्टव्या । संपूर्णग्रन्थदर्शनादेव मदुक्तविशेषज्ञानं स्यादिति भावः । यद्वा अत एव पूर्वग्रन्था इदानीं न द्रष्टव्या इत्याह । विलोक्येति । अतो मद्ग्रन्थदर्शनकालानन्तरमपि—शब्दोऽन्ययोगव्यवच्छेदार्थैवकारपरस्तेनैत-त्कालपर्यन्तं भवद्भिः पूर्वग्रन्था दृष्टा इदानीं मत्कृतग्रन्थ एव द्रष्टव्यः । न पूर्वग्रन्थाः । अत्र पूर्वोक्तनिखिलार्थतद्विशेषयोः कथनाल्लाघवेनैवैतद्ग्र-न्थज्ञानेन सकलपूर्वग्रन्थज्ञानसम्भवादन्यथा सिद्धेरिति भावः । 'अत्रापिश-ब्दो भिन्नक्रमः । अतो विलोक्या मत्कृतिः । कृत्स्नाऽपि द्रष्टव्या'—इति के-चित् । तन्न । कृत्स्नाऽपि द्रष्टव्येत्यनेन पूर्वोक्तलाभात् । ननु विशेषमात्र-ग्रन्थस्यैवावलोकनं युक्तं न तु सम्पूर्णग्रन्थस्य । विशेषकथनाय ग्रन्थारम्भ-करणात् । किं च त्वयाऽपि विशेषमात्रग्रन्थः कार्यो न तु पूर्वाचा-र्योक्तिनिखिलार्थनिबन्धनात्मकोऽपि प्रतिज्ञाभङ्गापत्तेरत आह । मध्य

इति । हि यत इह शिरोमणिग्रन्थे ते विशेषा मध्ये मध्ये यथास्थाननिहिताः सन्ति । अयमर्थः । मध्यमाधिकारे यो विशेषः स मध्यमाधिकारे । ग्रहप्रकरणे ग्रहविशेषः । शुद्धिप्रकरणे तद्विशेषः । एवं स्पष्टाधिकारादौ यथास्थानमुक्ता इति । विशेषमात्रग्रन्थे तु परस्परानन्वितासङ्गतप्रलापात् प्रेक्षावतां प्रवृत्त्यनुपपत्तेः । पूर्वश्लोके शिरोमणिमित्यनेन निखिलार्थनिबन्धनात्मकग्रन्थस्य प्रतिज्ञाकरणाच्च तत्क्षतिः । ते विशेषा यथास्थानेऽन्तरेण स्थितास्तेषां सर्वेषां विलोकनं संपूर्णग्रन्थावलोकनेन न तु विशेषावलोकनात् । कदा चिद्भ्रमाद्विशेषान्तरत्यागापत्तेः । 'रसै रुद्रैश्छिन्ना यमनसभला गः शिखरिणी' इति लक्षणादिदं शिखरिणीवृत्तम् ॥ ४ ॥

इदानीं सुजनगणकान् प्रार्थयन् प्रयोजनमाह ।

तुष्यन्तु सुजना बु ा विशेषान् मदुदीरितान् ।
अबोधेन हसन्तो मां तोषमेष्यन्ति दुर्जनाः ॥ ५ ॥

वा. भा.–सुजना इति विशेषणं किम् । यतो दुर्जनाः स्वतस्तोषमेष्यन्ति । यदा दुर्जना मदुक्तान् विशेषान् द्रक्ष्यन्ति तदा तानज्ञात्वा दौर्जन्येन सङ्कुचमतयो विशेषार्थान् न बुध्यन्ति तेनाबोधेन मदुक्तिमेव विरुद्धां मन्यमानाः सहर्षाः किं तेन कविना विरुद्धमुक्तमिति मामेव हसन्तस्तोषमेष्यन्ति । न हि तोषं विना हास्यमुत्पद्यत इति भावः ॥ ५ ॥

वा· वा·–मत्कृतिविलोकने सर्वेषामपि सन्तोषो भविष्यतीत्याह तुष्यन्त्विति ॥ ५ ॥

मरीचिः–ननु सुगणकानन्दकरत्वद्ग्रन्थो गणकत्वावच्छिन्नानां सुखकराभावाद् दुर्गणकानां सहजदूषसत्त्वादाधुनिकग्रन्थे उत्सर्गतः सर्वेषां दूषसम्भवाच्चायं तेषां दुःखकर इति शिष्टानां प्रवृत्तिर्न स्यात् । दुःखकारणस्य हेयत्वाद्दुर्बुद्धिः पूर्वग्रन्था दूषितास्तथा त्वदुक्तमपि के चिद्दूषयिष्यन्ति वाऽत आह तुष्यन्तु–इति । स्पष्टार्थम् । सुगणकानां भावावबोधने दूषणास्फुरणा तुष्टिः । दूषणास्फुरणे च तेषांत त्समाधानविचारदत्तमनसां सचिन्ततया तोषानूत्पत्तेः । दुर्गणकानां तु भावानवबोधनेन

दूषणोदयात् कथमत्राशुद्धमुक्तमित्युपहासदत्तचित्तानां तद्धास्यदर्शनेन तुष्टिरनुमीयते । हासस्य तुष्टिजन्यत्वात् । तथा च यस्य सम्यग्भावावबोधस्तस्य दूषणास्फुरणम् । यस्य दूषणस्फुरणं तस्य भावानवबोध इति मदुक्तस्य दूषणं कोऽपि न दास्यति अत एव पूर्वममलमित्युक्तमिति भावः । 'वितानमाभ्यामत्रान्यत्'इति वितानाख्यमनुष्टुप्छन्दः । एतदर्थस्तु—अत्रानुष्टुब्जातिवृत्ते आभ्यां समानिकाप्रमाणिकाभ्यामन्यद्यद्वृत्तं तद्वितानसंज्ञम् । आभ्यामिति पूर्वोक्तोपलक्षकम् । तेन चित्रपदाविद्युन्मालामाणवकहंसरुताख्येषु नातिप्रसङ्ग इत्यलम् ॥ ५ ॥

अथानन्तरश्लोकेन सिद्धान्तग्रन्थलक्षणं श्लोकद्वयेन सिद्धान्तप्रशंसां चाह* ।

त्रुट्यादिप्रलयान्तकालकलना मानप्रभेदः क्रमा-
च्चारश्च द्युसदां द्विधा च गणितं प्रश्नास्तथा सोत्तराः ।
भूधिष्ण्यग्रहसंस्थितेश्च कथनं यन्त्रादि यत्रोच्यते
सिद्धान्तः स उदाहृतोऽत्र गणितस्कन्धप्रबन्धे बुधैः ॥ ६ ॥

जानन् जातकसंहिताः सगणितस्कन्धैकदेशा अपि
ज्योतिःशास्त्रविचारसारचतुरप्रश्नेष्वकिञ्चित्करः ।
यः सिद्धान्तमनन्तयुक्तिविततं नो वेत्ति भित्तौ यथा
राजा चित्रमयोऽथ वा सुघटितः काष्ठस्य कण्ठीरवः ॥७॥

गर्जत्कुञ्जरवर्जिता नृपचमूरप्यूर्जिताऽश्वादिकै-
रुद्यानं च्युतचूतवृक्षमथ वा पाथोविहीनं सरः ।
योषित् प्रोषितनूतनप्रियतमा यद्वन्न भात्युच्चकै-
र्ज्योतिःशास्त्रमिदं तथैव विबुधाः सिद्धान्तहीनं जगुः ॥८॥

वा० भा०—स्पष्टम् ॥ ६–८ ॥

वा० वा०—यदर्थं यो विचार आरभ्यते तत्समाप्तौ स एव बुद्धिस्थो भव-

---

* इयं पूर्वटीका परम्परातो विकृता वस्तुतः–'अथैकश्लोकेन सिद्धान्तग्रन्थलक्षणमनन्तरश्लोकद्वयेन सिद्धान्तप्रशंसां चाह'–इति ।

तीति यमात्मसिद्धान्तशिरोमणिं करोतीति प्रागभिहितं तत्र सिद्धान्तपदेन कोऽसौ ग्रन्थविशेषोऽभिधीयत इति तल्लक्षणमवतारयति । त्रुट्यादीति । गण्यते संख्यायते तद्गणितं तत्प्रतिपादकत्वेन तत्संज्ञं शास्त्रमुच्यते । तत्र व्यक्तेन स्पष्टेनोच्चावचजनप्रसिद्धमार्गेण सङ्कलनादिना यदुच्यते तद्व्यक्तम् । यावत्तावदादिवर्णकल्पनासापेक्षबुद्ध्या गणितमव्यक्तम् । ग्रहकर्मणा ग्रहगणितम् । गोलेन वेधादिना ग्रहकर्म सवासनं गण्यत इति गोलाश्रितत्वाद्गोलगणितम् । गणितचतुष्टयात्मको गणितस्कन्धः । कालविधानशास्त्रापरपर्यायं ग्रहगणितमेव गणितस्कन्धः । स चाध्येतव्यः । अत्र वासनावगतिपूर्वकोऽध्ययनविधिव्यापार इति । एतद्गणितत्रयं ग्रहगणितवासनायामुपयुक्तम् । अतो गणितचतुष्टयात्मकत्वं गणितस्कन्धस्य व्यवहरन्ति स एव सिद्धान्त इति । तथा चाहुः । 'व्यक्ताव्यक्तभगोलवासनमयः सिद्धान्त आद्यः' इति । आचार्योऽपि—

"गणितस्कन्धसन्दर्भोऽदभ्रदर्भाग्रधीमतः ।
उचितोऽनुचितो यन्मे धार्ष्ट्यं तत् क्षम्यतां विदः" ॥

इति सिद्धान्तं गणितस्कन्धत्वेन व्यवाहरत् । ग्रहतिथिसारिण्यो यन्त्रादि सर्वमत्रैवान्तर्भूतम् । अन्ये त्वेवमिच्छन्ति—यत्र कल्पादेर्ग्रहानयनं स सिद्धान्तः । यत्र युगादेस्तत् तन्त्रम् । यत्र शकादेस्तत् करणमिति । अभियुक्तास्तु सिद्धान्ततन्त्रशब्दाभ्यां गणितस्कन्धतदेकदेशावभिधीयेते होराशब्दो लग्नतदर्धयोरिवेत्याहुः । उभयथाऽप्यभियुक्तप्रसिद्धिदर्शनात् । तन्त्रशब्देन ग्रहगणितस्कन्धं वराहो व्यवाहरत् * सांवत्सरसूत्रे तेनोक्तम् । 'तत्र ग्रहगणिते पौलिशरोमक-वासिष्ठ-सौरपैतामहेषु पञ्चस्वेतेषु सिद्धान्तेषु युगवर्षायनर्तुमासपक्षाहोरात्रयाममुहूर्तनाडीविनाडीप्राणत्रुटित्रुट्याद्यवयवादिकस्य कालस्य क्षेत्रस्य च वेत्ता चतुर्णां च मानानां सौरसावननाक्षत्रचान्द्राणामधिमासकावमसम्भवस्य च कारणाभिज्ञ' इत्यादिना ग्रन्थसन्दर्भेण एतानि समस्तानि व्यस्तानि वा यत्र भवन्ति स सिद्धान्त इति लक्षणमुक्तम् । बुधैरुदाहृत इत्यनेन यत्राभियुक्तानां सिद्धान्तत्वप्रसिद्धिः स

* बृहत्संहितायाम् ।

सिद्धान्त इति द्योतितम् । मुनिकृतशास्त्रे तु येन यावान् विषयः पृष्टस्तं प्रति तावानेवोक्त इत्येकदेशेऽपि सिद्धान्तपदप्रयोगो नैव दोषमावहति । इदं यल्लक्षणं क्रियते तत् पौरुषसिद्धान्तानामित्यविरुद्धम् ॥ ६ ॥

अध्येतव्यं ब्राह्मणैरेवेत्यध्ययनविधिविहितस्य सिद्धान्ताध्ययनस्य प्रवृत्त्यनुकूलां सिद्धान्तानभिज्ञनिन्दाद्वारेण सिद्धान्तज्ञप्रशंसामाह जानन्निति गर्जेदिति ॥ ७–८ ॥

मरीचिः-ननु सिद्धान्तशिरोमणिमित्याद्यत्र सिद्धान्तपदवाच्यः क इत्यतः सिद्धान्तलक्षणं शार्दूलविक्रीडितवृत्तेनाह त्रुट्यादिप्रलयान्तकालकलनामानप्रभेदः—इति । अत्र त्रिस्कन्धात्मकज्योतिःशास्त्रे गणितस्कन्धप्रबन्धे । गण्यते संख्यायते तद्गणितं तत्प्रतिपादकग्रन्थसमूहो गणितस्कन्धः । सिद्धान्ततन्त्रकरणसारण्यायुर्दायाष्टकवर्गषष्ट्यब्दवास्तुच्छन्दःशिल्पादिविद्योपयोगि गणितं कलनेत्युच्यते । स गणितस्कन्धः सिद्धान्तमात्रप्रतिपादकात्मकः । तस्य प्रबन्धो ग्रन्थाः । जात्यभिप्रायेणैकवचनम् । तेष्वित्यर्थः । यत्र यस्मिन् ग्रन्थे त्रुट्यादिप्रलयान्तकालकलनेत्याद्युच्यते स ग्रन्थो बुधैर्गणितस्कन्धज्ञैः सिद्धान्तः सिद्धान्तपदवाच्य उदाहृत उक्तः । एतदुक्तरूपलक्षणलक्षितः सिद्धान्तपदवाच्यस्तेन तद्विदां यत्र सिद्धान्तपदवाच्यत्वं तस्यैतल्लक्षणमिति भावः । त्रुट्यादिप्रलयान्तकालकलना । त्रुटिकालादिमहाकल्पकालान्तावच्छिन्नखण्डकालस्य प्रतिपादनम् । मानप्रभेदः । मानानां सौरादीनां कालमानानाम् । प्रकर्षेण क्षोदेन सम्यग्विचारेणेत्यर्थः । भेदो नियतसंख्याविचारः । द्युसदां ग्रहाणां चारो गतिचिन्ता । अत्र जात्यभिप्रायेणैकवचनम् । तेन क्रमेण मध्यस्पष्टत्रिप्रश्नग्रहणच्छायोदयास्तग्रहयुतिनक्षत्रयुतिशृङ्गोन्नतिपातादिरूपा । द्विधा गणितं व्यक्तमव्यक्तं च । उच्चावचजनप्रसिद्धसङ्कलनादिना यावत्तावदादिवर्णनिरपेक्षेण चोच्यते तद्व्यक्तं पाटीगणितमित्यर्थः । यावत्तावदादिवर्णकल्पनासापेक्षमव्यक्तं बीजगणितमित्यर्थः । प्रश्नाः पूर्वपक्षाः स्वकल्पिताः पूर्वरीत्या वा सोत्तराः समाधानसहितास्तया प्रतिपादिताः । भूधिष्ण्यग्रहसंस्थितेः पृथ्वीनक्षत्रग्रहा-

णां संस्थानस्य कथनं प्रतिपादनम्। यन्त्रादि कालादिज्ञानसाधकं प्रसि-द्धम्। आदिपदात् स्वकल्पितं च। यत्रोच्यत इत्यस्य प्रत्येकमन्वयः। नन्विदं लक्षणं सिद्धान्तत्वावच्छिन्नसिद्धान्तस्य न सम्भवति। तथा हि तद्धि श्लोकोक्तं सम्पूर्णं वा प्रत्येकं वा। नाद्यो व्यासवसिष्ठसिद्धान्ते-ऽव्याप्तेः। न च पौरुषसिद्धान्तानां लक्ष्यत्वान्नाव्याप्तिरिति वाच्यम्। बुधैरुदाहृत इति मूलग्रन्थेन तज्ज्ञानां यस्मिंस्तद्व्यवहारस्तल्लक्षणमिति व्याससिद्धान्तेऽपि तद्विदां तद्व्यवहारात्। नान्त्यस्तन्त्रकरणादावतिव्या-प्तेः। न च तन्त्रकरणादिकं सिद्धान्तैकदेशमिति सर्वजनसिद्धेन तस्यापि लक्ष्यत्वात्। तेन व्यासवसिष्ठोक्ते तदन्यतदन्यतमलक्षणस्य सत्त्वान्नाव्या-प्तिरिति वाच्यम्। करणादौ सिद्धान्तव्यवहारापत्तेः। सिद्धान्तलक्ष्यलक्ष-णानां परस्परमव्याप्तेरतिव्याप्तेश्च। न च श्लोकोक्तं सिद्धान्तशिरोमणे-रेव लक्षणं वाच्यम्। श्रीपतिकृतसिद्धान्तशेखरेऽतिव्याप्तेः। गौरवाच्चेति चेत्। अत्रैकदेशिनो 'व्यक्तमव्यक्तं ग्रहकर्मणा ग्रहगणितं गोलेन वेधादिना ग्रहकर्म सवासनं गण्यत इति गोलाश्रितत्वाद्गोलगणितं कालविधानशा-स्त्रापरपर्यायम्। ग्रहगणितमेव गणितस्कन्धः। वासनावगतिपूर्वकस्तद-ध्ययनविधिव्यापार इति। एतद्गणितत्रयं ग्रहगणितवासनायामुपयुक्तमतो गणितचतुष्टयात्मकत्वं गणितस्कन्धस्य व्यवहरन्ति स एव सिद्धान्तः। तथा चाहुः। 'व्यक्ताव्यक्तसगोलवासनमयः सिद्धान्त आद्यः,' इति। अत्र व्यक्ताव्यक्तप्रधानः सगोलवासनमय इति मध्यपदलोपी समासः। यद्वा व्यक्ता-व्यक्तीकृताऽव्यक्ता सगोलवासना येन तद्गणितं तन्मयः। गणितं विना सगोला वासना नैव ज्ञायते तेन गणितमेव मुख्यं सिद्धान्त इत्यर्थः। ग्रहतिथ्यादिसारिणीयन्त्रादि सर्वमत्रैवान्तर्भूतम्। तथा च गणितस्य सिद्धान्तत्वे सिद्धे गणितान्तर्गतत्रुट्यादीत्यादिश्लोकोक्तं साधु। यावन्तो भेदा वक्तुं शक्यन्ते तावन्तो वक्तव्यास्तेनैतच्छ्लोकस्य गणितपदार्थवान् सिद्धान्त इति लक्षणे तात्पर्यम्। एतादृशं च व्यासादिसिद्धान्ते स्फुट-मिति न क्षतिरित्याहुः'—तन्न। गणितस्कन्धप्रबन्धे स सिद्धान्त उदाहृत इत्यस्यासङ्गतत्वापत्तेः। गणितस्कन्धसिद्धान्तयोः पर्यायत्वेनाभेदात्। यच्च

कल्पसृष्ट्याद्यहर्गणेन प्राधान्यतो ग्रहादिसाधनं स सिद्धान्तः। यत्र युगाद्यहर्गणेन तत्साधनं तत् तन्त्रम्। यत्र शकाहर्गणेन तत्साधनं तत् करणमिति केचित्।

"सिद्धान्तोदीरितो ह्यर्थो निजयुक्त्यैव बध्यते।
निखिलो यत्र तन्त्रं तन्निजोपकरणाश्रितम्॥
सिद्धान्तोक्तैकदेशास्तु केचिद्यत्र निरूपिताः।
तदुक्तं करणं नाम्ना लघूपायविनिर्मितम्"॥

इति तन्त्रकरणयोर्लक्षणमाहुः। सोपपत्तिकतया स्वप्रतिपाद्यार्थसिद्धकारियन्यत्वं सिद्धान्तत्वमिति नवीनाः। वस्तुतस्तु अभियुक्तानां यत्र सिद्धान्तव्यवहारविषयत्वं स सिद्धान्त इति लक्षणम्। आधुनिकग्रन्थे तु पूर्वसिद्धान्तोक्तरीत्योक्तत्वं लक्षणम्। न च त्रुट्यादिप्रलयान्तकालकलनेत्यादिश्लोकस्य व्यर्थतापत्तेरिति वाच्यं तत्र लक्षणमित्यनुक्तत्वात् तस्यान्यार्थपरत्वात्। तथा हि सिद्धान्तशिरोमणिमित्यत्र सिद्धान्तस्य सिद्धान्तपदार्थनिरूपकेत्यर्थकरणात्। सिद्धान्तपदार्थाः के इत्यपेक्षायां सिद्धान्तपदार्थानाह। त्रुट्यादीति। यत्र ज्योतिःशास्त्रे विद्यमानगणितस्कन्धप्रबन्धे स निरुक्तलक्षणाक्रान्तः प्रसिद्धः सिद्धान्तः। अत्र जात्यभिप्रायेणैकवचनम्। बुधैरुदाहृतः। अत्र सिद्धान्तत्वावच्छिन्नसिद्धान्ते त्रुट्यादिप्रलयान्तकालेत्यादियन्त्राद्यन्तमुच्यते। तथा च सिद्धान्तपदार्थाः कथनयोग्या एते इत्यर्थः। तेन सिद्धान्तेषु एतत्पदार्थान्यतमकथनं युक्तम्। एवं हि प्रतिपाद्याज्ञाने प्रेक्षावतामप्रवृत्तेरिति प्रतिपाद्यपदार्थकथनमावश्यकमिति भावः। यद्यपि त्रुट्यादिप्रलयान्तकालकलनेनैव मानोद्देशो गतार्थः। कालकलनायां मानानां निरूपितत्वात् तथाऽपि पदार्थप्राधान्यज्ञानाय पृथगभिधानात्। अत एव सिद्धान्तशेखरे कालमानयोः पृथङ्निरूपणम्। मानानां कालापेक्षत्वाल्लाघवेनैकत्र निरूपणं मूलकृतोक्तम्। यद्ग्रन्थे किञ्चित्पदार्थनिरूपणं तस्य तत्प्रकरणत्वं तेन तन्त्रकरणयोः प्रागुक्तं स्वरूपं युक्तम्। अत एव केशवदैवज्ञैः स्वकृतजातकपद्धतिटीकायां

प्रथमश्लोकव्याख्यावसरे 'त्रिस्कन्धज्योतिःशास्त्रस्वरूपकथने अथ सूत्राभिधाने गणितस्कन्धे किमित्याह भास्कराचार्यस्त्रुट्यादीत्यादिनोक्तम्'—इति मन्दाश्रितः पन्थाः ॥ ६ ॥

ननु सिद्धान्तारम्भणं न युक्तं प्रयोजनाभावात् । न च ज्योतिःशास्त्रत्वात् तदारम्भ इति वाच्यम्। ज्योतिःशास्त्रफलं पुराणगणकैरादेश इत्युच्यते इत्यादिना शुभाशुभरूपादेशनिरूपकसंहिताजातकयोरेव ज्यौतिषत्वादतः शार्दूलविक्रीडितेनाह । जानन्—इति । सिद्धान्तानभिज्ञनिन्दाद्वारेण सिद्धान्तज्ञप्रशंसां सिद्धान्ताध्ययनप्रवृत्त्यनुकूलां श्लोकद्वयेनाह जानन् इति गर्जेदित्यन्ते । यो गणकः सिद्धान्तं भूगोलस्थित्यादिनिर्णयनिरूपकग्रन्थं नो वेत्ति न जानाति सः । यत्तदोर्नित्यसम्बन्धात् । ज्योतिःशास्त्रविचारसारचतुरप्रश्नेषु ज्योतिषां ग्रहनक्षत्रादीनां प्रतिपादकं शास्त्रं तस्य विचाराणां तदुक्तार्थचोदानां साराः यथार्थतात्पर्याणीत्येतद्विषयीभूतार्था वा तेषु चतुरास्तदभिज्ञास्तेषां प्रश्नाः पूर्वपक्षास्तेषु अकिञ्चित्करोऽनधिकारी तत्समाधानकरणाय स्यादिति शेषः । नन्वापाततो भूगोलस्थितिनिर्णयादिज्ञानवानप्यकिञ्चित्करोऽतः सिद्धान्तविशेषणमाह । अनन्तयुक्तिविततमिति । अनेकयुक्तियुक्तमित्यर्थः । तथा चापाततो ज्ञानवान् परमतदूषणदक्षयुक्त्याश्रयाभावाद्भवेदेवाकिञ्चित्करः । यद्वा सिद्धान्तमिति यथा श्रुतं तेन शास्त्रान्तरसिद्धान्तज्ञानवानपि तत्राकिञ्चित्कर इति केवलसिद्धान्तग्रहणं कथमित्याशङ्क्याह । अनन्तेति । 'अनन्तं सुरवर्त्म खम्'—इत्यभिधानादनन्तमाकाशम् । तद्युक्तियुक्तम् । आकाशस्थभूगोलस्थितिनिर्णयकृद्युक्तियुक्तमित्यर्थः । ननु ज्योतिःशास्त्रान्तर्गतसंहिताजातकज्ञानाभावादेवाकिञ्चित्करोऽत आह जानन्निति । जन्मकालमधिकृत्य प्राणिनां शुभाशुभफलनिरूपकग्रन्थसमूहो जातकमित्युच्यते । षोडशसंस्कारविवाहाद्युत्पातादिनिरूपकग्रन्थसमूहः संहिताः । ग्रन्थानां भूयस्त्वाज्जातकसंहिता इति बहुवचनम् । ननु जातकसंहितोपयुक्तगणितज्ञानाभावादेवात आह सगणितस्कन्धैकदेशा

इति । गणितस्कन्धैकदेशैरायुर्दायवास्तुगणितकरणादिभिः सह वर्त्तमान इति । अपिशब्दादादेशनिरूपकशास्त्रज्ञो व्यवहारयोग्यबहुगुणयुक्तश्च सिद्धान्तज्ञानं विना तत्राप्रयोजक इति सिद्धान्ताध्ययनावश्यतावहः सूच्यते । अकिञ्चित्करे दृष्टान्तमाह भित्ताविति । यथेति दृष्टान्तद्योतकम् । भित्तौ चित्रमयो राजा अकिञ्चित्करः । चित्रस्थो राजा व्यवहारेऽप्रयोजक इत्यर्थः । ननु चित्रस्थो राजा चित्रस्थव्यवहारयोग्य एवेत्यस्वरसाद् दृष्टान्तान्तरमाह अथ वेति । काष्ठस्य सुघटितः सम्यक्प्रकारेण कृतः कण्ठीरवः सिंहो यथा भयजनके गजहनने चाप्रयोजक इत्यर्थः । चित्रे सिंहभीतानामपि दर्शनसम्भवात् काष्ठस्येति । तथा च सिद्धान्तज्ञानरहितपुरुषस्य प्रश्नश्रवणानन्तरमचेतनता स्यादिति भावः । एवं च यथा 'प्रदीपः सर्वविद्यानाम्'—इत्यादिना न्यायशास्त्रं विना सर्वशास्त्रज्ञानमप्रयोजकम् । तथा ज्योतिःशास्त्रं सिद्धान्तज्ञानं विनाऽप्रयोजकं तदर्थमस्यारम्भो न ज्योतिःशास्त्रत्वादिति तात्पर्यम् ॥ ७ ॥

ननु सिद्धान्तहीनोऽकिञ्चित्कर इत्युक्तं परं यस्य ज्योतिःशास्त्रपठनेच्छा तन्निमित्तं ज्योतिःशास्त्रारम्भो युक्तः । न च सिद्धान्तो ज्योतिःशास्त्रे मूलमिति तदारम्भ इति वाच्यम् । मानाभावादतः शार्दूलविक्रीडितवृत्तेनाह गर्जदिति । इदं प्रसिद्धं ज्योतिःशास्त्रं त्रिस्कन्धात्मकं सिद्धान्तहीनमुच्चकैरतिशयेन तथा तद्वत् तु न भाति मनोहरं न भवति । इत्यर्थ एवकारः । विबुधास्तदभिज्ञा जगुराहुः । तथा च सिद्धान्तसंहिताहोरारूपस्कन्धत्रयात्मकम् ।

"वेदस्य निर्मलं चक्षुर्ज्योतिःशास्त्रमकल्मषम्" ।

इति नारदवचनमेव ज्योतिःशास्त्रान्तर्गतसिद्धान्तमानम् । तद्धीने ज्योतिःशास्त्रे वासनानभिज्ञतया निःसारत्वात् । सिद्धं सिद्धान्तस्य प्राधान्यमिति तदारम्भे न क्षतिरिति भावः । तथा कथमित्यतो दृष्टान्तमाह । गर्जदिति । यद्वत् नृपचमू राज्ञः सेना अश्वादिकैः । आदिपदाद्रथोष्ट्रपदात्यादिभिरूर्जिता युक्ता अपिशब्दात् सुन्दरमनोहरपदार्थयुक्ता

च गर्जत्कुञ्जरवर्जिता न भाति तद्वदित्यर्थः। ननु यद्देशे गजाभावस्तत्र सा भात्येवेत्यस्वरसादाह। उद्यानमिति। च्युतचूतवृत्तं च्युतो गतश्चूतवृत्त आम्रवृत्तो यस्मात् तत् आम्रवृत्तरहितोद्यानमित्यर्थः। अथ वेत्यस्य प्रत्येकमन्वयः। यद्देशे आम्राभावस्तद्देशे तं विनोद्यानं लोकानां मनोहरमित्यस्वरसादाह। पाथोविहीनमिति। 'कबन्धमुदकं पाथः'—इत्यभिधानाज्जलहीनं सरः सरोवरम्। ननु जलहीनस्थलस्य सरोवरत्वाभावात्। कथमेतदुक्तमित्यस्वरसादाह। योषिदिति। प्रोषितनूतनप्रियतमा प्रोषितो देशान्तरगतो नूतनस्तरुणः प्रियतमोऽतिशयेन प्रिय इति प्रियतमो यस्याः सा योषित् युवती। तथा च प्रियतमविरहानलदग्धयुवतीवत् सिद्धान्तहीनज्योतिःशास्त्राभिज्ञोऽप्रयोजक इति भावः॥ ८॥

इदानीं ज्योतिःशास्त्रस्य वेदाङ्गत्वं निरूप्य वेदाङ्गत्वादवश्यमध्येतव्यं तद्द्विजैरेव नान्यैः शूद्रादिभिरित्येतत्प्रतिपादनार्थं श्लोकचतुष्टयमाह।

वेदास्तावद्यज्ञकर्मप्रवृत्ता
यज्ञाः प्रोक्तास्ते तु कालाश्रयेण।
शास्त्रादस्मात् कालबोधो यतः स्याद्-
वेदाङ्गत्वं ज्यौतिषस्योक्तमस्मात्॥ ९॥

शब्दशास्त्रं मुखं ज्यौतिषं चक्षुषी
श्रोत्रमुक्तं निरुक्तं च कल्पः करौ।
या तु शिक्षाऽस्य वेदस्य सा नासिका
पादपद्मद्वयं छन्द आद्यैर्बुधैः॥ १०॥

वेदचक्षुः किलेदं स्मृतं ज्यौतिषं
मुख्यता चाङ्गमध्येऽस्य तेनोच्यते।
संयुतोऽपीतरैः कर्णनासादिभि-
श्चक्षुषाऽङ्गेन हीनो न किञ्चित्करः॥ ११॥

तस्माद्द्विजैरध्ययनीयमेतत्
पुण्यं रहस्यं परमं च तत्त्वम्।
यो ज्यौतिषं वेत्ति नरः स सम्यग्-
धर्मार्थकामान् लभते यशश्च ॥ १२ ॥

वा. भा.–स्पष्टम् ॥ ९--१२ ॥

वा. वा.–वेदाङ्गत्वाद् द्विजैरवश्यमध्येतव्यमिति विवक्षुस्तावदस्य वेदाङ्गत्वे हेतुमाह वेदास्तावदिति। ननु कालस्योद्देश्यत्वेन विधिसम्बन्धाभावात् कथं कर्मशेषत्वम्। काले हि कर्म चोद्यते न कर्मणि काल इति। सत्यम्। न कर्मणि कालनोदना तथाऽपि 'पौर्णमास्यां पौर्णमास्यां यजेत'–इत्यादौ तूपादेयमपि कर्मस्वरूपं न विधेयं पूर्वप्राप्तत्वात्। तद्रूपमेव प्रत्यभिज्ञायत इत्यनुवाद्यम्। तस्य चोद्देश्येनापि कालेन सम्बन्धमात्रमप्राप्तमिति तन्मात्रं विधीयत इति। एतदेव कालस्य विधेयत्वं नाम। विधेयत्वाच्चाङ्गत्वसिद्धिः। तस्माद्वेदप्रतिपाद्यस्य कर्मणो ज्योतिःशास्त्रप्रतिपाद्यः कालोऽङ्गम्। प्रतिपाद्ययोः शेषशेषित्वं प्रतिपादकयोरप्युपचर्यत इति वेदस्य ज्योतिःशास्त्रमङ्गमिति सम्यगुक्तम्। प्रत्यक्षो वाऽनुमितो वा वेदो भवतु तत्र नास्माकमाग्रहः। इदं वेदमात्राङ्गम्। स्मृतिपुराणेतिहासप्रतिपादितकर्मापि काले विधेयमित्यनुमितवेदस्यापि ज्योतिःशास्त्रमङ्गम्। तिथ्यादिकालनिर्णयशास्त्रमपि ज्योतिःशास्त्राधीनम्। तथा चाह सूत्रकृत्।

"वेदा हि यज्ञार्थमपि प्रवृत्ताः का*लाश्रयास्ते क्रतवो निरुक्ताः।
तस्मादिदं कालविधानशास्त्रं यो ज्यौतिषं वेद स वेद यज्ञम्"–इति।

अत्र यज्ञशब्दो होमदानतया ह्युपलक्षणार्थः। यतस्तान्यपि कालविशेषे विधीयन्ते। कालशब्दोऽपि दिगाद्युपलक्षणार्थः। तस्यापि ज्योतिःशास्त्रप्रतिपाद्यत्वात् कर्मानुष्ठानोपयोगित्वाच्च ॥ ९ ॥

---

* सम्प्रति ज्योतिषवेदाङ्गे द्वितीयचरणः 'कालानुपूर्वा विहिताश्च यज्ञाः' एवमुपलभ्यते।

तत्र वेदस्य कानि कान्यङ्गानीत्याह शब्दशास्त्रमिति ॥ १० ॥

अथास्याङ्गमध्येऽभ्यर्हितत्वे युक्तिमाह वेदचक्षुरिति ॥ ११ ॥

वेदाङ्गत्वादवश्यमध्येतव्यम् । तद्द्विजैरेव न शूद्रादिनेत्येतत् प्रतिपादयति । तस्मादिति । यस्मादिदं प्रशस्तं वेदाङ्गं तन्मध्येऽभ्यर्हितं च तस्मादिदं पठनीयम् । 'अष्टमे वर्षे ब्राह्मणमुपनयेत् । एकादशे क्षत्रियम् । द्वादशे वैश्यम्' इति । उपनयनं नाम गुरुसमीपे नयनम् । गुरुसमीपानीतो माणवकः प्रयोजनमपेक्षते किमर्थमहमानीतोऽस्मीति । 'स्वाध्यायोऽध्येतव्यः'-इत्यध्ययनविधिरध्येतारमपेक्षते । अतः स्वाध्यायविधिस्तादृशं माणवकं गृहीत्वा चरितार्थो जातो न शूद्रादीन् गृह्णाति । मन्त्रब्राह्मणयोर्वेदनामधेयं षडङ्गमित्येके । 'साङ्गो वेदोऽध्येतव्यो ज्ञातव्यश्च' इति द्विजानामेवाध्ययनं प्राप्तम् । तस्मादध्ययनीयमेतदित्येवाचार्यस्य वक्तुमुचितम् । तत्र द्विजैरिति यदुच्यते तच्छूद्रादिनिवृत्त्यर्थमिति वासनाभाष्यकारेण सम्यक् परिसंख्यापरं व्याख्यातम् । विधिनियमपरिसंख्यालक्षणं भट्टपादैरुक्तम् ।

"विधिरत्यन्तमप्राप्तौ नियमः पाक्षिके सति ।
तत्र चान्यत्र च प्राप्तौ परिसंख्येति कीर्त्यते" ॥

चयने मृदाहरणार्थमश्वो गर्दभोऽप्यस्ति तत्र रशनाग्रहणे ब्राह्मणेन मन्त्रो नियोजितः । 'इमामगृभ्णन् रशनामृतस्य'-इत्यश्वाभिधानीमादत्त इति । इदमत्रोदाहरणं परिसंख्यायाः कृतम् । तत्र यावत्पर्यन्तं लिङ्गापरपर्यायसामर्थ्येन मन्त्रोऽश्वरशनाग्रहणे प्राप्नोति तावत्पर्यन्तं शीघ्रप्रवृत्तया श्रुत्या मन्त्रोऽश्वरशनाग्रहणे नियोजितः । तस्मादयमपूर्वो विधिरेव फलतः परिसंख्येत्युच्यते ।

तदुक्तम् ।

'अपूर्वो विधिरेवायमतो मन्त्रस्य निश्चितः ।
परिसंख्या फलेनोक्ता न विशेषः पृथक् श्रुतेः"-इति ॥

विलम्बेनापि प्राप्स्यतोऽर्थस्य विधानं व्यर्थमिति फलतः परिसंख्येत्युच्यते । पुनः श्रुतेः फलं त्वन्यनिवृत्तिरेव ।

तदप्युक्तम् ।

"न गर्दभाभिधानीतः फलमन्यन्निवर्त्तनात्"—इति ।

तस्मान्न किञ्चिद्विरुद्धम् । पुण्यमिति यदुच्यते तच्चतुर्दशधर्मविद्यास्थानान्तर्गतत्वात् ।

उक्तं च ।

"पुराणन्यायमीमांसा धर्मशास्त्राङ्गमिश्रिताः ।
वेदाः स्थानानि विद्यानां धर्मस्य च चतुर्दश ॥
वेदोऽखिलो धर्ममूलं स्मृतिः शीले च तद्विदाम् ।
आचारश्चैव साधूनाम्" इति गौतमोक्तेश्च ।
रहस्यं गोप्यं दुष्टेभ्यः ।

तथा च श्रुतिः ।

"विद्या ह वै ब्राह्मणमाजगाम गोपाय मा शेवधिष्टेऽहमस्मि ।
असूयकायानृजवेऽयताय न मा ब्रूया वीर्यवती तथाऽस्यामिति ॥"

कालप्रतिपादकत्वात् परमतत्त्वम् । पुरुषार्थचतुष्टयसाधनस्य वेदाङ्गमित्येतदध्ययनपूर्वकं ज्ञानं धर्मार्थकाममोक्षदमिति सम्यगुक्तम् । सम्यगित्यनेन प्रत्यक्षागमसहितमित्युक्तम् । एतत्प्रतिपाद्यग्रहचारादेः प्रत्यक्षप्रमाणसिद्धत्वाद्वेदवत् स्वतः प्रमाणं स्मृतिवद्वेदमूलकत्वेन वा प्रमाणं शाक्यादिशास्त्रवदप्रमाणमिति शङ्काऽपि नास्ति ।

तथा चाहुः ।

"अप्रत्यक्षमिहान्यशास्त्रगदितं कोऽप्यत्र न प्रत्ययो
वादः केवलमत्र तत्र च मिथः सर्वा विरुद्धोक्तयः ।
ज्योतिःशास्त्रमदो वदत्यवितथं दृष्टप्रमाणं यतो
वक्तारो न विरुद्धबुद्धय इदं स्वाध्यायचक्षुः किल"—इति ॥१२॥

मरीचिः—ननु ज्योतिःशास्त्रे न प्रवृत्तिः फलाभावात् न च वेदाङ्गत्वाद्वेदस्य यत् फलं तदेवास्येति वाच्यं वेदाङ्गत्वाभावात् । तद्धि साक्षाद्वा परम्परया वा । नाद्यः । शास्त्रस्य शब्दात्मकतया शब्दस्य त्रिक्षणावस्थायित्वेन नाशादङ्गासम्भवात् । नान्त्यः । द्वाराभावात् । तेनैतदन्तर्गत-

सिद्धान्ते सुतरामिति कथं सिद्धान्तारम्भोऽत आह वेदा—इति । तावत् प्रथमतो वेदाश्चत्वारः । अभियुक्तवेदत्वव्यवहारविषयाः प्रसिद्धाः । यज्ञ-कर्मप्रवृत्ता यज्ञाः प्रसिद्धाः । कर्म वेदप्रतिपाद्यम् । तदनुष्ठानार्थं प्रवृत्ता ईश्वरेण निर्मिता इत्यर्थः । ते प्रसिद्धाः । यज्ञा यज्ञादयः कालाश्रयेण प्रोक्ताः 'वसन्ते वसन्ते ज्योतिषा यजेत'—इति वाक्यादिना कालाधीनास्त इत्यर्थः । अस्मात् शास्त्रात् ज्योतिःशास्त्रादित्यर्थः । यतो यस्मात् कारणात् कालबोधस्तत्खण्डकालावगमः स्यात् । 'पश्चादस्यानुडुह चर्मास्तीर्य प्राग्ग्रीवमुत्तरलोम'-इत्यादिवेदविधिवाक्येन कर्मणो ज्योतिःशास्त्रावगतदिगपेक्षत्वात् कालशब्दो दिगाद्युपलक्षणार्थो बोध्यः । अस्मात् कारणात् ज्यौतिषस्य ज्योतींषि सूर्यादिग्रहानधिकृत्य कृतो ग्रन्थो ज्योतिषम् 'अधिकृत्य कृते ग्रन्थे' इत्यण् सं(१)ज्ञापूर्वको विधिरनित्य इति वृद्ध्यभावः । तस्य ज्योतिषस्य ज्योतिःशास्त्रस्य वेदाङ्गत्वमुक्तम् । तथा च ज्योतिःशास्त्रं दिक्कालद्वारा यज्ञादिद्वारा च तत्प्रतिपादकवेदानामुपयुक्तत्वेनाङ्गमिति भावः । केचित् तु वेदप्रतिपाद्यकर्मणो ज्योतिःशास्त्रप्रतिपाद्यकालोऽङ्गमिति प्रतिपाद्याङ्गाङ्गित्वं प्रतिपादकयोरप्युपचर्यते । तेन वेदस्य ज्योतिःशास्त्रमङ्गमिति युक्तमुक्तम् । न च कालस्योद्देश्यत्वेन विधिसम्बन्धाभावात् । कथं कर्माङ्गत्वं काले हि कर्म चोद्यते न कर्मणि काल इति वाच्यम् । तथाऽपि 'पौर्णमास्यां यजेत'इत्यादौ उपादेयमपि-कर्मस्वरूपं न विधेयं पूर्वप्राप्तत्वेनात्यन्ताप्राप्तत्वाभावात् तद्रूपमेव प्रत्यभिज्ञायत इत्यनुवाद्यम् । तस्य चोद्देश्येनापि कालेनाप्राप्तः सम्बन्धो विधीयत इत्येतदेव कालस्य विधेयत्वम् । विधेयत्वादङ्गत्वसिद्धिरिति प्राहुः । 'शालिन्युक्ता म्तौ तगौ गोऽब्धिलोकैः'—इति लक्षणाच्छालिनीवृत्तमिदम् । पादान्तस्यं विकल्पेनेत्युक्तत्वादत्र द्वितीयचरणान्त्याक्षरस्य गुरुत्वमिति न क्षतिः ॥ ९ ॥

(१) 'संज्ञापूर्वको विधिरनित्यः' इत्यनेन प्रकृते 'ज्योतिष'--इत्यत्र वृद्धेरनियतत्वेन ज्योतिषम् । अथ चेत् स नित्यस्तदा ज्यौतिषम् । एवं सर्वत्र पदद्वयेऽन्यतरस्य प्रयोगे न हि च्छन्दोभङ्गादिदोषः कश्चिदतो व्यर्थ एवानित्यविधिस्वीकार इति ।

नन्वेवं कालद्वारा ज्योतिःशास्त्रस्य यज्ञकर्माङ्गत्वं न वेदाङ्गत्वमत आह शब्दशास्त्रमिति । यद्वा ननूक्तयुक्त्या पात्रसाधनद्वारा शिल्पशास्त्रस्य वेदाङ्गत्वापत्तिरत आह । शब्दसाधकं शास्त्रं शब्दशास्त्रं व्याकरणं मुखम् । अस्याभियुक्तवेदत्वव्यवहारविषयस्य वेदस्याद्यैः प्राचीनैस्तदभिज्ञैरुक्तं ज्यौतिषं ज्योतिःशास्त्रं चक्षुषी उक्ते । निरुक्तं वेदाङ्गत्वेन प्रसिद्धं श्रोत्रं शब्दग्राहकेन्द्रियम् । कर्णशष्कुल्यवच्छिन्नाकाशस्य श्रोत्रत्वाच्छ्रोत्रमित्येकवचनम् । तस्यैकत्वात् । कल्पा वेदाङ्गत्वेन प्रसिद्धः करौ उक्तौ । या वेदाङ्गत्वेन प्रसिद्धा शिक्षा सा घ्राणतिर्नासा । छन्दश्छन्दःप्रतिपादकं शास्त्रं पादपद्मद्वयं पादावुक्तावित्यर्थः । एतेन परिगणितषडङ्गेतरस्य वेदाङ्गत्वाभावः सिद्धः । तथा चाद्यैर्बुधैरित्यनेन ।

"शिक्षा घ्राणं तु वेदस्य मुखं व्याकरणं स्मृतम् ।
ज्योतिषामयनं चक्षुर्निरुक्तं श्रोत्रमुच्यते ॥
छन्दः पादौ तु वेदस्य कल्पो हस्तौ प्रचक्षते" ।

इति मूलागमवचनाज्ज्योतिःशास्त्रे वेदाङ्गमित्यत्र शब्दप्रमाणमिति वेदाङ्गत्वेन वेदफलवज्ज्यौतिषे प्रवृत्तिर्युक्तेति तात्पर्यम् । "रैश्चतुर्भिर्युता स्रग्विणी सम्मता"—इति लक्षणात् स्रग्विणीवृत्तमिदम् ॥ १० ॥

ननु तथाऽपि वेदफलाप्तये ज्यौतिषपठने न प्रवृत्तिर्युक्ता । स्वल्पान्याङ्गपठनेनैव तत्फलप्राप्तिसम्भवादतः स्रग्विण्याऽऽह । वेदचक्षुरिति । इदमङ्गत्वेन प्रसिद्धं ज्योतिःशास्त्रं वेदचक्षुः किलासंशयम् । यतो वा स्मृतमाद्यश्लोकेन । तेन कारणेन अस्य ज्योतिःशास्त्रस्य अङ्गमध्ये वेदाङ्गशास्त्रेष्वित्यर्थः । मुख्यता प्राधान्यम् । च समुच्चये । तेनैतस्य वेदाङ्गत्वप्रधानाङ्गत्वोभयमुच्यते । आद्यैरित्यर्थः । चक्षुर्मुख्यमित्यत्र हेतुमाह । संयुत इति । इतरैश्चक्षुर्व्यतिरिक्तैः कर्णनासादिभिः पूर्वोक्ताङ्गैः । अपिशब्दात् स्वकार्यक्षमैरित्यर्थः । चक्षुषाऽङ्गेन चक्षुरिन्द्रियेण हीनो रहितः पुरुषः किञ्चित्करः किञ्चिदपि कार्यं कर्तुं क्षमो न स्यात् । व्यवहारेऽप्रयोजक इत्यर्थः ।

तथा च ।

"यथा शिखा मयूराणां नागानां मणयो यथा ।
तद्वद्वेदाङ्गशास्त्राणां गणितं मूर्धनि स्थितम्" ॥

इति मूलागमवचनाच्च ज्योतिःशास्त्रज्ञः सर्ववेदाङ्गशास्त्रज्ञोऽप्यन्यो निष्प्रयोजकस्तदर्थप्रवृत्तिरत्र युक्तेति भावः ॥ ११ ॥

नन्वेतदपेक्षया मुखरहितस्यास्याप्रयोजकत्वाद्व्याकरणाध्ययने प्रवृत्तिर्वेदफललाभार्थं युक्ता नान्यत्रेति कथमेतदारम्भ इत्यत उपसंहारव्याजेन तदुत्तरमाह । तस्मादिति । तस्माद्वेदाङ्गत्वात् देहलीदीपन्यायेनोत्तरार्धस्य ज्यौतिषपदमात्रानुसन्धेयम् । द्विजैर्ब्राह्मणराजन्यविड्भिस्त्रिवर्णिकैः । एवकारः शूद्रादिव्यवच्छेदार्थः । अध्ययनीयम् । ब्राह्मणेनाध्यापनीयं च । राजन्यविशोरध्यापननिषेधात् साधारण्येनाध्ययनीयमित्युक्तम् । न च शूद्रादीनामनध्ययनं कुत इति वाच्यम् । 'अष्टमे वर्षे ब्राह्मणमेकादशे क्षत्रियं द्वादशे वैश्यमुपनयेत्' इति वचने उपनयनमित्यस्य माणवकस्य गुरुसमीपानयनमित्यर्थाद्गुरुसमीपानीतो माणवकः प्रयोजनमपेक्षते । किमर्थमहमानीतोऽस्मीति । 'स्वाध्यायोऽध्येतव्यः' इत्यध्ययनविधिश्चाध्येतारमपेक्षते । अतः स्वाध्यायविधिस्तं माणवकं गृहीत्वा चरितार्थो जातः । न शूद्रादीन् गृह्णाति उपनयनाभावात् । अतो द्विजैरिति सम्यगुक्तम् । अत एव ।

"स्नेहाल्लोभाच्च मोहाच्च यो विप्रोऽज्ञानतोऽपि वा ।
शूद्राणामुपदेशं तु दद्यात् स नरकं व्रजेत् ॥
लग्नं ददाति यः शूद्रः सकृत् षोडशकर्मणाम् ।
अधो युगसहस्राणि जायते श्वानयोनिषु ।
सम्यगाचारयुक्तोऽपि यः शूद्रः सर्वशास्त्रवित् ॥
वर्जयेद्वचनं तस्य कपालस्योदकं यथा" ।

इति गर्गवचनानि

"ज्योतिःशास्त्रज्ञशूद्रेण यदुक्तं यस्य सर्वदा ।
न ग्राह्यं वचनं तस्य शुनोच्छिष्टं हविर्यथा" ॥

इत्यार्यभटवचनं चेति युक्तमित्याहुः ।

अध्ययने हेतुमाह य इति। यो नरो ज्यौतिषं वेत्ति जानाति सम्यक् तत्त्वतः स धर्मार्थकामान् यशश्च लभते। अत्र सम्यक्पदग्रहणेनासम्यक्शास्त्रपरिज्ञानात्—

*"अविदित्वैव यः शास्त्रं दैवज्ञत्वं प्रपद्यते।
स पङ्क्तिदूषकः पापो ज्ञेयो नक्षत्रसूचकः॥"
"तिथ्युत्पत्तिं न जानन्ति ग्रहाणां नैव साधनम्।
परवाक्येन वर्त्तन्ते ते वै नक्षत्रसूचकाः॥
परवचनेन ज्यौतिषमुपचरति स्वयं न दैवज्ञः।
सदसि नृपस्य च हास्ये ज्ञेयो नक्षत्रपाठकः पापी॥
प्रायश्चित्तं चिकित्सां च ज्यौतिषं धर्मनिर्णयम्।
विना शास्त्रेण यो ब्रूयात् तमाहुर्ब्रह्मघातकम्॥
नक्षत्रसूचकोद्दिष्टमुपवासं करोति यः।
स व्रजत्यन्धतामिस्रं सार्धमृक्षविडम्बिना"॥

इति वचनैश्चायथाशास्त्रफलादेशकस्य पङ्क्तिदूषकस्य नक्षत्रसूचकस्य निवारणं सूचितम्। फलप्राप्तौ हेतुभूतानि ज्यौतिषविशेषणान्याह पुण्यमिति।

"पुराणन्यायमीमांसाधर्मशास्त्राङ्गमिश्रिताः।
वेदाः स्थानानि विद्यानां धर्मस्य च चतुर्दश"॥

इत्युक्तत्वेन चतुर्दशविद्यास्थानान्तर्गतत्वाद्रहस्यं गोप्यं दुष्टेभ्यः। तथा च श्रुतिः।

"विद्या ह वै ब्राह्मणमाजगाम गोपाय मा शेवधिष्टेऽहमस्मि।
असूयकायानृजवेऽयताय न मा ब्रूया वीर्यवती तथाऽस्यामिति॥"

परमम्।

"कालोऽयं भगवान् विष्णुरनन्तः परमेश्वरः।
तद्वेत्ता पूज्यते सद्भिः पूज्यः कोऽन्यतमो मतः"॥

* बृहत्संहितायां सांवत्सरसूत्रस्य १८ श्लो०।

इति वचनेन कालप्रतिपादकत्वाद्व्याकरणादिवेदाङ्गशास्त्रेषूत्कृष्टम्। अत्र हेतुभूतं विशेषणमाह तत्त्वमिति।

"अप्रत्यक्षाणि शास्त्राणि विवादस्तेषु केवलम्।
प्रत्यक्षं ज्यौतिषं शास्त्रं चन्द्रार्कौ यत्र साक्षिणौ" ॥

इत्युक्तत्वाद्वस्तुभूतार्थप्रतिपादकम्। एतत्प्रतिपाद्यग्रहचारादेः प्रत्यक्षसंवादेन वेदवत् स्वतः प्रमाणं स्मृतिवद्वेदमूलकत्वेन वा।

तथा च।

* "ग्रन्थतश्चार्थतश्चैतत् कृत्स्नं जानाति यो द्विजः।
अग्रभुक् स भवेच्छ्राद्धे पूजितः पङ्क्तिपावनः" ॥

† "वनं समाश्रिता येऽपि निर्ममा निष्परिग्रहाः।
अपि ते परिपृच्छन्ति ज्योतिषां गतिकोविदम्" ॥

‡ "मुहूर्त्ततिथिनक्षत्रमृतवश्चायने तथा।
सर्वाण्येवाकुलानि स्युर्न स्यात् सांवत्सरो यदि" ॥

¶ "नासांवत्सरिके देशे वस्तव्यं भूतिमिच्छता।
चक्षुर्भूतोऽहि यत्रैष पापं तत्र न विद्यते" ॥

§ "यस्तु सम्यग् विजानाति होरागणित संहिताः।
अभ्यर्च्यः स नरेन्द्रेण स्वीकर्त्तव्यो जयैषिणा" ॥

"विनैतदखिलं श्रौतस्मार्त्तकर्म न सिद्ध्यति।
तस्माज्जगद्धितायेदं ब्रह्मणा निर्मितं पुरा ॥
अत एव द्विजैरेतदध्येतव्यं प्रयत्नतः।

---

* बृहत्संहितायां सांवत्सरसूत्रस्य १३ श्लो०।

† बृहत्संहितायां सांवत्सरसूत्रस्य ७ श्लो०।

‡ बृहत्संहितायां सांवत्सरसूत्रस्य ८ श्लो०।

¶ बृहत्संहितायां सांवत्सरसूत्रस्य ११ श्लो०।

§ बृहत्संहितायां सांवत्सरसूत्रस्य १६ श्लो०

अन्यानि शास्त्राणि विनोदमात्रं न किञ्चिदेषां भुवि दृष्टमस्ति ।
चिकित्सितं ज्यौतिषमन्त्रवादाः पदे पदे प्रत्ययमावहन्ति" ॥

इति गर्गनारदवचनादिभिः—

"यस्य वेदश्च वेदी च विच्छिद्येते त्रिपूरुषम् ।
स वै दुर्ब्राह्मणो नाम सर्वकर्मसु गर्हितः" ॥

इति प्रत्ययवचनाच्च 'साङ्गो वेदोऽध्येयो ज्ञेयश्च'—इत्युक्तत्वाद्विना ज्यौतिषं साङ्गवेदाध्ययनाभावाच्च ज्योतिःशास्त्रमवश्यमध्येतव्यमिति । 'दर्शादिनकृतपापं हन्ति सिद्धान्तवेत्ता'—इत्यादिबहुवचनैस्तदन्तर्गतसिद्धान्ताध्ययनमुक्तम् । तेन तदारम्भो युक्त इति भावः । 'स्यादिन्द्रवज्रा यदि तौ जगौ गः'—इति लक्षणादिन्द्रवज्रावृत्तमिदम् ॥ १२ ॥

इदानीं ज्योतिःशास्त्रमूलभूतस्य सग्रहस्य भचक्रस्य चलनं श्लोकद्वयेनाह ।

सृष्ट्वा भचक्रं कमलोद्भवेन
ग्रहैः सहैतद्भगणादिसंस्थैः ।
शश्वद्भ्रमे विश्वसृजा नियुक्तं
तदन्ततारे च तथा ध्रुवत्वे ॥ १३ ॥
ततोऽपराशाभिमुखं भपञ्जरे
सखेचरे शीघ्रतरे भ्रमत्यपि ।
तदल्पगत्यैन्द्रदिशं नभश्चरा-
श्चरन्ति नीचोच्चतरात्मवर्त्मसु ॥ १४ ॥

वा.भा.—यदेतद्भचक्रं ग्रहैः सह भ्रमद्दृश्यते तद्विश्वसृजा जगदुत्पादकेन कमलोद्भवेन ब्रह्मणा सृष्ट्यादौ सृष्ट्वा ततः शश्वद्भ्रमेऽनवरतभ्रमणे नियुक्तम् । एतदुक्तं भवति । भान्यश्विन्यादीन्यन्यानि विशिष्टानि ज्योतींषि तेषां समूहश्चक्रं ग्रहाश्च सूर्यादयस्तैः सह सृष्टम् । तानि भानि प्राक्संस्थया समन्तान्निवेशितानि । ग्रहास्तु भगणादावश्विनीमुखे निवेशितास्त उपर्युपरिसंस्थया । तत्रादौ तावदधश्चन्द्रः । तदुपरि बुधः । ततः

शुक्रः । ततो रविः । तस्माद्भौमः । ततो गुरुः । ततः शनिः । सर्वेषामुपरि दूरे भचक्रम् । एषां कक्षाप्रमाणानि कक्षाध्याये प्रतिपादयिष्यन्ते । ग्रहो यद्यूर्ध्वोर्ध्वस्था ग्रहास्तदुपरि दूरतो भगणस्तत् कथं भगणादिसंस्थैर्यैहैरित्युच्यते । सत्यम् । अत्र भूमध्ये सूत्रस्यैकमग्रं बद्ध्वा द्वितीयमग्रं भचक्रेऽश्विनीमुखे किल निबद्धम् । तस्मिन् सूत्रे प्रोता मणय इव चन्द्रादयो ग्रहाः सृष्ट्यादौ ब्रह्मणा निवेशिताः । भमण्डलं द्वादशधा विभज्यैवं भूमध्यात् सूत्राणि प्रतिभागं नीत्वा किल बद्धानि तैः सूत्रैः सह ग्रहकक्षायां ये संपातास्ते तासु कक्षासु राश्यन्ताः । तदुत्प्रकारा राशय इति सङ्क्षिप्तमिहोक्तम् । कक्षाध्याये गोले च किञ्चिद्विस्तार्य वक्ष्यामः । एवंविधं भचक्रं सृष्ट्वा ब्रह्मणा गगने निवेशितम् । यत्र निवेशितं तत्र प्रवहो नाम वायुः । स च नित्यं प्रत्यग्गतिः । तेन समाहतं भचक्रं सखेचरं पश्चिमाभिमुखभ्रमे प्रवृत्तम् । यत् तस्य प्रत्यग्भ्रमणं तच्छीघ्रतरम् । यत एकेनाह्ना भमण्डलस्य परिवर्त्तः । एवं तस्मिन् भपञ्जरे सखेचरे शीघ्रतरे भ्रमत्यपि खेचरा इन्द्रदिशं चरन्ति पूर्वाभिमुखं व्रजन्ति । नीचोच्चतरात्मवर्त्मसु । अनन्तरकथितेषु स्वस्वमार्गेषु तेषां प्राग्भ्रमणम् । तत् तदल्पगत्या । प्रत्यग्गतेर्बहुत्वात् प्रागल्पगत्या व्रजन्तो नोपलक्ष्यन्त इति भावः । तथा तस्य भपञ्जरस्य यौ दक्षिणोत्तरावन्तौ तत्र ये तारे ते ध्रुवत्वे नियुक्ते ॥ १३–१४ ॥

वा॰ वा॰—इदानीं कालव्यक्तिजनकत्वेन ज्योतिःशास्त्रमूलभूतत्वात् सग्रहस्य भचक्रस्य चलनं श्लोकद्वयेनाह सृष्ट्वा इति । विश्वसृजा जगदुत्पादकेन कमलोद्भवेन ब्रह्मणा यदेतद्भचक्रं सग्रहं भ्रमद्दृश्यते तत् सृष्ट्वा शश्वद्भ्रमे नियोजितमस्ति । सृष्ट्वेत्यनेन नियोजनात् पूर्वकालता सृष्टेर्बोधिता । कल्पादितः प्राक् सृष्टिः कल्पादौ प्रवहवायौ नियोजनमित्युक्तं भवति । शश्वद्भ्रमतीति शश्वद्भ्रमो निरन्तरनियतपश्चिमगतिः प्रवह एव । भान्यश्विन्यादीन्यष्टाविंशतिसंख्यानि । अन्यानि च लुब्धकादीनि ज्योतींषि तेषां समूहो भचक्रमित्युक्तं भाष्यकृता । तत्र नोदयन्ति ।

यथा परो धावतीत्यनेनान्योऽपि प्रतीयते तथाऽन्यानि च ज्योतींषीत्यनेन दास्रादिनक्षत्राणामपि तैजसत्वमभ्युपगतं प्रतीयते तच्च सिद्धान्तविरुद्धमिति। अत्रोच्यते। परमतप्रसिद्ध्यभिप्रायेणोक्तत्वान्नैष दोषः। यद्वौपाधिकं तैजसत्वं गृहीत्वोक्तं ज्योतींषीति। अथ वा चन्द्रव्यतिरिक्तानां ग्रहाणां नक्षत्राणां च तैजसत्वमेवाभ्युपगम्यते। अस्ति च तेषां परप्रकाशकत्वं स्वाभाविकम्। औपाधिकपरप्रकाशकत्वे मानाभावात्। शशाङ्कस्य तैजसत्वे ग्रहणशृङ्गोन्नमनदर्शनाद्यनुपपत्तिः। तस्मादन्यथाऽनुपपत्त्या चन्द्रस्य जलमयत्वं स्वीक्रियते। अन्येषां तु तैजसत्वे न किञ्चिद्बाधकमस्तीति श्रीमदाचार्येणान्यानि ज्योतींषीति सम्यगुक्तम्। तदन्ततारे च ध्रुवत्वे नियुक्ते। तेषामश्विन्यादीनां भानामन्तयोस्तारे भचक्रस्य समन्तात् पूर्वापरयोः स्थितत्वादन्तो नास्त्यतो दक्षिणोत्तरे ध्रुवत्वे स्थिरत्वे नियुक्ते निबद्धे। ध्रुवमध्यगं भवलयं गगनस्थितचुम्बकपाषाणद्वयान्तर्गतायोगोलवद्यथा न पतति तथा ध्रुवयोः स्थिरता कृतेति भावः। ननु भवलयस्य समन्तात् स्थितत्वेन कल्पादौ ग्रहाः कुत्र निवेशिताः। इत्यत्र विशेषणद्वारेणाह भगणादिसंस्थैरिति। दास्रनक्षत्रस्यादिसंस्थैरित्युक्तम्। यस्मादनवरतनियतपश्चिमगतौ स्थापितं तद्धेतोरपराशाभिमुखं सखेचरे भपञ्जरे भ्रमत्यपि नभश्चरास्तदल्पगत्या पूर्वदिशं संचरन्ति। यत् तस्य प्रत्यग्भ्रमणं तच्छीघ्रतरम्। एकेनाह्ना नाक्षत्रेण भमण्डलस्य परिवर्त्तः। तस्माद्याऽल्पा पूर्वा गतिस्तया व्रजन्तोऽपि झटिति नोपलक्ष्यन्त इति तदल्पगत्येत्युक्तम्। नभश्चराः संचरन्तीत्यनेन या पूर्वगतिः सा ग्रहशक्त्यैवेति सूचितम्। पश्चिमगतिस्तु प्रवहवशतो न स्ववशत इति। ततोऽपराशाभिमुखं भपञ्जरे सखेचरे भ्रमत्यपीत्यनेनोक्तम्। न ह्यश्विनीमुखे युगपत् सर्वेषामवस्थानं सम्भवतीति कुत्र संचरन्तीत्यपेक्षायां भग्रहसंयोगे मुहुरनुभूतं कक्षाणामूर्ध्वाधरत्वमाह नीचोच्चतरात्मवर्त्मसु। अतिशयेन नीचोच्चानि यानि वर्त्मानि मार्गास्तेषु। केन क्रमेणेत्यत आह। तावदधश्चन्द्र इत्यादि। ननु कक्षाणामूर्ध्वाधरान्तरस्य विद्यमानत्वात् कथं भग-

णादिसंस्थैरित्युच्यते। सत्यम्। पूर्वापरान्तराभावं भमुखग्रहाणामभ्युपेत्योच्यते। भमुखग्रहाणां पूर्वापरान्तराभाव एव ज्ञायते। अत्र भूमध्ये सूत्रस्यैकमग्रं बद्ध्वा द्वितीयमग्रं चाश्विनीमुखे निवेशनीयम्। तत् सूत्रं ग्रहकक्षासु यत्र लग्नं तासु कक्षासु तत्राश्विनीमुखमित्युपचर्यते। तस्मिन् सूत्रे प्रोता मणय इव चन्द्रादयो ग्रहा अश्विनीस्थाः पूर्वापरान्तराभावादुच्यन्ते। एवं भमण्डलं विभज्य चन्द्रादिकक्षासु प्रोक्तदिशा भूगर्भात् सूत्रसम्पाते राश्यंशकलाविकलाकल्पनया ग्रहसंस्थां भमण्डले वर्णयन्तीति न किञ्चिद्विरुद्धम् ॥ १३-१४ ॥

मरीचिः-अथैतज्ज्योतिःशास्त्रस्य ज्योतींषि ग्रहनक्षत्रादीनि विषयो यस्मिन्नित्यादिव्युत्पत्त्योपजीव्यत्वात् सग्रहभचक्रसंस्थानं प्रथमत आह सृष्ट्वा इति। कमलोद्भवेन ब्रह्मणा एतत् पश्चिमाभिमुखं प्रत्यक्षभ्रममाणं भचक्रं भानामश्विन्यादीनामन्येषां चक्रं समूहम्। ग्रहैः सूर्यादिभिः सह। सृष्ट्वा स्रजनं कृत्वा। शश्वद्भ्रमे शश्वदनवरतं पश्चिमभ्रमो विद्यते यस्यासौ शश्वद्भ्रमः प्रवहवायुस्तस्मिन् गोलाकारप्रवहवायौ द्वादशविभागार्द्धाङ्किते। नियुक्तं नियोजितं स्थापितमित्यर्थः। तानि च प्राक्संस्थया गोलाकारेण यथोक्तस्थाने निवेशितानीति यावत्। न तु भचक्रं भानां चक्रं विषुवन्मण्डलमिति पृथूदकोक्तोऽर्थः। क्रान्तिवृत्तप्रदेशविशेषपश्चिमभ्रममार्गस्य विषुवद्वृत्तकल्पनात्। ननु भचक्रस्य समन्तात् स्थितत्वेन ग्रहाः कुत्र निवेशिता इत्यत आह। भगणादिसंस्थैरिति। भगणस्य आदिः। 'पौष्णान्ते भगणः स्मृतः' इति सूर्यसिद्धान्तात्। पौष्णान्तोऽश्विन्यादिस्तत्संस्थैः। रेवतीयोगताराप्रदेशात् पूर्वानुक्रमेण यद्वृत्ताकारमाकाशं भचक्रं क्रान्तिवृत्तं तस्मिन् रेवत्यन्ते योगतारायां निवेशिता इति भावः। नन्वनेन ग्रहादिस्रजनसामर्थ्याभावात् कथं सृष्टमत आह। विश्वसृजेति। विश्वान्तर्गतग्रहादिस्रजनं सहजमेवेति भावः। न च विश्वसृजेत्यनेनैवाशङ्काविरहात् कमलोद्भवेनेति व्यर्थमिति वाच्यम्। विश्वामित्रवारणाय कमलोद्भवेनेति विश्वस्य ब्रह्मकृतविश्वस्य अमित्रः शत्रुरिति व्युत्पत्त्या स्वस्थि-

त्यर्थमन्यद्विश्वं कृतमेवेति पुराणादौ प्रसिद्धम् । एवं च विष्णुनाभिकमलोत्पन्नब्रह्मणा सृष्टम् । तेन विष्णुः सर्वमूलं न तु ब्रह्मेति । न च 'विधाता विश्वसृड्विधिः'–इत्यभिधानात् कमलोद्भवेनेत्यनेनैवाशङ्काविरहाद्विश्वसृजेति व्यर्थमिति वाच्यम् । कमलात् 'सलिलं कमलं जलम्'--इत्यभिधानाज्जलादुद्भवो जन्म यस्येति व्युत्पत्त्या मत्स्यादिकृतसृजनस्य निर्मूलत्वात् तद्वारणाय विश्वसृजेति । एवं चोभये पदविशिष्टत्वं ब्रह्मणस्तेन ब्रह्मसृष्टिरुक्तेति भावः । ननु प्रवहवायौ स्थापितभचक्रस्य वायोराघातात् स्थिरत्वं कथमत आह । तदन्ततारे चेति । ध्रुवत्वे स्थिरतायां तदन्ततारे तस्य भचक्राधिष्ठितगोलस्यान्तयोर्दक्षिणोत्तरदिक्स्थनेमिप्रदेशयोस्तारे नक्षत्रे चकाराच्चियुक्ते तथा । यथा ध्रुवमध्यगं भवलयं गगनस्थितचुम्बकपाषाणद्वयान्तर्गतायोगोलवत् न पतति तथा ध्रुवयोः स्थिरता कृतेति भावः । न च दक्षिणोत्तरतारयोर्मत्स्यपरिभ्रमात् कथं स्थिरत्वमिति वाच्यम् । तत्परमाणौ भ्रमाभावात् । यद्यपि भचक्रपश्चिमप्रत्यक्षभ्रमहेतोः प्रवहवायोः कल्पनं न युक्तं स्वत एव भचक्रभ्रमाङ्गीकारात् । न चैतस्याचेतनत्वात् स्वतो भ्रमासम्भव इति वाच्यम् । नक्षत्रग्रहरूपत्वेनाचेतनत्वाभावाद्वायोरप्यचेतनत्वाच्च । न च प्रवहवायौ पश्चिमभ्रमणशक्तिर्भपञ्जरेऽपि तथात्वात् । न हीश्वरेण वायौ भ्रमणं निरुक्तं न भपञ्जरे येन भवतां मूलसत्त्वाद्दोषाभाव इति वाच्यं विनिगमनाविरहात् । किं च वायुविशेषः कल्पनीयस्ततोऽस्य पश्चिमभ्रमणशक्तिः । तेन भचक्रभ्रमो भवतीति भवद्भिः कल्पनीयम् । तत्र लाघवाद्भचक्रस्यैव पश्चिमभ्रमशक्तिकल्पनं युक्तम् । न गौरवाद्वाय्वादिकल्पनमेवं च शश्वद्भ्रमे इत्यस्य प्रवहवाय्वर्थानुपपत्तिः । न चोक्तदोषभयादिव शश्वद्भ्रमे इत्यस्य भचक्रं निरन्तरभ्रमणे नियोजितमिति लल्लोदासोक्तयथाश्रुतार्थो युक्त इति वाच्यम् । तदन्ततारे च तथा ध्रुवत्वे इत्यस्य व्यर्थतापत्तेः । गोलाध्यायोक्त–'नक्षत्रकक्षाखचरैः'–इत्यादेरस्य विरोधापत्तेश्च । तथाऽपि भचक्रस्यानेकनक्षत्रसूर्यादिग्रहात्मकत्वात् स्वतो भ्रमेऽनेकपश्चिमभ्रमणश-

क्तिकल्पनेति मदुक्तं प्रत्युत गौरवात् ग्रहाणां स्वशक्त्या पूर्वगत्यङ्गीकारादेक एव स्वशक्त्या सदा पूर्वपश्चियोर्गच्छतीति विरुद्धत्वाच्च प्रवहवायोर्भच-क्रभ्रमणहेतुकल्पनं युक्तम् । पुराणादिना क्लृप्तत्वात् । अत एव सूर्यसिद्धान्ते ।

"प्रवहाख्यो मरुत् तांस्तु स्वोच्चाभिमुखमीरयेत्" ।

इत्यङ्गीकाराच्चेति संक्षेपः । स्वरूपादिविचारं तु गोलाध्याये विस्तरेण वक्ष्यामः ।

तथा च ब्रह्मगुप्ताचार्यः ।

* "ध्रुवताराप्रतिबद्धं ज्योतिश्चक्रं प्रतिक्षणगमादौ ।

पौष्णाश्विन्यन्तस्थैर्ग्रहैः सह ब्रह्मणा सृष्टम्" ॥ इति ।

एतद्वृत्ते प्रथमतृतीयचरणयोरिन्द्रवज्रालक्षणाद्द्वितीयचतुर्थचरणयोः 'उपेन्द्रवज्रा जतजास्ततो गौ' इति लक्षणाच्चेन्द्रोपेन्द्रवज्रासंमिश्रं वृत्तम् ।

उपजातिकाख्यं वा ।

"अनन्तरोदीरितलक्ष्मभाजौ पादौ यदीयावुपजातयस्ताः" ।

इत्युक्तत्वात् ॥ १३ ॥

अथैतद्भचक्रस्य चलनं ग्रहाणां पूर्वगतिं चाह तत इति । ततो यतो निरन्तरपश्चिमगतौ वायौ भक्रस्यापनं कृतं तत्कारणात् अपराशाभिमुखं पूर्वदिगपेक्षया तत्स्पर्धिन्यां दिशि पश्चिमायामपराशात्वं युक्तम् । तदभिमुखं यथा स्यात् तथा पश्चिमानुक्रमेणेत्यर्थः । भपञ्जरे भचक्रे सखेचरे प्रवहसहिते शीघ्रतरे भ्रमत्यपि सति स्वस्वस्थाने सग्रहभगणे प्रवहवायुघातेनान्तरिक्षे वृत्ताकारभ्रममाणे स्वस्वशक्त्याऽन्यत्र गन्तुमशक्ये इत्यपि-शब्दार्थः । नभश्चरा आकाशस्था ग्रहा ग्रहाधिष्ठितस्वमण्डलरूपबिम्बानि तदिच्छया इन्द्रदिशं पूर्वदिशाभिमुखं तदल्पगत्या तस्या

* ब्रह्मस्फुटसिद्धान्तस्य ३ श्लो० ।

तत्र 'प्रदक्षिणगमादौ'-इति पा० ।

भचक्रगतेर्नोक्षत्रषष्टिघटिकाकाले तत्परिवर्त्तरूपाया अल्पगत्या न्यूनगत्या पूर्वगतिप्रत्यक्षाभावात् चरन्ति गच्छन्ति। अन्यथाऽश्विनीस्थग्रहस्य भरण्यादिस्थत्वानुपपत्तेः। अत्र क्रान्तिवृत्ते सप्तविंशतिनक्षत्राणि समप्रदेशान्तरेण द्वादश मेषादिराशयश्च प्रत्यक्षाश्विन्यादिनक्षत्रविलक्षणस्थित्यनुरोधात् पूर्वानुक्रमेणातीन्द्रियदृगृषिभिः कल्पिताः। सर्वत्र ग्रन्थे तत्स्थितग्रहानयनस्य सर्वफलादेशाद्युपयुक्तस्योक्तत्वात्। तथा चेन्द्रदिशं चरन्तीत्यनेन ग्रहाणां पूर्वगतिः स्वशक्त्यैव ततोऽपराशाभिमुखमित्यादिना ग्रहाणां पश्चिमगतिर्न स्वतः किन्तु प्रवहवशत इति सूचितम्। ननूक्तरूपक्रान्तिवृत्ताश्विन्यादिप्रदेशे परमाणुकल्पत्वाद्भगणादिसंस्थैरित्यनेन सर्वग्रहबिम्बानां प्रोक्तमानानां स्थित्यसम्भवात् कथं संचरन्तीत्युक्तमत आह नीचोच्चतरात्मवर्त्मस्विति। अतिशयेन नीचोच्चा यानि आत्मनो ग्रहस्य वर्त्मानि मार्गास्तेषु। तथा च ग्रहाणामेकस्यानाकाशे वृत्ताकारे प्रत्येकं स्थितिसम्भवात् कक्षास्वित्यर्थस्तेन निराधारभूगोलात् परित आकाशे प्रथमं चन्द्रमार्गवृत्तं कक्षाख्यं ततस्तत्समन्ताद्बुधकक्षा ततः शुक्रस्य ततोऽर्कस्य ततो भौमस्य ततो गुरोस्ततः शनेः। ततः सर्वेषामुपरि भचक्राख्यक्रान्तिवृत्तस्येत्यष्टकक्षाङ्गीकारादश्विन्यादिप्रदेशाधःस्वकक्षायां समसूत्रेणावस्थानं तेषां युक्तम्। ततश्च स्वकक्षायां पूर्वाभिमुखगमनं युक्तमिति भावः। न चैवं नक्षत्राधिष्ठितरूपक्रान्तिवृत्तस्य ग्रहकक्षाभ्यो दूरस्थत्वात् कथं भगणादिसंस्थैरित्युक्तं कल्पकोटिशतैरपि सम्भवाभावादिति वाच्यम्। अत्र भूगर्भे सूत्रस्यैकमग्रं बद्ध्वा द्वितीयमग्रं चाश्विन्यादिप्रदेशे निवेशनीयम्। तत्सूत्रं ग्रहकक्षासु यत्र लग्नं तत्र प्रत्येकमश्विन्यादित्वमुपचर्यते। तत्र सूत्रे पूर्वापरान्तराभावादूर्ध्वाधरान्तरसत्त्वेऽपि चन्द्रादयो ग्रहा अश्विनीस्था उच्यन्ते इत्यस्याङ्गीकारात्। अत एवैवं भचक्रं विभज्य चन्द्रादिकक्षासु प्रोक्तदिशा भूगर्भात् सूत्रसम्पाते राश्यंशकलाविकलाकल्पनया ग्रहसंस्थां भूमण्डले वर्णयन्ति। अन्यथा ग्रहाणां राश्यादिफलानां युतिफलानां च व्यर्थतापत्तेः। एवं क्रान्तिवृत्तसमसूत्रे-

गोर्ध्वस्थप्रवहवायुगोलान्तर्गतवृत्ते राश्यादिकल्पना प्रयोजनवशात् कार्येत्यलम् । 'जतौ तु वंशस्थमुदीरितं जरौ' इत्युक्तत्वाद्वंशस्थवृत्तमिदम् ।

अत्र युक्तिः । ग्रहाणां नक्षत्राणां च नित्यमुदयास्तदर्शनात् स्वतः पश्चिमगतेर्दूषितत्वात् तद्गतौ क्लृप्तप्रवहवाय्वाघातस्य हेतुत्वकल्पनात् ततोऽपराशेत्याद्यर्धमुपपन्नम् । नन्वत्र प्रवहवायुकृतभ्रमणं न युक्तं तथा सत्यूर्ध्वाधोविभागेन कक्षाणां स्थितत्वात् परस्परन्यूनाधिकवाय्वाघातेन युगपत्कक्षावृत्तभ्रमणानुपपत्तिः । किं च । सृष्ट्वा भचक्रमित्यादिना प्रवहवायौ मुख्यतया भचक्रस्थापनात् । तत्र प्रवहाभावाच्च सग्रहैरित्यनेन भचक्रग्रहकक्षाणां सम्बन्धाकथनाद्भचक्रभ्रमेण कथं ग्रहाणां पश्चिमभ्रमः । न चेष्टापत्तिरुदयास्तदर्शनादिति चेन्न । प्रवहवायौ सूर्यादिग्रहानेकतारात्मकभचक्रस्य निवेशाच्चन्द्रकक्षातो भचक्रोर्ध्वपर्यन्तं गोलाकारः प्रवहवायुर्भूगोलात् परित आकाशेऽस्ति तेन नोक्तदोषः । आकाशस्थत्वेन व्यवधायकाभावाद्वायुघातस्य सर्वत्र तुल्यत्वाच्च । चन्द्रादिकक्षामार्गे वायुवृत्तानां पश्चिमभ्रममाणानां प्रवहवाय्वन्तर्गतानां सत्त्वाद्वा न क्षतिः । अश्विनीस्थग्रहस्य भरणीस्थत्वस्य प्रत्यक्षनक्षत्रव्यञ्जकेनानुमानद्वारा दर्शनात् तत्पूर्वगतिं विनाऽसम्भवात् कारणान्तराभावाच्च ग्रहाणां स्वशक्त्या पूर्वगतिरस्तीति तदल्पगत्येन्द्रदिशमित्युपपन्नम् । ननु पश्चिमगतिवत् पूर्वगतिदर्शनाभावेन तत्कल्पने मानाभावात् । किन्तूक्तार्थानुपपत्त्या पश्चिमानुक्रमेण नक्षत्रस्थित्या भपञ्जरगत्यपेक्षया ग्रहस्य पश्चिमगतिः स्वशक्त्याऽधिकाऽस्तीति कल्पनं युक्तं पश्चिमगतेः प्रत्यक्षदर्शनात् । न चाश्विन्याः पूर्वमुदयस्ततो भरण्या इति प्रत्यक्षदर्शनेन पश्चिमानुक्रमेण नक्षत्रासद्भावात् सदा रेवत्यादिपश्चिमनक्षत्रस्थत्वापत्तेरिति वाच्यम् । नक्षत्राणां पश्चिमगतिः प्रत्यक्षेण किञ्चिदधिका स्वशक्त्या पश्चिमगतिरस्तीति कल्पनेनैवोक्तार्थोपपत्तिसम्भवाद्ग्रहपूर्वगतिकल्पनं प्रत्यक्षबाधादयुक्तमिति चेत् तन्न भचक्रस्य पश्चिमगतिकल्पने नक्षत्रवृत्तस्यैकत्वेन स्वशक्त्या तेषां तुल्यगत्या सप्तग्रहाणां सदैकनक्षत्रे

स्थितिप्रसङ्गात् । अद्य यस्मिन् काले चन्द्रो यत्र दृष्टस्तत्पूर्वभागे किञ्चिदन्तरेणाकाशे द्वितीयदिने तस्मिन् काल एव दृश्यत इति ग्रहाणां पूर्वगतिप्रत्यक्षोपलम्भाच्च । इन्द्रदिशं चरन्तीत्यनेन पूर्वगत्या क्रान्तिशरवशेन दक्षिणोत्तरा गतिः पूर्वा च । प्रवहादिना पश्चिमगतिः । नीचोच्चतरात्मवर्त्मस्वित्यनेनोर्ध्वाधोगतिरिति षोढा ग्रहाणां गतिः प्रतिपादिता ।

तथा चार्यभटः ।

* "उदयास्तमयनिमित्तं प्रवहेण वायुना क्षिप्तः ।
लङ्कासमपश्चिमगो भपञ्जरः सग्रहो भ्रमति"—इति ॥

तथा च श्रीपतिः

"†स्वव्यापारात् प्राग्गतिः खेचराणामूर्ध्वाधस्ताद्याम्यसौम्यापराणि ।
गोलाभिज्ञैः पञ्च यातानि यानि तेषामुक्तान्यन्यहेतूनि तानि ॥
प्रत्यग्गतिः प्रवहवायुवशेन तेषां
नीचोच्चवृत्तजनितोर्ध्वमधश्च सा स्यात् ।
याम्योत्तरा त्वपमवृत्तविमण्डलाभ्यां
षोढा गतिर्निगदितैवमिह ग्रहाणाम्"इति ॥

"मध्यमकक्षावृत्ते मध्यमया गच्छति ग्रहो गत्या ।
उपरिष्टात् तल्लघ्व्या तदधिकगत्या त्वधःस्थः स्यात् ॥
वक्री यात्यपराशां निसर्गतो गच्छति ग्रहः प्राचीम् ।
क्रान्त्या याम्योदीच्योर्ग्रहगतिरेवं भवेत् षोढा"—॥

इत्यनेन पूर्वगत्यैव षोढा गतिनिरूपणं तल्लक्षतं च युक्तम् । इदमुपलक्षणम् ।

"वक्राऽनुवक्रा विकला‡ मन्दा मन्दतरा समा ।
तथा शीघ्रतरा शीघ्रा ग्रहाणामष्टधा गतिः" ॥

---

* आर्यभटीये गोलपादे १० श्लो० ।

† शिष्याधीवृद्धिदे गोलाध्याये भुवनकोशे ३८-३९ श्लो० ।

‡ आधुनिकसूर्यसिद्धान्ते विकलेत्यत्र कुटिलेत्युपलभ्यते ।

इति पूर्वगत्या ज्ञेया। एवं ग्रहाणां चतुर्दशधा गतिः प्रतिपादितेति केचित् तन्न। प्रवहवायुकृतगतेः प्रत्यक्षत्वेऽपि स्वशक्त्या पूर्वगतेरेकस्या एवाङ्गीकारादितरगतीनामेतदुपजीव्यत्वात् क्रान्तिवृत्ते पूर्वगत्या चलितग्रहस्यावधिविशेषेणेतरगत्याभासदर्शनाच्च। अन्यथा मूलस्कन्धिः षोढेत्यादि याम्योत्तरपूर्वकमुक्तं स्यात्। पूर्वगतेः प्रतिदिनं भेदादनन्तगतित्वापत्तेश्चेति संक्षेपः। विस्तरेण गोलाध्यायेऽनेकमतनिरूपणं षोढागतिविचारणानिराकरणादिना वक्ष्यामः॥ १४॥

इदानीमनाद्यनन्तस्य कालस्य प्रवृत्तिमाह।

लङ्कानगर्यामुदयाच्च भानो-
स्तस्यैव वारे प्रथमं बभूव।
मधोः सितादेर्दिनमासवर्ष-
युगादिकानां युगपत् प्रवृत्तिः॥ १५॥

वा भा.—ननु पूर्वटीकायामनादिरनन्तश्च कालोऽभिहितः। अथ च सृष्ट्यादौ तस्य प्रवृत्तिः। प्रवृत्तिर्नाम आदिः। प्रलये तदन्तः।

तथा च शास्त्रान्तरे

"कालः पचति भूतानि सर्वाण्येव सहात्मना।
कान्ते स पक्वस्तेनैव सहाव्यक्ते लयं व्रजेत्"—इति॥

तत् कथमनाद्यनन्तः काल उच्यते। सत्यम्। योऽयं भगवान् मूर्तो व्यापकश्च कालस्तस्य प्राक्तनप्राकृतिकलयादनन्तरं व्यक्तिजनकानां सूर्यादीनामभावादव्यक्तस्याव्यक्ते यदवस्थानं स तस्य लय उच्यते। न त्वात्यन्तिकः प्रलयः कालस्यास्तीति। यत् तूक्तं 'कान्ते स पक्वस्तेनैव सहाव्यक्ते लयं व्रजेदिति' तत् तेनैवाव्यक्तावस्थानाभिप्रायेण। अतो युक्तमनाद्यनन्तत्वं तस्योक्तम्। तस्याव्यक्तस्य कालस्य सृष्ट्यादौ व्यक्तिजनकानां भग्रहाणां प्रादुर्भावे सति कालस्य व्यक्तीनामपि दिनमासवर्षयुगादीनां युगपदेकहेलया प्रवृत्तिर्बभूव। एतदुक्तं भवति। चन्द्रार्कयोर्म-

पादिस्ययोश्चैत्रस्य शुक्लपक्षादिः प्रतिपत् । अतो मधोः सितादेर्दिनानां सौरादिमासानां वर्षाणां युगानां मन्वन्तराणां कल्पस्य च तदैव प्रवृत्तिः । अथोदयाच्च भानोः । स चोदयः कस्मिन् देशे । लङ्कानगर्याम् । तथा तस्यैव वारे आदित्यवार इत्यर्थः ॥ १५ ॥

वा· वा.–इदानीं कालस्य प्रवृत्तिमाह लङ्कानगर्यामिति । कल्पादिकालस्य युगपत् प्रवृत्तिर्नामादिर्बभूव । कालो द्विविधः । नित्योऽनित्यश्च ।

"नित्योऽनित्यश्च कालौ द्वौ तयोराद्यः परेश्वरः ।
सोऽवाङ्मनोगोचरश्च देही भक्त्यनुकम्पया" ॥

इति वासिष्ठेऽपि । कालः कल्यते येनेति ।

सूर्यसिद्धान्ते च ।

"भूतानामन्तकृत् कालः कालोऽन्यः कलनात्मकः ।
स द्विधा स्थूलसूक्ष्मत्वान्मूर्त्तश्चामूर्त्त उच्यते" ॥

तथाऽन्यत्रापि । 'चिरक्षिप्रादिव्यवहारासाधारणो हेतुः कालः' । स च द्विधा । एकः कालोऽन्यः कालकाल इति । तत्र येन प्राणिदेहादयोऽतीतवर्त्तमानादिरूपेण कलयितव्याः स केवलः कालः । उक्तं च 'कलयति जगदेष कालोऽतः–इति । स चानित्यः सावयवश्च । 'अहोरात्राणि विदधद्विश्वस्य मिषतो वशी'–। 'सर्वे निमेषा जज्ञिरे विद्युतः पुरुषादधि'-इत्यादि श्रुतिभ्यश्च । न चोपाधिरेव जन्यो न काल इति वाच्यम् । शैवागमसारसंग्रहे कालस्वरूपस्य जन्यत्वश्रवणात् ।

तथा च संग्रहकारिका

"नानाविधशक्तिमयी सा जनयति कालतत्त्वमेवादौ" ।

तत्त्वं कालस्वरूपम् । एतादृशः कालोऽप्युत्पत्तिस्थितिविनाशकारिणा येन कलयितव्यः स कालकाल इति । ननु 'कालः पचति' –इत्यादिना कालस्य लयश्रवणात् कथमनाद्यनन्तत्वम् । उच्यते । योऽयमित्यादिभाष्यकारस्य वस्तुतो द्वैविध्यानित्यत्वयोरभावात् श्रुतिप्रतिपादिता-

नित्यत्वसावयवत्वयोरौपाधिकत्वेनाप्युपपत्तेः कालस्यानाद्यनन्तत्वे न किञ्चिद्बाधकमस्तीत्येतदभिप्रायिकमपि कालकालपरं व्याख्येयम् । केचिदेनं कालं मायेत्याहुः । तस्या एव सर्वाधारत्वात् । ईश्वरान्नातिरिच्यत इत्यन्ये । दिश आकाश एव । आकाशस्यैव दिग्व्यवहारजनकत्वात् । 'दिशः श्रोत्रम्'—इति श्रुतेः । आकाशोऽप्यनित्य एव । 'तस्माद्वा एतस्मादात्मन आकाशः संभूतः' इति श्रुतेः । काल एव नित्यः स चेश्वर एव । कालव्यक्तिव्यञ्जकानां ग्रहाणां प्रादुर्भावे कालस्य व्यक्तीनामपि युगपदेकहेलया कल्पादौ प्रवृत्तिर्बभूव । कल्पादित एव गतिप्रारम्भः स्वीकृतः । विष्णुधर्मोत्तरान्तर्गतब्रह्मसिद्धान्ते लघुवशिष्ठसिद्धान्ते च स्वीकृतत्वात् । अत एवार्यभटेनाप्युक्तम् ।

"*कलिसंज्ञे युगपादे पाराशर्यं मतं प्रशस्तमतः ।
नात्र मते सृष्ट्यब्दाः शेषं कल्पादिकं प्राग्वत्"—इति ॥

तथा च ब्रह्मगुप्तेनापि स्वीकृतेः ।

"†ब्रह्मोक्तं ग्रहगणितं महता कालेन तत् खिलीभूतम् ।
अभिधीयत........" ॥

इति वदता च विष्णुधर्मोत्तरान्तर्गतब्रह्मसिद्धान्तः स्वोक्तस्य मूलमिति स्पष्टमेवाभिहितम् । तस्मादत्र मते कल्पादितः प्राक् ग्रहसृष्टिः । कल्पादौ पूर्वगतिप्रारम्भ इति निरवद्यम् ।

"विधेर्दिनादौ युगपत् समस्तं भूत्वा ग्रहाः प्रागगमनप्रवृत्ताः ।
इतीरितं वेदविरोधिनस्ते ब्रह्मार्कचन्द्रादिमताद्विभिन्नाः ॥
ब्रह्मा प्राह च नारदाय हिमगुर्यच्छौनकायामलं
माण्डव्याय वसिष्ठसंज्ञकमुनिः सूर्यो मयायाह यत्
प्रत्यक्षागमयुक्तिशालि तदिदं शास्त्रं विहायान्यथा
यत् कुर्वन्ति नराः‡ न निर्वहति तद्विज्ञानशून्याश्चिरम्" ॥

---

* पद्यार्धमार्यभटसिद्धान्ते पाराशर्यमतान्तराख्ये द्वितीयपादे उपलभ्यते ।

† ब्रह्मस्फुटसिद्धान्तस्य २ श्लो० ।

‡ 'अधमाश्च तदसद्वेदोक्तशून्या भ्रमम्'-इति श्रीकमलाकरकृते तत्त्वविवेके पाठ उपलभ्यते ।

इति ये वदन्ति त एव विज्ञानशून्या अबहुदृष्टत्वात् । प्रपञ्चितं चैतत् सूर्यसिद्धान्तवासनाभाष्येऽस्माभिरित्युपरम्यते ॥ १५ ॥

मरीचिः—अथ कालस्यानाद्यनन्तत्वादमूर्त्तत्वेनेन्द्रियागोचरत्वाच्च कथं ग्रहचारप्रवृत्तिप्रासङ्गिककालस्तदुपाधिभेदावगमं विनाऽवगन्तुं शक्य इत्यतः स्वस्वोपलक्षकोपलक्षिततत्तत्यवसरवर्त्तिकालोपाधिप्रवृत्तिं वक्ष्यमाणसर्वविषयोपजीव्यत्वादुपजातिकयाऽऽह लङ्कानगर्यामिति । लङ्कानगर्यात्मकोपलक्षितभूगर्भप्रदेशविशेषे भानोर्वारे आदित्ये । चः समुच्चये । प्रथमं तस्य तूदायदेव पूर्वं तस्य भानोरुदयक्षितिजसंलग्नताकालस्तस्मात् तमारभ्येत्यर्थः । भचक्रस्यापनानन्तरग्रहचारप्रवृत्तिकालमेव प्रथमलङ्कासूर्योदयमारभ्येति यावत् । एवकारो लङ्कायामर्धरात्रे प्रवृत्तिरिति विरुद्धमतवारणाय ।

"उदयादुदयं भानोः सावनं तच्च कीर्त्तितम्" ।

इत्यनेन सूर्योदयमूलसावनस्योक्तत्वात् । मधोश्चैत्रस्य सितादेः शुक्लप्रतिपदमारभ्य । अत्र मध्वादेरित्यनेन 'मासो दर्शावधिश्चान्द्रः'—इति लघुवसिष्ठोक्ताच्छुक्लपक्षसिद्धेरपि कृष्णादिमासव्युदासाय सितग्रहणम् । अहर्गणादौ शुक्लादिमासानां प्रयोजनात् । समुच्चयार्थकपूर्वोक्तचोऽत्रानुसन्धेयः । दिनमासवर्षयुगादिकानां दिनानां सौरचान्द्रनाक्षत्राणां मासानामेतद्रूपाणाम् । वर्षाणामप्येतद्रूपाणाम् । अत्र युगपदेन महायुगम् । अन्यथा त्रेताद्यनुपपत्तेः । आदिपदात् कल्पमनुनवमानाद्यनुक्तमानान्तराणां घट्यादीनां च युगपत् तुल्यसमये प्रवृत्तिरादिरारम्भ इति यावत् । बभूव जातेत्यर्थः । यद्वा लङ्कादेशे भानोर्वारे तस्य क्षितिजसंलग्नतया स्थापनात् । तदुदये इति एवकारार्थोऽध्याहारेण वा । चैत्रादीनां प्रवृत्तिर्युगपत् जाता । लङ्कादेशादितरदेशे तु भानोरुदयतः स्वसूर्योदयादित्यर्थः । प्रथमं लङ्कासूर्योदयाच्चलितसूर्यस्य देशे यावत्कालेनोदयस्तत्कालेन पूर्वमित्यर्थः । प्रवृत्तिस्तेषां जातेत्यर्थः । तेन सर्वत्र एकस्मिन् काले एषा युगपत् वृत्तिर्जातेति सिद्धम् । तथा च

लङ्कोदयसमये लङ्काया अन्यदेशे मध्याह्नादिपूर्वकेष्टघटिकाकाले स्वदेशोदयाद्गते सिद्धे एव प्रवृत्तिर्जातेति पृथूदकोक्तं युक्तम् । एवं च 'चैत्रशुक्लप्रतिपद्यादित्यदिने लङ्कायां प्राक्स्वस्तिके ग्रहवारः प्रवृत्तः'—इति प्रतिज्ञाकृतेति भावः । अत्र युक्तिः । भगणादिसंस्थैरिति पूर्वोक्तेन ग्रहचारप्रवृत्त्यादौ सूर्यस्य मेषादिस्थत्वेन चैत्रत्वं मेषार्कयुक्तचान्द्रमासस्य तथात्वात् । चन्द्रसूर्ययोगाद्दर्शान्तत्वमत एव चैत्रशुक्लप्रतिपदादिस्तत्र । ब्रह्मणा लङ्काक्षितिजे प्राक्स्वस्तिके ग्रहाणां स्थापनात् सूर्यकिरणप्रतिहतानां चन्द्रादीनामदर्शनाच्च सूर्योदय इत्युक्तम् । लङ्कायाः कुमध्ये वर्त्तमानत्वात् । न च भूमेर्वर्त्तुलत्वेन मध्यः सर्वप्रदेशे सम्भवतीत्ययुक्तमिति वाच्यम् । स्वतन्त्रेच्छस्य नियोक्तुमशक्यत्वात् । अत एव यमकोटेर्मध्यत्वकल्पनं सूर्यसिद्धान्ते । न चोदयकाले तदानीं मेषलग्नस्य क्रूरास्तमिताखिलग्रहोपहतस्य सत्त्वात् कथं तदारब्धग्रहचारादीनामाकल्पमविघ्नेन संस्थानमिति संहितास्कन्धाप्रामाण्यापत्तेरिति वाच्यम् । वेदोक्तकर्मकर्त्रस्मदादीनां मनुष्याणां संहितोक्ताशुभकालत्यागसम्भवान्न सर्वज्ञब्रह्मणो मनोऽभिलषितकार्यस्येच्छामात्रसम्पाद्यत्वेन महाशक्तिमत्त्वात् । अन्यथा सर्वग्रहाणामस्तमितत्वेन भवदभिमतार्धरात्रे पापलग्नस्यार्कस्य पापाक्रान्तचतुर्थस्य सत्त्वेन च ग्रहचारप्रवृत्तेरसङ्गततापत्तेः । अथ सप्तग्रहेषु तदानीं सूर्यस्योच्चस्थत्वेन ग्रहप्रकाशकहेतुत्वेन स्वोदयमूलदिनकर्त्तृत्वेन दिनकरदिनेशाभिधानाच्च प्रथमदिने सूर्यस्याधिपत्यं युक्तम् । अन्यग्रहाणां निष्प्रभत्वेन निर्बलत्वात् । चारमार्गे बलिन एव प्रथमप्रवृत्तिः । अथ सृष्ट्यादौ ग्रहचारप्रवृत्तिकाले तदुपाधीनां प्रवृत्तेर्दिनमासवर्षयुगादीनां युगपत् प्रवृत्तिरिति च युक्तम् ।

"चैत्रे मासि जगद्ब्रह्मा ससर्ज प्रथमेऽहनि ।
शुक्लपक्षे समग्रं तत् तदा सूर्योदये सति ॥
प्रवर्त्तयामास तदा कालस्य गणनामपि ।
ग्रहानहान्यृतून् मासान् वत्सरान् वत्सराधिपम्" ॥

इति कालमाधवीयब्रह्मपुराणवचनदर्शनात् ।

तथा च विष्णुधर्मोत्तरपुराणान्तर्गतब्रह्मसिद्धान्ते श्रीमद्भगवद्भृगु-संवादे भगवद्वाक्यम् –

'लङ्कायामर्कोदये चैत्रशुक्लप्रतिपदारम्भेऽर्कदिनादावश्विन्यादौ किंस्तुघ्नादौ रौद्रादौ कालप्रवृत्तिः' ।

इत्यपि प्रमाणमत एव ब्रह्मगुप्तः ।

*"चैत्रसितादेरुदयाद्भानोर्दिनमासवर्षयुगकल्पाः ।
सृष्ट्यादौ लङ्कायां समं प्रवृत्ता दिनेऽर्कस्य"–इति ॥ १५ ॥

इदानीं कालमानानां विभागकल्पनां श्लोकत्रयेणाह ।

योऽक्ष्णोर्निमेषस्य खरामभागः
स तत्परस्तच्छतभाग उक्ता ।
त्रुटिर्निमेषैर्धृतिभिश्च काष्ठा
तत्त्रिंशता सद्गणकैः कलोक्ता ॥ १६ ॥
त्रिंशत्कलाऽऽक्षी घटिका क्षणः स्या-
न्नाडीद्वयं तैः खगुणैर्दिनं च ।
गुर्वक्षरैः खेन्दुमितैरसुस्तैः
षड्भिः पलं तैर्घटिका खषड्भिः ॥ १७ ॥
स्याद्वा घटीषष्टिरहः खरामै-
र्मासो दिनैस्तैर्द्विकुभिश्च वर्षम् ।
क्षेत्रे समाद्येन समा विभागाः
स्युश्चक्रराश्यंशकलाविलिप्ताः ॥ १८ ॥

वा. भा.–योऽक्ष्णोर्लोचनयोः पक्ष्मपातः स निमेषः । स यावता कालेन निष्पद्यते तावान् कालोऽपि निमेषशब्देनोच्यते । उपचारात् । तस्य त्रिंशद्विभागस्तत्परसंज्ञः । तत्परस्य शतांशस्त्रुटिरिति । अथ च निमेषै-रष्टादशभिः काष्ठा । क्व चित्पुस्तकान्तरे 'तिथिभिः'-इति पाठः । काष्ठा-

* ब्रह्मस्फुटसिद्धान्तस्य २ श्लो. ।

त्रिंशता कलोक्ता । कलानां त्रिंशता घटिका । सा चार्तो । भभ्रमस्य षष्टिभाग इत्यर्थः । घटिकाद्वयेन क्षणो मुहूर्तः । क्षणानां त्रिंशता दिनम् । अथ प्रकारान्तरेण दिनमुच्यते । गुर्वक्षरैः खेन्दुमितैरसुरिति । एकमात्रो लघुः । द्विमात्रो गुरुः । तथा

"सानुस्वारो विसर्गान्तो दीर्घो युक्तपरस्तु यः ।"

इति छन्दोलक्षणे प्रतिपादितम् । यदक्षरं सानुस्वारं विसर्गान्तं दीर्घं यस्याक्षरस्य परतः संयोगस्तल्लघ्वपि गुरुसंज्ञं ज्ञेयम् । गुर्वक्षरस्योच्चार्यमाणस्य यावान् कालस्तद्दशकेनैकोऽसुः प्राणः । प्रशस्तेन्द्रियपुरुषस्य श्वासोच्छ्वासान्तर्वर्त्ती काल इत्यर्थः । षड्भिः प्राणैरेकं पानीयपलम् । पलानां षष्ट्या घटी । घटीनां षष्ट्या दिनम् । त्रिंशद्दिनैरेको मासः । मासैर्द्वादशभिर्वर्षमिति कालस्य विभागो दर्शितः । अथैतत्प्रसङ्गेन क्षेत्रविभागोऽपि कथितः । क्षेत्रे समाद्येन समा विभागा इति । क्षेत्रे कक्षायां समाद्येन वर्षाद्येन समास्तुल्याः क्षेत्रविभागा ज्ञेयाः । ते के । चक्रराश्यंशकलाविलिप्ताः । यथैकस्य वर्षस्य मासदिनादयो विभागा एवं भगणस्य राश्यंशादयः ॥ १६--१८ ॥

वा·वा·—इदानीं कालमानानां विभागकल्पनां श्लोकत्रयेणाह योऽक्ष्णोरिति । न केवलं सूर्यादय एव कालव्यक्तिव्यञ्जकाः किन्तु निमेषादयोऽपीत्युच्यते । अत्र निमेषस्य सहस्रत्रयमितोऽंशस्त्रुटिरित्युक्तम् । शास्त्रान्तरे निमेषद्वयं त्रुटिरभिहिता । अत्र क्षणपदेन मुहूर्त्त उक्तः । अन्यत्र निमेषाष्टकं क्षण इति । अत्र द्विसप्ततिसहस्राधिकनवलक्ष—९७२००० निमेषैरहोरात्रमभिहितम् । क्वचित् षष्टिसहस्राधिकैकविंशतिलक्षे-२१६०००० निमेषैरहोरात्रमुक्तम् । अन्यत्रापि द्वात्रिंशत्सहस्राधिकाष्टपञ्चाशल्लक्ष-५८३२००० निमेषैरहोरात्रमिति ।

तथा च गार्ग्यः ।

"अक्षिपक्ष्मपरिक्षेपो निमेषः परिकीर्त्तितः ।
द्वौ निमेषौ त्रुटिर्नाम द्वे त्रुटी तु लवः स्मृतः ॥

द्वौ लवौ क्षण इत्युक्तः काष्ठा प्रोक्ता दश क्षणाः ।
त्रिंशत् काष्ठाः कला प्रोक्ता कलास्त्रिंशन्मुहूर्तकः ॥
ते तु त्रिंशदहोरात्रमित्याह भगवान् हरः"-इति ।

तथा च मनुस्मृतौ शाकल्ये च परिभाषान्तरमुक्तम् । निमेषतारतम्याददोषः । मनुष्यलक्ष्यं परिभाषान्तरमुक्तं गुर्वन्तरैः खेटुमितैरिति । पूर्वपरिभाषाया मनुष्यदृग्विषयातीतत्वान्निमेषपरिमाणस्याव्यवस्थितिस्वीकारदर्शनाच्च क्षेत्रे समाधेनेति ।

"विकलानां कला षष्ट्या तत्षष्ट्या भाग उच्यते ।
तत्त्रिंशता भवेद्राशिर्भगणो द्वादशैव ते" ॥

इति क्षेत्रपरिभाषोक्ता ॥ १६-१८ ॥

मरीचिः—अथ मूलभूतभचक्रग्रहचारप्रवृत्तिकालमुक्त्वा त्रुट्यादिप्रलयान्तकालनिरूपणं विवक्षुः प्रतिज्ञातत्वात् प्रवृत्तिकाले दिनमासवर्षादीनां प्रवृत्तेरुक्तत्वाच्च त्रुट्यादिवर्षान्तकालस्य कलनं क्षेत्रपरिभाषां चोपजात्येन्द्रवज्राभ्यां च क्रमेणाह योऽक्ष्णोरित्यादीति । अक्ष्णोर्नीरोगमनुजनेत्रयोर्निमेषस्य पक्ष्मपातकालस्येत्युपचाराल्लभ्यते । द्वयोर्नेत्रयोरुत्सर्गतो युगपन्निमेषादक्ष्णोरिति द्विवचनम् । यद्यत्संख्यामितः खरामभागः । 'अङ्कानां वामतो गतिः'—इत्यनेन त्रिंशदंशः । आकाशस्य महत्त्वेनेयत्ताभावात् तद्वाचकशब्दानां सङ्केतेन वा स्थानाभावद्योतकशून्याभिधेयत्वात् । परशुरामदाशरथिबलभद्राणां त्रयाणां रामपदवाच्यत्वेन रामशब्देन त्रिसंख्योक्तिश्च । एतेन रावणरिपुदाशरथिशब्दादिना त्रिसंख्याग्रहणमाधुनिकोक्तं परास्तम् । अत्र गुरुतराः । नन्वस्ति लिपिषु सव्यक्रमः शिष्टसम्मतो माङ्गलिकत्वादादरणीयश्च । तत्कथं तमपहायापसव्यक्रम आदृत इति चेन्न । शतसहस्रायुतलक्षादीनामुत्तरोत्तरमभ्यर्हितत्वेन तदुचितसव्यक्रमद्वारैतत्क्रमस्य युक्तत्वात् । न चाभ्यर्हितसंख्यातः सव्यक्रमार्यमुत्तरावधितः प्रदक्षिणक्रमेणैव द्वितीयादिस्थानानां संज्ञाऽस्त्विति । अत एवार्यभटसिद्धान्ते सर्वत्रेष्टाभ्यर्हितसंख्यातः सव्यक्रमेणैव संख्याङ्कनिबन्धनम् । तद्वाक्यं च यथा—

"कल्पे सूर्यादीनां भगणा घङफेननेननुनीनाः ।
मथयमगग्लभननुना" ... ... * ॥

इत्यत्र रूपात् ।

"कटपयपूर्वा वर्गाद् वर्णक्रमतो भवन्त्यङ्काः ।
ञ्नौ शून्य प्रथमार्थे आश्छदे ऐस्तृतीयार्थे" † ॥

इति स्वोक्तपरिभाषयाऽर्कभगणसंख्या ४३२०००००० चन्द्रस्य ५७७५३३३४००० । एवमन्यात्रापि दर्शनादिति वाच्यम् । उत्तरावधेरभावात् । परिच्छिन्नसंख्यासु तत्सत्त्वे तस्यानियतत्वात् । प्रथमावधेस्तु नियतत्वात् । तत्स्थानमारभ्य स्थानसंज्ञाऽपसंव्यक्रमेण युक्ततरा । अत एव सूर्यसिद्धान्ताद्यार्षग्रन्थे एतत्क्रमस्यैव निबन्धनमिति प्राचुः । स कालस्तत्परस्तत्पराभिधेयः ।

तदुक्तम् ।

"स्वस्थे नरे सुखासीने यावत् स्पन्दति लोचनम् ।
तस्य त्रिंशत्तमो भागस्तत्परः"... ... ...इति ॥

तच्छतभागस्तस्य तत्परकालस्य शतांशः कालस्त्रुटिरुक्ता तत्कालस्य त्रुट्यभिधेयतोक्तेत्यर्थः । उक्तेत्यनेन

"प्राणादिः कथितो मूर्त्तस्त्रुट्याद्योऽमूर्त्तसंज्ञकः ।
तद्यथाऽक्ष्णोर्निमेषस्य वियत्काल-३० लवो मतः ॥
स तत्परः शतांशः स्यात् तस्य साऽपि भवेत् त्रुटिः" ।

इति ज्ञानभास्करे सूर्यारुणसंवादे कालज्ञाननिरूपणे उक्तत्वादागम एव प्रमाणम् । नात्र युक्तिरिति सूचितम् । भूतवर्त्तमानभविष्यत्वेन कालशब्दाभिधेयास्त्रयो गृहीता इति । नन्वेतत् त्रुटिनिरूपणं व्यर्थम् । न च त्रुट्यादिप्रलयान्तेत्याद्युद्देशादिति वाच्यम् । निमेषकालात् प्रलयान्तकालस्य निरूपणेन त्रुट्याद्यसम्भवादुद्देशे त्रुटेर्निमेषपरत्वात् ।

* महार्यभटसिद्धान्ते मध्यमाधिकारे ७ श्लो० ।
† महार्यभटसिद्धान्ते मध्यमाधिकारे ३ श्लो० ।

सिद्धान्तशेखरेऽपि ।

"काष्ठा स्मृताऽष्टादशभिर्निमेषैः कला च काष्ठादशकत्रयेण ।
त्रिंशत्कला स्याद्घटिका घटीभ्यां क्षणः क्षणस्त्रिंशदहर्निशं च" ॥

इति त्रुटिकालं विना निमेषकालमारभ्याङ्गीकाराच्च । न च तत्र

"अक्ष्णोर्निमेषः कथितो निमेषस्त्रिंशद्विभागोऽस्य च तत्परः स्यात् ।
शतांशकस्तस्य त्रुटिर्निरुक्ता सर्वज्ञगम्या यदि हन्त सा स्यात्" ॥

इति त्रुट्यादिनिरूपणमपि निष्प्रयोजकं कृतम् । तथाऽत्र कृतमिति वाच्यं त्रुट्यादिप्रलयान्तकालकलनेत्यादिक्रमेणोद्देशमत्रत्यं विहाय तत्र 'शतानन्दध्वस्तिप्रभृतित्रुटिपर्यन्तसमय'-इत्यादिना त्रुटिमहाकल्पावच्छिन्नकालस्योद्देशात् तत्रोक्तत्वादत्रोक्तमित्यन्धपरम्परायाा गोले निरासाच्च । न च योऽक्ष्णोरित्याद्यस्य त्रुटिभागेनैकस्तत्परस्तत्परत्रिंशता निमेष इति व्यत्यये तात्पर्यमिति लक्ष्मीदासोक्तोऽर्थो युक्तः । अग्रे निमेषादिना कालप्रतिपादनाच्चेति वाच्यम् । निमिषज्ञाने त्रुटिज्ञानं त्रुटिज्ञाने निमेषज्ञानमित्यन्योन्याश्रयात् । अन्यथा त्रुटेः प्रकारान्तरेण निरूपणाय तैरिति चेन्न । निमेषैर्धृतिभिश्च काष्ठेति वक्ष्यमाणे निमेषपदं त्रुटिपरम् । धृतिपदं चतुःपञ्चसहस्रसंख्यापरमित्यनन्यगत्याऽर्थकरणेन चतुःपञ्चसहस्रत्रुटिभिः काष्ठेति सिद्धेरुक्तदोषाप्रसक्तेः । यद्वा योऽक्ष्णोरित्यादित्रुट्यन्तेनोक्तं परिभाषान्तरम् । तद्यथा यत्राद्ययन्थे त्रुट्यादिप्रलयान्तकालनिरूपणं निमेषानन्तर्गतेन त्रुटिनिरूपणपूर्वकं कृतं तत्र त्रुटिज्ञानार्थमस्य भागस्य कथनात् तत्परिभाषोक्तप्रायेव सिद्धा ।

तदुक्तम् ।

"वेदेषुत्रुटिभिः कालो मुहूर्त्ताख्यो मुहूर्त्तकैः ।
काष्ठा सहस्रैस्तस्याश्च त्रिंशता गदिता कला" ॥

इत्यादिपूर्वग्रन्थे । अत्र तात्पर्यम् । ननु त्रुटेरतीन्द्रियत्वेन घट्यादीनामपि तथात्वात् कथं परिभाषया व्यवहारोपयुक्तदिनकालज्ञानमित्य-

स्वरसात् परिभाषान्तरमाह निमेषैरित्यादि । अत एव पूर्वपरिभाषा सम्पूर्णा नोक्तेति युक्तं पश्यामः । निमेषैरित्यादि छन्दःशास्त्रेऽष्टादशाक्षरचरणपद्यस्य धृत्यभिधायकत्वादष्टादशनिमेषकालमानैः काष्ठा । अत्र तिथिभिरित्ययुक्तः पाठः । आर्षग्रन्थे तद्दर्शनाभावात् । तत्त्रिंशता काष्ठाकालमानत्रिंशता कला । सद्गणकैरुक्तेति प्रत्येकं सम्बन्धः । अत्र कालविशेषाभिधायककलाया उक्तत्वेन चेत्रान्तर्गतकलाभिन्नत्वं स्पष्टत्वं सद्गणकैरुक्तेत्यनेनात्रागम एव प्रमाणं सूचितम् । त्रिंशत्कला त्रिंशन्मितकला । जात्यभिप्रायेणैकवचनम् । घटिका आर्क्षी नाक्षत्री भभ्रमकालस्य षष्ठ्यंश इत्यर्थः । नाडीद्वयं घटिकाद्वितयं क्षणो मुहूर्त्तः । तैः क्षणैः खगुणैः । सत्त्वरजस्तमसां त्रयाणां शास्त्रे गुणत्वप्रतिपादनाद्गुणास्त्रयः सङ्केतेन च गृह्यन्ते । त्रिंशन्मुहूर्त्तैर्दिनम् । चकाराच्चाक्षत्रघटीभ्यो नाक्षत्रमहोरात्रं षष्टिघटीमितमुक्तम् ।

एतदुक्तं ज्ञानभास्करे ।

"निमेषैर्धृतिभिः काष्ठा कला तत्त्रिंशता मता ।
त्रिंशत्कला द्युघटिका तद्युग्मं च भवेत् क्षणः ॥
तत्त्रिंशद्भिर्दिनं सूत भवेत् ... ..."इति ।

ननु कालसामान्यपरिभाषाकथनोपक्रमे घट्यादीनां नाक्षत्रकथनमयुक्तम् । नाक्षत्रकालस्य मानविशेषत्वेन माननिरूपणे निरूपितत्वात् । अन्यथा सौरचान्द्रादीनामपि घटीमानस्य निरूपणापत्तेः । अत एव ज्ञानभास्करे 'द्युघटिका'—इति सामान्यमुक्तमित्यार्क्षपदप्रयोगो व्यर्थ एवेति चेन्न । सामान्यपरिभाषाया अपि विशेषाश्रयत्वेनार्क्षघटीनामेकरूपतया तदन्यमानानां घटीनां प्रतिक्षणविलक्षणत्वेन चार्क्षघट्यङ्गीकारात् । सामान्यस्य विशेषानतिरिक्तत्वेन तर्कशास्त्रे साधनात् । नाक्षत्रमानेन घट्यादिग्रहणेऽपि सामान्यानुरोधेन केवले घटीग्रहणे व्याकुलता स्यादिति तत्परिहारार्थमार्क्षपदस्य सार्थकत्वात् । अत एवानन्तरोक्तपरिभाषायां नाक्षत्रघट्यादिग्रहणेऽपि सामान्यानुरोधात् पूर्वोक्तेन चार्क्षपदप्रयोग इति विशे-

प्रोक्तावपि सामान्ये तात्पर्यम् । नन्वस्मदादीनां निमेषकालातीन्द्रियत्वेन दिनमानस्यातीन्द्रियत्वात् कथं परिभाषया व्यवहारसिद्धिरतः परिभाषान्तरमाह गुर्वक्षरैरित्यादि । खेन्दुमितैः सङ्केतेनेन्दुपर्यायशब्दानामेकसंख्याभिधेयत्वाद्दशसंख्यैर्गुर्वक्षरैः पूर्वोक्तगुरुलक्षणाक्रान्तस्वरवर्णैर्दशगुर्वक्षराव्यवहितकथनलक्षितकालावयवैरसुः स्वस्थसुखासीनस्य श्वासोच्छ्वासान्तर्वर्त्तिकालस्य तत्पदोपचारलाभात् प्राणः ।

स्वस्थलक्षणं च ।

"समधातुः समाग्निश्च समदोषमलक्रियः ।
प्रसन्नात्मेन्द्रियमनाः स्वस्थ इत्यभिधीयते"-इति ॥

तैः प्राणैः षड्भिः पलम् । तैः पलैः खषड्भिः षष्ट्या घटिका वा परिभाषान्तरेण स्यात् । इयं घटी पूर्वपरिभाषोक्तनाक्षत्रघटीतुल्येति सूचनाय दिनपरिभाषामाह घटीषष्टिरिति । घटीषष्टिरहोऽहोरात्रं स्यात् । तया च पूर्वषष्टिघटिकाभिरेतत्षष्टिघटिकाभिश्चाहोरात्रस्योभयथा तुल्यत्वकथनाद्भचक्रभ्रमेण चक्रकलाभिर्नाक्षत्रदिनसम्भवादहोरात्रासूनां कलासमत्वदर्शनाच्च षष्टिपलात्मकघट्या नाक्षत्रत्वं युक्तम् । तेन न पौनरुक्त्यं दिननिरूपणे इति भावः । अहोरात्रासुभिः पूर्वपरिभाषया नवलक्षद्विसप्ततिसहस्रमिता निमेषास्तदैकेनासुना के इत्यनुपातेन पञ्चचत्वारिंशन्निमेषैरेकोऽसुरित्यादि ज्ञेयम् । अथ मासादीनाह खरामैरिति । त्रिंशदहोरात्रैर्मासः । तैर्मासैर्द्विकुभिर्भूपर्यायशब्दानां सङ्केतेन चैकसंख्यावाचकत्वाद्द्वादशभिर्वर्षैः । चः समुच्चये । इति कालपरिभाषायाम् ।

"... ... ... गुर्वक्षरैरसुः ।
"दशभिस्तैर्भवेत् षड्भिः पलं व्योमर्त्तुभिर्घटी ॥
अहः खर्त्तुघटीभिश्च मासो व्योमाग्निवासरैः ।
द्विकुभिस्तैर्भवेद्वर्षम्" ... ... इति ॥

अनेन ज्ञानभास्करोक्तेनागम एव प्रमाणम् । अथ प्रसङ्गाद्वक्ष्यमाणोपयुक्तत्वेन क्षेत्रपरिभाषामाह क्षेत्र इति । क्षेत्रे कक्षावृत्तात्मके ।

समाद्येन वर्षमासदिनघटीपलान्तविभागेन समास्तुल्याः । चक्रराश्यंशकलाविलिप्ता विभागा भगणांशकलाविकलाख्यकलाविभागा इत्यर्थः स्युर्भवन्ति । तथा चैकवर्षस्य मासदिनघटीपलानि यथाऽवयवास्तथैकभगणस्यापि राश्यंशकलाविकला अवयवास्तेन विकलाषष्ट्या कला कलाषष्ट्या भागः । भागत्रिंशद्राशिः । द्वादशराशिरेको भगण इति क्षेत्रपरिभाषोक्तसिद्धा विकलालिप्तांशराशिभगणान्तः क्षेत्रविभागस्तुल्यः । कालेन विनाडिकाद्येनेति ब्रह्मगुप्ताचार्योक्तत्वात् ।

तथा च स्पष्टं सूर्यसिद्धान्ते ।

"विकलानां कला षष्ट्या तत्षष्ट्या भाग उच्यते ।
तत्त्रिंशता भवेद्राशिर्भगणो द्वादशैव ते"* ॥

इत्युक्तमत आगम एव प्रमाणम् ॥ १६—१८ ॥

इदानीमनयैव कालविभागपरिभाषया सौरादीनि तन्मानान्याह ।

रवेश्चक्रभोगोऽर्कवर्षं प्रदिष्टं
द्युरात्रं च देवासुराणां तदेव ।
रवीन्द्वोर्युतेः संयुतिर्यावदन्या
विधोर्मास एतच्च पैत्रं द्युरात्रम् ॥ १९ ॥
इनोदयद्वयान्तरं तदर्कसावनं दिनम् ।
तदेव मेदिनीदिनं भवासरस्तु भभ्रमः ॥ २० ॥

वा. भा—रविर्यावता कालेन पूर्वगत्या मेषादिभचक्रं भ्रमति तावत्प्रमा रविवर्षं प्रदिष्टम् । तस्य द्वादशभागो रविमासः । मासस्य त्रिंशदंशोऽर्कदिनम् । दिनषष्ट्यंशोऽर्कघटिका । तत्षष्ट्यंशोऽर्कविघटिकेति पूर्वपरिभाषया सर्वत्र वेदितव्यम् । इत्यर्कमानम् ।

अथ दैवमानम् । द्युरात्रं च देवासुराणां तदेवेति । यदर्कवर्षं तदेव देवानां दैत्यानां च द्युरात्रमहोरात्रम् । एकमेव तेषामहोरात्रम्

* सूर्यसिद्धान्ते मध्यमाधिकारे २८ श्लो. ।

किन्तु यद्देवानां दिनं सा दैत्यानां रजनी । तथा च गोले वक्ष्यति । अस्मादहोरात्रान्मासवर्षादिकल्पना तथैव परिभाषया । एवं देवानां वर्षं रविवर्षशतत्रयेण षष्ट्यधिकेन भवति । इति दैवमानम् ।

अथ चान्द्रमानम् । रवीन्द्वोर्युतेः संयुतिर्यावदन्या विधोर्मास इति । रवीन्द्वोर्युतिरमावास्यान्ते भवति । तस्या युतेरन्ययुतिपर्यन्तं यावान् कालस्तावान् विधुमासः । एवं योऽत्रामावास्यान्तो मासः स विधुमास इत्युक्तं भवति । तस्मान्मासात् पूर्वपरिभाषया वर्षादिकल्पनेति चान्द्रमानम् ।

अथ पैत्रम् । एतच्च पैत्रं द्युरात्रमिति । यो विधुमासस्तदेव पितृणामहोरात्रम् । अतः पूर्ववन्मासवर्षादिकल्पना । इति पैत्रम् ॥ १९ ॥

अथ सावनम् । इनोदयद्वयान्तरमिति । अर्कोदययोरन्तरं यत् तदर्कसावनं दिनम् । तदेव कुदिनसंज्ञं ज्ञेयम् । अतोऽपि पूर्ववन्मासवर्षादिकल्पना । अत्रार्कग्रहणमुपलक्षणं तेनान्येषामपि ग्रहाणां तदुदयद्वयान्तरं तत्सावनमिति । इति सावनम् ।

अथ नाक्षत्रमानम् । भवासरस्तु भभ्रम इति । भभ्रमो नक्षत्रसावनमित्यर्थः । इति नाक्षत्रम् ॥ २० ॥

वा. वा.–पूर्वं वर्षादिपरिभाषोक्ता । अधुना देववर्षादि सौरादिभेदेन नवधा भिद्यत इति मानान्याह रवेश्चक्रभोग इति । रवेर्द्वादशराश्यात्मकचक्रस्य पूर्वगत्या यावता कालेन भोगः स कालो रविवर्षमित्युक्तम् । अंशभोगो दिनप्रमाणम् । रविदिवसे सावनघटीप्रमाणज्ञानमनुपातेन । गतिकलाभिः षष्टिघटिकाः सावना लभ्यन्ते तदा षष्टिकलाभिः किमिति लब्धं सौरदिवसे सावनघटिकामानं मध्यगत्या ६० । ५२ । मध्यगतिमानं 'महीमितादहर्गणात् फलानि यानि तत्कलाः'–इत्याचार्यो वक्ष्यति । अंशस्य कलाकरणमिच्छायाः प्रमाणसजातीयकरणायानुपातलक्षणं च पाट्यामुक्तम् ।

"प्रमाणमिच्छा च समानजाती आद्यन्तयोः स्तः फलमन्यजाति ।
मध्ये तदिच्छाहतमाद्यहृत् स्यादिच्छाफलं व्यस्तविधिर्विलोमे" इति ॥

"... ... ... गुणस्त्वावृत्तिलक्षणः ।
आवर्त्तको गुणः प्रोक्त आवर्त्या गुण्य उच्यते" ॥

गुण्यसंख्याया गुणकसंख्यातुल्यावर्त्तने यावती संख्या सा गुणनफलसंज्ञां लभते । भाज्यसंख्याया भाजकसंख्यामितोऽशो भाग इति । तत्सङ्ख्या भागहारफलमित्युच्यते । गतेः कलाद्यवयवान् भागप्रभागभागानुबन्धभागापवाहजातिभिर्यथासम्भवं सवर्णयित्वा भिन्नाभिन्नभागहारप्रकारेण षष्टिकलागुणितषष्टिघटीभ्यो गत्या भागो ग्राह्यः । तत् सौरे सावनमानं भवति । द्युरात्र च देवासुराणां तदेवेति । तदेव सौरवर्षं देवासुराणामहोरात्रं प्रदिष्टम् । दिनेशदर्शनयोग्यः कालविशेषो दिनमदर्शनं रात्रिरिति । एकप्रदेशस्थद्रष्टुः सूर्योदयद्वयदर्शनान्तरालकालोऽहोरात्रम् । अन्यथा प्रदेशद्वयद्रष्टृसूर्योदयद्वयदर्शनान्तरालकालस्य भिन्नत्वादहोरात्रभेदः स्यात् । यावद्दिनेशदर्शनं तावद्दिनमित्यत्रापि सौम्यायनं दिनं दक्षिणायनं रात्रिरिति दोषः प्रसज्येत । सङ्कल्पादावेवोक्तकालसिद्धयः सिद्धाः । स्वच्छन्दचारिणः सौम्यायनप्रवृत्तेः सौरमासत्रयं यावत् वडवानलप्रदेशमाश्रयन्ते । ततो मेषादिराशित्रयार्कभोगं यावन्मेरुं संश्रयन्ते । ततः पुनः कर्कादित्रयेण वडवानलं पुनस्तुलादित्रयेण मेरुस्थितिसुखमनुभवन्ति । मृगादिभचक्रार्धार्कभोगं यावद्दिनेशस्य दृष्टत्वात् सौम्यायनं दिनमापद्येत । न चैतादृशदिनप्रमाणं शास्त्रेण प्रतिपाद्यते प्रदेशविशेषमधिकृत्यैव दिनप्रमाणस्योक्तत्वात् । तस्मादेकप्रदेशस्थद्रष्टुर्यावद्दिनेशदर्शनयोग्यः कालविशेषस्तावद्दिनमिति युक्तम् । अभ्रादिव्यवधानेनादर्शननिवारणाय योग्य इति पदम् । यद्वा स्वक्षितिजोपरि यावद्रविबिम्बसंचरणं तावद्दिनम् । स्वक्षितिजाधो यावद्रविबिम्बसंचारस्तावती रात्रिः । यावत् स्वक्षितिज एव रविबिम्बसंचरणं तावती सन्ध्येति लक्षणं युक्तम् । एतद्द्वीपवर्त्त्यन्याप्रविष्टनिरस्तसमस्तरविरश्मिजालः कालविशेषो रात्रिरिति लक्षणेऽत्यन्तं गौरवम् । यद्देवानां दिनं तदसुराणां रात्रिरिति भाष्ये देवपदं मेरुस्योपलक्षणार्थं दैत्यपदं वडवानलस्योपलक्षकम् । पातालत-

लाद्यवस्थितानां तादृशदिनाभावात् । एतत्कारणं गोले वक्ष्यते । रवीन्द्वोर्युतिः संयुतिर्यावदन्येति । रविचन्द्रबिम्बकेन्द्रयुतेर्यावदन्या युतिः स चान्द्रो मास इति दर्शावधिरिति यावत् । 'मास' परिमाणे—इत्यस्माद्धातोर्निष्पन्नोऽयं मासशब्दः । मस्येते परिमीयेते यावता कालेन चन्द्रवृद्धिक्षयौ स चान्द्रो मासः । यद्वा चन्द्रवृद्धिक्षयाभ्यां मस्यत इति मासः ।

"उक्तं च ।

"मस्यन्ते परिमीयन्ते स्वकला वृद्धिहानितः ।

मास एते स्मृता मासास्त्रिंशत्तिथिसमन्विताः" इति ॥

एतेन मासाभिधा चान्द्र एव मुख्या । सौरादिषु गुणवशात् एकस्मिन् मासे चान्द्रे रविचन्द्रान्तरं भगणांशाः । एकस्मिंस्तिथावन्तरं द्वादश भागाः । चान्द्रमध्ये सावनघटीमानमनुपातेन । यदि गत्यन्तरकलाभिः षष्टिघटिकास्तदा द्वादशभागकलाभिः किमिति मध्यगत्या चान्द्रे सावनघट्यः ५९ । ४ । चान्द्रमास एव पित्र्यमहोरात्रम् । पितृशब्देन विधुपृष्ठस्था उच्यन्ते ॥ १९ ॥

अधुना सावननाक्षत्रदिनप्रमाणमाह इनोदयद्वयान्तरमिति । दिनशब्देनाहोरात्रमुच्यते । दिनशब्दः सावने मुख्योऽन्यत्र गौणः । भानां भ्रमो यावता कालेन संपद्यते तद्दिनम् । नाक्षत्रमध्ये सावनज्ञानमनुपातेन । रविगतियुक्तचक्रकलाभिः षष्टिघटिकास्तदा केवलाभिश्चक्रकलाभिः किमिति जातम् ५९ । ५० । चन्द्रेण यावता कालेन चैत्रं भुज्यते तद्दिनम् । तज्ज्ञानं त्रैराशिकेन । यदि चन्द्रगत्या ७९० । ३५ षष्टिघटिका अर्कसावना लभ्यन्ते तदाऽष्टशतकलाभिः किमिति जातम् ६० । ४२ । एवं सप्तविंशतिदिनैर्मास इति । इदं नाक्षत्रमानं प्रवर्षणमेघगर्भपरिज्ञाने उपयुज्यत इति नारदः । अत्राचार्येण भभ्रमशब्देन नाक्षत्रसावनमेव घटिकादिज्ञानार्थम् ॥ २० ॥

मरीचिः—अथ सामान्यतः कालपरिभाषामुक्त्वा नवमानात्मकविशेषेण कालं विवक्षुः प्रथमं तत्र सौरदैवचान्द्रपैत्रमात्रमानानि चत्वार्याह रवेश्च-

क्रभोग इति । रवेः सूर्यस्य । चक्रभोगो वृत्तभोगः कक्षावृत्तस्थित-द्वादशराशिभ्रमणम् । अर्कवर्षं सौरवर्षं प्रदिष्टमुक्तम् । मुनिभिरिति शेषः । तथा च प्रतिदिनं प्रवहवायुकृतभ्रमणेन चक्रभोगेऽपि रवेरिति षष्ठ्यन्तेन स्वपूर्वगत्या द्वादशराशिभोगो यावता कालेन तन्मितकालः सौरवर्षम् । 'रविचक्राणि रव्यब्दाः'-इति लघुवसिष्ठसिद्धान्तोक्तेः । प्रदिष्टमित्यनेनागम एव मानं सिद्धम् । अस्मात् पूर्वपरिभाषयैकराशिभोगकालः सौरमासः । एकांशभोगकालः सौरदिनम् । एतत्प्रमाणं सौरषष्टिघट्यः । अत्रानुपाततः सावनचान्द्रनाक्षत्रघटिकाश्चिन्त्यन्ते । एकसावनदिने गतिकलाभोगसिद्धेर्गतिकलाभिः षष्टिसावनघटिकास्तदैकांशकलाभिः का इत्यनुपातेन सौरदिनमध्ये सावनघटिका गतिवशात् प्रत्यहं भिन्ना अपि मध्यगत्यैताः ६०। ५२ । चान्द्रदिनसावनघटीभिर्वक्ष्यमाणानीताभिश्चान्द्रषष्टिघटिकास्तदा सौरसावनागतघटीभिः का इत्यनुपातेन सौरदिने चान्द्रघटिकाः । मध्यमचान्द्रसावनघटीभिः ५९ । ४ मध्यास्तु ६१ । ५१ । नाक्षत्रसावनवक्ष्यमाणघटीभिर्नाक्षत्रषष्टिघटिकास्तदा सौरसावनागतघटीभिः का इत्यनुपातेन सौरदिने नाक्षत्रघटिकाः । मध्यमनाक्षत्रसावनघटीभिः ५९ । ५० मध्यास्तु ६१ । ३ । अत्र 'संक्रान्त्या सौर उच्यते'*-इति सूर्यसिद्धान्ताच्च मासाद्यन्यतममूलनिरूपणात् सौरमानं वक्तुं शक्यमपि लाघवार्थं सौरवर्षस्य मुख्यत्वनिरूपणार्थं च सौरवर्षाद्युक्तमिति ध्येयम् । अथ कल्पादौ प्रथमं मेषादिना सौरवर्षप्रारम्भान्मेषादिद्वादशराशिभोगोऽर्कवर्षं मुख्यम् । देवासुराणां मानमाह द्युरात्रमिति । तदेव मेषादिद्वादशराशिभोगोऽर्कवर्षं मुख्यम् । एवकारोऽन्ययोगव्यवच्छेदार्थः । तेन मकरादिद्वादशराशिभोगोऽर्कवर्षस्य पुराणोक्तगौणस्य निरासः । देवासुराणां देवदैत्यानाम् । बहुत्वाद्बहुवचनम् । द्युरात्रमहोरात्रम् । चः समुच्चये । यद्यपि देवदैत्ययोः

* सूर्यसिद्धान्ते मध्यमाधिकारे १३ श्लो॰ ।

"सुरासुराणामन्योन्यमहोरात्रं विपर्ययात्"*–इति सूर्यसिद्धान्ते दिनरात्रिविपर्ययोक्तेर्न सुरात्रकथनं युज्यते तथाऽपि अहोरात्रमानस्य तुल्यत्वेन तदुक्तौ तात्पर्यात् । अत एव न दैत्यासुरमानं भिन्नम् ।

"भचक्रपरिवर्त्तेन भानोर्देवसुरद्विषाम् ।
अहोरात्रम्"† ... ... ॥

इति सूर्यसिद्धान्तो मानम् । 'अर्कवर्षैर्दिनं दिव्यम्'–इति लघुवसिष्ठोक्तेश्च । तथा च यदस्मत्सौरवर्षं तत् तेषामहोरात्रम् । त्रिंशद्वर्षाणि मासः । षष्ट्यधिकशतत्रयवर्षाणि वर्षमित्यादिपरिभाषया घट्याद्यपि ज्ञेयम् । इदं सौरं सौरमूलकत्वादिति संक्षेपः । अथ चन्द्रमानमाह रवीन्द्वोरिति । सूर्यचन्द्रयोर्युतेः क्रान्तिवृत्तस्यतच्चिह्नैक्यकालमारभ्येत्यर्थः । यावत् यत्कालेनेत्यर्थः । अन्या द्वितीया संयुतिर्भवति स कालो विधोश्चन्द्रस्य मासः । अत्र योगः पूर्वापरान्तराभावः । कक्षावृत्ते तेनोर्ध्वाधरान्तरसत्त्वे ऽपि न क्षतिः । अत्र शास्त्रे तस्यैव योगसंज्ञात्वात् । युतिद्वयान्तरकालश्चान्द्रो मास इत्यर्थः । 'दर्शान्तकालेऽवयवैर्ग्रहाद्यैः'-इत्युक्तेन 'राश्यादिसाम्यं मासान्ते'-इति वसिष्ठोक्तेन च दर्शान्ते तयोरवश्यं सत्त्वाद्दर्शावधिरिति यावत् । 'मासो दर्शावधिश्चान्द्रः'–इति वसिष्ठोक्तेश्च द्वादशचान्द्रमासाश्चान्द्रवर्षम् । चान्द्रमासत्रिंशदंशश्चान्द्रदिनं तिथिः । अत्रापि दिनद्वारा मासादिनिरूपणम् । चान्द्रमासस्य मुख्यत्वसूचनार्थं लाघवाच्च । अन्यथा चान्द्रदिनस्य मासकरणेन पितृमानोक्तौ गौरवापत्तेः । चान्द्रदिनमानं चान्द्रषष्टिघट्यः । आसु सावनसौरनाक्षत्रघटिकाश्चिन्त्यन्ते । तत्र युतिद्वयान्तरकालस्य मासत्वोक्तेः प्रथमयुतिकाले सूर्यचन्द्रयो राश्याद्यवयवैनैकत्वाच्चन्द्रस्य शीघ्रगतित्वेन यावच्चान्द्रमासे सूर्यराश्यादिभोगस्तदधिकद्वादशराशिचन्द्रभोगे द्वितीययुतिसम्भवादन्यथा तद्योगानुपपत्तेः सूर्यचन्द्रयोर्द्वादशराश्यात्मकभगणान्तरेण चान्द्रमास इति सिद्धे–

* सूर्यसिद्धान्ते मध्यमाधिकारे १४ श्लो॰ मानाध्याये च २५ श्लो॰ ।
† सूर्यसिद्धान्ते मानाध्याये॰ ४ श्लो॰ ।

"मस्यन्ते परिमीयन्ते स्वकला वृद्धिहानितः ।
मास एते स्मृता मासास्त्रिंशत्तिथिसमन्विताः" ॥

इत्युक्तत्वात् त्रिंशत्तिथिदिनात्मकः । ततस्त्रिंशत्तिथिभिर्भगणांशतुल्यमन्तरं तदैकतिथ्यां किमित्यनुपाताद्द्वादशभागान्तरम् । तथा चैकसावनदिने गत्यन्तरमधिकं चन्द्रः सूर्याद्गच्छति गत्यन्तरकलाभिः षष्टिसावनघटिकास्तदा पुष्पवतोरन्तरद्वादशभागकलाभिः का इति द्वादशभागान्तरात्मकैकचान्द्रदिने तिथौ सावनघट्यः । मध्यमगत्य-(५९। ८ ॥ ७९० । ३५) न्तरेणा-७३१ । २७ नीतमध्यास्तु ५९ । ४ । सौरसावनघटिकाभिः षष्टिसौरघट्यस्तदा चान्द्रसावनघटीभिः का इत्यनुपातेन चन्द्रदिने सौरघटिका मध्यमसौरसावनघटीभि-६० । ५० मध्यास्तु ५९ । १२ वक्ष्यमाणनाक्षत्रसावनघटीभिर्नाक्षत्रषष्टिघटिकास्तदा चान्द्रसावनघटीभिः का इति चान्द्राहे नाक्षत्रघटिका मध्यमनाक्षत्रसावनघटीभिः स्वल्पान्तराभिः ६० । ५० मध्यास्तु ५९ । १४ । पितृमानमाह एतदिति । एतच्चान्द्रमासमानं पैत्रं पितृणामिदं पैत्रं द्युरात्रम् । चः समुच्चये । प्रदिष्टमित्यत्राप्यन्वेति ।

"त्रिंशता तिथिभिर्मासश्चान्द्रः पित्र्यमहः स्मृतम्"* ।

इति सूर्यव्याससिद्धान्तोक्तेः । तथा चैकचान्द्रमासः पित्रहोरात्रम् । त्रिंशच्चान्द्रमासाः पितृमासः । षष्ट्यधिकशतत्रयचान्द्रमासाः पितृवर्षमित्यादि सामान्यपरिभाषयाऽन्यदपि ज्ञेयम् । इदं पितृमानं चान्द्रं तन्मूलकत्वादिति संक्षेपः ।

"भुजङ्गप्रयातं भवेद्यैश्चतुर्भिः" इति लक्षणाद्भुजङ्गप्रयाताख्यं पद्यम् ॥ १९ ॥

अथ सावननाक्षत्राख्यकालविशेषमाह इनोदयद्वयान्तरमिति । इनोदयद्वयान्तरं सूर्यबिम्बक्षितिजयोर्योग उदयः । एवमेकदेशस्योदयान्तरं

* सूर्यसिद्धान्ते मानाध्याये १५ श्लो. ।

यत्कालमितं तत् तत्कालमानं दिनमहोरात्रमर्कसावनं भवति। अत्र सावनानि स्युरेतेषाम्'*—इति सूर्यसिद्धान्तात्। सूर्योपलक्षणाद्‌ग्रहोदयद्वयान्तरं दिनषष्टिघटिकात्मकं ग्रहसावनं स्यादपि सूर्यसावनेनाखिलव्यवहारात् सूर्यग्रहणं प्राधान्यज्ञानार्थम्। एतन्मानं सावनषष्टिघटिकाः। अत्र स्वस्वसावनमानघटिकाभिर्यद्यायोऽयस्वस्वषष्टिघटिकास्तदा षष्टिसावनघटिकाभिः का इत्यनुपातत्रयेण सौरचान्द्रनाक्षत्रघटिकाश्चिन्त्याः। तास्तु मध्यममानेन सौराः ५९। ८। चान्द्राः ६०। ५७ नाक्षत्राश्च ६०। ८। अथ प्रतिप्रदेशं भिन्नकाले उदयसम्भवात् देशविशेषेणानन्तसावनेभ्यो मानानामानन्त्यं स्यादतः सर्वसावनानामनुगमार्थमाह तदेवेति। तत् सावनम्। एवकारोऽत्र सौरचान्द्रयोगव्यवच्छेदार्थः। तयोः सर्वत्रैककालसम्भवात्। मेदिनीदिनं कुदिनं भूक्षितोदयभेदात्। तथा चानन्त्येऽपि भूमेः सर्वत्र तुल्यत्वेन सामान्यात् तत्पदपूर्वकदिनशब्देनानुगमादेकमानत्वसिद्धेरिति भावः।

"सावनं स्यादिदं भानोरुदयादुदयं भवेत्।
तदेव भूदिनम्"······················॥

इति वसिष्ठोक्तेश्च। अत्र त्रिंशद्दिनैः सावनो मासः। षष्ट्यधिकशतत्रयदिनैः सावनं वर्षमित्यादि परिभावया ज्ञेयम्। नाक्षत्रमाह भवासर इति। भभ्रमः। भानां नक्षत्राणां क्रान्तिवृत्तप्रदेशविशेषाणां भ्रमो वृत्ताकाराकाशमार्गगमनेन वृत्तपरिवर्त्तो भवासरो नक्षत्रसावनदिवसः। वासरस्य तावताऽभिधेयत्वात्। तुरेवकारार्थे। तेनास्य सावनत्वेऽपि न कुदिनव्यवहारः किन्तु यथानिर्दिष्टत्वमिति भावः। अत्र कुदिनाभिधेयत्वे कुदिनगुणे भक्ते इत्यादौ सूर्यकुदिनसत्त्वेऽपि नक्षत्रकुदिनैर्व्याकुलतापत्तेः। तथा प्रयोगाभावाच्च। भ्रमस्याकाशे इतस्ततः सम्भवेनोदयस्यैवाग्रहणात् कुदिनाभिधेयत्वहेतोरभावाच्च। अत एव क्षितिजाकाशविशेषप्रदेशात् नक्षत्रभ्रमेण प्रत्येकं नक्षत्रोदयद्वयान्तरकालात्मकेन नाक्षत्रदिनं मुख्यम्। प्रथमो

* सूर्यसिद्धान्ते मानाध्याये १९ श्लो॰। तत्र 'सावनानि स्युरेतेन' इति पाठः।

दयात्। नान्यतः। अनेकत्वेन गौणात्। तद्दिनप्रमाणं नाक्षत्रषष्टिघटिकाः। आसु सावनसौरचान्द्रघट्यश्चिन्त्यन्ते। तत्र वारप्रवृत्तिकाले सूर्यनक्षत्रयोरेकस्थत्वेन तद्दिने युगपदुदयात् प्रवहवाय्वाघातेन भचक्रे प्रत्येकं चलिते नाक्षत्रषष्टिकाभिः केवला पूर्वगतिर्नक्षत्रोदयकाले स्वतः पूर्वचलितस्य किञ्चिदूनद्युगतिकलाभिः क्षितिजादन्तरितस्यार्कस्य तदुदयात् नक्षत्रोदयद्वयान्तरकालादेकभचक्रपश्चिमभोगजात् किञ्चिदूनगतिकलाङ्कितप्रवहवायुचलितभचक्रावयवक्षितिजयोगकाले सूर्योदयासम्भवाच्च। एतत्कालेऽपि सूर्यस्य किञ्चिदूनतुल्यपूर्वचलनेन क्षितिजतत्प्रदेशयोगे सूर्योदयावश्यसम्भवाच्च सूर्योदयद्वयान्तररूपैकसावनदिने गतिकलायुक्तभचक्रभोगः सिद्धः। ततो गतियुक्तचक्रकलाभिः षष्टिसावनघट्यस्तदा चक्रकलाभिः का इत्यनुपातेन नाक्षत्रदिने सावनघटिकाः मध्यास्तु ५९। ५०। सौरचान्द्रसावनघटीभिः सौरचान्द्रषष्टिघट्यः क्रमेण तदा नाक्षत्रसावनेन का इत्यनुपातद्वयेन नाक्षत्रदिने सौरचान्द्रघटिकाः। मध्यास्तु सौराः ५८। ५९। चान्द्राः ६०। ४७ त्रिंशन्नाक्षत्रदिनानि नाक्षत्रमासः। षष्ट्यधिकशतत्रयनाक्षत्रदिनैर्वर्षमित्यादि पूर्वपरिभाषया ज्ञेयम्। ननु व्याख्यानमिदमयुक्तम्। इनोदयद्वयान्तरमित्यत्रेनपदस्योपलक्षणत्वेन भोदयद्वयान्तरमिति सिद्धेनोक्तनाक्षत्रस्वरूपेण पौनरुक्त्यापत्तेः। अतो भभ्रमश्चन्द्रेण सहेत्यध्याहृत्य चन्द्राधिष्ठितनक्षत्रभ्रम इत्यर्थाद्भ्रमपदेन भोगसिद्धेश्चन्द्रस्य नक्षत्रभोगकालो नाक्षत्रंदिनमिति युक्ता व्याख्या। न चाध्याहारे सर्वग्रहाणामनुक्तानां तुलत्वेन चन्द्रासिद्धेरनेकनाक्षत्रापत्तेश्चायुक्तमिति वाच्यम्।

"चन्द्रनक्षत्रभोगेन नाक्षत्रं दिनमुच्यते"।

इति विष्णुधर्मोत्तरवचनात्। अत्र नाक्षत्रषष्टिघटिकात्मकदिने सावनसौरचान्द्रघट्यश्चिन्त्यन्ते। यदि चन्द्रगत्या सूर्यसावनषष्टिघट्यस्तदाऽष्टशत–८०० कलाभिः का इति नाक्षत्राहे सावनमध्यं तु ६०। ४२। अनेनोक्तप्रकारेण सौरम् ५९। ५०। चान्द्रम् ६१। ४०। एवं चन्द्रस्य

सप्तविंशतिनक्षत्रभोगकालो नाक्षत्रमासः । नक्षत्रसंख्याया नियतत्वादुक्तप्रायम् ।

'नाक्षत्रमिन्दोर्भगणभ्रमाच्च' इति श्रीपत्युक्तेरिति चेन्न । अनवबोधात् । तथा हि । सावननिरूपणान्तर्गतनक्षत्रोदयद्वयान्तररूपनाक्षत्रदिने कुदिनव्यवहारापत्तेः । सावनान्तर्गतत्वात् । अतस्तन्निरासाय प्राधान्यज्ञानार्थं च पृथङ्निरूपणं न पुनरुक्तमिति युक्तम् । एतस्य नाक्षत्रसावनस्य घट्यादिज्ञाने उपयोगात् सामान्यकालपरिभाषाया उक्तमानाश्रयेण निरूपणाच्च ।

"भचक्रभ्रमणं नित्यं नाक्षत्रं दिनमुच्यते"* ।

इति सूर्यसिद्धान्तोक्तस्य त्वद्रीत्या्ऽर्थासम्भवेन मदुक्तार्थाच्च भवदुक्तनाक्षत्रमानस्य प्रकृतानुपयुक्तत्वात् त्रिंशद्दिनात्मकमासस्वरूपं सर्वत्र क्लृप्तं विहायान्यरूपमासकल्पनेनाध्याहारेण च गौरवाच्चेति संक्षेपः । 'प्रमाणिका जरौ लगौ' इति लक्षणात् प्रमाणिकाख्यं पद्यम् ॥ २० ॥

इदानीं ब्राह्ममानमाह ।

खखाभ्रदन्तसागरैर्युगाग्नियुग्मभूगुणैः ।
क्रमेण सूर्यवत्सरैः कृतादयो युगाङ्घ्रयः ॥ २१ ॥
स्वसन्ध्यकातदंशकैर्निजार्कभागसंमितैः ।
युताश्च तद्युतौ युगं रदाब्धयोऽयुताहताः ॥ २२ ॥
मनुः क्षमानगैर्युगैर्युगेन्दुभिश्च तैर्भवेत् ।
दिनं सरोजजन्मनो निशा च तत्प्रमाणिका ॥ २३ ॥
सन्धयः स्युर्मनूनां कृताब्दैः समा
आदिमध्यावसानेषु तैर्मिश्रितैः ।
स्याद्युगानां सहस्रं दिनं वेधसः
सोऽपि कल्पो द्युरात्रं तु कल्पद्वयम् ॥ २४ ॥

* सूर्यसिद्धान्ते मानाध्याये १६ श्लो० ।

शतायुः शतानन्द एवं प्रदिष्ट-
स्तदायुर्महाकल्प इत्युक्तमाद्यैः ।
यतोऽनादिमानेष कालस्ततोऽहं
न वेद्म्यत्र पद्मोद्भवा ये गतास्तान् ॥ २५ ॥

वा. भा—खखाभ्रदन्तसागरैरिति । रविवर्षाणां लक्षचतुष्टयेन द्वात्रिंशत्सहस्राधिकेन चतुर्गुणेन कृतं नाम प्रथमो युगचरणः १७२८००० । त्रिगुणेन त्रेतासंज्ञो द्वितीयो युगचरणः १२९६००० । द्विगुणेन द्वापराख्यस्तृतीयः ८६४००० । एकगुणेन कलिश्चतुर्थः ४३२००० । किंविशिष्टा एते युगचरणाः । स्वसन्ध्यकातदंशकैर्निजार्कभागसंमितैर्युताश्च । युगचरणप्रमाणस्य यो द्वादशांशस्तत्प्रमाणा तस्य चरणस्य सन्ध्या । सा चरणादौ भवति । तावांश्च सन्ध्यांशः । स चरणस्यान्ते । एवं स्वसन्ध्यासन्ध्यांशैः सह एते युगचरणाः कथिता इत्यर्थः । कृतादौ सन्ध्यावर्षाणि १४४००० । कृतान्ते सन्ध्यांशः १४४००० । त्रेतादौ सन्ध्या १०८००० । त्रेतान्ते सन्ध्यांशः १०८००० । द्वापरादौ सन्ध्या ७२००० । द्वापरान्ते सन्ध्यांशः ७२००० । कल्यादौ सन्ध्या ३६००० । कल्यन्ते सन्ध्यांशः ३६००० । तद्युतौ युगमिति । तेषां चतुर्णां चरणप्रमाणानां युतौ युगप्रमाणम् । तच्च रदाब्धयोऽयुताहताः ४३२०००० । मनुः नगानगैर्युगैरिति । तैर्युगैरेकसप्तत्यामितैरेको मनुः । तैर्मनुभिर्युगेन्दुभिश्चतुर्दशभिर्दिनं सरोजजन्मनो निशा च तत्प्रमाणिका । ब्रह्मणो दिनतुल्या रात्रिश्च भवति । प्रमाणिकाशब्देन छन्दोऽपि सूचितम् । अहो एकसप्ततियुगो मनुरुक्तः । ब्रह्मदिने चतुर्दश मनवः । एकसप्ततिर्यावच्चतुर्दशभिर्गुण्यते तावत् षडूनं सहस्रं भवति ।

स्मृतिपुराणादौ तु

"चतुर्युगसहस्रेण ब्रह्मणो दिनमुच्यते" ।

तत् कथमिदमुच्यत इत्याशङ्क्य परिहरन् आह । सन्धयः स्युर्मनूनां कृताब्दैः समा आदिमध्यावसानेष्विति । आदिश्च मध्यानि चाव-

सानं च आदिमध्यावसानानि । एवं तानि पञ्चदश । तेष्वादिमध्याव-सानेषु मनूनां सन्धयः स्युः । ते च कृताब्दसमकालाः । कृताब्दा यावत् पञ्चदशभिर्गुण्यन्ते तावद्युगषट्काब्दतुल्या भवन्ति । अतस्तैर्मिश्रितैर्युग-सहस्रं ब्रह्मणो दिनमुच्यते । तत् कथमिदमुच्यत इत्यनुपपन्नमित्युपपद्यते । यद्ब्रह्मदिनं सोऽपि कल्पसंज्ञः । एवं निशा च तत्प्रमाणिकेति । द्युरात्रं तु कल्पद्वयमिति । अस्माद्दिनाद्यत् पूर्वपरिभाषया वर्षशतं तद्-ब्रह्मण आयुः । यत् तस्यायुः स महाकल्प इत्युच्यते । ततोऽन्यो ब्रह्मा तदन्तेऽन्य इति पुराणादैः कथ्यते श्रूयते च । विष्णुपुराणे ।

"निजेनैव तु मानेन आयुर्वर्षशतं स्मृतम् ।
तत् पराख्यं तदर्धं तु परार्धमभिधीयते" ॥

तत् कियन्तस्ते गता इत्याशङ्कायामाह । यतोऽनादिमानित्यादि । यतः कालोऽनादिमान् । अतो ये गतास्तान्न वेद्मि ॥ २१-२५ ॥

वा. वा—इदानीं ब्राह्ममानमाह खखाभ्रदन्तसागरैरिति ॥ २१-२४ ॥

एवं ब्रह्मण आयुर्दायमाह शतायुरिति । अद्यावधि कियन्तः पद्मोद्भवा गता इति मन्दप्रश्नस्योत्तरमाह यतोऽनादिमानेष इति । अनन्ता गता इत्युत्तरम् ॥ २५ ॥

मरीचिः—अथ ब्राह्ममानं विवक्षुरादावुपजीव्यत्वेन युगाङ्घ्रीन् प्रमाण-कयाऽऽह खखाभ्रदन्तसागरैरिति । अभ्रं खम् । दन्ता द्वात्रिंशत् प्रसिद्धाः । समुद्रपर्यायाणां सङ्केतेन चतुःसङ्ख्याभिधेयत्वेन सागराश्चत्वारः । एवं चतु-र्लक्षत्र्ययुतद्विसहस्रसंख्यैश्चतुःस्थानस्थैः क्रमेण कृताद्यपेक्षया क्रमेणेत्यर्थः । युगाग्नियुग्मभूगुणैर्महायुगाङ्घ्रीणां निरूप्यमाणानां चतुर्णां युगाभिधेयत्वा-द्युगपदेन चत्वारः । श्रौतेऽग्नयस्त्रयः प्रसिद्धा इति त्रयस्तत्पदेन । युग्मस्य द्वित्वे पर्यवसानाद्द्वयं तत्पदेन । गुणास्त्वावर्तिताः । कुर्वित्यभिधानादे-तत्संख्यावर्तितैस्तैः सूर्यवत्सरैः । वर्षाणां बहुविधत्वेनैतैः सौरवर्षैरित्यर्थः । कृतादयः कृतत्रेताद्वापरकलिसंज्ञाभिधेयाश्चत्वारो युगाङ्घ्रयः । महा-युगचरणा असमा भवन्ति । न तु चत्वारश्चरणा महायुगचतुर्थांशमिताः ।

यथा एते ४३२००० चतुर्गुणाः कृतयुगसौरवर्षमानम् १७२८००० । त्रिगुणास्त्रेतामानम् १२९६००० । द्विगुणा द्वापरमानम् ८६४००० । यथास्थिताः कलियुगमानम् ४३२००० ।

अत्रोपपत्तिः ।

कृतादिचरणानां तुल्यत्वादर्शनात्
"कृतादीनां व्यवस्थेयं धर्मपादव्यवस्थया" * ।

इति ब्रह्मवचनमूलेनादौ कलियुगमानमेकधर्मपादत्वाज्ज्ञेयम् । ततो धर्मानुपातेन द्वापरादिमानानि । अतः

"पञ्चसंवत्सरैरेकं प्रोक्तं लघु युगं बुधैः ।
लघुद्वादशकेनैकं षष्टिरूपं द्वितीयकम् ॥
तद्द्वादशमितैः प्रोक्तं तृतीयं युगसंज्ञकम् ।
युगानां षट्शती तेषां चतुष्पादी कला युगे ॥
चतुष्पादी कला संज्ञा तदध्यतः कलिः स्मृतः" † ।

इति लगधप्रोक्तत्वात् पञ्चवर्षात्मकं लघु युगम् । तद्द्वादशगुणं ६० द्वितीयं युगम् । एतद्द्वादशगुणं ७२० तृतीयं युगम् । इदं षट्शतगुणमेकपादधर्मकालिककलियुगमानं खखाभ्रदन्तसागरमितमुपपन्नम् । कृते चतुष्पादो धर्मः । त्रेतायां त्रिपादः । द्वापरे द्विपात् । कलावेकपादिति । पुराणप्रसिद्धधर्मपादेनैतानि वर्षाणि तदा स्वधर्मपादेन कानीत्यनुपातेन कृतादीनां मानानि वर्षाणां सौरत्वाभ्युपगमात् सौरवर्षात्मकानीत्युक्तमुपपन्नम् । यद्वा कृतादिचरणानां योगेन महायुगमित्यापाततस्तद्दशांशत्वेन ज्ञानात् तत्रत्यधर्मयोगतुल्यदशमितधर्मभोगेन महायुगम् ।

"दिव्याब्दानां सहस्राणि द्वादशैव चतुर्युगम्" ‡ ।

* सूर्यसिद्धान्ते मध्यमाधिकारे १६ श्लो० ।

† लगधरचिते ज्योतिषवेदाङ्गे एतानि पद्यानि नोपलभ्यन्तेऽतस्तत्कृतं ग्रन्थान्तरमपीति ।

‡ ब्रह्मपुराणीयमिदं भवेच्च ब्रह्मस्फुटसिद्धान्तीयम् ।

इति ब्रह्मोक्तेनायुतहतरदाब्धिसौरवर्षमितं लभ्यते तदा स्वस्वधर्ममानैः किमित्यनुपातेन दशभक्तपूर्वकतद्गुणेन फलस्य तुल्यत्वात् । खखाभ्रेत्याद्युपपन्नम् । अत एव

"युगाशांशश्चतुस्त्रिद्विभूघ्नः कृतमुखं युगम्" ।

इति वसिष्ठोक्तं युक्तम् ॥ २१ ॥

ननु—

"चत्वार्याहुः सहस्राणि वर्षाणां तत् कृतं युगम् ।
तस्य तावच्छतीसंख्या सन्ध्यांशश्चैव तादृशः ॥
एकापायेन वर्त्तन्ते सहस्राणि शतानि च" * ।
"एतद्दिव्यं नृमानेन सौरे खाङ्काग्निभिर्हतम्" † ॥

इति मनूक्तेन कृतदिव्याब्दाः ४००० । त्रेतामानम् । ३००० द्वापरमानम् २००० । कलिमानम् १०००

एषां क्रमेण सन्ध्यासन्ध्यांशाश्च तुल्याः स्वदशांशमिताः । कृतसन्ध्या ४०० कृतसन्ध्यांशमितिश्च । त्रेतासन्धिसन्ध्यांशमानम् ३०० । द्वापरस्य-२०० । कलेः १०० । एभ्यः कृतादीनां सौरवर्षमानानि ज्ञातानि । कृतमानम् १४४०००० । एतत्सन्ध्यासन्ध्यांशमानम् १४४००० । त्रेतामानम् १०८०००० । सन्ध्यातदंशमानं प्रत्येकम् १०८००० । द्वापरमानम् ७२००० । सन्ध्यातदंशमानम् ७२००० । कलिमानम् ३६०००० । सन्ध्यातदंशमानम् ३६००० ।

तथा च मनूक्तैस्तन्मानैः कृतादिभिस्त्वदुक्तकृतादिमानानां विसंवादाद्विरोध इत्यतो युगाङ्घ्रीणां विशेषणमेतदुपजीवकत्वेन वक्ष्यमाणोपजीव्यत्वेन च महायुगमानं च प्रमाणिकयाऽऽह स्वसन्ध्यकातदंशकैरिति । स्वसन्ध्यकातदंशकैः पूर्वोक्तकृतादियुगचरणाः स्वीयस्वीयसन्ध्यासन्ध्यांशैः स्वाद्यन्तावस्थितरूपैः । अत्रैषां बहुत्वाद्बहुवचनम् । युताः । चकार एवकारार्थे । युता एव सन्तः सिद्धाङ्कतुल्याः सन्तीत्यर्थः । न सन्ध्यांश-

* एतत्सार्धपद्यं मनुस्मृतौ १ अध्याये ६९–७० श्लो० ।
† एतत् पद्यार्धं मनुस्मृतौ नोपलभ्यते ।

भिन्नरूपकेवलकृतादियुगचरणा उक्ताङ्कमिता येनाविरोधः। ननु तथाऽपि त्वदुक्तौ केवलानां तेषां ज्ञानमपेक्षायां न स्यादतः सन्ध्यासन्ध्यांशयोर्मानमाह निजार्कभागसंमितैरिति। 'द्वादशादित्या' इति श्रुतेः। सूर्यपर्यायशब्दानां द्वादशवाचकत्वम्। तेन निजानां स्वोक्तकृतादिचरणानां द्वादाशांशमितैः प्रत्येकं सन्ध्यासन्ध्यांशैरित्यर्थः। तथा च यदधिकं तदूनप्रोक्तकृतादिचरणाः केवला भवन्ति विलोमकर्मणेति भावः। यथा कृतयुगम् १७२८००० । अस्य द्वादशांशमिता सन्ध्या कृतपूर्वकाले १४४००० । एतत्तुल्यः सन्ध्यांशः कृतसमाप्त्युत्तरकाले। अनयोर्मध्ये केवलकृतयुगमानम् १४४०००० । त्रेतादौ सन्ध्या १०८००० । त्रेतान्ते सन्ध्यांशश्च। मध्ये त्रेतामानम् १०८०००० । द्वापरादौ सन्ध्या ७२००० । द्वापरान्ते सन्ध्यांशश्च । मध्ये द्वापरमानं च ७२०००० । कल्यादौ सन्ध्या ३६००० तदन्ते तदंशश्च । मध्ये कलिमानम् ३६०००० । अत्र केवलचरणानां दशांशरूपसन्धिसन्ध्यंशयोर्मन्वभिमतयोः सत्त्वाद्विशिष्टे दशांशद्वयरूपाधिकत्वाच्च। यथा 'स्वांशाधिकोनेन तु तेन भागान्' 'लवाढ्योनो हरो हरः'—इति विलोमसूत्रेण विशिष्टमानानां द्वादशांशः सन्ध्यांशयोः प्रत्येकं सन्ध्यामानं सिद्धम्। अत एवोभयोः सन्धिरूपेणैकसन्ध्युपगमात् सूर्यसिद्धान्ते 'षष्ठांशः सन्धयः स्वकाः'—इति पाठो युक्तः। एवं च ग्रहचारप्रवृत्तिकालात् कृतयुगचरणानां स्वसन्ध्यापूर्वकारम्भेण स्वसमाप्त्युत्तरस्वसन्ध्यांशसमाप्तिरूपेण च सम्भवात् सन्ध्यारम्भसन्ध्यांशसमाप्त्यन्तावच्छिन्नकालस्यैव कृतादिव्यवहारः स्वसम्बन्धात्। तेन सन्ध्यासन्ध्यांशयुतः केवलकृतादीनां कृतादिमानसम्भवेन गणितलाघवार्थं च मया तेषां विशिष्टमानं सूर्याद्युक्तत्वादुक्तम्। मनुना तु पृथक् पृथगुक्तं भिन्नस्वरूपात्। महायुगज्ञानार्थमेतेषां योगे सन्ध्या तदंशश्च योज्या एव। अन्यथा सन्ध्यासन्ध्यांशकथनस्य व्यर्थतापत्तेः। तथा च

"सन्ध्यासन्ध्यांशसहितं विज्ञेयं तच्चतुर्युगम्" *।

* मध्यमाधिकारे १६ श्लो०।

इति सूर्यसिद्धान्तोक्तेन च न विरोध इति भावः । अथ प्रकृतमाह तद्युताविति । तेषां कृतादिचरणानां प्रागुक्तानां युतौ सङ्कलनेनैक्ये कृते युगं कृतादिचतुश्चरणात्मकमहायुगमानं स्यात् । लाघवार्थं तत्संख्यामाह रदाब्धय इति । 'एकदशशतसहस्रायुत'—इत्यादिपाटीप्रसिद्धायुतसंख्यया आहताः । वधवाचकशब्दैर्गुणनाभ्युपगमात् । तथा चत्वारि प्रयुतानि लक्षत्रयमयुतद्वयं चेति संख्या सिद्धा । यथा कृतादीनाम् १७२८०००, १२९६०००, ८६४०००, ४३२००० एषां योगे जातमुक्तमानम् ४३२००००। न च महायुगमानकथनेन ब्रह्ममानं वक्तुं शक्यमिति कृता दीनां व्यर्थतेति वाच्यम् । अग्रे 'याताः षण्मनवः' इत्याद्युक्तकल्पगतवर्ष साधने उपयोगात् ॥ २२ ॥

अथावान्तरग्रहचारोपजीव्यत्वाद्ब्रह्ममानमाह मनुः नगैरिति । कुलाचलानां सप्तत्वात् पर्वतपर्यायशब्दानां सप्तसंख्यावाचकत्वादेकसप्ततियुगैः पूर्वोक्तमहायुगमानैरावर्त्तितैरिति शेषः । एको मनुः स्यात् । अस्योपजीवकमाह युगेन्दुभिरिति । तैर्मनुभिश्चतुर्दशभिर्गुणितैरित्यर्थः । सरोजजन्मनो ब्रह्मणो दिनं स्वत्रिंशद्घटिकात्मकं सौरवर्षमानं भवेत् । तत्प्रमाणिका । च एवार्थे । दिनमानप्रमाणैव निशा तेन सदा ब्रह्मदिनरात्र्योः समत्वम् । नास्मदादिदिनरात्रिमानतुल्यत्वम् । जरौ लगौ' इति पूर्वोक्तलक्षणात् प्रमाणिकाशब्देन छन्दोऽपि सूचितम् ।

यथा—

युगमानम् ४३२०००० । एकसप्ततिगुणं मनुमानम् ३०६७२०००० । चतुर्दशगुणं ब्रह्मणो दिनमानम् ४२९४०८०००० ॥ २३ ॥

ननु-

"सहस्रयुगपर्यन्तमहर्यद्ब्रह्मणो विदुः ।
रात्रिं युगसहस्रान्तां तेऽहोरात्रविदो जनाः" ॥

इति भगवद्वाक्याभिमतयुगसहस्ररूपदिनेन त्वदुक्तप्रकाराभिमतषड्ूनसहस्रयुगरूपदिनस्य विसंवादाद्विरोध इत्यतस्तत्परिहारं सवि-

एषाऽऽह सन्धयः स्युरिति । मनूनां चतुर्दशसङ्ख्याकानाम् । आदिमध्याव-सानेषु मन्वारम्भपूर्वकालमनुसन्धिकालसकलमनुसमाप्त्युत्तरकालेष्वित्यर्थः । कृताब्दैः कृतसंज्ञयुगचरणसङ्ख्यावर्षैः समास्तुल्याः प्रत्येकं मिलित्वा सन्धयः पञ्चदशसङ्ख्याकाः स्युः । वारप्रवृत्तिकालात् कृतयुगे गते मन्वारम्भस्त-त्समाप्त्युत्तरकाले कृतयुगे गते द्वितीयो मनुरित्यादिना चतुर्दशमनूनां पञ्चदश सन्धयो भवन्तीति स्फुटार्थः । अतोऽविरोध इत्याह तैरिति । तैः पञ्चदशसन्धिभिर्मिश्रितैर्युक्तैः प्रागानीतदिनवर्षैरित्यर्थात् क्षिप्तम् । युगानां सहस्रं वेधसो ब्रह्मणो दिनं स्यात् इत्यविरोध इति भावः । यथा युगसार्धदृयांशरूपकृतयुगचरणः १७२८००० । पञ्चदशगुणो जातं षड्गुणं महायुगमानम् २५९२०००० । अनेनान्तरस्थकालेन पूर्वदिन-वर्षाणि ४२९४०८०००० युतानि जातानि युगसहस्रमितं ब्रह्मणो-दिनम् ४३२०००००० । ननु

"युगानां सप्ततिः सैका मन्वन्तरमिहोच्यते ।
कृताब्दसंख्या तस्यान्ते सन्धिः प्रोक्तो जलप्लवः ॥
ससन्धयस्ते मनवः कल्पे ज्ञेयाश्चतुर्दश ।
कृतप्रमाणः कल्पादौ सन्धिः पञ्चदशः स्मृतः ॥
इत्थं युगसहस्रेण भूतसंहारकारकः ।
कल्पः... ... ..."* ॥

इत्यनेन सूर्यसिद्धान्ते त्वदभिमतवर्षैः कल्प उक्तः । त्वया तु ब्रह्म-दिनमुक्तमिति पुनर्विरोध इत्यत आह स इति । स ब्रह्मदिवसः । अपि-शब्द एवार्थे । तेन ब्रह्मदिवस एव कल्पः कल्पाभिधेयो न तत्तुल्यान्य-कालः केषां चिदभिमतोऽपि दूषितत्वात् । ननूक्तप्रकारेण दिनं युगसह-'स्रमुक्तं रात्रिस्तु निशा च तत्प्रमाणिकेत्यनेन न युगसहस्रमिता । अतो रात्रिं युगसहस्रान्ताम्'—इत्यनेन विरोधोऽत आह द्युरात्रमिति । कल्पद्वयं

* मध्यमाधिकारे १८–२० श्लो० ।

युगसहस्रस्य कल्पत्वाद्युगसहस्रद्वितयम् । तुरेवार्थे । द्युरात्रमहोरात्रम् । ब्रह्मणः । तथा च दिनरात्र्योः समत्वेनाविरोधो वक्ष्यमाणोपजीव्य' ब्रह्माहोरात्रकथनच्छलेन सूचित इति भावः ।

"कल्पो ब्राह्ममहः प्रोक्तं शर्वरी तस्य तावती" * ।

इति सूर्यसिद्धान्तेऽप्युक्तम् ॥ २४ ॥

अथ ब्रह्ममानान्तरभेदरूपतत्स्थितिं भुजङ्गप्रयातेनाह शतायुरिति । शतानन्दो ब्रह्मा । एवं पूर्वोक्तकालपरिभाषया अहोरात्रस्य मासीकरणं तस्य वर्षीकरणमिति रूपेणेत्यर्थः । शतायुः स्ववर्षशतायुः प्रदिष्ट उक्तः । अहोरात्रमानम् ८६४0000000 । त्रिंशद्गुणं मासमानम् २५९२00000000 । द्वादशगुणं ब्रह्मवर्षं सौरवर्षमानम् ३११0४00000000 । महाकल्पमाह तदायुरिति । तदायुर्ब्रह्मायुर्महाकल्पो महाप्रलयः प्राकृतिकप्रलय इति यावत् । उपसंहरतीति । उक्तप्रकारेणाद्यैर्मुनिभिः त्रुट्यादिप्रलयान्तकालनिरूपणमुक्तम् ।

"परमायुः शतं तस्य तयाऽहोरात्रसंख्यया" † ।

इति सूर्यसिद्धान्तोक्तेश्च । ननु ब्रह्मरूपेश्वरस्यायुर्न सम्भवति नित्यत्वात् । न चेश्वरेण सृष्ट्यर्थं ब्रह्माणः कृतास्ते तु एतद्रूपान्तरेणैवेति तेषामर्थादेवैतदायुः ।

"निजेनैव तु मानेन आयुर्वर्षशतं स्मृतम्" ।

इति विष्णुपुराणोक्तत्वाच्चेति वाच्यम् । तर्हि कालस्य नित्यत्वात् तदन्तेऽन्यो ब्रह्मा तदन्ते महाप्रलय इत्यादिव्यवस्थया वर्त्तमानकाले कति ते ब्रह्माणो गतास्तान् न वेद्मीति मन्दाशङ्कां परिहरन्नाह यत इति । यत्कारणात् । एष प्रसिद्धः कालोऽनादिमान् । उत्पत्त्यभावात् । ततस्तत्कारणात् । अहं भास्कराचार्यः । अत्र वर्त्तमानकाले ये यत्संख्याकाः पद्मोद्भवा ब्रह्माणो गतास्तान् न वेद्मि । अनन्ता गता

---

* मध्यमाधिकारे २० श्लो॰ ।

† मध्यमाधिकारे २१ श्लो॰ ।

इत्युत्तरम् । तदियत्ताज्ञानं नास्तीति भावः । यः कश्चिद्वदति गत-ब्रह्मणः संख्याज्ञानं तदप्ययुक्त मानाभावादिति ॥ २५ ॥

इदानीमन्यदाह ।

तथा वर्त्तमानस्य कस्यायुषोऽर्धं
गतं सार्धवर्षाष्टकं केचिदूचुः ।
भवत्वागमः कोऽपि नास्योपयोगो
ग्रहा वर्त्तमानद्युयातात् प्रसाध्याः ॥ २६ ॥

वा. भा.—तथा वर्तमानस्य ब्रह्मण आयुःकालस्य किं गतमिति न वेद्मि तत्र केचिदाचार्या आयुषोऽर्धं गतं केचित् सार्धवर्षाष्टकं गतमित्यूचुः । तत्रागमः प्रमाणम् । इहागमद्वैविध्ये कः प्रमाणमित्यत्रास्माकं नाग्रहः । यतोऽस्य गतैर्वर्षमासैर्दिनैरपि प्रयोजनाभावः । ग्रहास्तु वर्तमानस्य दिवसस्य गतात् साध्याः ॥ २६ ॥

वा. वा—अन्यदपि न वेद्मि आगमद्वैविध्यादित्याह तथा वर्त्तमान-स्येति । ननु गतवर्षाज्ञाने ग्रहसाधनं कथं स्यादित्याशङ्कायां सयुक्तिक-मुत्तरमाह भवत्वागम इति ॥ २६ ॥

मरीचिः—ननु कालस्यानादित्वाद्गतब्रह्मणां संख्याज्ञानं माऽस्तु परं वर्त्तमानब्रह्मणो गतायुर्वर्षादिसंख्यां वदेति मन्दाशङ्कां परिहरन् पूर्वो-क्तब्रह्मदिनस्य ग्रहकर्मण्युपयोग इति भुजङ्गप्रयातेनाह तथा वर्तमानस्येति। वर्त्तमानस्य कस्य ब्रह्मणः । आयुषो गतायुर्वर्षादिज्ञानं तथा यथा गतब्रह्मणां संख्याज्ञानं गतायुः संख्यामपि न जानामि विप्रतिपत्तिस-त्त्वात् कालस्य नित्यत्वाच्च । तानाह अर्धमिति । आयुषः शतवर्षा-त्मकस्य अर्धं पञ्चाशद्वर्षमितं गतम् । 'आयुषोऽर्धमितं तस्य' इति सूर्य-सिद्धान्तोक्तेश्च । केचिदाचार्याः सार्धवर्षाष्टकम् । षण्मासयुताष्टवर्षमितं गतमित्यूचुः ।

तथा च वटेश्वरः ।

"कजन्मनोऽष्टौ सादलाः समा ययुस्तथा समासाः"—इति ।

अष्टौ सदलाः क्रमेण समासा ययुरित्यर्थः । अनयोर्मतयोरुपे-क्षामाह भवत्विति । अनयोर्मध्ये कोऽप्यन्यतर आगमः प्रमाणं भवतु । नास्माकमाग्रहः। हेतुमाह नोपयोग इति । अस्य गतायुर्वर्षादिविचारस्य। उपयोगः प्रयोजनं न । तथा चास्माकं ग्रहसाधने यस्योपयोगस्तद्विचार आवश्यक इति गतायुर्वर्षादिविचारोऽनुपयुक्तः । यतस्तत्साधनेन तद्दि-नमासवर्षाणामनुपयुक्तत्वेन प्रयोजनाभाव इति भावः । ननु यद्येषां प्रयोजनाभावेन तदन्तर्गतवर्त्तमानदिनस्याप्यप्रयोजकत्वात् पूर्वं ब्रह्म-दिनमानं व्यर्थमुक्तमित्यत आह ग्रहा इति । ग्रहाः सूर्यादयो वर्त्तमान-व्युयातात् ब्रह्मणो वर्त्तमानदिनगतसौरवर्षसमूहात् साध्या इत्यर्थः । तथा च वर्त्तमानदिनगतस्येच्छात्वेन संपूर्णदिवसस्य प्रमाणत्वमर्थत एव सिद्धत्वाद्ग्रहसाधनेऽनुपातार्थप्रमाणेच्छयोरत्यन्तप्रयोजनाद्वर्त्तमानदिनमान-मुपयुक्तत्वेनोक्तम् । तत्प्रसङ्गान्महाप्रलयादिकमप्युक्तमिति । तेन वर्त्त-मानदिनगतसौरवर्षसमूहस्येच्छात्वेन प्रयोजनमिति तज्ज्ञानमावश्यक-मिति भावः । अत्र युक्तिः । कालस्यानाद्यनन्तत्वान्निरवधित्वेन ग्रहचार-निरूपणस्याशक्यतयाऽवश्यमेव कश्चिदौपाधिकोऽवधिरवगन्तव्यः । स च कोटिगुणितरदाब्धि-४३२0000000 सौरवर्षमितः पूर्वाचार्यैरवधित्वे-नोपकल्पितः । तैरेव ग्रहमन्दशीघ्रोच्चपातपर्ययाणां पूर्यमाणत्वात् । येन हि कालेन सर्वेषां भगणा युगपन्निरवयवीभवन्ति स एव ग्रहसाधनविषये-ऽवधिरित्यभ्युपगमादतिरिक्तेनास्माकं प्रयोजनाभावात् । तथा चावधिव-र्षसमस्य पितामहदिनस्य स्मृतावुक्तत्वात् । स्मृतिप्रामाण्येनैव व्यवहारार्थं तदुद्दिष्टब्रह्ममानस्य तत्स्वरूपतयाऽङ्गीकार इति । ब्रह्ममानेन स्वदि-नगतं च यदि कल्पसौरवर्षैर्ब्रह्मत्रिंशद्घटिकास्तदेष्टसौरवर्षैः का इत्य-नुपातेन ॥ २६ ॥

इदानीं तत्कारणमाह ।

यतः सृष्टिरेषां दिनादौ दिनान्ते
लयस्तेषु सत्स्वेव तच्चारचिन्ता ।

अतो युज्यते कुर्वते तां पुनर्ये-
ऽप्यसत्स्वेषु तेभ्यो महद्भ्यो नमोऽस्तु ॥ २७ ॥

वा. भा—यत एषां ग्रहाणां दिनादौ सृष्टिर्दिनान्ते लयः। यदि महाकल्पगताद्ग्रहाः साध्यन्ते तर्हि यावत्योऽस्य विभावर्यो गतास्तासु ग्रहाभाव एव। अतो विद्यमानेष्वेव ग्रहेषु तच्चारचिन्ता कर्तुं युज्यते। यत् तु कैश्चिदविद्यमानेष्वपि तेषु महाकल्पगताद्वर्त्तमानाः कृतास्तान् प्रति वक्रोक्त्या सोपहासमाह। तेभ्यो महद्भ्यो नमोऽस्त्विति ॥ २७ ॥

वा. वा.—कस्माद् ग्रहा वर्त्तमानद्युगानात् साध्यन्त इति तत्कारणमाह यतः सृष्टिरिति। ये महाकल्पादेर्ग्रहानयनं कुर्वन्ति तेषां नमोऽस्त्वित्युपहासः। कल्पादिरेव ब्रह्मदिनादिः स एव पूर्वगतिप्रारम्भकाल इत्यवश्यमेव स्वीकार्यं सौरतन्त्रदत्तैः। अन्यथा यावद्दिनेशदर्शनं तावद्दिनमिति लक्षणेऽव्याप्तिः स्यात्। यत् तु 'कल्पो ब्राह्ममहः'—इत्यत्र यावत्कल्पप्रमाणमुक्तं तत्संमितमेव ब्रह्मदिनमानं न तदैव ब्रह्मदिनप्रवृत्तिः। किन्तु कल्पादेः कृताद्रिवेदतुल्यदिव्याब्देषु शतघ्नेषु गतेषु ब्रह्मदिनप्रवृत्तिरिति व्याख्यानं तत्र कालविशेषसंख्यावाचकस्य कल्पशब्दस्य संख्यामात्रपरत्वेऽदोषः। यथा रवीन्दुयोगात् प्रवृत्तस्य त्रिंशत्तिथ्यात्मकस्य चान्द्रस्य पञ्चम्यादितस्त्रिंशत्तिथिसंख्यामात्रपरत्वे स्वार्थपरित्यागं मन्यन्ते तद्वदत्रापि। सर्वजनसम्मतकल्पप्रवृत्तेः ससन्धिचतुर्दशमन्वात्मकस्य कल्पस्य सौरसम्मतसृष्ट्यादितः ससन्धिचतुर्दशमन्वात्मकपरतायां स्वार्थपरित्याग एव महान् दोषः। अथ भवन्मतेऽपि यदि युगपद् ग्रहसृष्टिसंचरणं तदा शतपथप्रभृतिप्रतिपादितक्रामिकसृष्टिर्विरुध्येत। यदि च कल्पादितः प्राग्ग्रहसृष्टिः कल्पादितो ब्रह्मदिनारम्भ इति मते यावद्दिनेशदर्शनं तावद्दिनमिति लक्षणेऽतिप्रसङ्गः प्रसज्येत। किं च यावत् क्षितिजोपरि रविबिम्बसंचारस्तावद्दिनमिति लक्षणेन कल्पादितः प्राग्ग्रहसृष्टावपि गमनापरपर्यायस्य संचारस्य कल्पादित एव स्वीकृतत्वात् करतलकलितामलकवत् सकलं भूगोलं पश्यतो ब्रह्मण आकल्पं

रविबिम्बसंचारः स्वक्षितिजोपर्येव भवतीति कल्पादितो ब्रह्मदिनारम्भे न किञ्चिद्बाधकम् । तथा मन्मतेऽपि कल्पादावेव रविसृष्टिस्ततः शतघ्नकृताद्रिवेदतुल्यदिव्याब्दैर्ग्रहगतिप्रारम्भ इति यावद्दिनेशदर्शनं तावद्दिनमिति लक्षणे न किञ्चिद्बाधकमस्तीति । यत्रोभयोः समो दोषः परिहारोऽपि वा समो नैकः पर्यनुयोक्तव्यस्तादृगर्थविचारणा इति ब्रूयात् । प्रतिब्रूयादेनं किं भवता कल्पादिरेव ब्रह्मदिनादिस्तत्रैवादित्यो ग्रहादिभूतत्वादिति सूर्यसिद्धान्तोक्तेः सूर्यबिम्बसृष्टिरित्यभ्युपगतम् । यावत् स्वक्षितिजोपरि रविबिम्बं तावद्दिनमिति लक्षणं वा किमपराद्धं युगपद्ग्रहसृष्टिगतिवादिना । वेदविरोध इति चेत् । स च युगपद्रविगतिसृष्टिवादिनस्तवापि मते समान एव । कथमयमनुक्तोपालम्भः । न च मया युगपत् स्वीक्रियते किन्तु कल्पादौ रविसृष्टिः । रविगतिर्ग्रहगतिप्रारम्भ इति । तर्हि तत्रापि दूषणमस्ति । तयापरपर्यायकल्पान्ते भग्रहाणां लयश्रवणात् । कल्पादितो युगमहीधरवेदवर्षेषु शतगुणितेषु गतिप्रारम्भाभिधानात् कल्पभगणादीनामानर्थक्यम् । तस्मात् कल्पादावेव ग्रहगतिप्रारम्भः समुचित इति । यथेच्छाकाले ग्रहासत्त्वं दोषस्तथा प्रमाणकालेऽपि ग्रहासत्त्वं दोष इति सामान्यत उक्तं तेष्वसत्सु ये तत्त्वार्थचिन्तां कुर्वते तेभ्यो महद्भ्यो नम इति ।

तथा चाह श्रीपतिः ।

> "ज्योतिर्ग्रहाणां विधिवासरादौ
> सृष्टिर्लयस्तद्दिवसावसाने ।
> यस्मादतोऽस्मिन् गणिते ग्रहाणां
> योग्यो मते नः खलु कल्प एव" इति ॥

वस्तुतस्तु युगकुदिनादिप्रमाणं युगभगणादिफलमिच्छेष्टाहर्गणाद्येव । तत्र सावयवेन गुणने भजने च शिष्यक्लेशो माभूदिति भगवता पङ्कजवनविकासकेन सूर्येण मन्दशीघ्रोच्चपातभगणाद्यं सहस्रेण सवर्णयित्वा पठितमिति ग्रहासत्त्वदोषाशङ्काऽपि नास्ति । तस्मान्महाकल्पाद्ये

ग्रहानयनं कुर्वते तेषामेवेदं दूषणमित्यलम् । ब्राह्ममानकथनं सङ्कल्पा-द्युपयोगितया प्राजापत्यमानयत् । शास्त्रान्तरे प्राजापत्यमानमभिहितम् ।

"मन्वन्तरव्यवस्था च प्राजापत्यमुदाहृतम्" इति ॥ २१ ॥

मरीचिः—ननूक्तयुक्त्या कल्परूपब्रह्मदिनस्य प्रमाणत्वे ग्रहसा-धनार्थं सिद्धेऽप्यवान्तरग्रहचारसाधनार्थं कल्पगतस्येच्छात्वं न युक्तम् । कालस्यानाद्यनन्तत्वेन ग्रहचारस्य चराचरस्य च सर्वदा स्थितत्वेन कल्पा-धिककाले ग्रहचारप्रवृत्तिकालाद्ग्रहचारस्य भगणाद्यात्मकस्य साधनात् महाकल्पावच्छिन्नकाले ग्रहचारप्रवृत्तिकालाद्गतकालस्येच्छात्वं युक्तम् । अग्रे चान्यब्रह्मकृतसृष्टेः सत्त्वात् तच्चारप्रवृत्तिकालात् पूर्वरीत्या ग्रहसाधनमिति नानवस्था तथा च ब्रह्मणो गतदिनमासवर्षाणां तत्सा-धने प्रयोजनाद्ग्रहा वर्त्तमानद्युयातात् प्रसाध्या इत्यस्यासिद्धत्वाच्च भव त्वागमः कोऽपि नास्योपयोग इति कथमुक्तम् । अन्यथा ग्रहसाधनस्या साधनतापत्तेः ।

अत एव ।

"आयुषोऽर्धं गतं तस्य शेषकल्पोऽयमादिमः ।
कल्पादस्माच्च मनवः षड्व्यतीताः ससन्धयः ॥
वैवस्वतस्य च मनोर्युगानां त्रिघनो गतः ।
अष्टाविंशाद्युगादस्माद्यातमेतत् कृतं युगम् ॥
अतः कालं प्रसंख्याय संख्यामेकत्र पिण्डयेत्" * ।
इति सूर्यसिद्धान्तोक्तम् ।
"कल्पपरार्धे मनवः षट् कस्य युगत्रिघनम् ।
त्रीणि कृतादीनि कलेर्गोऽगैकगुणाः ३६७९ शकान्तेऽब्दाः" † ॥

इति ब्रह्मगुप्तोक्तस्यामितायुरङ्गीकारेण ब्रह्मजन्मकालात् सौर-वर्षाणि कल्पानां परार्धसंख्यया मितमिति यथाश्रुतार्थेन गतानि

* मध्यमाधिकारे २१–२३ श्लो. ।
† ब्रह्मस्फुटसिद्धान्ते मध्यमाधिकारे २६ श्लो. ।

यथा कल्पाब्दाः ४३२०००००० । एते परार्धसंख्ययाऽष्टादशस्थानात्मिकयाऽऽहता जाता द्विचिवेदाः खचतुर्विंशत्येकाहताः ४३२००००००००००००००००००००००० । वर्तमानकल्पे षण्मनवश्चतुर्युगत्रिघनस्त्रीणि कृतादीनि । सर्वेषां योगवर्षाणि कृत्वा कलिगतैर्वर्षैः पूर्वस्थापितैः कल्पपरार्धमितवर्षैश्च सह विक्रमशकान्ते कजन्मनोऽतीतानि वर्षाणि नवनगशशिमुनिकृतनवयमाद्रिनवेन्दुखचतुर्दशकद्विगुणाब्धिमितानि ४३२००००००००००००००१९७२९४७१७९ । अमितायुरनङ्गीकारे तु "कल्पात् परो महाकल्पस्तस्यार्धम्" *इति सूर्यसिद्धान्तोक्त एवार्थः । तेन तत्र तद्वर्षाण्येतानि गोनगेन्दुनगाब्धिनवद्व्यद्रिनवेन्दुद्विशरशरेषुभूमितानीति कथमुक्तं ग्रहा वर्तमानद्युयातात् प्रसाध्या इत्यत एतच्चिरामपूर्वं सयुक्तिकं तद्दृढीकरणं भुजङ्गप्रयातेनाह यतः सृष्टिरेषामिति । यस्मात् कारणात् । एषां ग्रहादीनां दिनादौ ब्रह्मदिनरूपकल्पप्रारम्भक्षणे सृष्टिः सृजनं भचक्रनियोजनादिकं दिनान्ते कल्पसमाप्तिक्षणे लयो ब्रह्मोदरान्तर्लीनता ।

"अव्यक्ताद्व्यक्तयः सर्वाः प्रभवन्त्यहरागमे ।
रात्र्यागमे प्रलीयन्ते तत्रैवाव्यक्तसंज्ञके" ॥

इति भगवदुक्तेः । अतोऽस्मात् कारणात् । तेषु ग्रहेषु । सत्सु विद्यमानेषु । एवकारो ग्रहानधिकरणकालव्यवच्छेदार्थः । तच्चारचिन्ता ग्रहगतिविचारो युज्यते कर्तुं युक्तो भवतीत्यर्थः । तथा च ग्रहाणां कल्पावच्छिन्नकाले सत्त्वाद्वर्तमानद्युयातात् प्रसाध्या इति प्रागुक्तं युक्तमेवेति भावः । अन्यथा ग्रहानधिकरणकाले ब्रह्मरात्रौ 'सति कुड्ये चित्रम्, इति न्यायेन तदसाधनेऽप्यपि उक्तरीत्या ग्रहसाधनमनिवारितं स्यात् । अत एव ।

"ग्रहनक्षत्रोत्पत्तिर्ब्रह्मदिनादौ दिनक्षये प्रलयः ।
यस्मात् कल्पस्तस्माद्ग्रहगणिते कल्पयाताब्दाः" † ॥

---

* ब्रह्मस्फुटसिद्धान्ते मध्यमाधिकारे २६ श्लो. ।

† नेदं पद्यं ब्रह्मस्फुटसिद्धान्ते उपलभ्यते ।

इति ब्रह्मगुप्तोक्ताद्यपूर्वप्रतिपादितमहाकल्पगता ग्रहपरा उक्ताः।

सिद्धान्तशेखरेऽपि।

"ज्योतिर्ग्रहाणां विधिवासरादौ सृष्टिर्लयस्तद्दिवसावसाने।
यस्मादतोऽस्मिन् गणिते ग्रहाणां योग्यो मते नः खलु कल्प एव"—इति॥

अत एव सूर्यसिद्धान्ते ग्रहसाधनार्थं 'पण्मनूनां तु संपीड्य' इत्यादिगताब्दसाधनं युक्तम्। ननु भगवता सूर्येणैव मार्गद्वयप्रदर्शनं कृतम्। अन्यथा द्विवारं गताब्दसाधनानुपपत्तेः। यस्तु द्वितीयमार्गस्य युक्तियुक्तत्वेन प्रथमोऽमुख्यः। अत एव भगवता प्रथमेऽस्वरसं हृदि मत्वाऽग्रे द्वितीयमार्गस्योक्तिः। तथा च महाकल्पगताद्ग्रहसाधनस्यापि समूलत्वेन प्राचीनपूर्वाचार्यग्रन्थेषु कथनं भविष्यत्येवातः कथं तन्निवारणसूचकस्यैवकारस्य पूर्वं तथाऽपि दानमित्यत आह कुर्वत इति। ये पूर्वाचार्या असत्सु अविद्यमानेषु एषु ग्रहेषु अपिशब्दाद्विद्यमानेष्वित्यर्थः। विद्यमानेष्वविद्यमानेषु चेति महाकल्पे इति यावत्। तां ग्रहचारचिन्तां कुर्वते कुर्वन्तीत्यर्थः। तेभ्यो महद्भ्यो नमोऽस्त्वित्यत्यन्तातिरस्कृतवाक्येन उपहृतं बहु तत्र किमुच्यते इत्यादि बहूपहासो व्यज्यते। तथा च महाकल्पगताद्ग्रहसाधनं यैः कृतं भविष्यति तदयुक्तम्। सूर्यानभ्युपगमेन मूलाभावात्। अन्यथा ग्रहसाधनोपजीव्यं सूर्योक्तद्वितीयगताब्दसाधनं व्यर्थं स्यात्। पूर्वोक्तद्वितीयगताब्दसाधनस्य--'आद्यब्रह्मणो द्वितीयपरार्धे'—इत्यादिसङ्कल्पोपयुक्तत्वाच्चेत्येवकारदानं युक्तमिति भावः। अत एव सत्सु ग्रहेषु तच्चारजिज्ञासाऽपि युज्यते।

"तज्जिज्ञासा नमस्तेभ्यो भवेद्येषामसत्स्वपि"—इति।

इति श्रीपत्युक्तं युक्तम्। अत्राधुनिकाः—

"विधेर्दिनादौ युगपत् समस्तं भूत्वा ग्रहाः प्राग्गमनप्रवृत्ताः।
इतीरितं वेदविरोधिनस्ते ब्रह्मार्कचन्द्रादिमताद्विभिन्नम्॥

* ब्रह्मा प्राह च नारदाय हिमगुर्यच्छौनकायामलं
माण्डव्याय वसिष्ठसंज्ञकमुनिः सूर्यो मयायाह यत् ।
प्रत्यक्षागमयुक्तिशालि तदिदं शास्त्रं विहायान्यथा
यत् कुर्वन्ति नरा न निर्वहति तद्विज्ञानशून्याश्चिरम् ॥
मुनिप्रणीते मनुजैः क्व चिच्चेद्दृश्यतेऽन्तरम् ।
तदा तदेव संसाध्यं न कार्यं सर्वमन्यथा"इति ॥

अस्य तात्पर्यार्थः । विधेर्दिनादौ युगपदेव भूतजातमुत्पद्यते तत एव ग्रहचारोऽपि प्रवर्त्तते येरीरितं ते सूर्यसिद्धान्ताद्यागमविरोधिनः । उक्तं च ।

"ग्रहर्क्षदेवदैत्यादि सृजतोऽस्य चराचरम् ।
कृताद्रिवेदा दिव्याब्दाः शतघ्ना वेधसो गताः" † ॥

तथा ।

"धात्रा सिद्धपुरस्थितेन मधुमाःशुक्लादिमध्यन्दिने
सौरेऽह्नि प्रवहानिले भवलये प्रत्यग्भ्रमे योजिते ।
मेषादिस्थितखेचरैः सह ततो वर्षादिवाराः समं
प्रारब्धाः खगभुक्तयश्च सकलाः कल्पादितो नैव ताः" ॥

तथा ।

"षण्मनूनां तु संपीड्य कालं तत्सन्धिभिः सह ।
कल्पादिसन्धिना सार्धं वैवस्वतमनोस्तथा ॥
युगानां त्रिघनं यातं तथा कृतयुगं त्विदम् ।
प्रोज्झ्य सृष्टेस्ततः कालं पूर्वोक्तं दिव्यसंख्यया ॥
सूर्याब्दसंख्यया ज्ञेया कृतस्यान्ते गता अमी ।
खचतुष्कयमाद्र्यग्निशररन्ध्रनिशाकराः ॥
अत ऊर्ध्वममी युक्ता गतकालाब्दसंख्यया" ‡ ।

* अयं श्लोकः कमलाकरकृते 'सिद्धान्ततत्त्वविवेके'ऽप्युपलभ्यते । तत्र चतुर्थचरणे 'यत् कुर्वन्ति नराधमास्तु तदसद्धेतोक्तिशून्या भृशम्' इति पाठः ।

† सूर्यसिद्धान्ते मध्यमाधिकारे २४ श्लो. ।

‡ सूर्यसिद्धान्ते मध्यमाधिकारे ४५-४७ श्लो. ।

तथा

'प्रागुक्तसृष्टिशरदः खरसत्रिनिघ्ना हीना विधेर्दिनगतै खगभुक्तियाताः स्युस्ते नवाद्रिकुगुणाष्टगजेषुपञ्चनन्देन्दवः 'शतमुखे सशका अभीष्टाः" ॥

इत्यादिसूर्याद्यनेकवचननिवहेषु सहस्रघ्नवेदाङ्गाभ्रसप्तभूसंमिताब्दोनकमलभवनदिनयाताद्ग्रहचारसाधनमुक्तम् । न पुनर्वर्त्तमानदिनप्रारम्भसमयादतः कथमुच्यते ग्रहा वर्त्तमानद्युयातात् प्रसाध्या इति । किञ्च तर्कविरुद्धमप्येतत् । तथा हि ग्रहचारप्रवृत्तिः किं तावद्ग्रहोत्पत्तिकालावच्छेदेनाहोस्वित् तदनन्तरं वा । नाद्यः । चारस्य क्रियात्मकत्वेन समवायिकारणग्रहजन्यत्वात् । जन्यजनकयोरेककालावच्छिन्नोत्पत्तिकत्वस्यात्यन्ताप्रामाणिकत्वात् । द्वितीयेऽपि ग्रहोत्पादनं निशि दिवसे वा । नाद्यः । तदा हि विधेर्जागदवस्थत्वेन दिवसत्वं स्यान्न स्याच्च रात्रित्वं 'भवति तावदयं शयितः'—इत्यादिस्वोक्तिविरोधाच्च । नान्त्यः । तथाऽपि द्युयाताद्ग्रहसाधनस्यानुपपत्तेः । रवेरभावद्दिनादौ ग्रहोत्पत्तिरिति व्याघाताच्च । तस्मादसृष्टतापत्त्या सन्ध्यात्मकस्य कस्यचित् सृष्टिकालस्य वेदबोधितस्यावश्यमुररीकरणायत्ततया तदुत्तरमेव भचारविचारो युक्तः । ननु सुप्तोत्थितेनैवादौ भगवता हिरण्यगर्भेण भचक्रं प्रचक्रमे ततोऽन्यज्जगदित्युचितम् । द्युयाताद्ग्रहसाधनमिति चेन्न । तत्कारणस्य तेजसस्तदाधारयोर्वायुनभसोश्चासृष्टत्वात् । कथं तत्सृष्टिस्थिती स्याताम् । अतः कल्पादित एव ग्रहचारप्रवृत्तिरिति प्रलपतां सृष्ट्वा भचक्रमित्याद्यत्र क्त्वाप्रत्ययस्य पूर्वोत्तरभावबोधकत्वेन स्वयमुदीरितार्थस्य व्याघातरूपबाणहननमपश्यतां विज्ञानशून्यतामात्रमाभातीति सिद्धान्तसुन्दरतट्टीकाकारादयो वर्णयन्ति । तत् तुच्छम् । कल्पादावेव सुप्तोत्थितस्य निमेषोन्मिषितसिसृक्षापराधीनचेतसो वेधसोऽखिलकर्त्तव्यसृष्टेः प्रागेव परमसूक्ष्मसमये ग्रहादिनिर्माणे बाधकाभावात् ।

"आदौ सर्वस्य जगत उदगाच्चतुर्मुखो विधेः
कल्पादौ जगतामात्मा तस्यपार्श्वपि भास्करः" ॥

इति पराशरोक्तेः । 'उदगादयमादित्यो विश्वेन सहसा सह'[1]। इत्यादिश्रुतीनां च ग्रहाद्युपलक्षणपरत्वेन साधकत्वाच्च । 'ग्रहर्क्षदेवदैत्यादि'–इत्यत्र सकलसृष्टौ तावद्विलम्बाभिधानं न तु ग्रहसृष्टाविति न विरोधः । ननूक्तमेवोपादानाधारयोरसृष्टत्वात् कथं तत्सृष्टिरिति चेन्न । संवर्त्तसलिलोल्लसत्फुल्लपाथोजकर्णिकामध्यमध्यासीने महाभूतवलयवेल्लितविग्रहे विधातरि विद्यमाने तदुपादानाधारयोरभाव इति वदतः कथं नाम न व्याघातः । तेजोऽभावे विधेर्जन्मान्धत्वमाकाशाभावे च बधिरत्वं स्यात् । अन्ततो दोधूयमानानां परमाणूनां तदानीमपि विद्यमानतया सिसृक्षासहकारिणा कर्मणा प्रारम्भकसंयोगोत्पत्तौ ग्रहादिजनने बाधकाभावात् । ननु प्रतिसंयोगं क्रियाविभागपूर्वसंयोगनाशोत्तरसंयोगोत्पत्तिक्रमेण क्षणचतुष्टयस्यापेक्षितत्वाद्बहुप्रारम्भकानेकसंयोगोत्पत्तौ कस्यचित् कालस्यान्तरावश्यवाच्यतया ग्रहा वर्त्तमानद्युयातात् प्रसाध्या इति तथाऽप्यसिद्धमिति चेन्न । अनेकक्षणात्मकस्यापि परमसूक्ष्मतया कालस्यान्तरायत्वेऽपि तत्कृतविशेषानुपलम्भात् । यथा हि चक्षुषः प्राचीनमहीधरमौलिमण्डलायमानमण्डलचण्डकिरणसंयोगनयनगोलक–विभागयोरान्तरालिको विद्यमानोऽप्यनेकक्षणघटितः कालविशेषो न विशेषतः परिचेतुं शक्यते । अन्यथा शाखावण्डरुचोरतुल्यकालग्रहणाभिधानं न स्यात् । किञ्च विधिविभावरीविरामावसरे तेजोनभस्वन्नभसामविद्यमानतां वदतो महाभ्रान्तत्वमवगम्यते । तथा हि ब्राह्मलये ह्यन्तर्निमग्नमहीवलयस्य संवर्त्तसमीरणावर्त्तसमुच्छलल्लोलवहलकल्लोलचुम्बितनभोमण्डलस्याविकसत्फणिपतिफणामणिगणावलीमिलन्मयूखपुञ्जपिञ्जरितस्य महाजलधेस्तदुपरि शयानस्य श्रीपुरुषोत्तमस्य तत्पार्षदादीनां च पुराणादिषु श्रवणात् । यदपि रजनीशेषे जगदुत्पत्तिवादिनां मतं दूषितं ज्ञायत्त्वाद्दिनत्वं स्यान्न स्याच्च रात्रित्वमिति तदप्युपेक्ष्यम् ।

---

१ ऋग्वेदसंहितायाम् म० १, अ० १०, सू० ५ ।

न हि जागरणतदभावौ दिनरात्रिलक्षणयोः प्रविष्टौ। येन दिनत्वे रात्रित्वाभावापत्तिः स्यात्। अपि तु नयनसञ्चारयोग्यदेशवृत्तिरविसञ्चारकत्वं दिनत्वं तदभावे रात्रित्वमिति लक्षणात्। ननु महाप्रलये तादृशदेशवृत्तिरविसञ्चाराभावस्य विशेष्याभावाधीनस्य सत्वाद्रात्रिलक्षणातिव्याप्तिः। न च तादृशदेशावृत्तिरविसञ्चारकत्वं रात्रित्वमिति वाच्यम्। ब्रह्मरजन्यामव्याप्तेरिति चेन्न। तादृशदेशवृत्तिरविसञ्चारचरमध्वंसान्यतरत्वावच्छिन्नाभावस्य विवक्षितत्वात्। अस्मन्मते तु कल्पादिग्रहसृष्टेरङ्गीकृतत्वान्न चाशङ्का न चोत्तरम्। यच्चापि रव्यभावाद्दिनादौ ग्रहोत्पत्तिव्याघातो वर्णितस्तदपि मन्दम्।

"अव्यक्ताद्व्यक्तयः सर्वाः प्रभवन्त्यहरागमे"।

इति भगवद्वचन इव युगसहस्रावच्छिन्नकालविशेषे दिनशब्दस्य लाक्षणिकत्वात्। 'अथ पद्मनूनां तु संपीड्य' इत्याद्यार्षवचनैः सहस्रघ्रवेदाङ्कशून्यपर्वतभूमितवर्षोनात् कल्पगताद्ग्रहसाधनस्य प्रतिपादितत्वात् कथमतिविरुद्धं कल्पगताद्ग्रहसाधनमुच्यत इति सत्यम्।

"सुप्तोत्थितो हि भगवान् कल्पादौ ससृजे ग्रहान्।
तदैव योजयामास प्रवहाख्ये नभस्वतम्"॥

इति वृद्धपराशरोक्तेरयं भावो नास्माकम्। 'कलौ पाराशरस्मृतिः' इति स्मरणात्। अथ यथाकालं गतमनवस्त्वेकसप्ततिहताश्चतुर्युगाब्दहताश्च कार्याः। तेषु कृतप्रमाणं क्षेप्यं तदेव तत्र भूयोगतसंख्याहतं च ततो वर्त्तमानमन्वन्तराद्गतचतुर्युगसंख्याहतानि चतुर्युगाब्दानि युगानि च वर्त्तमानयुगात् चैत्रारम्भे गताब्दानि च। एवमिष्टकालाब्दगणो भवति। स द्वादशहतश्चैत्रसितादिमासयुक्तस्त्रिंशद्गुणो वर्त्तमानमासस्सितादितिथिसहितः कार्य एवं सौरो दिनगणो भवति। तं पृथक् कल्पाधिमासकहतं कल्परविदिनैर्विभजेल्लब्धा गताधिमासाः। तैस्त्रिंशद्गुणैरर्काहर्गणो युक्तश्चन्द्राहर्गणो भवति। तं पृथक्स्थं कल्पावमहतं कल्पचन्द्रदिनैर्विभजेल्लब्धानि गतावमानि। तैश्चन्द्राहर्गणो हीनो गत

सावनाहर्गणो भवतीति विष्णुधर्मोत्तरपुराणान्तर्गतपैतामहसिद्धान्त-द्वितीयग्रहगत्यध्याये स्फुटोक्तेश्च । अत एव ।

"कलिसंज्ञे युगचरणे पराशर्यं मतं प्रशस्तमतः ।
वक्ष्ये तदहं तन्मम तत्तुल्यं मध्यमन्यत्र ॥
एतत्सिद्धान्तद्वयमीषद्याते कलौ युगे जातम् ।
स्वस्थाने दृक्साम्यदमतेन खेटाः स्फुटाः कार्याः ॥
नात्र मते सृष्ट्यब्दाः शेषं कल्पादितः प्राग्वत् ।
त्रैराशिकेन साध्यं द्युगणाद्यखिलं तु कल्पगतात्" ॥

इति द्वितीयपराशरमताधिकारे लघ्वार्यभटोक्तमपि संगच्छते-ऽतोऽन्यथाऽनुपपत्त्योभयं परस्परविरुद्धमपि कल्पभेदेन प्रमाणमित्यभ्युपेयम् । नन्वस्तु मतद्वयस्यापि समूलत्वं तथाऽप्यस्मत्कल्पे कुतश्चारप्रवृत्तिरिति चेत् । मैवम् ।

"चारप्रवृत्तौ खेटानां तथा धर्मस्य निर्णये ।
श्वेतवाराहकल्पे तु मतं पराशरं विदुः" ॥

इति गर्गवचनमेव पृच्छतु भवान् । 'तस्मात् परमनूनां तु संपीड्य' इत्यादिकल्पान्तरग्रहसाधनविषयाणि वचनान्यालोक्य विषयभेदसंजातानामस्मिन् कल्पेऽपि तथैव चारप्रवृत्तिं वदतां श्रीमद्भास्करेणैव भास्करेण सह स्पर्धमानानां खद्योतानामिव गवां प्रसारो विदुषामुपहासकरः । न चैवमप्यस्मिन् कल्पेऽपि सर्वेषां लोकानां सूर्यसिद्धान्तादौ प्रवृत्तिस्तथाऽपि कथं युक्तेति वाच्यम् ।

"यस्मिन् पक्षे यत्र काले येन दृग्गणितैक्यम् ।
दृश्यते तेन पक्षेण कुर्यात् तिथ्यादिनिर्णयम् ॥
संसाध्य स्पष्टतरं बीजं नलिकादियन्त्रेभ्यः ।
तत्संस्कृतास्तु सर्वे पक्षाः साम्यं भजन्त्येव ॥
ध्यानग्रहोपदेशाद्बीजं ज्ञात्वा च दैवज्ञैः ।
तत्संस्कृतग्रहेभ्यः कर्त्तव्यौ निर्णयादेशौ ॥

किं तेनापि सुवर्णेन कर्णघातं करोति यत् ।
तथा किं तेन शास्त्रेण यत्र प्रत्यक्षतः स्फुटम्" ॥

इत्यादिवसिष्ठसूर्यशाकल्यवचनैर्यस्मिन् काले यत्पक्षानीतो ग्रह आकाशे दृश्योऽयस्तस्मिन् काले तत्पक्षस्य तद्विषये प्रामाण्यप्रतिपादनात् । अत एवैतत्कल्पसिद्धपक्षेण 'कालभेदोऽत्र केवलम्' इत्युक्तत्वाद्यदा ग्रह आकाशे न संवदति तदैतत्पक्षस्याप्यप्रामाण्यं बीजदानेन तदाऽपि तस्य प्रामाण्यमिति सर्वाभ्युपगमः । तथा च दृग्गणितैक्येन बीजदानेन च प्रमाण्ये सिद्धे कल्पान्तरसिद्धपक्षस्यैतत्कल्पसिद्धपक्षेणाविशेषत्वप्रतिपादनात् प्रवृत्तिरुभयत्र तुल्येति न क्षतिः । एतेन

"अस्मिन् कृतयुगस्यान्ते सर्वे मध्यगता ग्रहाः
विना तु पातमन्दोच्चान्मेषादौ तुल्यतामिताः"[1] ॥

इति सूर्यसिद्धान्तवचनं सहायं कृत्वा भास्करमतेन सर्वेषां ग्रहाणां मेषादिस्थितत्वाभावं दृष्ट्वा च कश्चिन्मन्दबुद्धिरज्ञानराजपक्षपाती प्रत्यक्षविरोधमार्षविरोधं चास्मासु दूषणं शङ्खस्वनेन वदति तदप्यपास्तम् । न हि तत्काले त्वया चावास्थितेनाकाशे ग्रहा दृष्टाः । येनैकपक्षस्याप्रामाण्यमभ्युपेयम् । आर्षविरोधस्य पूर्वपरिहारात् । अत एव स्वाभिमतसृष्टिवर्षात् काले कल्पगतादस्मदङ्गीकृतमार्गेण सर्वेषां मेषादिस्थत्वाभावेऽपि न क्षतिः । अत एव सर्वेषां पदार्थानामार्षोक्तानां वर्त्तमानकाले प्रत्यक्षसंवादात् कल्पितमानेऽपि न दोषः । यथा वेदबाह्यानां मते सर्वमन्यथैव कल्पितं फलसंवादायुक्तमङ्गीक्रियत इति कश्चित् ।

किं च ।

"विधेर्दिनादौ युगपत् समस्तं भूत्वा ग्रहाः प्रागगमनप्रवृत्ताः" ।

इत्यत्र भवतेरुत्पत्त्यर्थस्य समस्तकर्त्तृकतया ग्रहकर्त्तृकप्रागमनप्रवृत्तरूपक्रियान्तरवैयधिकरण्येन क्त्वाप्रत्ययः कथं नाम स्यात् । समानकर्त्तृकक्रिययोः प्राक्कालावच्छिन्नक्रियावाचिनो धातोः क्त्वाप्रत्ययशासनात् । ननु

१ मध्यमाधिकारे ५७ श्लो० ।

विधिना कृता इति द्वयमध्याहार्यम्। भूत्वेत्यस्य कृत्वेत्यर्थः। तथा च विधिना विधेः स्वस्य दिनादौ युगपत् समस्तं कृत्वा ग्रहाः प्रागमनप्रवृत्ताः कृता इत्यर्थ इति चेन्नैवम्। भवतेरुत्पत्त्यर्थस्य तत्प्रयोजकव्यापारबोधकणिचमन्तरेण करोत्यर्थानालम्बनत्वात्। उक्तं च महाभाष्यटीकाकृता[1] "अभवतो गगनादेरक्रियमाणतया भवतश्च घटादेः क्रियमाणतया भवत्यर्थकर्त्तुः करोति कर्मत्वम्। एवं च भवतेरुत्पत्त्यर्थादुत्पद्यमानः करोत्यर्थमवलम्बते' इति। अध्याहारकल्पनागौरवाच्च। तस्मादस्मिन् पक्षे त्वाप्रयोगो भास्करोपहासजनितमतिभ्रमनिबन्धन इत्यलं परदोषगवेषणपल्लवितेन। सूर्यसिद्धान्तानुसारिणो विद्वांस्तु 'सूर्यसिद्धान्तोक्तमेव ब्रह्मगुप्तादिभिः सृष्टिविलम्बितकालान्तिकमन्तरं भङ्ग्यन्तरेण शक्तमप्युक्तं भिन्नमतमिव न वस्तुतः। तथा हि। सृष्टिविलम्बितकालः किलैतावानेव १७०६४००० विंशांशोन चतुर्युगचतुष्टयम्। तत्र युगभगणानामेव लाघवादुपगमेन युगत्रये सर्वभगणानां पूर्णतोपलब्ध्या तत्संग्रहे दोषाभावात्। तथा च तस्माद्युगत्रयवर्षेषु खचतुष्टयाङ्गनन्दार्कमितेषु शेषम् ४१०४०००। इदमपि विंशांशोनं युगमेव। तथा च कल्पगताद्ग्रहानयने विंशांशभूतं फलमूनीभूतं तद्वस्तुभूतात् सूर्यकादब्दवृन्दात् साधितेषु ग्रहेषु संयोज्यमिति प्राप्तम्। तत्र प्राचैराधुनिकैरुपायान्तरमासाद्य तदन्तरं संक्रामितुं भगणाहर्गणयोरिव विशेष उपकल्पितः। तद्यथा कल्पे कुदिनानि प्राचां मते १५७७९१७८२८०००। आधुनिकमते तु १५७७९१६४५००००। न्यूनान्येतानि१३७८०००। ततो ग्रहफलस्य तुल्यतोपपादनाय विंशांशवर्षसावनै-७८८९५८९१४०० स्तत्सावनान्तर-१३७८००० कालसंभूततत्तद्ग्रहपर्ययतुल्यं क्षेपमुपलभ्य कुट्टकेन गुणकभूतास्तस्य तस्य ग्रहस्य पर्यया: समानीताः। तस्मात् सृष्टिवर्षोनकल्पगतसाधितग्रहा एव कल्पगतादपि भवन्त्यतो न सूर्यादितो भिन्नमतः कुदिनभगणादीनां सृष्टि-

१ न संप्रत्युपलब्ध'कैयट'प्रभृतिषूपलभ्यतेऽतः सम्भाव्यते भर्तृहरिकृत-'सेतु'नाम्न्यां महाभाष्यटीकायां भवेदिति।

वर्षानुरोधेनान्यथा कल्पनात्'-इत्याहुस्तन्न। कुट्टकविषयाभावात्। असत्स्वेषु तेभ्यो महद्भ्यो नमोऽस्त्विति भास्करोक्तदूषणापत्तेश्च। विरुद्धमताभ्यां फलैक्यसंवादस्य ब्रह्मणाऽपि कादाचित्कत्वेन युक्त्या द्विरुपपादनत्वाच्च।

अन्ये तु 'सुप्तोत्थितेन ब्रह्मणा रात्रिशेष एतावद्वर्षैर्ग्रहसृष्टिः कृता। ततः कल्पादिरेव ब्रह्मदिनादिः स एव पूर्वगतिप्रारम्भकाल इत्यस्मदङ्गीकृतमेव सूर्यसिद्धान्तानुसारिभिः स्वीकार्यमन्यथा यावद्दिनेशदर्शनं तावद्दिनमिति लक्षणेऽव्याप्तिः। सृष्ट्यन्तर्गतकाले दिनांशे सूर्याभावात्। न च भवतोऽपि रात्रिशेषे सूर्यसृजनानन्तरं कल्पादितः प्राक्काले सूर्यदर्शनसत्त्वेनातिव्याप्तिस्तद्भिया यावत्क्षितिजोपरि रविबिम्बसञ्चारस्तावद्दिनमिति लक्षणाङ्गीकारात् कल्पादितः प्राक् सूर्यदर्शनसत्त्वेऽपि कल्पादित एव सञ्चारस्य स्वीकृतत्वादस्मया नातिव्याप्तिस्तथा मन्यन्तेऽपि कल्पादावेव रविसृष्टिस्ततः शतघ्नकृताद्रिवेददिव्याब्दैर्ग्रहगतिप्रारम्भ इति। यावद्दिनेशदर्शनं तावद्दिनमिति लक्षणे नाव्याप्तिरिति वाच्यम्। कल्पान्ते भग्रहाणां लयश्रवणात् कल्पादितो युगमहीधरवेदवर्षेषु शतगुणितेषु गतिप्रारम्भाभ्युपगमाच्च मन्दोच्चकल्पभगणानां त्वदभिज्ञातानामनुत्पत्त्यापत्तेः। तस्मात् कल्पादावेव ग्रहगतिप्रारम्भोऽङ्गीकार्यः। एतेन 'विधेर्दिनादौ'—इत्यादिश्लोकद्वयोक्तं दूषणं निरस्तम्। तस्मात् कल्पादित एव ग्रहसाधनं युक्तियुक्तमुचितम्। न चैवं सूर्यसिद्धान्तादौ सृष्टिवर्षोनकल्पगताद्ग्रहसाधनं कथमुक्तमिति वाच्यम्। यस्मिन् काले सर्वेषां ग्रहाणां भगणपूरणं स कालो ग्रहसाधनोपजीव्यानुपाते स्वीकार्य इत्युक्तत्वात्। तथा च कल्पादितः सृष्टिवर्षतुल्यवर्षेषु गतेषु सर्वेषां भगणपूर्तित्वात्। तत्कालादितो लाघवाद्ग्रहसाधने बाधकाभावात्। अत एव सूर्यसिद्धान्तादौ करणोक्तक्षेपवत् क्षेपकथनम्। अन्यथा क्षेपकयोजनकथनापत्तेः'—इत्याहुस्तच्चिन्त्यम्। ब्रह्मणः शताधिकवर्षायुर्दोषत्वापत्तेः। उक्तरीत्या प्रथमकल्पात् पूर्वमुक्तवर्षैर्जगतः सृजनाङ्गीकारात्। दिनादौ भगवद्वचनेन सृष्टेरुक्तत्वाच्च। किञ्च उभाभ्यां पक्षाभ्यामिष्टकाले साधितग्रह-

योस्तुल्यत्वाभावात् । अत एव सृष्टिवर्षैः सर्वेषां ग्रहाणां पक्षद्वयेनापि कल्पभगणैर्भगणपूर्त्तित्वाभावः । यथा कल्पादितः सृष्टिवर्षान्ते १७०६४००० भौमस्य राश्यादेः सूर्यसिद्धान्तभास्करोक्तप्रकारेणातुल्यत्वात् ४।२४।०′।,७। °२८।१७′। न चात्र शून्यता येन तत्र भगणपूर्त्तिः । एवमन्येषामपि । तथा च सूर्यसिद्धान्ते स्वभगणानुरोधेन कल्पादितो ग्रहसाधनार्थमपि सृष्ट्यादौ केषां चिद्राश्यात्मकक्षेपककथनापत्तेः । तस्मान्मदुक्तकल्पभेदव्यवस्थयोर्मतं संगच्छत इति ॥ २७ ।

इदानीं वर्त्तमानदिगतमाह ।

याताः षण्मनवो युगानि भमितान्यन्यद्युगाङ्घ्रित्रयं
नन्दाद्रीन्दुगुणास्तथा शकनृपस्यान्ते कलेर्वत्सराः ।
गोद्रीन्द्वद्रिकृताङ्कदस्रनगगोचन्द्राः शकाब्दान्विताः
सर्वे संकलिताः पितामहदिने स्युर्वर्त्तमाने गताः ॥२८॥

स्वायम्भुवो मनुरभूत् प्रथमस्ततोऽमी
स्वरोचिषोत्तमजतामसरैवताख्याः ।
षष्ठस्तु चाक्षुष इति प्रथितः पृथिव्यां
वैवस्वतस्तदनु सम्प्रति सप्तमोऽयम् ॥ २९ ॥

वा. भा–श्लोकद्वयं स्पष्टार्थम् । इति ब्राह्ममानम् ॥ २८–२९ ॥

वा. वा–वर्त्तमानद्युयातं मनूनां संज्ञां च वृत्तद्वयेनाह याताः षण्मनव इति। शकनृपस्यान्ते । शकाश्च ते नरश्च तान् पातीति शकनृपो विक्रमादित्यः । यथा मृगप्राणहरे सिंहे मृगपतिप्रयोगस्तथा शकनृपप्रयोगो विक्रमादित्ये । 'शकनामानो म्लेच्छास्ते व्यापादिता यस्मिन् काले विक्रमार्केण स कालो लोके शकेन्द्रकाल इत्युच्यते'–इति भट्टोत्पलोक्तेः । य एव विक्रमस्यान्तः स एव शालिवाहनादिरित्युच्चावचजनप्रसिद्धम् । अत्राङ्कानां वामतो गतिः । एकस्थानाद्दशकस्थानादिविन्यासस्य वामक्रमेणैवाङ्कैः सङ्केतितत्वात् । एक एव द्व्यादिनवावसानावृत्तिभिर्द्वित्वादिसंख्यां लभते । एवं

नवैवाङ्काः सङ्कीर्तिताः। पुनरेक एव दशगुणोत्तरो दशकशतसहस्रादिसंख्यां लभते। यत्र नवावसानावृत्त एको विन्यस्यते तदेकस्थानम्। यत्र नवान्ताङ्कावृत्त एव दशगुणोत्तरो विन्यस्यते तद्दशकादिस्थानमित्याहुः। स्थानानन्त्यात् संख्याया आनन्त्यम्। स्थानानां योऽवश्यमन्तव्य उत्तरावधिस्तस्य परार्ध इति संज्ञा कृता। आचार्येण परार्धस्याष्टादश स्थानान्युक्तानि। क्वचिच्छास्त्रान्तरेऽधिकान्युक्तानि। शून्यं नामाभावस्तदपि संख्यान्तर्गतमेव संख्याद्योतकत्वात्। एक एव सहस्रसंख्यां कथं द्योतयेद्यदि एकदशशतस्थानेष्वङ्कानामभावाच्छून्यनिवेशो न स्यात्। नन्वेकादिस्थानस्थितानामङ्कानामभावे यद्वच्छून्यनिवेशेन लक्षादिसंख्यावबोधस्तद्वत् परार्धादिस्थानस्थितानामभावे शून्यनिवेशनेनापि स्यात्। युक्तश्च वामक्रमाद्दक्षिण इति चेत् किमत्र वक्तव्यम्। उक्तमेवात्र बीजगणितं व्याख्यातवद्भिः कृष्णदैवज्ञैरुत्तरावधेरभावात् परिच्छिन्नसंख्यासु तत्सत्त्वेऽपि तस्यानियतत्वात् प्रथमावधेस्तु नियतत्वादिति। उत्तरावधेः प्रदक्षिणक्रमेणैव द्वितीयादिस्थानानां संज्ञाऽस्त्विति तत्रापीदमेवोत्तरम्। अभ्यर्हितस्थानस्यस्य पङ्क्तौ पूर्वनिवेशस्तदधःस्थितस्थानस्यानां सव्यक्रमेण स्थापनमुचितं लोकेषु तथा दृश्यते तत् त्वेकस्थानाद्वामक्रमेण दशकादिस्थानविन्यासेनोपपद्यते। अथ वा परमाण्वाद्यधिकृत्य द्व्यणुकादिसंज्ञाः क्रियन्ते तद्वदेकस्थानमधिकृत्य दशकादिस्थानसंज्ञाकरणे न कश्चिद्दोषः। एकादिस्थानसाध्यत्वाद्दशकस्थानादीनामुत्तरोत्तरसंख्यायां पूर्वपूर्वसंख्यायाः सत्त्वात्। तस्मादेकमब्जं नवार्बुदानि सप्त कोट्यः प्रयुतद्वयं लक्षनवकं चत्वार्ययुतानि सहस्रसप्तकं शतमेकं सप्त दशका नव चेति गताः शकादौ। ततः शकवर्षाण्येतेषु योज्यानि ॥ २८—२९ ॥

मरीचिः—अथ पूर्वं ग्रहा वर्तमानद्युयातात् प्रसाध्या इत्युक्तं तत्रेष्टकाले ब्रह्मदिनगतस्य सौरवर्षज्ञानं शार्दूलविक्रीडितेनाह याता इति। वर्तमाने ब्रह्मदिने अस्मिन् श्वेतवाराहकल्पे इत्यर्थः। षण्मनवः स्वसन्धिसप्तकयुता गताः। तन्मानं च मनुमानं ३०६७२०००० षड्गुणम्

१८४०३२००००। कृतयुगमानम् १७२८००० सप्तगुणं सन्धिमानम् १२०९६०००। मनुसन्ध्योर्योगः षण्मनुमानम् १८५२४१६००० । सप्तममनोर्युगानि महायुगानि भमितानि । भानामश्विन्यादीनां सप्तविंशन्मितत्वात् सप्तविंशन्मितानि गतानि लिङ्गपरिमाणात्। तन्मानं च ११६६४००००। ततो वर्त्तमानमहायुगस्यान्यत् किञ्चिद्गतम् । तत्किमत आह । युगाङ्घ्रित्रयम् । कृतत्रेताद्वापरयुगाख्यचरणत्रयं तन्मानं च ३८८८००० । ततः कलेर्वर्त्तमानकलियुगचरणस्य नन्दाद्रीन्दुगुणाः । नन्दशब्देन पूर्वाचार्यसङ्केतान्नवसङ्ख्याग्रहणादेकोनाशीतियुक्तशताधिकसहस्रत्रयमिता वत्सरा वर्षाणि तया गतानि । एते सर्वे पूर्वज्ञाताङ्काः सङ्कलिताः सङ्कलनविधिनैकीकृताः सन्तः शकनृपस्य। शकाख्यम्लेच्छनरान् पिबति मारयतीति शकनृपो विक्रमादित्यः । तस्यान्ते विरामे शालिवाहानशकादावित्यर्थः । 'युधिष्ठिरो विक्रमशालिवाहनौ' इत्यादिकलियुगीयषट्शकनृपसंग्रहश्लोके विक्रमशकानन्तरं शालिवाहनशकारम्भ उक्तः । गता वत्सरा ब्रह्मदिनारम्भाद्भवन्तीत्यर्थः । योजकनां नियतत्वाल्लाघवात् सङ्कलितमप्याह गोद्रीन्दुद्रीत्यादि । गोशब्देन नवखण्डात्मकभूमेर्ग्रहणात् पूर्वाचार्यसङ्केताच्च नवसङ्ख्या । कृतयुगे धर्मस्य चतुष्पादत्वात् तत्पदेन लक्षणया चतुःसङ्ख्या । ब्रह्मणा नवसङ्ख्याङ्कानां कल्पितत्वादङ्कशब्देन नवसङ्ख्या । दस्रयोर्द्विसङ्ख्याश्रयत्वात् तत्पदेन द्विसङ्ख्या । तथा च तत्र गतवर्षाण्येतानि १९७२९४७१७९ । वर्त्तमानकाले तज्ज्ञानमाह । शकाब्दान्विता इति । शालिवाहनशके केवलशकप्रयोगः पूर्वाचार्याणां वर्त्तमानत्वात । तस्य अब्दाः । वर्त्तमानकाले यानि गतवर्षाणि लोकपरम्परया प्रसिद्धानि तैरन्विताः पूर्वसङ्कलितसिद्धाङ्काः । वर्त्तमानसौरवर्षादौ गताः कल्पगतसौरवर्षाणि भवन्ति । एतेन शकाब्दसङ्ख्यायामेव वर्त्तमानसौरवर्षमस्तीति बुद्धिविक्षेपवशाद्वृत्तानुशीलो दोषाकरादिवत् कश्चिदाह तदपास्तम् । गताब्दत्वानुपपत्तेः । जन्मपत्र्यादौ विक्रमार्कराज्यातीतसंवदिति रूपेण विक्रमशकस्य लिखनाच्च ॥ २८ ॥

अथ प्रसङ्गादुक्तमनूनां नामानि वर्त्तमानस्यापि तदाह स्वायम्भुव इति । प्रथम आद्यः स्वायम्भुवः । ब्रह्मोत्पत्त्यादितो मनुः सस्न्धित-त्कालस्वामी ब्रह्मदिनारम्भात् प्रवृत्तोऽभूज्जात इत्यर्थः । ततस्तद्भोग-कालानन्तरममी चत्वारो मनवो जाताः ससन्धयः क्रमेण उत्तरोत्तरं न तु युगपत् । असम्भवात् । तन्नामान्याह स्वारोचिषोत्तमजतामसरैवताख्या इति । एवं पञ्च । षष्ठः ससन्धिर्मनुश्चाक्षुषाख्यः । यद्यपि गणनया चाक्षुषस्य षट् संख्या लभ्यन्ते तथाऽपि पञ्चममन्वग्रे चाक्षुषमनुरिति षष्ठपदेन द्योतनात् । अन्यथा पूर्ववत् तत इत्यनुक्तेन तज्ज्ञानासम्भवात् । तत् तस्माच्चाक्षुषात् अनु पश्चात् तदनन्तरमित्यर्थः । संप्रति वर्तमानकाले योऽयं मनुरस्ति स सप्तमः । तन्नामाह वैवस्वत इति । सूर्योत्पन्नत्वात् । अत्र मानमाह इति । पृथिव्यामिति पुराणकथा-प्रसङ्गात् प्रथितः ख्यातः पुराणमेवात्र मानमित्यर्थः ।

"वैवस्वतो मनुर्नाम माननीयो मनीषिणाम्" ।

इति प्रसिद्धोक्तेश्च ।

तथा च श्रीपतिः ।

"स्वायम्भवाख्यो मनुराद्य आसीत् स्वारोचिषश्चोत्तमतामसाख्यौ ।
जातौ ततो रैवतचाक्षुषौ च वैवस्वतः संप्रति सप्तमोऽयम्"–इति ॥

अन्येषां प्रयोजनाभावान्नोक्तानि । तानि तु–

"सावर्णिर्दक्षसावर्णिर्ब्रह्मसावर्णिकस्ततः ।
धर्मसावर्णिको रुद्रपुत्रो रौच्यश्च भौत्यकः" ॥

इति पुराणवचनाज्ज्ञेयानि । इदं पद्यम् 'उक्ता वसन्ततिलका तभजा जगौ गः'–इत्युक्तत्वाद्वसन्ततिलकाख्यम् । 'सिंहोद्धतेयमुदिता मुनिकाश्यपेन'–इत्युक्तेश्च सिंहोद्धताख्यं[1] च ॥ २९ ॥

इदानीं बार्हस्पत्यं मानुपमानं चाह ।

बृहस्पतेर्मध्यमराशिभोगात्
संवत्सरं सांहितिका वदन्ति ।

१ उद्धर्षिणीयमुदिता मुनिसैतवेन' इति वृत्तरत्नाकरोक्तेरुद्धर्षिण्याख्यं च ।

ज्ञेयं विमिश्रं तु मनुष्यमानं
मानैश्चतुर्भिर्व्यवहारवृत्तेः ॥ ३० ॥
वर्षायनर्त्तुयुगपूर्वकमत्र सौरान्-
मासास्तथा च तिथयस्तुहिनांशुमानात् ।
यत् कृच्छ्रसूतकचिकित्सितवासराद्यं
तत् सावनाच्च घटिकादिकमार्क्षमानात् ॥३१॥

वा. भा. पूर्वश्लोके पूर्वार्धं सुगमम् । मनुष्यमानं तु विमिश्रं ज्ञेयम् । कुतः । यतो लोके चतुर्भिरेव मानैर्व्यवहारः प्रवर्त्तते । वर्षायनर्त्तुयुगादिकं सौरमानात् प्रवर्त्तते लोके । मासास्तिथयश्च चान्द्रात् । व्रतोपवासचिकित्सितसूतकवासराद्यर्कसावनात् । घटिकादिकं नाक्षत्रादेव । एवं सौरचान्द्रसावननाक्षत्रमानैश्चतुर्भिरेभिर्मिश्रितैर्मनुष्यमानम् ॥ ३०–३१ ॥

वा. वा. अथ बार्हस्पत्यमनुष्यमाने चाह । बृहस्पतेरिति । कल्पादेर्यावन्तो राशयो गुरुभुक्तास्ते षष्टितष्टा विजयाद्या गतसंवत्सरा भवन्ति । यतः कल्पादौ विजयः । दाक्षिणात्यास्तु मनुजमानात् संवत्सरमिच्छन्ति ।

तथा च रोमशसिद्धान्ते ।

"विजयाद्यास्तथाऽर्काब्दाः प्रभवाद्याः स्मृता बुधैः"–इति ।

किं तन्मनुजमानं विमिश्रमिति । सौरचान्द्रसावननाक्षत्राणां मध्ये द्वयोस्त्रयाणां सर्वेषां वा मिश्रणं तन्मिश्रमानम् । यस्माच्चतुर्भिर्मानैर्व्यवहारो बहु प्रवर्त्तते । चैत्रशुक्लप्रतिपदि रव्युदयान्मनुजमानप्रवृत्तिं वदन्ति । मानचतुष्टयप्रयोजनमाह । वर्षायनर्त्तुयुगपूर्वकमिति । वर्षं वत्सरः । वसतेऽयने यस्मिन् स वत्सरः । यातीत्ययनं राशिषट्केन दक्षिणोत्तराशां वेति । इयर्त्ति गच्छत्यसाधारणं लिङ्गमिति ऋतुः ॥ ३०–३१ ॥

मरीचिः–अथात्र बार्हस्पत्यमाननिरूपकोपजातिकापद्यं क्वचित् क्षेपकम् ।

"कल्पादितो मध्यमजीवभुक्ता ये राशयः षष्टिहृतावशेषाः ।
संवत्सरास्ते विजयाश्विनाद्या इतीज्यमानं किल संहितोक्तम्" ॥

इति दृश्यते तदपि व्याख्यायते। कल्पादितः कल्पादिमारभ्योक्त-रीत्या स्वकाले मध्यममानेन ये गुरुभुक्ता राशयस्ते षष्टितष्टाः शेषाङ्क-मिता विजयाद्याः संवत्सराः षष्ट्यन्तर्गता भवन्ति । शेषं द्वादशतष्टमा-श्विनाद्या गताः संवत्सरा द्वादशमाससंज्ञान्तर्गता भवन्ति । तद-धिममासाख्यं वर्त्तमानबार्हस्पत्यवर्षं भवति । कल्पादौ विजयसंवत्सर-प्रवृत्तेर्गुरोरश्विनीस्थत्वेनाश्विननामाख्यवर्षप्रवृत्तेश्च ।

"कल्पादिभुक्ता गुरुराशयो ये संवत्सराः स्युर्विजयादयस्ते ।
बभाषिरे सांहितिका हि पूर्वे वर्षाणि तस्याश्विनपूर्वकाणि" ॥

इति सिद्धान्तशेखरोक्तेश्च । इति इदमीज्यमानं किल निश्चयेन संहितासूक्तमार्षोक्तमित्यर्थः ।

तथा च सूर्यसिद्धान्ते ।

"द्वादशघ्ना गुरोर्याता भगणा वर्त्तमानकैः ।
राशिभिः सहिताः शुद्धाः षष्ट्या स्युर्विजयादयः"[१]इति ।

अत्रोपपत्तिः स्पष्टा ।

अथ क्षेपकश्लोकोपपत्तिरूपप्रसङ्गाद्बार्हस्पत्यवर्षस्वरूपं मनुष्यमानं चोपजातिकयाऽऽह बृहस्पतेरिति । बृहस्पतेर्मध्यममानेन यो राशिभो-गस्तस्माद्गतो यः कालस्तं संवत्सरं बार्हस्पत्यवर्षं सांहितिकाः संहिता-कर्त्तारो वसिष्ठाद्या वदन्ति । अन्यवर्षव्यावृत्तये समिति । सांहितिका इत्यनेनन युक्तिः । किन्त्वागम एव प्रमाणमिति सूचितम् ।

तथा च वसिष्ठसिद्धान्ते ।

"मध्यगत्या भभोगेन गुरोर्गौरववत्सराः"–इति ।

अस्मान्मासदिनादिकं परिभाषया ज्ञेयम् । मनुष्यमानमाह ज्ञेय-मिति । चतुर्भिर्मानैः सौरचान्द्रसावननाक्षत्रैर्विमिश्रं मिश्रितं संयुक्तं यत् कालमानं तन्मनुष्यमानं ज्ञेयम् । तथा च चतुर्मानात्मकमेकं मनुष्यमानमि-त्यर्थः । 'मानुषं तु कथितं चतुर्भिदम्'–इति सिद्धान्तशेखरोक्तेः । ननु मनुष्यमानस्य तच्चतुर्मानात्मकत्वेनानतिरिक्तत्वाद्विप्रयोजकत्वाच्च कथ-

१ सूर्यसिद्धान्ते मध्यमाधिकारे ५५ श्लो. ।

नमयुक्तमत आह । व्यवहारवृत्तेरिति । मनुष्यमानेन व्यवहारस्य सत्त्वादित्यर्थः । तथा च सौरचान्द्रसावननाक्षत्रैर्लोके व्यवहारस्य वर्त्तमानत्वात् सर्वत्र चतुर्मानानामावश्यकतया लाघवादेकशब्देन मनुष्याणां तद्ग्रहार्थं मनुष्यमानसंज्ञा तेषामुक्ता। प्रत्येकतः समुदायस्य भिन्नत्वादतिरिक्तमानत्वं च सिद्धमिति भावः। सौरचान्द्रसावननाक्षत्राणां मध्ये द्वयोस्त्रयाणां सर्वेषां वा मिश्रणं तन्मिश्रमानम् । यतश्चतुर्भिर्मानैर्व्यवहारो बहु प्रवर्त्तते। चैत्रशुक्लप्रतिपदि रव्युदयान्मनुजमानप्रवृत्तिं वदन्तीति केचित् ॥ ३० ॥

ननु चतुर्भिर्मानैर्व्यवहारः कथमस्तीत्यतः सिंहोद्धतयाऽऽह वर्षायनर्त्तु युगपूर्वकमिति । वर्षं द्वादशमासात्मकम् । उत्तरदक्षिणायनद्वयम् । शिशिरादय ऋतवो मासद्वयात्मकाः । युगपूर्वकं युगाङ्घ्रिमहायुगमनुकल्पादीनां मानमत्र जगति सौरमानादस्ति ।

"भानोर्मकरसंक्रान्तेः षण्मासा उत्तरायणे ।
कर्कादेस्तु तथैव स्यात् षण्मासा दक्षिणायनम् ॥
द्विराशिनाथा ऋतवस्ततोऽपि शिशिरादयः ।
मेषादयो द्वादशैते मासास्तैरेव वत्सरः[1]" ॥

इति सूर्यसिद्धान्तोक्तेः । मासा यत्र केवलास्तत्र ते चान्द्रमानाद् व्यवहारयोग्याः प्रवर्तन्ते । 'त्रिंशता तिथिभिर्मासश्चान्द्रः'-इति सूर्यसिद्धान्तोक्तेः । अत्र ज्योतिःशास्त्रे ज्ञातास्तिथयः प्रतिपदादयस्तथा चान्द्रमानात् । आसां मासांशत्वादिति भावः ।

"अर्काद्विनिःसृतः प्राचीं यद्यात्यहरहः शशी ।
तच्चान्द्रमानमंशैस्तु ज्ञेया द्वादशभिस्तिथिः"[2] ॥

इति सूर्यसिद्धान्तोक्तेः । यत् कृच्छ्रसूतकचिकित्सितवासराद्यम् । कृच्छ्रं चान्द्रायणादि प्रायश्चित्तं कर्म शास्त्रे प्रसिद्धम् । सूतकं जन्ममरणाशौचम् । औषधोपचारश्चिकित्सितम् । वासरो वारः । आदिशब्दाद् दिननिशाप्रहरात्मकर्मादिकं च यत्किञ्चित् तत्सर्वं सावनात् सूर्यसावन-

१ सूर्यसिद्धान्ते मानाध्याये १०–११ श्लो० । २ सूर्यसिद्धान्ते मानाध्याये १३ श्लो. ।

मानात्। घटिकादिकम्। आदिपदात् पलप्राणादि। आर्त्तमानाद्वा-त्तत्रमानादित्यर्थः। एवकारार्थश्चकारः प्रत्येकं पञ्चम्यन्तेनान्वेति। तेन यन्मानेन यदुक्तं तदन्यमानादपेक्षितम्। तदा तत्पदपूर्वकं तत्पदेनैव संगृह्यत इति भावः।

तथा च श्रीपतिः।

"वर्षाणि सौरात् प्रवदन्ति चान्द्रान्मासास्तिथीः सावनतो दिनानि।
सौरेन्दवाभ्यां तु विना न तत् स्यात्तात्तत्रमानाद्घटिकादिकालः॥
युगायनर्त्तुप्रभृतीनि सौरान्मानाद्द्युरात्र्योरपि वृद्धिहानी।
पर्वाधिमासोनदिनानि चान्द्रात् तथा तिथेरर्धमपि प्रदिष्टम्॥
प्रायश्चित्तं सूतकाद्यं चिकित्सा यज्ञाद्येवं कर्म वारादिकं च।
शास्त्रे त्वस्मिन् खेचराणां च चारा विज्ञातव्याः सावनाद्भास्करीयात्"॥
इति॥ ३१॥

इदानीं मानोपसंहारश्लोकमाह।

एवं पृथङ्मानवदैवजैत्र-
पैत्रार्क्षसौरैन्दवसावनानि।
ब्राह्मं च काले नवमं प्रमाणं
ग्रहास्तु साध्या मनुजैः स्वमानात्॥ ३२॥

वा. भा.–एवं कालस्य नव मानानि। तत्र ग्रहानयनं मनुष्यमानात्। यतस्ते मनुष्यैः साध्याः॥ ३२॥

इति श्रीभास्करीये सिद्धान्तशिरोमणौ कालमानाध्यायः।

वा. वा. अथोपसंहरति। एवं पृथक्मानवेति।

यद्यपि दैत्रमासुरं च मानं दिवसभेदाद्भिद्यते तथाऽप्यहोरात्रैक्याद्भेद इति नवैव मानानि स्वीकृतानि। काले कलनात्मके ब्राह्मं नवमं प्रमाणं परिमाणमित्यर्थः। एवं वर्षादिकालस्तत्तन्मानैर्नवधा भिद्यत इति। मनुष्योपयोगित्वाच्छास्त्रस्य यथोपयोगस्तथैव ग्रहा मनुजैर्मनुष्यमानात् साध्याः। चकारोऽनुक्तसमुच्चयार्थस्तेन ग्रहसमवेतानि

कर्माणि वक्रास्तमनोदयक्रान्तिसाम्यच्छायायुतिग्रहणशृङ्गोन्नमनतिथ्यादीनि च साध्यानि ॥ ३२ ॥

इति श्रीकृष्णदैवज्ञात्मजगणकनृसिंहकृतौ कालमानाध्यायः ।

मरीचिः—अथ न्यूनाधिक्यव्यवच्छेदार्थं मानोपसंहारं ग्रहसाधनोपजीव्यत्वेनार्थान्तरत्वं चोपजातिकयाऽऽह एवमिति । एवं पूर्वोक्तेन । पृथक् भिन्नम् । काले कलनात्मके महाकल्पान्तावच्छिन्ने मानुषमानादिसावनान्तान्यष्ट पूर्वार्धोक्तानि । ब्राह्मम् । चः समुच्चये । नवमं प्रमाणम् । यथा धान्यराशिर्द्रोणाढकादिमानैर्मीयते तथा महाकल्पावच्छिन्नः कालराशिर्नवमानैः पृथक् पृथक् मीयत इति कालसंख्याज्ञानार्थमृषिभिर्नव मानान्युक्तानि ।

तथा च व्यासः ।

"ब्राह्मं दैवं तथा पित्र्यं मानुषं च गुरोस्तथा ।
सौरं च सावनं चान्द्रमार्क्षं मानानि वै नव"—इति ॥

एतेन

"पैतामहं दिव्यमथासुरं च पित्र्यं तथा मानुषमानमन्यत् ।
सौरार्क्षहैमांशवसावनानि जैवं तथेदं दश कीर्त्तितानि" ॥

इति श्रीपत्युक्तमासुरमानं दशमं निरस्तम् । देवाहोरात्रं समं दैत्याहोरात्रेण देवासुरमानस्यैकत्वात् । अन्यथा भूस्थानां सूर्योदयभेदेन सावनभेदान्मानानन्त्यस्य दुर्वारत्वापत्तेः । ग्रहा इति । मनुजैर्ग्रहाः सूर्यादयः । चकारात् । तत्समवेतवक्रास्तमनोदयक्रान्तिसाम्यच्छायायुतिग्रहणशृङ्गोन्नमनतिथ्यादीनि कर्माणि स्वमानात् मनुजमानात् सौरचान्द्रसावननाक्षत्रेभ्य इति यावत् । साध्याः । यतस्ते स्वसाध्याः । तथा च ग्रहसाधनोपजीव्याहर्गणे मनुष्यमानोपयोगात् तन्निरूपणप्रसङ्गेनान्यमाननिरूपणमपि प्रकृतोपयुक्तत्वेन नार्थान्तरमिति भावः ।

तथा च श्रीपतिः ।

"सौरचान्द्रमससावनमानैः सार्क्षकैर्ग्रहगतेरवबोधः ।
एभिरत्र मनुजव्यवहारो दृश्यते च पृथगेव चतुर्भिः" इति ॥ ३२ ॥

नन्वत्र त्रुट्यादिप्रलयान्तकालसौरादिमानयोः संमिश्रनिरूपणात् कस्य प्राधान्यमतः फक्किकयाऽध्यायसमाप्तिसूचकमाह इति श्रीसिद्धान्तशिरोमणौ कालमानाध्याय इति । सिद्धान्तशिरोमणौ ग्रन्थे कालमानयोरध्यायो निरूपणम् । इति समाप्तमित्यर्थः । तथा च विनिगमनाविरहाद्द्वयोरेव प्राधान्यमिति भावः ।

अथेदानीं ग्रहाणां मन्दोच्चानां चलोच्चानां ग्रहपातानां च भगणान् श्लोकषट्केनाह ।

अर्कशुक्रबुधपर्यया विधे-
 रह्नि कोटिगुणिता रदाब्धयः ।
एत एव शनिजीवभूभुवां
 कीर्त्तिताश्च[1] गणकैश्चलोच्चजाः ॥ १ ॥
खाभ्रखाभ्रगगनामरेन्द्रिय-
 क्ष्माधराद्रिविषया हिमद्युतेः ।
युग्मयुग्मशरनागलोचन-
 व्यालषण्नवयमाश्विनोऽसृजः ॥ २ ॥
सिन्धुसिन्धुरनवाष्टगोऽङ्कषट्-
 त्र्यङ्कसप्तशशिनो ज्ञशीघ्रजाः ।
पञ्चपञ्चयुगषट्कलोचन-
 व्यब्धिषड्गुणमिता गुरोर्मताः ॥ ३ ॥
द्विनन्दवेदाङ्कगजाग्निलोचन-
 द्विशून्यशैलाः सितशीघ्रपर्ययाः ।
भुजङ्गनन्दद्विनगाङ्गबाणषट्-
 कृतेन्दवः सूर्यसुतस्य पर्ययाः ॥ ४ ॥
खाष्टाब्धयोऽष्टात्तगजेषुदिग्द्विप-
 द्विपाब्धयो व्यङ्कयमा रदाग्नयः ।

---

१ 'कीर्त्तिताः सुगणकै' – रिति नृसिंहसम्मतः पाठः ।

शरेष्विभाङ्कयत्त्वरसाः कुसागराः
स्युः पूर्वगत्या तरणेर्मृदूच्चजाः ॥ ५ ॥
गजाष्टिभर्गत्रिरदाश्विनः कुभृ-
द्रसाश्विनः कुद्विशराः क्रमर्त्तवः ।
त्रिनन्दनागा युगकुञ्जरेषवो
निशाकराद्यस्तगपातपर्यया: ॥ ६ ॥

वा. भा.-ग्रहाणां पूर्वगत्या गच्छतां कल्प एतावन्तो भगणा भवन्ति । तथा मन्दोच्चानां चलोच्चानां च प्राग्गत्या एतावन्तः पर्यया भवन्ति । तथा पातानां पश्चिमगत्या एतावन्तो भवन्ति ।

अत्रोपपत्तिः । सा तु तत्तद्भाषा[१]कुशलेन तत्तत्क्षेत्रसंस्थानज्ञेन श्रुतगोलेनैव श्रोतुं शक्यते नान्येन । ग्रहमन्दशीघ्रोच्चपाताः स्वस्वमार्गेषु गच्छन्त एतावतः पर्ययान् कल्पे कुर्वन्तीत्यत्रागम एव प्रमाणम् । स चागमो महता कालेन लेखकाध्यापकाध्येतृदोषैर्बहुधा जातस्तदा कतमस्य प्रामाण्यम् । अथ यद्येवमुच्यते गणितस्कन्ध उपपत्तिमानेवागमः प्रमाणम् । उपपत्त्या ये सिध्यन्ति भगणास्ते ग्राह्याः । तदपि न । यतोऽतिप्राज्ञेन पुरुषेणोपपत्तिर्ज्ञातुमेव शक्यते । न तया तेषां भगणानामियत्ता कर्तुं शक्यते । पुरुषायुषाल्पत्वात् । उपपत्तौ तु ग्रहः प्रत्यहं यन्त्रेण वेध्यः । भगणान्तं यावत् । एवं शनैश्चरस्य तावद्वर्षाणां त्रिंशता भगणः पूर्यते । मन्दोच्चानां तु वर्षशतैरनेकैः । अतो नायमर्थः पुरुषसाध्य इति । अत एवातिप्राज्ञा गणकाः साम्प्रतोपलब्ध्यनुसारिणं प्रौढगणकस्वीकृतं कमप्यागममङ्गीकृत्य ग्रहगणित आत्मनो गणितगोलयो[२]र्निरतिशयं कौशलं दर्शयितुं तथाऽन्यैर्भ्रान्तिज्ञानेनान्यथोदितानर्थांश्च निराकर्तुमन्यान् ग्रन्थान् रचयन्ति । ग्रहगणित इतिकर्त्तव्यतायामस्माभिः कौशलं दर्शनीयं भवत्वागमो योऽपि कोऽप्ययमाशयस्तेषाम् । यथाऽत्र

१ तत्तद्भाषाकुशलेन तत्तदुपपाद्यविषयसम्बन्धिपरिभाषाभिज्ञेनेति ।
२ 'गोलयोरतिकौशलम्'-इति वासनावार्त्तिकसम्मतः पाठः ।

यन्ये ब्रह्मगुप्तस्वीकृतागमोऽङ्गीकृत इति । तर्हि तिष्ठतु तावदुपपत्त्या भगणानामियत्तासाधनम् । अथ यद्युपपत्तिरुच्यते तर्हि इतरेतराश्रयदोषशङ्कया वक्तुमशक्या । तथाऽपि संक्षिप्तामुपपत्तिं वक्ष्यामः । इतरेतराश्रयदोषोऽत्र दोषाभासः । उपपत्तिभेदानां यौगद्येन वक्तुमशक्यत्वात् ।

अथोच्यते । अर्कशुक्रबुधपर्यया विधेरित्यादि । यावन्ति कल्पे वर्षाणि तावन्त एव सूर्यभगणा इत्युपपन्नम् । यतो भगणभोगकालो हि वर्षमुक्तम् । बुधशुक्रौ तु रवेरासन्नावेव कदाचिदग्रतः कदाचित् पृष्ठतस्तस्यानुचराविव सदा व्रजन्तौ दृश्येते । अतस्तयोरपि रविभगणतुल्या भगणा इत्युपपन्नम् । चलोच्चभगणोपपत्तिमग्रे वक्ष्यामः ।

अथ समायां भूमावभीष्टकर्कटकेन त्रिज्यामिताङ्कैरङ्कितेन वृत्तं दिगङ्कितं भगणांशैश्चाङ्कितं कृत्वा तत्र प्राचीचिह्नाद्दक्षिणतो नातिदूरे प्रदेश उत्तरेऽयने वृत्तमध्यस्थितेन कीलेन रवेरुदयो वेध्यः । ततोऽनन्तरं वर्षमेकं रव्युदया गणनीयाः । ते च पञ्चषष्ट्यधिकशतत्रयतुल्या भवन्ति । तत्रान्तिमोदयः पूर्वोदयस्थानादासन्नो दक्षिणत एव भवति तयोरन्तरं विगणय्य ग्राह्यम् । ततोऽन्यस्मिन् दिने पुनरुदयो वेध्यः । स तु पूर्वचिह्नादुत्तरत एव भवति । तदप्युत्तरमन्तरं ग्राह्यम् । ततोऽनुपातः । यद्यन्तरद्वितयकलाभिरेकीकृताभिः षष्टिघटिका लभ्यन्ते तदा दक्षिणेनान्तरेण किमिति । अत्र लभ्यन्ते पञ्चदश घटिकास्त्रिंशत् पलानि सार्धानि द्वाविंशतिर्विपलानि १५ । ३० । २२ । ३० । आभिर्घटीभिः सहितानि पञ्चषष्ट्यधिकशतत्रयतुल्यानि सावनदिनान्येकस्मिन् रव्यब्दे भवन्ति ३६५ । १५ । ३० । २२ । ३० । ततोऽनुपातः । यद्येकेन वर्षेणैतावन्ति कुदिनानि तदा कल्पवर्षैः किमिति । एवं ये लभ्यन्ते ते सावनदिवसा भवन्ति कल्पे । अथ तैरेव रवेर्वर्षान्तःपातिभिः कुदिनैश्चक्रकला लभ्यन्ते तदैकेन किमिति । फलं मध्यमा रविगतिरित्युपपन्नम् ।

---

१ तुल्यासमयान्तरे तुल्यप्राचापान्तरस्यानुपपन्नत्वाद्व्यवहारार्थमेवायमनुपात उपयुज्यत इति बुद्धिमद्भिरनुसंधेयम् ।

अथ चन्द्रभगणोपपत्तिः । तत्रादौ तावद्ग्रहवेधार्थं गोलबन्धोक्तविधिना विपुलं गोलयन्त्रं कार्यम् । तत्र खगोलस्यान्तर्भगोल आधारवृत्तद्वयस्योपरि विषुवद्वृत्तम् । तत्र च यथोक्तं क्रान्तिवृत्तं भगणांशाङ्कितं च बद्ध्वा कदम्बद्वयकीलकयोः प्रोतमन्यच्चलं ग्रहवेधवलयम् । तच्च भगणांशाङ्कितं कार्यम् । ततस्तद्गोलयन्त्रं सम्यग्ध्रुवाभिमुखयष्टिकं जलसमक्षितिजवलयं च यथा भवति तथा स्थिरं कृत्वा रात्रौ गोलमध्यचिह्नगतया दृष्ट्या रेवतीतारां विलोक्य क्रान्तिवृत्ते यो मीनान्तस्तं रेवतीतारायां निवेश्य मध्यगतयैव दृष्ट्या चन्द्रं विलोक्य तद्वेधवलयं चन्द्रोपरि निवेश्यम् । एवं कृते सति वेधवृत्तस्य क्रान्तिवृत्तस्य च यः संपातस्तस्य मीनान्तस्य च यावदन्तरं तस्मिन् काले तावान् स्फुटचन्द्रो वेदितव्यः । क्रान्तिवृत्तस्य चन्द्रबिम्बमध्यस्य च वेधवृत्ते यावदन्तरं तावाँस्तस्य विक्षेपः । ततो यावतीषु रात्रिगतघटिकासु वेधः कृतस्तावतीष्वेव पुनर्द्वितीयदिने कर्त्तव्यः । एवं द्वितीयदिने स्फुटचन्द्रं ज्ञात्वा तयोर्यदन्तरं सा तद्दिने स्फुटा गतिः । अथ तौ चन्द्रौ 'स्फुटग्रहं मध्यखगं प्रकल्प्य' इत्यादिना मध्यमौ कृत्वा तयोरन्तरं सा मध्यमा चन्द्रगतिः । तयाऽनुपातः । यद्येकेन दिनेनैतावती चन्द्रगतिस्तदा कुदिनैः किमित्येवं चन्द्रभगणा उत्पद्यन्ते ।

तथा चाह श्रीमान् ब्रह्मगुप्तः ।

"ज्ञातं कृत्वा मध्यं भूयोऽन्यदिने तदन्तरं भुक्तिः ।
त्रैराशिकेन भुक्त्या कल्पग्रहमण्डलानयनम्"[१] ॥

एवमन्येषामपि भगणोपपत्तिः ।

अथ चन्द्रोच्चस्य । एवं प्रत्यहं चन्द्रवेधं कृत्वा स्फुटगतयो विलोक्याः । यस्मिन् दिने गतेः परमाल्पत्वं दृष्टं तत्र दिने मध्यम एव स्फुटचन्द्रो भवति । तदेवोच्चस्थानम् । यत उच्चसमे ग्रहे फलाभावो गतेश्च परमाल्पत्वम् । ततश्च तस्माद्दिनादारभ्यान्यस्मिँश्चन्द्रपर्यये प्रत्यहं चन्द्रवेधात् तथैवोच्चस्थानं ज्ञेयम् । तच्च पूर्वस्थानादग्रत एव भवति । यत् तयोरन्तरं तज्ज्ञात्वाऽनुपातः क्रियते । यद्येतावद्भिरन्तरदिनैरिदमुच्चयोर-

१ ब्राह्मस्फुटसिद्धान्ते शङ्कुच्छायादिज्ञानाध्याये १२ श्लो. १ ।

न्तरं लभ्यते तदैक्येन क्रिमिति । फलं तुङ्गगतिः । तयाऽनुपातात् कल्प भगणाः ।

अथ चन्द्रपातभगणोपपत्तिः । एवं प्रत्यहं चन्द्रवेधाद्दक्षिणविक्षे क्षीयमाणे यस्मिन् दिने विक्षेपाभावो दृष्टः क्रान्तिवृत्ते तत् स्थानं विह्न यित्वा तत्र यावान् विधुः स भगणाच्छुद्धः पातः स्यादिति ज्ञेयम् । पुन रन्यस्मिन्नपि पर्यये दक्षिणविक्षेपाभावस्थानं ज्ञेयम् । क्रान्तिवृत्ते तत् स्थाः पूर्वस्थानात् पश्चिमत एव भवति । अतो ज्ञाता पातस्य विलोमा गतिः सा चानुपातात् । यद्येतत्कालान्तरदिनैरेतावत् पातयोरन्तरं लभ्यं तदैक्येन क्रिमिति । फलं पातगतिः । तया प्राग्वत् कल्पभगणाः ।

अथ रवितुङ्गोपपत्तिः । मिथुनस्थे रवौ कस्मिँश्चिद्दिने रेवतीताः क्रोदयाद्यावतीभिर्घटिकाभी रविरुदितस्तावतीभिर्मीनान्ताल्लग्नं साध्यम् यल्लग्नं स तदा स्फुटो रविर्ज्ञेयः । एवमन्यस्मिन् दिनेऽपि । तयोः स्फुट र्कयोरन्तरं स्फुटा गतिः । एवं प्रत्यहं स्फुटगतयो ज्ञातव्याः । यस्मि दिने गतेः परमाल्पत्वं तद्दिने यावान् रविस्तावदेव रवेरुच्चं भवति तस्योच्चस्य चलनं वर्षशतेनापि नोपलक्ष्यते । किन्त्वाचार्यैश्चन्द्रमन्दोच्च वदनुमानात् कल्पिता गतिः । सा चैवम् । यैर्भगणैः साम्प्रताहर्गणाद्द र्गणाद्वा एतावदुच्चं भवति ते भगणा युक्त्या कुट्टकेन वा कल्पिताः ।

अथान्येषां शीघ्रोच्चोपपत्तिः । तत्र एत एव शनिजीवभूभुवामित्य दि । उच्चो ह्याकर्षको भवति । तेन स्वकक्षामण्डले भ्रमन् ग्रहः स्वाभि मुखमाकृष्यते । तेनाकृष्टः सन् कक्षामण्डले मध्यग्रहादग्रतः पृष्ठतो व यावताऽन्तरेण दृश्यते तावत् तस्य फलं मान्दं शैघ्र्यं वा । अहो उच्च नाम प्रदेशविशेषस्तेन कथमाकृष्यत इति तदुच्यते ।

यथोक्तं सूर्यसिद्धान्ते ।

"अदृश्यरूपाः कालस्य मूर्त्तयो भगणाश्रिताः ।
शीघ्रमन्दोच्चपाताख्या ग्रहाणां गतिहेतवः ॥

तद्वातरश्मिभिर्बद्धास्तैः सव्येतरपाणिभिः ।
प्राक् पश्चादपकृष्यन्ते यथासन्नं स्वदिङ्मुखम्"[१] ॥

इत्यादि । एवमत्रोच्चस्य देवताविशेषत्वेनाङ्गीकृतत्वाददोषः । एतदुक्तं भवति । शनेर्जीवात् कुजाद्वा यदा रविरग्रे वर्त्तते तदा मध्यग्रहात् स्फुटग्रहोऽग्रतो दृश्यते । यदा तु पृष्ठगतोऽर्कस्तदा मध्यात् स्फुटग्रहः पृष्ठतो दृश्यते । अतस्तेषां त्रयाणां रविसमं शीघ्रोच्चं धीरैः कल्पितम् । अतो रविभगणतुल्याः शीघ्रोच्चभगणा इत्युपपन्नम् ।

अथ मन्दोच्चोपपत्तिः । तत्र वेधेन स्फुटग्रहं ज्ञात्वा तं मन्दस्फुटं प्रकल्प्य ततः शीघ्रफलमानीय तत् तस्मिन् स्फुटे विलोमं कृत्वाऽसकृन्मन्दस्फुटो ज्ञेयः । एवं प्रत्यहं मन्दस्फुटमुपलक्ष्य स मन्दस्फुटो धनमन्दफले क्षीयमाणे यस्मिन् दिने मध्यमतुल्यो भवति तदा तत्तुल्यमेव मन्दोच्चं ज्ञेयम् । ततस्तस्माद्रविमन्दोच्चवद्भगणाः कल्प्याः । एवं सर्वेषाम् ।

अथ बुधशुक्रयोः शीघ्रोच्चोपपत्तिः । तत्र रविशुक्रयोः पूर्वस्यां दिशि चक्रयन्त्रवेधेनान्तरभागा ज्ञेयाः । ते तयोः स्फुटयोरन्तरांशा जातास्तैः स्फुटार्काद्विशोधितैः स्फुटः शुक्रो भवति । ततः शुक्रस्य मन्दफलमानीय तत् स्फुटे शुक्रे धनर्णं व्यस्तं कार्यम् । रविश्च मध्यमः कार्यः । तयोर्यदन्तरं तच्छीघ्रफलमृणं धनं च ज्ञेयम् । एवं प्रतिदिनवेधेन तच्छीघ्रफलं परममृणं ज्ञातव्यम् । तत् तादृक् फलमर्कात् तिर्यक्स्थितेनोच्चेनाकृष्टस्य भवति । तच्च तिर्यक्स्थत्वं त्रिभान्तरितस्य स्यात् । अतस्त्रिभोनेन स्फुटशुक्रेण तुल्यं शीघ्रोच्चं ज्ञेयम् । एवं पुनरन्यस्मिन् पर्यये प्राच्यामेवान्यच्छीघ्रोच्चं ज्ञात्वाऽनुपातः क्रियते । यद्येतत्कालान्तरदिनैस्तयोरुच्चयोरन्तरं लभ्यते तदैकेन किमिति । फलं तुङ्गगतिः । प्राग्वत् तया भगणाः । एवं बुधस्यापि ।

अथ भौमादीनां वेधेन प्राग्वद्दक्षिणविक्षेपाभावस्थाने यावान् मन्दस्फुटो ग्रहश्चक्रशुद्धस्तावान् पातः । बुधशुक्रयोस्तु तदा मन्दफलव्यस्त-

[१] स्पष्टाधिकारे १–२ श्लो० ।

संस्कृतं यावच्छीघ्रोच्चं चक्रशुद्धं तावान् पातो ज्ञेयः । ततः प्राग्वद्गणकल्पना ॥ १-६ ॥

वा.वा—अथेष्टकालिकग्रहसाधनोपयोगितया भगणादिज्ञानस्यावश्यकत्वादिदानीं 'ग्रहसाधकानुपातफलभूतान्मन्दोच्चशीघ्रोच्चपातग्रहभगणानाह' अर्कशुक्रबुधपर्यया इति ।

अत्रोपपत्तिः । भगणोत्पादने युक्तिः । युक्तिज्ञाने कस्याधिकारस्तत्राह । सा तु तत्तद्भाषाकुशलेन तत्तत्क्षेत्रसंस्थानज्ञेन श्रुतगोलेनैव ज्ञातुं शक्यते नान्येन । एतावन्त एव ग्रहपर्यया इत्यत्र किं प्रमाणमित्यत आह । ग्रहमन्दोच्चपाताः स्वस्वमार्गे गच्छन्त एतावतः पर्ययान् कल्पे कुर्वन्तीत्यत्रागमः प्रमाणम् । कलात्मिकगतेः प्रत्यक्षोपलब्धिभिन्नत्वाद्योजनात्मिकगतितुल्यत्वस्वीकाराद्ग्रहभेदयोगे ग्रहयोरूर्ध्वाधरत्वानुभवाच्च ग्रहकक्षाणां भेदस्य स्पष्टत्वात् स्वस्वमार्गेषु गच्छन्त इत्युक्तम् । यद्यपि यैव ग्रहकक्षा सैव तन्मन्दशीघ्रोच्चापातानामित्यस्ति तथाऽपि मन्दशीघ्रोच्चसाधनोपायाः कल्पिताः । कक्षास्तदभिप्रायेणोक्ताः । ग्रहमन्दपाता इति । मन्दपदं चलोपलक्षकम् । यन्त्रवेधादिनाऽपि ग्रहकक्षाद्यवयवोपलम्भासम्भवान्न प्रत्यक्षेण भगणज्ञानम् । प्रत्यक्षमूलत्वाच्चानुमानादिकमपि भगणानामियत्ताया मूलम् । तस्मात् पितामहोपदिष्टवाक्यागमः प्रमाणमित्युक्तम् । को नामान्यः पितामहादाप्ततमः स्यात् । ब्रह्मोक्तागमोऽपि शाकल्यविष्णुधर्मोत्तरयोः कथं भिन्नो दृश्यत इति तत्कारणमाह । स चागमो लेखकाध्यापकाध्येतृदोषैर्बहुधा जातः । लेखकदोषो यथा यमाङ्गा इत्यत्र यमागा इत्यनुस्वाररराहित्यादिलिखनम् । अध्यापकदोषो यथा कुधराग्नय इत्यत्र सप्ताग्नय इति विवक्षितार्थे शशाङ्कचन्द्राग्नय इति व्याख्याकरणं करणापाटवादि च । अध्येतृदोषोऽपि यमाश्विचन्द्रा इत्यत्र यमाश्वचन्द्रा इति श्रवणादि ।

"मन्त्रो हीनः स्वरतो वर्णतो वा मिथ्याप्रयुक्तो न तमर्थमाह"[१]।

इत्यादिभीत्या सावधानतया यथा वेदमध्यापयन्ति पठन्ति च न

१ महाभाष्ये प्रथमाह्निके व्याकरणप्रयोजनव्याख्यावसरे द्रष्टव्यमिदम्।

तथा सिद्धान्तानध्यापयन्ति न पठन्ति चेति सम्भवति पाठकाध्येतृदोषो-ऽत्रेति भावः । यद्वा वस्तुनि द्वैरूप्यासम्भवात् कथमागमभेदस्तत्रोत्तरं स चागमो लेखकेति । ब्रह्मणा नारदं प्रति कथितं तच्छाकल्येन लिखितं शास्त्रं कालान्तरे किञ्चित् सान्तरं दृष्ट्वा नियतबीजयुतमेव पुनस्तैरुक्तमिति दोषेण बहुधा जातः । तदा कतमस्य प्रामाण्यमिति प्रश्नस्तस्योत्तरं वक्ष्यते भवत्वागमो योऽपि कोऽपीति । कतमस्य प्रामाण्यमित्यत्र तावत् समाधानमुद्भाव्य दूषयति । अथ यद्येवमुच्यते गणितस्कन्धे उपपत्तिमानागमः प्रामाणम् । धर्मानुष्ठानोपयोगितालक्षणं प्रामाण्यमुच्यते । उपपत्तिर्नाम युक्तिः। तत्सहितो यो यदागमः स तदा प्रमाणमिति धर्मानुष्ठानोपयोगीत्युक्तम् । यस्तर्केणानुसंधत्ते स धर्मं वेद नेतर इत्युक्तेः । उपपत्तिमानेवागमः प्रमाणमित्यस्याभिप्रायमाह । उपपत्त्या ये भगणाः सिद्ध्यन्ति त एव ग्राह्याः। अयमुपपत्तिमानागम इति तदा स्याद्यदि भगणानामियत्तोपपत्त्या स्यात् सा तु कर्तुं न शक्यत इति दूषयति। तदपि न । यतोऽतिप्राज्ञेन पुरुषेणोपपत्तिर्ज्ञातुमेव शक्यते न तया तेषां भगणानामियत्ता कर्तुं शक्यते। तत्र हेतुमाह । पुरुषस्यायुषाल्पत्वात् । हेतुं विवृणोति । उपपत्तौ तु यन्त्रेण प्रत्यहं ग्रहो वेध्यो भगणान्तं यावत् । एवं शनैश्चरस्य तावद्वर्षाणां त्रिंशता भगणः पूर्यते। मन्दोच्चानां तु वर्षशतैरनेकैः । यैर्वर्षैर्मन्दोच्चपातानामेका विकला वर्धते तान्याहुः ।

> "सप्तभिः स्मरहरैः खभूमिभिः सागरैरिषुभिरीशगार्तुभिः ।
> वत्सरैर्दिनकराद्ययाक्रमं मन्दतुङ्गविकला विवर्धते ॥
> वत्सरैर्दिनकरै रसोन्मितैः कृष्णवर्त्मविषयैर्गुणैः शरैः ।
> मेदिनीतनयतो यथाक्रमं प्रोक्तपातविकला विवर्धते" ॥

अतो नायमर्थः पुरुषसाध्य इति । कस्मात् पुनर्ग्रन्थरचनायां यतन्ते कृतिनः । भगणेयत्ताप्रधानत्वाच्छास्त्रस्येत्याशङ्क्य पुरुषायुषाल्पतया यद्यपि भगणानामियत्ता कर्तुं न शक्यते तथाऽप्यन्यान्यपि प्रयो-

जनानि विद्यन्त इति प्रयोजनवद्ग्रन्थकरणमित्याह । अत एवातिप्राज्ञगणकाः साम्प्रतोपलब्ध्यनुसारिणं प्रौढगणकस्वीकृतं क्रमप्यागममङ्गीकृत्य ग्रहसाधने आत्मनो गणितगोलयोरतिकौशलं दर्शयितुं तथाऽन्यैर्भ्रान्तिज्ञानेनान्यथोदितानर्थाँश्च निराकर्त्तुमन्यान् ग्रन्थान् रचयन्ति । पितामहसौरपराशरादिसिद्धान्तोक्तग्रहभगणैः संसाधिता ग्रहा दृक्तुल्यतां सर्वदैव न यान्त्यत उक्तं सांप्रतोपलब्ध्यनुसारिणमिति । अयमिदानीं पक्षः संवदतीति दृग्गणितसाम्यसम्पादनकुशलेन सांवत्सराचार्येणैव वक्तुं शक्यते । अत उक्तं प्रौढगणकस्वीकृतमिति । अतीन्द्रियार्थविज्ञानेन पुरुषबुद्धिप्रभवा कल्पना न प्रभवतीत्यागममङ्गीकृत्येत्युक्तम् ।

"किं तेनापि सुवर्णेन कर्णघातं करोति यत् ।
तथा किं तेन शास्त्रेण यत्र प्रत्यक्षतः स्फुटम्" ॥

इत्यागमाविशेषात् क्रमपीत्युक्तम् । तत् तदेव व्यनक्ति ग्रहगणितेत्यादिना । अयमाशयस्तेषामित्यन्तेन तत्र दृष्टान्तमाह । यथाऽत्र ग्रन्थे ब्रह्मगुप्तस्वीकृतागमोऽङ्गीकृत इति । आगम एव सांप्रतोपलब्ध्यनुसारी प्रमाणं नास्ति । भगणेयत्तासाधनमुपपत्त्येत्युपसंहरति । तर्हि तिष्ठतु तावदुपपत्त्या भगणानामियत्तासाधनम् । अस्तु वा भगणानामियत्तासाधनं नोपपत्त्या तथाऽपि युक्तिरेवोच्यतामित्यत्र नोदयति । अथ यद्युपपत्तिरुच्यते तर्हीतरेतराश्रयदोषशङ्कया वक्तुमप्यशक्या ।

"स्यात् संस्कृतो मन्दफलेन मध्यो मन्दस्फुटोऽस्माच्चलकेन्द्रपूर्वम् ।
विधाय शैघ्र्येण फलेन चैवं खेटः स्फुटः स्यात् ……………" ॥

तथा च

"स्फुटग्रहं मध्यखगं प्रकल्प्य कृत्वा फले मन्दचले यथोक्ते ।
ताभ्यां मुहुर्व्यस्तधनर्णकाभ्यां सुसंस्कृतो मध्यखगो भवेत् सः" ॥

इति स्पष्टज्ञाने मध्यमज्ञानं मध्यज्ञाने स्पष्टग्रहज्ञानमित्यन्योन्याश्रयदोषः । यथेतरेतराश्रयदोषो न स्यात् तथोपपत्तिं वक्ष्याम इत्याह ।

तथाऽपि संक्षिप्तामुपपत्तिं वक्ष्यामः । कथमत्रान्योन्याश्रयनिरास इत्यत्राह । इतरेतराश्रयदोषोऽत्र दोषाभासः । गणितकर्मणा सिद्धस्पष्टाद्यदि मध्यज्ञानं तदेतरेतराश्रयदोषः स्यात् । अत्र यन्त्रवेधोपलब्धस्पष्टान्मध्यज्ञानेनान्योन्याश्रय इत्यभिप्रायेणोक्तं दोषाभास इति । दोषवदाभासत इति वस्तुतो नान्योन्याश्रय इत्यर्थः । संक्षेपेणोपपत्तिकथने हेतुमाह । उपपत्तिभेदानां यौगपद्येन वक्तुमशक्यत्वात् । भिद्यन्त इति भेदाः प्रकाराः । ते तु शब्दस्य क्रमिकत्वाद्युगपद्वक्तुमशक्याः । य एव प्रकारः प्रथममुच्यते स एव कार्यायालं किमनन्तरोक्त्या तस्मादुक्तं संक्षिप्तामिति । अथोच्यते । अर्कशुक्रबुधपर्यया इति । कल्पे यावन्ति वर्षाणि तावन्तोऽर्कभगणा इति । 'रवेश्चक्रभोगोऽर्कवर्षं प्रदिष्टम्'-इत्युक्तेः । बुधशुक्रौ तु रवेरासन्नत्वात् कदाचिदग्रतः कदाचित् पृष्ठतस्तस्यानुचराविव व्रजन्तौ दृश्येते तस्मात् तयोरपि भगणा रविभगणतुल्या इति । कुजगुरुशनीनानां मध्यमानामग्रस्थे मध्यमार्के मन्दस्पष्टात् स्पष्टग्रहोऽग्रतो दृश्यते पृष्ठस्थे पश्चाद्दृश्यत इति । अत एव 'शनिजीवकूभुवां कीर्त्तिताः सुगणकैश्चलोच्चजाः'-इत्युक्तम् । ननु चलोच्चतुल्यत्वे ग्रहस्यातिबाहुल्यफलाभावबिम्बाल्पत्वान्युपलभ्यन्ते तत्र कथं यस्मिन्नग्रस्थेऽग्रतः पृष्ठस्थे पृष्ठतो मध्यात् स्पष्टो दृश्यत इत्यनेन फलाभावमात्रं कार्यं स्वकारणचलोच्चज्ञापकमुक्तं भाष्यकृता । यद्यपि कार्यत्रयमध्ये किमपि वक्तव्यमित्युक्तं तथाऽपि कार्यद्वयोपन्यासानादरोऽभिप्रायान्तरमाक्षिपतीति शून्यहृदयत्वमापद्येत । अत्रोच्यते । यद्यपि गतिबाहुल्यं चलोच्चतुल्यताज्ञापकमस्ति तथाऽपि नेदं प्रागवधारितं यदोच्चतुल्यत्वं ग्रहस्य तदा गतिभूयस्त्वमिति । मन्दोच्चतुल्यतायां गतेः परमाल्पत्वदर्शनात् । तस्माद्गतिबाहुल्यदर्शनं चलोच्चतुल्यत्वे किञ्चित्करम् । बिम्बाल्पत्वमप्यप्रयोजकम् । न केवलं बिम्बाल्पत्वे चलोच्चतुल्यत्वं कारणं सूर्यसांनिध्यस्यापि कारणान्तरस्य विद्यमानत्वात् । किञ्च सौरमते बिम्बविष्कम्भानां त्रिज्यागुणितानां मन्दकर्णचलकर्णयोगार्धापरपर्यायस्पष्टकर्णभक्तानां स्पष्टत्वाभिधानाद्यदा युगपन्मन्दचलोच्चतुल्यत्वं तदा बिम्बाल्पत्वमिति केवल-

चलोच्चस्य बिम्बाल्पत्वे पातिकी कारणतेति सम्यगुक्तम् । यत्तुल्ये ग्रहे फलाभावस्तदुच्चमिति ।

एकस्मिन् सावनाहे कियती रविगतिरिति ज्ञानार्थं सौरवर्षान्तःपातिरविसावनज्ञानोपायस्तावदुच्यते । समायां भूमावभीष्टककर्कटेन त्रिज्यामिताङ्कैरङ्कितेन वृत्तं दिगङ्कितं भगणकलाङ्कितं च कृत्वा तन्मध्यकीले सूक्ष्माग्रद्वयवतीं केन्द्रादुभयतो नातिदूरे प्रदेशे तुर्यवत् कृतवेधकर्णद्वयशालिनीं सूक्ष्मशलाकां मध्यच्छिद्रवतीं निवेश्य रवेरुदयो वेध्यः । यस्मिन् दिने दक्षिणक्रान्त्यभावो भविता तस्मिन्ननेहसि प्राचीचिह्नाद्दक्षिणतो नातिदूरे प्रदेशे उत्तरेऽयने रविबिम्बार्धेऽभ्युदिते तथा शलाका चालनीया यथा युगपत् कर्णरन्ध्रान्तोऽर्कतेजः प्रविशेत् । एवं कृते शलाकाग्रं यत्र परिधौ स्पृशति तत्पूर्वोदयस्थानमित्युच्यते । ततो वर्षमेकं रव्युदया गणनीयाः । ते च पञ्चषष्ट्यधिकेन शतत्रयेण तुल्या भवन्ति । तत्रान्तिमोदयः पूर्वोदयस्थानादासन्नो दक्षिणत एव भवति । तयोरन्तरं विगणय्य ग्राह्यम् । ततोऽप्यन्यस्मिन् दिने पुनरुदयो वेध्यः । स तु पूर्वचिह्नादुत्तरत एव भवति । तदप्युत्तरमन्तरं ग्राह्यम् । ततोऽनुपातः । यद्यन्तरकलाभिरेकीकृताभिः षष्टिर्घटिकास्तदा दक्षिणान्तरेण किमिति या लभ्यन्ते घटिकास्ताभिर्युक्तानि पञ्चषष्ट्यधिकशतत्रयतुल्यानि सावनानि सायनार्कस्य भगणभोगकाले भवन्ति । ततो वर्षमध्ये यावानयनांशविप्रकर्षस्तत्कालमानीय तेषु संस्कार्य[1] तानि निरयनांशार्कभगणभोगकाले सावनानि भवन्ति । रेवतीयोगतारासंयोगादन्यरेवतीयोगतारासम्बन्धो यावता कालेन भवति तावान् कालो भगणभोगकाल इत्युच्यते । 'पौष्णान्ते भगणः स्मृतः' इति सौरश्रवणात् । यवनास्तु दक्षिणक्रान्त्यभा-

१ यदि वार्षिकायनांशविप्रकर्षसंस्कृतानि ३६५ । १५ । ३० । २२ । ३० एतानि सावनानि स्वीकृत्य तैरेवानुपातेन कल्पकुदिनान्यानीयन्ते तदा कल्पान्तेऽयनांशविप्रकर्षस्य धनर्णयोस्तुल्यत्वादभावे कथं 'भूदिनानि शरवेदभूपगोसप्तसप्ततिथयोऽयुताहताः' इति वक्ष्यमाणानि कल्पसावनदिनानि उपपद्यन्तेऽतो नृसिंहोक्तिरसाध्वीति निपुणा विभावयन्तु ।

वस्थानमेव मेषादिं मन्यन्ते तन्नास्मन्मते सावनानि ३६५ । १५ । ३० । २२ । ३० । एतान्येव पौलिशेनोक्तानि । सौरमते सावनानि ३६५ । १५ । ३१ । ३० । २४ । एवं रोमकमतादिष्वन्यादृशानि । ततोऽनुपातः । यद्येकेन वर्षेणैतावन्ति तदा कल्पवर्षैः किमिति कल्पसावनानि भवन्ति । अथ तैरेव वर्षान्तःपातिभिः सावनैश्चक्रकला तुल्या गतिस्तदैकेन किमिति रविगतिः । नैवमुदयवेधेन भौमादीनां सावनानि साधयितुं शक्यन्ते । तेषामुदयस्य दृक्कर्मवशेनान्यादृशत्वात् ।

अत एवाहुः ।

"वक्रवक्रखचरैकपर्यये पूर्ववद्दिनगणं समानयेत् ।

तन्महत्त्वलघुतैक्यखण्डकं तेन कल्पभगणांश्च साधयेत्"—इति ॥

अथ चन्द्रादिभगणोपपत्तिः । तत्रादौ ग्रहवेधार्थं गोलबन्धोक्तविधिना विपुलं गोलयन्त्रं कार्यम् । तत्र खगोलस्यान्तर्भगोले आधारवृत्तद्वयस्योपरि विषुवद्वृत्तं तत्र यथोक्तं क्रान्तिवृत्तं भगणांशाङ्कितं च कृत्वा कदम्बद्वयकीलयोः प्रोतमन्यच्चलं ग्रहवेधवलयं तच्च भगणांशाङ्कितं कार्यम् । ततस्तद्गोलयन्त्रं सम्यग्ध्रुवाभिमुखयष्टिकं जलसमक्षितिजवलयं च यथा भवति तथा स्थिरं कृत्वा गोलस्थमीनान्तं रेवतीतारायां निवेश्य गोलमध्यस्थदृष्ट्या ग्रहोऽवलोकनीयः । ततो वेधवलयं ग्रहोपरि निवेशनीयम् । तद्वेधवृत्तं यत्र क्रान्तिवृत्ते लगति तस्य मीनान्तस्य यदन्तरं स तस्मिन् काले स्पष्टो ग्रहो ज्ञेयः । वेधवृत्ते क्रान्तिवृत्तवेधवृत्तसम्पाताद्ग्रहपर्यन्तं यदन्तरं सोऽस्फुटशरो वेद्यः । एवमन्वहं स्पष्टग्रहोऽवलोकनीयः । पूर्वं यस्मिन्नेव काले दृष्टस्तस्मिन्नेव काले द्वितीयदिवसेऽपि वेध्यः । ततः 'स्फुटग्रहं मध्यखगं प्रकल्प्य' इत्यनेनाद्यतनश्वस्तनमध्यमौ ज्ञेयौ । तयोरन्तरं मध्यमा गतिः । तया त्रैराशिकेन कल्पभगणाः साध्याः । एवमिदं ग्रहभगणसाधनं ब्रह्मगुप्तेनाप्युक्तत्वाचास्माकमसम्बद्धाभिधायित्वमापादयतीत्याह । 'तथा च श्रीमान् ब्रह्मगुप्तः । ज्ञातं कृत्वा मित्यादि' ।

मन्दतुङ्गचलतुङ्गभगणज्ञाने किल ग्रहभगणज्ञानमुक्तम् । पुनर्मन्द-चलोच्चभगणाज्ञानम् । किमत्र वक्तव्यम् । उक्तमेवास्माभिः सौरभाष्ये । तद्यथा तत्र तावद्ग्रहच्छाया लक्षणीया । सा चैवम् ।

"पश्येज्जलादौ प्रतिबिम्बितं वा खेटं दृगौच्च्यं गणयेच्च लम्बम् ।

तल्लम्बपातप्रतिबिम्बमध्यं दृगौच्च्यहृत् सूर्यहतं प्रभा स्यात्" ॥

इति छाया भवति । तस्या दिनगतं साध्यं तद्भूपृष्ठस्थक्षितिजा-दूर्ध्वं भवति । गणितविधिनाऽपि दिनगतमानयेत् । तद्भूगर्भस्थक्षिति-जादूर्ध्वं भवति । तासां नाडीनामन्तरं कृत्वाऽनुपातः कार्यः । यद्यने-नान्तरेण भूव्यासार्धयोजनानि लभ्यन्ते तदा षष्टिघटीभिः किमिति स्पष्टा ग्रहकक्षा भवति । चन्द्रादिकक्षासु परिधिपञ्चनवत्यंशस्य धनुर्ज्या-तुल्यत्वस्वीकारात् ।

शाकल्ये ।

"परिधेः पञ्चनवत्यंशो दण्डवद्यः समः स तत्" ।

इत्युक्तेर्द्युयातान्तरघटीभिर्भूव्यासार्धयोजनानि लभ्यन्ते तदा षष्टिघटीभिः किमित्यनुपातो युक्तः । ततः कक्षापरिधेर्व्यासार्धं साध्यं स योजनकर्णो भवति । परमाधिकाल्पयोजनकर्णयोर्योगार्धं मध्यमकर्णः । यद्वा चन्द्रकक्षां स्पष्टां ज्ञात्वा स्पष्टगत्येयं तदा मध्यगत्या केति चन्द्रमध्यकक्षा स्यात् । सा चन्द्रभगणगुणा स्वस्वभगणभक्ता स्वस्य मध्यकक्षा स्यात् । तस्या व्यासार्धं मध्यमयोजनकर्णो भवति । ग्रहरेवतीसंयोगादन्यसंयो-गोपलक्षितकालेन भगणज्ञानं सुलभम् । स तु—

"लिप्ताश्रुतिघ्नस्त्रिगुणेन भक्तः स्पष्टो भवेद्योजनकर्ण एवम्"।

इति जातः । तस्मात् स्पष्टयोजनकर्णस्त्रिज्यागुणो मध्यमयोजन-कर्णभक्तश्चलकर्णो भवति ।

"ग्रहस्य कक्षा चलकर्णनिघ्नी स्फुटा भवेद्व्यासदलेन भक्ता ।

तद्व्यासखण्डान्तरितः कुमध्यात् स भ्राम्यते हि प्रवहानिलेन" ॥

इत्युक्तेः । एवमिष्टदिवसे चलकर्णः साध्यः । एवमन्वहं शरा वेद्याः । यत्र दक्षिणशराभावस्तत्र यावान् ग्रहः स भगणशुद्धः पातो ज्ञेयः । एव-

मसकृत् पातगतिर्ज्ञेया। तया पातभगणज्ञानं चन्द्रादीनाम्। सपातमन्दस्पष्टदोर्ज्यायाः शीघ्रकर्णतुल्यत्वे यावान् शर उपलभ्यते तावान् शर इत्युच्यते। असौ सपातमन्दस्पष्टदोर्ज्यागुण इष्टशीघ्रकर्णभक्त इष्टशरो भवति। तस्माद्वेधसिद्धशरोऽभिमतस्त्विष्टशीघ्रकर्णगुणस्त्रिज्याभक्तो यावान् संपद्यते स एव शरो वेद्यः। एवमन्वहमेतादृशः शरो वेद्यः। एवमीदृशः शरो यदा परमो भवति स एव पठितशरस्तत्र सपातमन्दस्पष्टदोर्ज्या त्रिज्यातुल्या। एवं पठितशरं ज्ञात्वा वेधेनेष्टशरं च ज्ञात्वेष्टसपातमन्दस्पष्टदोर्ज्याज्ञानोपायः। वेधसिद्धेष्टशरः कक्षाप्रकारावगतचलकर्णगुणः पठितशरभक्तः सपातमन्दस्पष्टदोर्ज्या स्यात्। तस्या धनुः सपातमन्दस्पष्टः स्यात्। पातोनो मन्दस्पष्टः स्यात्। एवं प्रत्यहं मन्दस्पष्टो वेद्यः। यत्र मन्दस्पष्टगतेरल्पत्वं तद्दिने यावान् मध्यमस्तत्तुल्यमुच्चं ज्ञेयम्। एवं कालान्तरेणोच्चगतिः। यदा शीघ्रकर्णः परमस्तदा यावान् ग्रह उपलभ्यते वेधेन तत्तुल्यमेव शीघ्रोच्चं वेद्यम्। परमशीघ्रकर्णस्य त्रिज्यायाश्चान्तरं शीघ्रान्त्यफलज्या ततः प्रात्यहिकशीघ्रफलज्ञानं सुगमम्। परमाधिकपरमाल्पमन्दस्पष्टगत्योर्योगार्धं मध्यमगतिः। गतिर्नामाद्यतनश्वस्तनग्रहयोरन्तरं प्रसिद्धम्। तया मध्यमगत्या कल्पादितो मध्यमज्ञानम्। तस्य मध्यमस्य मन्दस्पष्टस्य यदन्तरं तन्मन्दफलं तदपि परमं ज्ञात्वा प्रात्यहिकमन्दफलसाधनं च सुगमम्। बुधशुक्रयोस्तु परमाधिकपरमाल्पशीघ्रकर्णावगतशीघ्रोच्चगतितोऽभीष्टशीघ्रोच्चं ज्ञेयम्। शराभावे शीघ्रोच्चं चक्रशुद्धं पातः स्यात्। वेधसिद्धेष्टशरावगतभौमादिसपातमन्दस्पष्टधनुर्वत् सिद्धे धनुषि शीघ्रोच्चगतौ संस्कार्यम्। बुधशुक्रयोर्मन्दफलं सुधिया वेद्यम्। इदं मनसि संप्रधार्य 'स्फुटग्रहं मध्यखगं प्रकल्प्य' इति ग्रहमध्यगतिज्ञानमुक्तं भाष्यकृता। स्पष्टे विलोममन्दफलसंस्कारेण शीघ्रोच्चज्ञानमुक्तम्। विलोमशीघ्रफलसंस्कृतस्पष्टान्मन्दोच्चज्ञानमुक्तम्। इतरेतराश्रयदोषस्तु दोषाभास इति प्रागप्यभिहितमिति ध्येयम्। यद्वा युगपदेव कूपोद्धृतपुरुषवन्मन्दोच्चशीघ्रोच्चग्रहभगणाभि-

ग्रस्तं प्रति भगणज्ञानमाचार्येण नोपपद्यते । किन्तु मन्दोच्चभगणग्रह-भगणाभिज्ञं प्रति चलोच्चभगणज्ञानं चलोच्चभगणग्रहभगणज्ञानाभिज्ञं प्रति मन्दोच्चभगणज्ञानं मन्दोच्चभगणचलोच्चभगणज्ञानचणं प्रति ग्रहज्ञानोपायः प्रतिपाद्यत इति न किञ्चिद्विरुद्धम् । यत् तु पूर्वमुक्तं यत्र परमश्चलकर्णस्तत्र यावान् ग्रहस्तावदुच्चम् । परमकर्णत्रिज्ययोश्चान्तरम-न्त्यफलज्येति । तत्र परमाल्पकर्णो नीचतुल्यत्वे । ततोऽन्त्यफलज्याज्ञान-मिति योज्यम् । यस्माच्छीघ्रोच्चतुल्ये किल परमकर्णस्तत्र ताराग्रहाणामस्तं-गतत्वात् तेषां छायोपलम्भासम्भवः । कथं पुनर्मन्दस्पष्टतुल्ये शीघ्रोच्चे-ऽस्तमयः । उच्यते । कुजगुरुशनीनां मध्यमार्कश्चलोच्चम् । यदा च स्पष्टग्रहार्कविवरं स्वस्वकालांशाल्पं तदाऽस्तमनम् । तत्र शीघ्रोच्चतुल्ये मन्दस्पष्टे मन्दस्पष्टग्रहस्पष्टार्कयोरन्तरं परमं परमार्कमन्दफलतुल्यमेव स्यात् । ननु बुधशुक्रयोः शीघ्रनीचतुल्यत्वे मन्दस्पष्टस्यैव स्पष्टत्वात्मध्य-योश्च तयोर्मध्यमार्कतुल्यत्वादस्तमयो दुर्निवारः स्यात् । तत्रोच्यते । यदा च मध्यमयोस्तुल्यत्वेन शुक्रार्कयोः स्पष्टयोरपि कदाचित् तुल्यता स्यात् तदा बिम्बैक्यार्धाच्छरस्य न्यूनतायां जातायां रवेरधःस्थितत्वेन परमास्तकाले बुधशुक्रयोरादर्शादौ दर्शनं भविष्यतीति न किञ्चिद्बाध कम् । ननु को नाम मध्यः कश्च मन्दस्पष्टः किं च तयोः स्पष्टादन्य-थात्वे कारणम् । यद्यतात्त्विकता तयोस्तर्ह्यलं तच्चिन्तया । अतात्त्वि-कसाधितस्य कथं याथार्थ्यमिति चेत् । उच्यते श्रूयतामवधानेन । नक्ष-त्राणां ग्रहाणां च पूर्वस्यामुदयदर्शनात् पश्चिमायां नित्यमस्तमनदर्शनात् पश्चिमगतौ किञ्चित्कारणेन भाव्यम् । अश्विनीस्थस्य ग्रहस्य भरण्या-दिसंयोगदर्शनाद्ग्रहाणां पूर्वगतिरप्यस्ति । तत्रापि कारणेन भाव्यमिति कारणानि कल्पयन्ति । तत्र यवनाः 'ग्रहाणां सप्ताकाशास्तदुपरि भचक्राकाशस्तदुपर्यप्याकाशोऽस्ति । स च नाक्षत्रघटीषष्ट्या नियतपश्चि-मगत्यैकवारं भ्रमति । तद्भ्रमणेनैव परवशाः । शन्यादिकक्षास्थानीयाः सजीवाः सावयवाः परस्परसंलग्ना आकाशाः पश्चिमाभिमुखं परिभ्रमन्ति ।

शन्याद्याकाशास्तु स्वशक्त्या पूर्वस्यां यान्ति । तत्र भचक्रादप्यूर्ध्वगस्याकाशस्य जवेन स्वशक्त्या पूर्वाभिमुखं गच्छत आघातेन तदन्तर्गतभचक्राकाशादयोऽपि पराशाभिमुखं गच्छन्तीति भावः । प्रवाहप्रातिलोम्येन गच्छन्तोऽपि पुरुषा नदीप्रवाहदिश्येव यान्ति तद्वदित्यर्थः । काचविमलमणिवन्निर्मले सचेतने सावयवे भूताद्यावेशवति स्वस्वाकाशेऽधिष्ठिता नक्षत्रग्रहा भूपृष्ठस्थैः सम्यगेव दृश्यन्ते । यथा स्वच्छघटमध्यस्थोऽपि दीपः प्रतिबन्धे दूरस्थैर्यथावस्थित एवावलोक्यते । खस्था गोलाकारा विशिष्टशक्तिमन्तो भूमिवन्निराधारा जीवविशेषा एवाकाशशब्देनोच्यन्ते । तैराकाशैरेव मण्यादिवत् स्वाधिष्ठितो निर्गतिकोऽपि ग्रह इतस्ततो नीयते । आकाशगतिरेव तत्स्थग्रहगतिरिति लोकैरुपचर्यते । कदलीपुष्पपुटवच्च तेषामाकाशानां संलग्नतेत्याहुः । एतान्याकाशानि मध्यकक्षास्थानीयानि । ईदृशमध्यकक्षापरिधावनवरतं मन्दनीचोच्चवृत्तमध्यो भ्रमति परं मध्यगत्या । मन्दनीचोच्चवृत्तपरिधौ चोच्चप्रदेशान्मन्दकेन्द्रगत्या ग्रहो भ्रमति रविश्चन्द्रश्च । भौमाद्यास्तु मन्दनीचोच्चवृत्तपरिधावप्यनवरतं भ्रमणशीलस्य शीघ्रनीचोच्चवृत्तमध्यस्य मन्दस्पष्टगत्या गच्छतः परिधौ स्वस्वशीघ्रकेन्द्रगत्या चलतुङ्गाद्भ्रमन्ति । तुङ्गप्रदेशो नाम भूगर्भाद्दूरतरः प्रदेशः स्वस्वनीचोच्चवृत्ते । नीचोच्चवृत्तं नामान्त्यफलज्यया कृतं वृत्तम् । नीचोच्चवृत्तान्यपि गोलाकारा जीवविशेषा एवेत्याहुः । आर्यभटास्तु ग्रहाः पूर्वस्यां यान्ति । नक्षत्राणि तु स्थिराण्येव भूरेव नाक्षत्रदिनमध्ये पूर्वाभिमुखमेकवारं भ्रमति । तेनैव नक्षत्रग्रहाणामुदयास्तौ पूर्वपश्चिमयोर्घटतः । प्रवहानिलकल्पना व्यर्था ।

तथा च वृद्धार्यः ।

"अनुलोमगतिर्नौस्थः पश्यत्यचलं विलोमगं यद्वत् ।
अचलानि भानि तद्वत् समपश्चिमगानि लङ्कायाम्"[1] ॥

इति स्पष्टगतावपि किञ्चित्कारणेन भाव्यम् । मध्यग्रहस्य स्पष्टग्रहसाम्यादर्शनात् । न च स्पष्टग्रहस्वरूपादन्यन्मध्यग्रहस्वरूपमाकाशे-

१ महार्यभटसिद्धान्ते ४ पादे १० श्लो० ।

ऽस्तीति वाच्यम् । अनुपलम्भात् । स्पष्टसूर्यस्वरूपादन्यन्मध्यमसूर्यबिम्बमाकाशे यद्यभविष्यत् तर्हि तदप्युपलभ्येत । कादाचित्कस्याप्युपलम्भस्याभावाचास्त्येव । अथ वक्तव्यं यस्मिन् वृत्ते ग्रहो भ्रमति यस्मिँश्च वृत्तान्तरे विलोक्यते तद्वृत्तयोरेकस्यापि ग्रहबिम्बस्य मेषादेः सकाशाद्भिन्नप्रदेशयोर्दृष्टत्वान्मध्यस्य भेदो घटत इति । तद्यदि द्वयोर्वृत्तयोर्मध्ये भूगर्भ एव स्वीक्रियते तदा मध्यस्पष्टयोः कलाद्यमन्तरं न स्यात् । एकत्र वृत्ते महत्यः कला अन्यत्र लघ्व्य इति मेषादेः सकाशाद्यासु कलासु महति वृत्ते पारमार्थिको ग्रहस्तास्वेव लघुवृत्तेऽपि स्यात् । दृश्यते च मध्यग्रहात् स्पष्टग्रहभिन्नत्वं कलाद्यवयवेन । तस्मात् कलाद्यवयवान्तरान्यथाऽनुपपत्त्या यस्मिन् वृत्ते पारमार्थिको ग्रहो भ्रमति तस्य मध्यं भूगर्भं नास्तीति कल्प्यते । कक्षामण्डलमध्यस्तु भूगर्भ एवेति भूस्थो द्रष्टा भवलयान्तः समन्तात् समान्तरेणावस्थिते स्वकक्षामण्डले ग्रहं पश्यति । चक्रयन्त्रादिवेधेन नक्षत्रग्रहयोरन्तरं लवादि यदुपलभ्यते तत् खलु नक्षत्रकक्षास्थनक्षत्रं प्रति भूगर्भान्नीयमानसूत्रस्य ग्रहकक्षायां यः संपातस्तस्य भूगर्भात् प्रतिमण्डस्थग्रहं प्रति नीयमानकर्णसूत्रस्य कक्षायां यः संपातस्तस्य चान्तरमिदमिति कक्षामण्डल एव ग्रहभानमुच्यते । प्रतिमण्डलस्थग्रहस्य ग्रहकक्षास्थनक्षत्रसूत्रस्यान्तरज्ञानं दुर्बोधमिति न प्रतिमण्डले द्रष्टा ग्रहं पश्यतीत्याशयः । स्पष्टगतिवासनायामाचार्योऽपि वक्ष्यति । 'भूमेर्मध्यं खलु भवलयस्यापि मध्यं यतः स्यात्'–इत्यादि । यो मध्यमो भौमादिको ग्रहः स तु मन्दप्रतिमण्डले भ्रमति । भूगर्भात् त्रिज्याव्यासार्धेन कृतं यद्वृत्तं तत्कक्षावृत्तम् । तस्योर्ध्वाधररेखायामन्त्यफलज्याग्रे यत् त्रिज्यया कृतं वृत्तं तत् प्रतिमण्डलम् । तदपि मन्दशीघ्रभेदेन द्विविधम् । तत्र मन्दप्रतिमण्डले तुङ्गदेशान्मेषादिर्मन्दोच्चभुक्त्या प्रत्यहं पृष्ठतो गच्छति । तस्मान्मेषादेरनुलोमं मध्यगत्या मध्यमो भ्रमति । स मध्यमः कर्णगत्या यत्र कक्षावृत्ते दृश्यते तत्र कक्षावृत्ते मन्दस्पष्टः । चन्द्रकक्षावलयाद्बुधकक्षावलयं महत् । कक्षयोरूर्ध्वाधरान्तरेण बहून्तरितत्वात् । इदं कक्षावलयं शीघ्रकर्मणि चैकमेव

त्रिज्ययोरेकत्वात् । मन्दकर्मणि तु द्वितीयमपि कक्षावलयं स्वीक्रियते । मन्दफलानयने कर्णानुपातस्याकृतत्वात् । भूगर्भान्मन्दकर्णतुल्यव्यासार्धेन यद्वृत्तमुत्पद्यते तत् किल द्वितीयं कक्षावलयम् । इदं प्रतिक्षणं चलं मन्दकर्णस्य चलत्वात् । अस्य कक्षावलयस्य मन्दप्रतिमण्डलस्य योगे सर्वदा मध्यमो ग्रहो भ्रमति । द्वयोः कक्षावलययोर्मेषादिचिह्नमेकत्रैव भवति वृत्तमध्यस्यैक्यात् । तस्माद्द्वितीयकक्षावृत्तमेषादेर्यस्मिन् राश्याद्यवयवे ग्रहस्तस्मिन्नेव प्रथमेऽपि कक्षावलये भवितुमर्हति । प्रतिमण्डलस्यमेषादिस्तु कक्षामण्डलस्यमेषादेरग्रतः पृष्ठतो वा भवति । तस्माद्द्वितीयकक्षावलयप्रतिमण्डलयोगस्थग्रहं प्रति भूगर्भान्नीयमानं यत् सूत्रं तदवधिकद्वितीयकक्षावृत्तस्यमेषादिचिह्नाद्याः कलास्ता एव स्पष्टग्रहलिप्ताः । यास्तु प्रतिमण्डलस्यमेषादेर्गण्यन्ते ता एव मध्यकलाः । तासां स्पष्टग्रहकलानामन्तरं मन्दफलकलाः कर्णानुपातं विनैव सिद्ध्यन्ति । अत एवं कल्प्यते द्वितीयकक्षावलयमन्दप्रतिमण्डलयोग एव मध्यमो भ्रमति तत्रैव स्पष्टोऽप्यवलोक्यते । तद्वृत्तयोर्मेषादिचिह्नस्यैव भिन्नत्वेन मध्यस्पष्टयोरंशाद्यवयवेनैव भेदः स्थानभेदस्तु नास्त्येव । यतो यावती मन्दप्रतिमण्डले ग्रहोच्चान्तरदोर्ज्या तावत्येव द्वितीयकक्षावलयेऽपि भवति । प्रथमकक्षावृत्तं मन्दकर्णानयनार्थमुपयुज्यते । एवं यः सिद्धो मन्दस्पष्टः स शीघ्रप्रतिमण्डले तत्स्थमेषादेरनुलोमं भ्रमति । परन्तु मन्दस्पष्टगत्या प्रतिक्षणविलक्षणया तत्परिधौ गच्छतीति कल्प्यते । फलान्तरस्य दर्शनात् । यदि सूर्यचन्द्रयोरिवैकमेव फलमभविष्यत् तदा मन्दप्रतिमण्डल एव गमनमभविष्यत् । वस्तुतस्तु भौमाद्या मन्दस्पष्टगत्यैव वास्तवे शीघ्रप्रतिमण्डल एव भ्रमन्ति । शररूपा दक्षिणोत्तरगतिरुच्चादिस्थितिरपि शीघ्रप्रतिमण्डलस्थस्यैव ग्रहस्य दृश्यत इति । तस्य वास्तवत्वमुच्यते । तस्य यन्मन्दप्रतिमण्डले भ्रमणं तदवास्तवमपि मन्दफलानयनार्थत्वेनैव यथाकथञ्चित् कल्प्यते । तस्माद्भूगर्भात् शीघ्रप्रतिमण्डस्थमन्दस्पष्टग्रहं प्रति नीयमानं दृक्सूत्रं यत्र त्रिज्याव्यासार्धोत्थवृत्ते कक्षाख्ये यत्र

लगति तत्प्रदेशस्य कक्षास्थमेषादेर्यदन्तरं त स्पष्टग्रहकलाः। आसां शीघ्रप्रतिमण्डलस्थमन्दस्पष्टकलानामन्तरं शीघ्रफलम्। अत्र शीघ्रकर्णाग्रे मन्दस्पष्टः। स्पष्टस्तु कर्णसूत्रसक्ते कक्षावृत्ते। शीघ्रफलानयने कर्णानुपातस्य दृष्टत्वात् कक्षावलयप्रतिमण्डलयोर्ग्रहोच्चान्तरदोर्ज्याभिन्नत्वात्। स्पष्टमन्दस्पष्टयोः स्थलभिन्नत्वेन मेषादिचिह्नयोरपि वृत्तद्वयेऽप्यन्तरितत्वादनुपातद्वयेन शीघ्रफलं साध्यते। यद्वा कक्षावृत्तपरिधौ मन्दनीचोच्चवृत्तमध्यं मध्यगत्या भ्रमति। तत्रोच्चप्रदेशाद्ग्रहो मन्दकेन्द्रगत्या गच्छति। यत्रासौ ग्रहः कर्णसूत्रेण कक्षापरिधौ दृश्यते तत्रैव रविचन्द्रौ स्पष्टौ। भौमाद्यस्तु मन्दस्पष्टस्तत्रैव शीघ्रनीचोच्चवृत्तमध्ये भ्रमति। मन्दस्पष्टगत्या तत्परिधौ शीघ्रकेन्द्रगत्यैवोच्चप्रदेशाद्ग्रहो भ्रमति। नीचोच्चवृत्तं नामान्त्यफलज्याकृतं वृत्तम्। यवनास्तु मन्दकर्णव्यासार्धेन कृतं यत् कक्षावलयं तत्परिधौ शीघ्रनीचोच्चवृत्तमध्यं मन्यन्ते। एवं मध्यमन्दस्पष्टस्पष्टानां भेदः। इयं कल्पना गोले कियन्ति निबद्धानीत्यत्र मन्दनीचोच्चवृत्तानि सप्त शैघ्र्याणि पञ्च चेति वशिष्ठेन वदता कृतैवेति न मनुष्यबुद्धिप्रभवा। वृद्धार्यब्रह्मगुप्ताभ्यामपि चोक्तैव। ननु नीचोच्चवृत्तमध्यानामचेतनानां प्रतिमण्डलस्योच्चप्रदेशाधिष्ठितराश्याद्यवयवस्याचेतनस्य च कथं चलनमुच्यते। नैष दोषः। चेतनग्रहसंनिधानादीश्वरेच्छावशाद्वा।

"अचेतनाऽपि प्रकृतिः प्रगाढमात्मोपकण्ठे सकलं तनोति।
अचेतनं संचलतीव लोहं स्वयं यथा भ्रामकसंनिधाने" ॥

यद्वा मन्दशीघ्रोच्चपातानामेव देवतात्वस्वीकाराददोषः। आचार्यसंमतोऽयं पक्षः। तत्तत्कालावच्छिन्नस्पष्टकक्षायामेव स्पष्टगत्या स्वच्छन्दगमनं वा। अथ चन्द्रः सर्वग्रहापेक्षया मन्दगतिरिति नित्योदयतारतम्यदर्शनादनुमाय ग्रहाणां स्वशक्त्या पूर्वगमनं नास्ति। या तु पूर्वगतिः सा पश्चिमगत्यनुनिष्पन्नैव। भूः स्थिरैवेति सौरतन्त्रविदो वर्णयन्ति।

यथा च सूर्यसिद्धान्ते।

"पश्चाद्व्रजन्तोऽतिजवान्नक्षत्रैः सततं ग्रहाः।
जीयमानास्तु लम्बन्ते तुल्यमेव स्वमार्गगाः॥

प्रागगतित्वम्‌ ... ... 'इति" ।

शाकल्येऽपि ।

"इति पर्यटतां तेषां भाये भानि तु तान् ग्रहान् ।
अतीत्य तरसा साऽह्नि यत्प्रत्यक् प्रागगतिश्च सा" ॥

इति स्पष्टगतावपि कारणमुच्चदेवताद्याः प्रदेशविशेषाश्रिता आकर्षका उपग्रहसंज्ञा वर्त्तन्त इत्याहुः । उच्चो ह्याकर्षकविशेषोऽस्ति तेन स्वकक्षामण्डले भ्रमन् ग्रहो यावताऽन्तरेणापकृष्यते तादृक् तस्य मान्दं शीघ्रं वा फलमुत्पद्यते । तत्र मन्दोच्चवशेन मन्दफलं शीघ्रोच्चेन शीघ्रफलम् । भूगर्भाद्दूरतरस्थितयोच्चदेवतया वातरश्मिभिर्नद्धा यदा स्वाभिमुखमपकृष्यन्ते तदा ग्रहाः स्वकक्षामण्डलादूर्ध्वं दूरं गच्छन्ति । यदा च प्रशिथिलरश्मिभिराकृष्यन्ते तदा स्वीयकक्षामण्डलादधो गच्छन्ति । एवमुच्चदेवतया आकृष्टो ग्रहः प्रवहेण पराशाभिमुखं गच्छन्नपि यावन्नक्षत्रेण शीघ्रतरगतिना अतिक्रम्यते तावती तस्य स्पष्टा गतिः । वृद्धवशिष्ठमतनुसरता जिष्णुजेन नक्षत्राणां ग्रहाणां च पश्चिमगतिः प्रवहवशेन स्वशक्त्या च ग्रहाणां पूर्वैव गतिरित्युक्तम् ।

"न यावनं पावनमस्ति यस्मादार्ये तयाऽर्याः खलु नाद्रियन्ते ।
न गौरवात् सौरमतं श्रयन्ते वाशिष्ठमस्माल्लघु युक्तियुक्तम्" ॥

अस्मन्मते प्रवहवाय्वाधारं भचक्रं नियतगतिना प्रवहेणैव पराशाभिमुखं नीयते। यथा तेन वायुना गगने नीयमानं तृणादि वायुप्रवाहदेश्येवान्तरिते याति वाय्वाधारत्वाच्च भूमौ न पतति तद्वद्भचक्रमपीर्ष्यः । वायोरन्तरिक्षगत्वं तिर्यक्चलनं च सुप्रसिद्धम् । नियतपराशाभिमुखगमनमात्रं कल्पनीयम् ।

तथा च वृद्धवशिष्ठः ।

"पश्चिमदिग्गतिवायुप्रवहनिबद्धे भपञ्जरे शीघ्रम् ।
भ्रमति सखचरे सत्यपि खेटा गतितः प्रयान्ति पूर्वदिशम्"—इति ॥

१ मध्यमाधिकारे २५-२६ श्लो॰ ।

यवनमते तूर्ध्वगस्य सजीवाकाशस्य मूर्त्तिमतोऽन्तरिक्षस्थितत्वं मूर्त्तिमदाधारं विनाऽनुपपद्यमानं मूर्त्तिमदाधारं कल्पयति। तस्याप्याधारकल्पनायामनवस्थाभयादूर्ध्वगस्याकाशस्यान्तरिक्षस्थितत्वं शक्त्यैवेति मन्तव्यम्। तस्य नियतपराशाभिमुखगमनशक्तिकॢप्तेनेति शक्तिद्वयम्। अक्लृप्तकल्पना च भवक्राधारभूतस्याकाशस्य च काचमण्यादिवत् स्वच्छत्वकल्पनाऽपि गौरवमावहतीत्याद्या दोषा वर्त्तन्त इति परिहार्या यावनः पन्थाः। किञ्च प्रत्यक्षलक्ष्या नक्षत्रगतिस्तदाधारभूतानामाकाशानामिति कल्पनायां गौरवमेव। आधाराणां योऽचलत्वलक्षणगुणः स एव ग्रहेष्वेव लाघवात् कल्पयितुं युज्यते। भूमेर्वेदृशी शक्तिरस्ति चुम्बकवल्लोहमणिवन्नक्षत्रग्रहाः समन्तात् तिष्ठन्ति ध्रुवयोश्चुम्बकवच्छक्तिर्वा यत् ग्रहनक्षत्रजातमन्तरिक्ष एव लोहमणिवदवतिष्ठेदिति शक्तिकॢप्तनारुचिश्चेदेवमेव कल्प्यताम्। सजीवाकाशकल्पना जघन्या नितरां गौरवादित्यास्तां तावत्। आर्यभटेन यद्भूभ्रमणमभ्युपगतं तत्र वराहोक्तोऽयं दोषः—

"यद्येवं श्येनाद्या न खात् पुनः स्वनिलयमुपेयुः"[1]।

"भूमेस्तु वेगजनितेन समीरणेन
केत्वादयोऽप्यपरदिग्गतयः सदा स्युः"-[2]इति।

यदि तु भूमेराकर्षणशक्तिरीदृशी कल्प्यते यस्माद्भूभागाच्छरादिकमुपरि क्षिप्यते तत् तु तस्मिन्नेव पततीति तदिदं मतं समीचिनमेवेति चतुदाचर्वेदार्येण स्वीकृतम्। भूभ्रमणवेगसंजातवायोर्भूवायुश्च प्रबल इति। ईदृशभूमिशक्तिकल्पना गौरवादेव वृद्धवशिष्ठमतं वृद्धार्येण स्वीकृतम्।

"उदयास्तमयनिमित्तं नित्यं प्रवहेण वायुना क्षिप्तः।
लङ्कासमपश्चिमगो भपञ्जरः सग्रहो भ्रमति"[3]॥

सौरे तु नक्षत्राणां ग्रहाणां च पराशाभिमुखगमने प्रवह एव कारणं वक्तव्यः।

१ पञ्चसिद्धान्तिकायां पैतामहसिद्धान्ते १३ अ० ६ श्लो०।

२ नेदं पद्यार्धं वराहकृतग्रन्थे समुपलभ्यते किन्तु श्रीपतिकृतमिति। तत्र च 'भूगोलवेगजनितेन' इति पा०।

३ महार्यभटसिद्धान्ते ४ पाठे १० श्लो०।

"प्रवहाख्यो मरुत् तांस्तु स्वोच्चाभिमुखमीरयेत्[१]" ।

इत्यनेन "व्योम्नि यान्त्यनिलाहताः[२]"इत्यादिना च प्रवहस्यैव कारणत्वाभिधानात् । तत्र यद्युच्येत प्रवहस्य सर्वास्वपि कक्षासु तुल्यैव प्रेरणेति तदा मिथो न्यूनाधिका पश्चिमगतिर्नोत्पद्यते । ग्रहाणां स्वशक्त्या पूर्वगत्यनङ्गीकारात् । अथ वक्तव्यं प्रवहप्रेरणा तुल्यैव । यस्योपरि कक्षा तस्य बिम्बं लघु यस्याधस्तात् तस्य बृहदिति लघु स्वल्पकालेन बृहन्महता कालेनापकृष्यते तस्मात् सन्नाऽघटीति न्यूनाधिका गतिरिति तदप्ययुक्तम् । यस्योपरि कक्षा तस्य बिम्बं लघ्विति नियमाभावात् । आग्रहशीलत्वमात्मनो गणितकर्मणाऽपि दूरीकरोत्वायुष्मान् । तस्माच्छन्याद्यधःकक्षासु वायुप्रेरणा मन्दा मन्दतरेति स्वीकार्यं सौरतन्त्रदक्षैः । स्वशक्त्या पूर्वगतिवादिनां मते यथा नाडीमण्डलगत्या पूर्वतो न गच्छति किन्तु क्रान्तिवृत्तगत्या तथैवात्र मते नाडीमण्डलगत्या पराशाभिमुखं न याति किन्तु तत्तत्क्षणावच्छिन्नाहोरात्रगत्या तत्तत्कक्षावच्छिन्नवाय्वंशेन स स ग्रहो नीयत इति द्युरात्रवृत्तक्रान्तिवृत्तयोरन्तररूपयाम्योत्तरगतौ न किञ्चिद्बाधकमस्ति । पूर्वं यस्मिन् प्रदेशे ग्रहस्तस्मिन् ग्रहं जित्वा गतवत्यपि योऽन्यः क्रान्तिमण्डलप्रदेशो ग्रहोपरि भवति तस्मिन्नेव ग्रह इति न किञ्चिद्विरुद्धम् । मण्डलान्तरत्वेन समन्तात् क्रान्तिवृत्तस्य स्थितत्वात् । एवं प्रवहवायुना पराशाभिमुखं नीयमाने यदोच्चदेवता पराशाभिमुखं नयति प्रशिथिलरश्मिना च ग्रहमाकर्षति तदा शुक्रादेस्तात्कालिकस्पष्टगतिर्द्विकलातुल्यशनिगतेर्न्यूनाऽपि भवति तदाऽपि शनिकक्षाधःस्थितत्वमेव शुक्रादिकक्षाणां भवन्तो मन्यन्ते तथैव नक्षत्रमतिक्रम्य गच्छतोऽपि ग्रहस्य नक्षत्रकक्षाधःस्थितत्वमेव वदाम इति सर्वं निरवद्यम् । अस्मिन्मते ग्रहनक्षत्रबिम्बानां परिधिव्यासभिन्नत्वेऽपि गुरुत्वसाध्यं स्वीकृत्य तत्तत्कक्षासु प्रवहप्रेरणावैषम्यं वदन्ति ।

१ सूर्यसिद्धान्ते स्पष्टाधिकारे ३१ श्लो० ।
२ सूर्यसिद्धान्ते स्पष्टाधिकारे ११ श्लो० ।

अन्ये तु प्रवहप्रेरणा सर्वकक्षास्वपि तुल्येति स्वीकृत्य ग्रहनक्षत्रबिम्बानां परिधिव्यासभिन्नत्वेऽपि कक्षाधःक्रमेण बिम्बगुरुत्वं लोहपित्तलपिण्डयोरिव वाञ्छन्ति । नक्षत्रात् तथैव स्वशक्त्यैव पराशाभिमुखं यातीत्यत्र पक्षेऽपि दोषाभावः । ब्रह्मगुप्तमतानुयायिनस्तु सर्वास्वपि कक्षासु प्रवहप्रेरणा-तुल्यत्वं च स्वीकृत्य नक्षत्रापेक्षया ग्रहस्य नित्योदयविलम्बे विरुद्धदिग्ज-नितग्रहगतिमन्तरेणानुपपद्यमानस्वशक्त्या ग्रहस्य पूर्वगतिं कल्पयन्ती-त्याहुः । तस्मान्मतत्रयमपि युक्तियुक्तम् ।

ननु वस्तुनिर्विकल्पासम्भवात् कथं परस्परविरुद्धस्य गतिकारण-प्रतिपादकशास्त्रस्य प्रामाण्यम् । उच्यते । ग्रहगतिप्रतिपादकं शास्त्रं तावत् प्रमाणं गतेः प्रत्यक्षोपलब्धत्वात् । तत्कारणं पुरुषबुद्धिप्रभवत्वा-दतात्त्विकं भवतु तथाऽपि न कोऽपि दोषः फलतो दोषाभावात् । तत्त्वज्ञानोपयोगिन्या जीवेश्वरादिविभागकल्पनाया अपि पुरुषबुद्धिप्रभव-त्वेन विकल्पस्य दृष्टत्वात् । गतिर्नाम प्रदेशान्तरसंचरणं ग्रहाणां तच्च शुभाशुभव्यञ्जकं दिग्देशकालज्ञानोपयोगि च । काले दिशि देशे च कर्म विधीयत इति ग्रहस्य प्रदेशान्तरसंचारज्ञानं प्रधानं फलवत्त्वात् । गतिकारणकल्पना तु पुरुषबुद्धिप्रभवाऽपि सौरादिशास्त्रेणानूद्यते गति-ज्ञानोपयोगित्वात् । फलवत्संनिधावफलं तदङ्गमिति न्यायात् । यथा कल्पनया शिष्यजनमनः माधानं स्यात् तथा क्रियमाणायामपि कल्प-नायां न कश्चिद्दोषः । अत एव स्थूलवर्त्तुलद्रुपत्परिग्रहादिना वर्णा-वगतिं कुर्वाणा बहवो दृश्यन्ते । तथा चाह ब्रह्मगुप्तभाष्यकारश्चतुर्वेदा-चार्यः । 'यथा वैयाकरणाः प्रकृतिप्रत्ययागमलोपविकारैरसत्यरूपैः सत्यं शब्दसाधुत्वं प्रतिपादयन्ति यथा च भिषग्वरा उत्पलनालादिभिः शिरावे-धादीन् प्रतिपादयन्ति तथैव सांवत्सराः पलावलम्बमन्दशीघ्रप्रतिमण्ड-लादिभिर्ग्रहगतितत्त्वं भूमानादितत्त्वं च प्रतिपादयन्तीति मत्वा संतोष्ट-व्यमिति' ॥ १—६ ॥

इति भगणोपपत्तिः ।

मरीचिः—अथोद्देशक्रमेण ग्रहचारनिरूपणमारम्भमाणस्तदुपजीव्यभगणाद्यं प्रथमं निरूपयति । तत्र रव्यादिसप्तग्रहाणां तन्मन्दोच्चानां चन्द्रादिपातानां भौमादिशीघ्रोच्चानां च कल्पभगणान् श्लोकषट्केनाह अर्कशुक्रबुधपर्यया इति । विधेर्ब्रह्मणोऽह्नि दिवसे कल्प इत्यर्थः । एकदशशताद्यनुक्रमकोटिसङ्ख्यागुणिना रदाब्धयोऽर्कशुक्रबुधपर्यया: । एतेषां मेषादिमीनान्तद्वादशराशिभोगमितयः सुगणकैः कीर्त्तिता इति प्रत्येकमन्वयः । एते प्रागुक्ततुल्याः । एवकारादन्ययोगव्यवच्छेदः । भौमगुरुशनीनां शीघ्रोच्चभगणाः । अङ्कस्थापनेनातिस्पष्टम् ४३२००००००० । त्रयस्त्रिंशत्कोटिमिताः पुराणे देवा उक्ताः प्राचीनैः । कोटित्यागेन देवपर्यायशब्दास्त्रयस्त्रिंशद्गृहीताः । बाह्येन्द्रियाणां पञ्चत्वादिन्द्रियपर्यायशब्देन पञ्च । क्ष्माधराद्रीत्यनेन सप्तसप्ततिसङ्ख्या न त्वेकादशयुतसप्तशती । विषयाणामिन्द्रियपर्यायत्वात् पञ्च । अङ्कस्थापनेन चन्द्रभगणाः ५७७५३३००००० । कामशराः पञ्च । अष्टौ दिग्गजा इति गजपर्यायेणाष्टौ । लोचने द्वे प्रसिद्धे । व्यालाः सर्पाः । एषामप्यष्टवाचकत्वात् । यमशब्देन यमलाभिधानाद्द्वयम् । एतेनान्तकपदादिना द्वियहणमाधुनिकोक्तं निरस्तम् । अङ्कस्थापनेन भौमभगणाः स्पष्टाः २२९६८२८५२२ । सिन्धुः समुद्रः । सिन्धुरा गजाः । बुधशीघ्रोच्चजाताः पर्यायाः । अङ्कस्थापनेन बुधशीघ्रोच्चभगणाः १७९३६९९८९८४ । अङ्कस्थापनेन गुरोर्भगणाः ३६४२२६४५५ । सुगणकैर्मता इति सम्बन्धः । अङ्कस्थापनेन शुक्रशीघ्रोच्चभगणाः ७०२२३८९४९२ । अङ्गानि वेदाङ्गानि षट् । शनेरङ्कस्थापनेन भगणाः १४६५६७२९८ । ग्रहाणां स्वशक्तिपूर्वगमनादेते कल्पे भोगाः । तरणेः सूर्यमारभ्य मृदूच्चजाः पूर्वगत्या भगणाः स्युः । अङ्कस्थापनेन व्याख्या स्पष्टा । सूर्यमन्दोच्चभगणाः ४८० । चन्द्रमन्दोच्चभगणाः ४८८१०५८५८ । भौमस्य २९२ । बुधस्य ३३२ । गुरोः ८५५ । पक्षाः प्रसिद्धाः । शुक्रस्य ६५३ । शनेः ४१ । कृतेषव इति पाठे शनेः ५४ । एतत्पाठोक्तशनिमन्दोच्चभगणैरनुपातेन साम्प्रतं मतङ्गाग्नियमा २३८ इति करणकुतूहलोक्तशनिमन्दोच्चस्य संवादाद्युक्तोऽयं पाठः । मूलं तु लल्लार्यभटो-

त्कृपराशरमतेन ५४ इति । कृतशरा इति सिद्धान्तशेखरेऽपि । निशाकराच्चन्द्रमारभ्य चन्द्रादिषड्ग्रहाणां व्यस्तगपातपर्ययाः । व्यस्तं ग्रहगतिविपरीतं गच्छन्तीति व्यस्तगास्ते च ते पाताश्च तेषां भगणाः पश्चिमगत्या पातमेषादेर्द्वादशाराशिभोगाः । षोडशाक्षरचरणश्लोकस्याष्टिसंज्ञत्वात् तत्पदेन षोडश । एकादश रुद्रा इति श्रुतेर्भर्गशब्देनैकादश । क्रमशब्देन वामनचरणास्त्रयः । ऋतवः षट् प्रसिद्धाः । अङ्कस्थापनेन स्पष्टाः पातभगणाश्चन्द्रस्य २३२३१११६८ । भौमस्य २६७। बुधस्य ५२१ । गुरोः ६३ । शुक्रस्य ८९३ । शनेः ५८४ । अत्र 'रो नराविह रथोद्धता लगौ'—इति लक्षणादाद्यत्रयं रथोद्धताख्यम् । चतुर्थं वंशस्थम् । पञ्चमषष्ठपद्ये उपजात्याख्ये इति ।

एतेषां विष्णुधर्मोत्तरान्तर्गतब्रह्मसिद्धान्ते कल्पे 'सप्तशून्यानि यमाग्निवेदाश्चार्कभगणपरिवर्त्ता भवन्ति ४३२०००००० । पञ्चशून्यानि गुणाग्निपञ्चसप्तागार्याश्चन्द्रमसः ५७७५३३००००० । भौमस्य द्वियमपञ्चाष्टयमाष्टर्त्तुनवयमयमलाः २२९६८२८५२२। बुधस्याब्ध्यष्टनवाष्टनवनवरसाग्निनवसप्तचन्द्राः १७९३६९९८९८४ । जीवस्य पञ्चपञ्चाब्धिषड्द्विद्विक्रतरसगुणाः ३६४२२६४५५ । शुक्रस्य यमनवाब्धिनवाष्टाग्नियमखगिरयः ७०२३८९४९२ । सौरस्याष्टनवयमगिरिरसेषुषण्मनवः १४६५६७२९८ । आदित्यमन्दस्य गगनाष्टाम्बुधयः ४८० । चन्द्रमसोऽप्यष्टार्यवस्वर्यदिग्वस्वष्टवेदाः ४८८१०५८५८ । कुजमन्दस्य यमनवपक्षाः २९२। बुधमन्दस्य द्वित्रिगुणाः ३३२ । जीवमन्दस्य शरेषुवसवः ८५५ । शुक्रमन्दस्य गुणपञ्चरसाः ६५३ । सौरमन्दस्य शशिवेदाः ४१ । चन्द्रपातस्य वसुरसशशिरुद्राग्निदशनयमलाः २३२३१११६८ । भौमपातस्य महीधरर्त्तुयमलाः २६७ । बुधपातस्य चन्द्रयमार्यमिताः ५२१। जीवपातस्य गुणरसाः ६३। शुक्रपातस्य त्रिनववसवः ८९३ । सौरपातस्य युगाष्टेषवः ५८४ । पश्चिमगत्येति मूलं प्रसिद्धम् । ननु सूर्यसोमवशिष्ठाद्युक्तप्रसिद्धभगणान् परिहृत्याबहुसंमतभगणाङ्गीकारः कथं युक्त इति चेन्न । अबहुसंमतभगणानीतग्रहाणां

तदानीमाकाशे दृग्गोचरत्वेन कीर्त्तिताः सुगणकैरित्यनेन च दृढतत्पक्षाङ्गीकारात् ।

तथा च ब्रह्मगुप्तः ।

"कल्पेऽर्कबुधसितानां भगणाः शून्यानि सप्त रदवेदाः ४३२०००००० ।
प्राग्व्रजतां कुजगुरुशनिशीघ्रोच्चानां स्वकक्षासु ॥
पञ्चाम्बराणि गुणरामपञ्चस्वरस्वरेषवः शशिनः ५७७५३३००००० ।
भौमस्य द्वियमशराष्टपक्षवसुरसनवद्वियमाः २२९६८२५८२२ ॥
कृतवसुनवाष्टनवनवषट्त्रिनवागेन्दवो १७९३६९९८९८४ ज्ञशीघ्रस्य ।
जीवस्य शरेषूदधिषड्द्विद्विकृतरसरामाः ३६४२२६४५५ ॥
सितशीघ्रस्य यमलगोवेदनवाष्टाग्निपक्षयमखनगाः ७०२२३८९४९२ ।
अष्टनवपक्षमुनिरसशररसमनवोऽर्कपुत्रस्य १४६५६७२९८ ॥
खाष्टोदधयो ४८० वसुशरवसुपञ्चखचन्द्रवसुवसुसमुद्राः ४८८१०५८५८ ।
द्विनवयमा २९२ द्वित्रिगुणाः ३३२ शरेषुवसव—८५५ स्त्रिपञ्चरसाः ६५३ ॥
शशिवेदा ४१ मन्दानामर्कादीनां विलोमपातानाम् ।
वसुरसरुद्रेन्दुगुणद्वित्रियमाः २३२३११६८ सप्तरसपक्षाः २६७ ॥
शशियमशरा-५२१ स्त्रिरसा-६३ स्त्रिनन्दवसवः-८९३ समुद्रवसुविषयाः ५८४"[1] इति

सिद्धान्तशेखरेऽपि श्रीपत्युक्ता अत एव 'अष्टकोटिगुणिताः कृतेषवः' इत्यादिश्लोकपङ्क्तिभिः ।

अत्रोपपत्तिः । तत्र रवेस्तन्मन्दोच्चस्य च भगणज्ञाने युक्तिः । यदा याम्योत्तरवृत्ते रविस्तदा तस्य तुर्ययन्त्रेण नतांशा ज्ञेयाः । तेऽक्षांशैर्व्यस्तसंस्कृताः क्रान्त्यंशाः । ततोऽनुपातः । परमचतुर्विंशत्यंशक्रान्तिज्यया त्रिज्या तुल्या दोर्ज्या तदाऽनया केत्यनुपातेन दोर्ज्या । अस्या धनुः

१ ब्राह्मस्फुटसिद्धान्ते मध्यमाधिकारे १५–२१ श्लो० । यत्र कुत्रचिदङ्कपर्याये पाठभेदेऽप्यङ्कानां समत्वाद्विकल्पपाठो न रचित इति ।

प्रथमचरणोऽर्को भवति । अतः सूर्याक्रान्तनक्षत्रदर्शनेन पदनिर्णयाद्वक्ष्यमाणप्रकारेण सूर्यो ज्ञेयो भाद्यः । ध्रुवोर्ध्वतिवेधादयनांशज्ञानं प्रसिद्धम् । स सायन इत्ययनांशैर्हीनः स्फुटोऽर्कः स्यादिति । तदज्ञानादयुक्तमपि सायनार्कस्य ज्ञानेन भगणसिद्धौ बाधकाभावात् स्वल्पान्तराच्च । एवं प्रत्यहं तस्मिन् काले भाद्यः सूर्यो ज्ञेयः । अव्यवहिततदन्तरं पूर्वदिने स्पष्टगतिरिति प्रकारेण स्पष्टगतयः प्रत्यहं ज्ञेयाः । एवं विलोक्यमाने यद्दिने गतेः परमाल्पत्वं दृष्टं तद्दिने यो भाद्योऽर्कस्तत्तुल्यमुच्चम् । तत्राये ग्रहफलाभावस्य प्रतिपादनात् तद्दिने स्पष्टार्क एव मध्योऽर्कः । एवं पुनर्यदा गतेरल्पत्वं दृष्टं तद्दिवसेऽपि स्पष्टः सूर्यो मध्य इति तत्तुल्यमुच्चम् । उच्चग्रहयोरसमत्वे फलाभावोत्पादनस्याशक्यत्वात् । उच्चद्वयस्यासमतादर्शनात् पूर्वोच्चाद्द्वितीयोच्चस्याधिक्यदर्शनाच्च तत्पूर्वगतिरस्तीति ज्ञातम् । तन्मानज्ञानं तु उच्चद्वयसंभूतकालान्तरसावनदिनैरुच्चान्तरतुल्या गतिस्तदैकसावनदिनेन केत्यनुपातेन । अत एकदिनेनेयं गतिस्तदा कल्पार्कसावनदिनैर्वक्ष्यमाणप्रकारज्ञातैः केत्यनुपातेन कल्पे सूर्यमन्दोच्चभगणज्ञानम् । एव प्रत्यहं सूर्यस्पष्टगतिज्ञानात् परमाधिकन्यूनगतियोगार्धस्य मध्यगतित्वेन ज्ञानात् पूर्वानुपातेन कल्पे युगसहस्रसौरवर्षसमा भगणा उपपन्ना अत एव 'रवेश्चक्रभोगोऽर्कवर्षं प्रदिष्टम्'—इत्युक्तं युक्तम् । यद्वा प्रत्यहं सूर्यज्ञानात् तुल्यार्कदर्शनेन भगणपूरणज्ञानात् तदन्तरसावनदिनानि गणितेनैतानि ३६५ । १५ । ३० । २२ । ३० । एभिरेको भगणस्तदा कल्पकुदिनैः के इत्यनुपातेन कल्पसूर्यभगणाः ।

अथ चन्द्रस्य । तथैव याम्योदग्वृत्तस्थं चन्द्रं तुर्येण विध्वा नता ज्ञेयाः । ततो व्यस्ताक्षांशसंस्कारेण क्रान्त्यंशाः । ततो यासु रात्रिगतघटिकासु चन्द्रो वेधितस्ताद्भिर्घटीयन्त्रज्ञाताभिर्माध्यलग्नं पूर्वज्ञातसूर्यात् साध्यम् । तत्तुल्य एवायं दृक्संस्कृतश्चन्द्रः । 'मध्यलग्नमिति दक्षिणोत्तरे' इत्युक्तत्वात् । अस्मात् क्रान्तिः साध्या । अनया पूर्वक्रान्त्यंशा

यथायोग्यं संस्कृताः शरांशाः क्रान्तिसंस्कारयोग्याः । एवं प्रत्यहं विलोक्यमाने यदा दक्षिणशराभावस्तत्काले मध्यलग्नतुल्येन्दुर्द्वादशशुद्धः पातः । एवं पुनर्दक्षिणशराभावे पातः पूर्वपाताद्दून इति पातस्य पश्चिमगतिरस्तीति मत्वा पातसम्भवकालान्तरदिनैरिदं पातान्तरं तदैकदिनेन किमित्यनुपातेन गतिस्ततोऽनुपातेन कल्पे पातभगणाः । एवं गोलयन्त्रेण चक्रयन्त्रेण वा तदुक्तप्रकारेण चन्द्रः स्पष्टोऽन्वहं तद्गतिः स्पष्टा वेद्या । शरश्च ताभ्यां पूर्वरीत्या कल्पे चन्द्रतदुच्चपातभगणाः साध्याः । यद्वा रेवतीस्थचन्द्रदर्शनात् पूर्वापरान्तराभावेन पुनस्तत्स्थदर्शनात् । तदन्तरदिनैश्चन्द्रस्यैको भगणस्तदैकदिनेन क इत्यनुपातेन ज्ञानं चन्द्रगतेः । पूर्वानुपातेन चन्द्रभगणाः कल्पे ।

अथ भौमादीनाम् । तत्र ग्रहवेधार्थं गोलबन्धोक्तविधिना विपुलं गोलयन्त्रं कार्यम् । तत्र खगोलस्यान्तर्भगोल आधारवृत्तस्योपरि विषुववृत्तम् । तत्र च यथोक्तं क्रान्तिवृत्तं भगणांशाङ्कितं बद्ध्वा कदम्बद्वयकीलयोः प्रोतमन्यच्चलं ग्रहवेधवृत्तं तच्च भगणांशाङ्कितं कार्यम् । ततस्तद्गोलयन्त्रं सम्यग्ध्रुवाभिमुखयष्टिकं जलसमक्षितिजवलयं यथा भवति तथा स्थिरं कृत्वा रात्रौ गोलमध्यचिह्नगतया दृष्ट्या रेवतीतारां विलोक्य क्रान्तिवृत्ते यो मीनान्तस्तं रेवतीतारायां निवेश्य मध्यगतयैव दृष्ट्या ग्रहं विलोक्य तद्वेधवलयं ग्रहोपरि निवेश्यम् । एवं कृते सति वेधवृत्तस्य क्रान्तिवृत्तस्य च सम्पाते मीनान्तः क्रान्तिवृत्ते भाद्यवयवेन यावदन्तरितस्तावान् स्पष्टो ग्रहो निरयणो ज्ञेयः । तत्संपातग्रहबिम्बयोर्वेधवृत्ते येऽन्तरांशास्ते शरांशा इति । एवं प्रत्यहं तत्काले एव ग्रहास्तथा शराश्च वेद्याः । यावद्ग्रहतुल्यरूपभगणपूर्त्तिकालः । चक्रयन्त्रेण वा प्रत्यहं तुल्यकाले "पैत्रर्क्षपुष्यान्तिमवारुणानामृक्षद्वयं नेमिगतं यथा स्यात्—" इति स्थिरीकृतेन "नेमिस्थदृष्ट्याऽत्रगतं प्रपश्येत् खेटं च धिष्ण्यस्य च योगताराम्"-इत्यादिवक्ष्यमाणप्रकारात् ग्रहा ज्ञेयाः । ततो वक्ष्यमाणप्रकारज्ञातशीघ्रोच्चमन्दोच्चाभ्यां वक्ष्यमाण—"स्फुटग्रहं मध्यखगम्" इत्यादिना यमध्यहास्तेषु द्वयोरन्तरस्य मध्यगतित्वेन

ज्ञानात् कल्पभगणज्ञानं प्रागुक्तेन युक्तम् । एवं बुधशुक्रयोर्भगणा रविभगणतुल्याः ।

"शुक्रज्ञौ पृष्ठतश्चाग्रे सदाऽर्कानुसरौ यतः ।
ततोऽर्कभगणैस्तुल्याः कल्पे स्युर्भगणास्तयोः"॥

इति वेधेन दर्शनाच्च । शरज्ञाने पूर्वरीत्या भौमादीनां पातभगणाः कल्पे ।

अथैषां शीघ्रोच्चभगणोपपत्तिः । तत्र ग्रहोदयात् स्थापितघटीयन्त्रेणोवता घटिका भूपृष्ठस्य । तदैव ग्रहच्छायाधिकारोक्तप्रकारोक्तप्रकारेण छायासाधनादितो लुन्नतघटिकास्ता भूगर्भस्य । साजात्येन तदन्तरं कुक्कुचलिप्तातिक्रमासवः । भूगर्भाद्भूपृष्ठस्य ऊर्ध्वोच्छ्रितत्वेन क्षितिजभेदात् । तथा चान्तरासुभिरस्मद्दृग्ग्रयातादभूगर्भगद्ग्रयातमधिकमेव ततो यद्यन्तरासुभिर्भूव्यासार्धयोजनानि ग्रहः क्रामति तदाऽहोरात्रासुभिः कानीत्यनुपातेन ग्रहकक्षा स्पष्टा योजनात्मिका । अस्या व्यासार्धं योजनकर्णः स्पष्टः । एवं प्रत्यहं स्पष्टयोजनकर्णज्ञानेन परमन्यूनाधिकस्पष्टयोजनकर्णयोगार्धं मध्यमयोजनकर्णो ज्ञातः । मध्ययोजनकर्णेन त्रिज्यामितः कलाकर्णस्तदेष्टयोजनकर्णेन क इत्यनुपातेन प्रत्येकं स्पष्टकलाव्यासार्धरूपशीघ्रकर्णः । एवं परमशीघ्रकर्णत्रिज्ययोरन्तरं परमशीघ्रफलज्या । अस्माच्चापं परमशीघ्रफलम् । यदा परमशीघ्रकर्णस्तदा फलाभावाद्ग्रहतुल्यमुच्चं ज्ञातम् । ततो यदा परमन्यूनकर्णशीघ्रकर्णस्तदाऽपि फलाभावाद्ग्रहतुल्यं नीचम् । अनेन पूर्वोच्चात् षड्भान्तरितेन भाव्यमिति । तदधिकान्तरदर्शनादुच्चस्य गतिरस्तीति ज्ञातम् । तत उच्चनीचसंभवकालान्तरदिनैः षड्भादधिकान्तरमिदं तदैकदिनेन किमित्यनुपातेनोच्चगतिज्ञानम् । तन्महत्त्वदर्शनाच्छीघ्रोच्चमिति संज्ञा । ततः कल्पभगणाः । एवं गुरुभौमशनयः सूर्यादधिकास्तदा तन्मध्यग्रहेभ्यः स्पष्टग्रहा न्यूनाः । यदोनास्तदाऽधिका इति प्रत्यक्षवेधानुभवेन

"जीवारार्कभुवोऽर्कसंनिधिगताः स्युः शीघ्रगाश्चाणव—

स्तत्पङ्भेऽनृजुगाः सदा च पृथवोऽस्मात् तच्चलोच्चं रविः" ।

इत्युक्तत्वाच्च गुरुभौमशनीनां मध्यार्कतुल्यं शीघ्रोच्चं गतिसमत्वेन वा कल्पितम् । अतः सूर्यभगणतुल्यास्तच्छीघ्रोच्चभगणाः । एवं बुधशुक्रयोः शीघ्रोच्चकक्षास्थत्वेन समगस्योक्तत्वात् पूर्वरीत्या तद्युयातान्तरानुपातेन तच्छीघ्रोच्चकक्षा स्पष्टा तत्परमाधिकन्यनयोगार्धस्य मध्यकक्षात्वेन ज्ञानात् तद्गतिकक्षा भगणा जाताः । अथ वेधितभादिग्रहाणां शीघ्रोच्चसमत्वेन शीघ्रफलाभावेऽपि तदा भगणद्वाराऽनुपातानीतमध्यग्रहसमः स्फुटो न जात इति शीघ्रफलमत्रास्तीति ज्ञातम् । तस्माद्वेधितस्पष्टग्रहादसकृत्साधितशीघ्रफलेन स्पष्टस्य व्यस्तसंस्कारान्मन्दस्पष्टो ज्ञातः । मन्दस्पष्टमध्यान्तरं मान्दफलमिति यत्रैव मन्दस्पष्टमध्यसमत्वेन फलाभावज्ञानात् तन्मन्दस्पष्टतुल्यमुच्चं तत्र कल्पितम् । एवं पुनर्दर्शनेन पूर्वरीत्या गतिर्ज्ञाता । तस्या अतिसूक्ष्मत्वेन मन्दोच्चमिति संज्ञा । ततोऽनुपातेन कल्पिता भगणाः । नन्वेवं कल्पे ग्रहाणां द्वादशराशिभोगसंख्याया भगणाभिधानात् । तदेकरूपत्वेन सूर्याद्युक्तभगणेभ्योऽन्यभगणकथनमयुक्तम् । आकाशस्य कक्षाणां कल्पकालस्य च नियतत्वात् । तस्मान्नियतभगणसंभवेनात्र मतान्तराप्रसक्तेः । आर्षग्रन्थे भगणैकत्वदर्शनात् कथमेव तदिति चेन्न । स्वस्वकाले ग्रहवेधादिप्रकारेण गतिज्ञानात् तदनुरोधाल्लाघवार्थं च कल्पे भगणाः कल्पिता न वास्तवाः । सूर्यादिभिश्च स्वकाले गत्यनुरोधाद्भगणा उक्ताः । वास्तवभगणेभ्यो ग्रहादिसंवादादर्शनेन तज्ज्ञानेऽपि तन्निबन्धनाभावेऽस्योचितत्वात् । अत एव सूर्यसिद्धान्ते 'कालभेदोऽत्र केवलः"[1] इति 'संसाध्य स्पष्टतरं बीजम्"[2] इत्यादि चोक्तम् । न च वास्तवभगणकथनेऽपि दृगोचरार्थं संसाध्येत्याद्युक्तं स्वकाले इति वाच्यम् । वराहसंहिताटीकायां भट्टोत्पलेनार्षभगणभेदस्य स्फुटोक्तेर्वास्तवभगण-

१ मध्यमाधिकारे ५ श्लो० ।

२ नेदं सूर्यसिद्धान्तोक्तं पद्यं किन्तु रङ्गनाथकृतगूढप्रकाशिन्यां तट्टीकायामिदमुपलभ्यते ।

कल्पने विनिगमनाविरहात् । अतो ब्रह्मगुप्तादिभिर्वेधादिना विष्णुधर्मोत्तरान्तर्गतब्रह्मसिद्धान्तोक्तभगणानां स्वकाले प्रामाण्यग्रहात् सूर्याद्युक्तभगणान् विहाय तन्मतोक्तभगणा एवाङ्गीकृताः । अत एव च श्रीपतिना स्वकाले शन्युच्चभगणानेकचत्वारिंशन्मितान् मूलस्थान् परिहृत्य पराशरोक्तचतुष्पञ्चाशद्भगणाः कृतशरा इत्युक्ताः सिद्धान्तशेखरे तस्माद्वास्तवभगणानुक्तौ मतभेदो नायुक्त इति संक्षेपः ॥ १–६ ॥

अथ भभ्रमानाह ।

खखेषुवेदषड्गुणाकृतीभभूतभूमयः ।
शताहता भपश्चिमभ्रमा भवन्ति काहनि ॥ ७ ॥

वा. भा.–काहनि ब्रह्मदिने एतावन्तो भानां पश्चिमभ्रमा भवन्ति । अत्रोपपत्तिर्गोले समं भसूर्यावुदितावित्यादिना कथिता व्याख्याता च ॥७॥

वा. वा.–भभ्रमानाह । खखेषुवेदषड्गुणा इति । अत्र कस्य ब्रह्मणोऽहः काहः । 'राजाहःसखिभ्यष्टच्'-इति टच् । तस्मिन् काहे सप्तम्येकवचने वक्तव्ये यत् काहनीत्युक्तं वैभवेन तदयुक्तमिव प्रतिभाति । यद्वा कल्पप्रमाणकमहः काहः । नामैकदेशे नामग्रहणम् । कल्पपदेन चतुर्युगसहस्रमुच्यते । तस्माद्यथा द्व्यहनि तथा काहनीति न कश्चिद्दोषः । यद्वा समासान्तविधेरनित्यत्वात् । काहनीत्युक्तमित्यादिर्गतिश्चिन्त्या । भस्य क्रान्तिवृत्तकृतचिह्नस्य प्रवहवशेनैव परिवर्त्तो भभ्रमः । कियन्तः कल्पे भपरिवर्त्ताः कथं च तेषां ज्ञानं तत्राह । अत्रोपपत्तिः । समं भसूर्यावुदितौ क्षितावित्यादिना रविभावनाहे रविमध्यगतिकलायुक्तो भस्यैको भ्रमः । ततोऽनुपातः । यद्येकस्मिन् सावने इयं तदा कल्पकुदिने किमिति जाताः खखेषुवेदषट्गुणा इति ॥ ७ ॥

मरीचिः–अथैतत्प्रसंगेन वक्ष्यमाणोपजीव्येन च कल्पभभ्रमान् प्रमाणिकयाऽऽह खखेषुवेदषड्गुणा इति । कस्य ब्रह्मणोऽहः काहस्तस्मिन् 'समासान्तविधेरनित्यत्वेन' 'राजाहःसखिभ्यष्टच्' इत्यस्य प्राप्तेः काहनि कल्पे

इत्यर्थः । भपश्चिमभ्रमाः । भशब्देन भचक्रावयवः । तस्यैकं पश्चिमदिशानुक्रमेण वृत्ताकारगमनम् । प्रवहवायुकृतभचक्रपश्चिमपरिवर्त्ता इत्यर्थः । वेदाश्चत्वारः प्रसिद्धाः । द्वाविंशत्यक्षरचरणपद्यस्याकृतिसंज्ञत्वात्तल्लक्षणया आकृतिशब्देन द्वाविंशतिः । पृथ्व्याद्याकाशान्तानां पञ्चानां भूतवाचकत्वप्रत्यक्षसिद्धस्य कल्पभचक्रपरिवर्त्तमानस्य दर्शनाद्रविकल्पसावनदिनभगणयोगो भभ्रमा इति सिद्धम् । एवमन्यग्रहसावनेभ्यो भभ्रमः साध्यास्तदाऽप्येभिस्तुल्या एव । तथा भौमोदयद्वयान्तरस्थपसावनेन तत्कालसंभूतभौमगतियुक्तैकभचक्रपरिवर्त्तस्तदा कल्पभौमसावनैः क इत्यनुपातेन भौमकल्पसावनभगणयोगस्य स्फुटं दर्शनम् । अत्र सूर्यसावनघटीभिर्भौमगतिकला–३१ । ३६ स्तदा भौमसावनान्तर्गतसूर्यसावनघटीभिः के इत्यनुपातेन भौमसावने तद्गतिज्ञानम् । यदि रविभगणैः सूर्यकल्पसावनदिनानि तदा भौमभगणैः कानीत्यनुपातेन कल्पे भौमसावनज्ञानम् । तथा च कल्पग्रहसावनतद्भगणयोगो भभ्रमास्त उक्ताङ्कमिता उपपन्नाः ॥७॥

अथ सूर्याहांश्चान्द्राहांश्चाह ।

> विधिदिने दिनकृद्दिवसाः करे-
>
> न्द्रियशरेषुभुवोऽर्बुदसंगुणाः ।
>
> नवनवाङ्ककराभ्ररसेन्दवः
>
> प्रयुतसंगुणिता विधुवासराः ॥ ८ ॥

वा.भा.–अत्रोपपत्तिः । रविवर्षाणि दिनीकृतानीति सुगमम् । चन्द्रार्कयोर्यावन्तः कल्पे योगास्तावन्तः किल शशिमासाः । ते तु योगा भगणान्तरतुल्याः स्युः । उभयोरपि प्राग्गमनात् । अतो भगणान्तरतुल्याः शशिमासा भवन्ति । ते त्रिंशद्गुणाः शशिदिवसा भवन्तीत्युपपन्नम् ॥ ८ ॥

वा.वा.–विधिदिने दिनकृद्दिवसा इत्यादि । एषां वासना भाष्ये स्पष्टा: ॥८–१२॥

मरीचिः–अथ कल्पे सौरचान्द्रदिनान्याह विधिदिने इति । करौ द्वौ प्रसिद्धौ । अङ्कस्थापनेन सौरदिवसास्तदंशा एते १५५५२०००००००० । वा-

न्द्रादित्रसरश्चैते १६०२९९९००००००। इति स्पष्टार्थम्। इदं पद्यं 'द्रुतविलम्बितमाह नभौ भरौ'–इति लक्षणात् तदाख्यम्।

अत्रोपपत्तिः। कल्पसौरवर्षाणि षष्ट्यधिकशतत्रयगुणानि सौरदिनान्युत्पन्नानि। सूर्यचन्द्रभगणान्तरेण चान्द्रमासप्रतिपादनात् कल्पतद्भगणान्तरं चान्द्रमाससमानं तत् त्रिंशद्गुणं चान्द्रदिनान्युक्तान्युत्पन्नानि ॥ ८ ॥

अथ कुदिनान्याह।

भूदिनानि शरवेदभूपगो-
सप्तसप्ततिथयोऽयुताहताः।
भभ्रमास्तु भगणैर्विवर्जिता
यस्य तस्य कुदिनानि तानि वा ॥ ९ ॥

वा.भा.–एषामुपपत्तिः प्रागेवोक्ता। एकस्मिन् रविवर्षे यावन्तो भभ्रमाः स्युस्तावन्त एवैकोना रविसावनदिवसा भवन्ति। यतो रविः प्रागगत्या एकं पर्ययं गतः। अतो भगणसंख्ययोना भभ्रमाः कुहा भवन्ति। एवमन्येषामपि ग्रहाणां कुदिनानि स्युरित्युपपन्नम् ॥ ९ ॥

मरीचिः–अथ रथोद्धतया कल्पे ग्रहसावनान्याह भूदिनानीति। रव्युदयद्वयान्तरकालस्य मुख्यत्वेन भूदिनवाचकत्वाद्भूदिनानि सूर्यसावनदिनानि कल्पे। भूपाः षोडश सङ्केताद्वा। तिथयः प्रतिपदादयः पञ्चदश प्रसिद्धाः। तथा चाङ्कन्यासेनैते १५७७९१६४५०००० सूर्यसावनदिवसा इत्यर्थः। अथ सर्वग्रहाणां सावनार्थं सामान्यप्रकारमाह भभ्रमा इति। भभ्रमाः पूर्वोक्ताः। यस्य भगणैः प्रागुक्तैर्विवर्जितास्तानि शेषमितानि तस्य कुदिनानि तदुदयद्वयान्तररूपसावनदिनानि कल्पे भवन्ति। कल्पभगणवतां सावनानि प्रतिपादितानि। चः समुच्चये। चकारस्थाने वेति पाठे एवं सूर्यभूदिनानि प्रकारान्तरेण ज्ञातानि स्युरित्यर्थः। यथा कल्पभभ्रमाः १५८२२३६४५०००० सूर्यभगणैः–४३२००००००० रूना शेषम् १५७७९१६४५०००० प्रागधोक्तसूर्यसावनदिनानि। एतान्येव बुधशुक्रयोर्भगणैकत्वात्। एवं सर्वेषामुत्पन्नानि कार्याणि।

इतरग्रहसाधननिबन्धनश्लोकाः ।

"खाभ्रखाभ्रशरभूगुण[1]नागाब्ध्यब्धिनेत्रतिथयो१५२४४३८१५०००० विधुकक्षा ।
व्यालशैलमनुनेत्रपड्नवत्र्यङ्कगोनगशरेन्दवः १५७९९३९६२१४७८ कुजे ॥
पञ्चवेदशरपावकाकृतिद्व्यद्रिधृत्यहिशरेन्दवो १५८१८७२२२३५४५ गुरोः ।
द्व्यभ्रभेभगजगोगजाम्बरद्व्यष्टबाणशशिनः १५८२०८९८८२७०२ शनिकक्षाः ॥"

इति ।

अत्रोपपत्तिः । जलवत्समीकृतभूमौ त्रिज्यामितकर्कटेन वृत्तं पूर्वादिदिगङ्कितं चक्रकलाङ्कितं च कार्यम् । ततो मेषादौ यदा सायनरविः सूर्योदये तद्दिनमारभ्य वृत्तमध्यस्थेनाक्षेणोदितार्कं विम्बोदयसमये रविविम्बकेन्द्रं वृत्ते यत्र लगति तत्र चिह्नं कार्यम् । एवं भगणभोगपर्यन्तं रव्युदया ज्ञेयाः । तत्र प्राचीचिह्नात् परान्तरेरितसूर्योदयचिह्नं यावदंशैस्ते परायांशाः । ततः क्रान्त्यंशाः सम्प्रति चतुर्विंशन्मिताश्च ज्ञाताः । एवमन्तिमोदयः पञ्चषष्ट्यधिकशतत्रयमितः पूर्वोदयस्थानात् पृष्ठत एव भवति । तदन्तरकला विगणय्य ग्राह्याः । ततस्तद्द्वितीयोदयः पूर्वस्थानादग्रत एव जातः । पूर्वदिनमध्याह्नासन्नकाले सूर्यस्य मेषादिसञ्चारसम्भवात् । अतस्तदन्तरं कलात्मकं गृहीतम् । ततो यद्यन्तरद्वयकलायोगेन षष्टिघटिकास्तदा प्रथमान्तरकलाभिः का इत्यनुपातेन लब्धाः पञ्चदश घटिकास्त्रिंशत्पलानि सार्धाने द्वाविंशतिविपलानि पूर्वोदयस्थाने एतदनुरोधेनैतद्घटीभिर्विषुवद्वृत्तस्यर्योनुमानात् । तथा चैकसौरवर्षे सूर्यसावनदिवसाः ३६५।१५।३०।२२।३० कवर्षे एते तदा कल्पवर्षेषु के [2]इत्यनुपातेन कल्पे रविसावनदिवसा उक्तामिता उपपन्नाः । अथ भभ्रमस्य भगणसावनयोगात्मकत्वेन प्रतिपादाद्भभ्रमा भगणोनाः सावनदिवसा भवन्तीति किं चित्रमित्युपपन्नं भभ्रमात्यादि ॥ ९ ॥

१ अत्र छन्दःपातः ।

२ इत्यत्रानुपातस्योल्यार्थं गोलाध्यायस्य–'पञ्चाङ्गरामाः'–इत्यादिश्लोकस्य मणौ विलोक्या ।

अथाधिमासान् न्यूनाहांश्चाह ।

लक्षाहता देवनवेषुचन्द्राः
कल्पेऽधिमासाः कथिताः सुधीभिः ।
दिनक्षयास्तत्र सहस्रनिघ्नाः
खबाणबाणाश्व्यहिखेषुदस्राः ॥ १० ॥

वा.भा.—अत्रोपपत्तिः । अत्र प्रकृतास्तावद्रविमासास्तेभ्यश्चान्द्रमासा यावद्भिरधिकास्तेऽधिमासा उच्यन्ते । एवं प्रकृतानां सावनानां चान्द्राणां चान्तरमवमान्युच्यन्ते । सावनदिनेभ्यश्चान्द्राहा यावद्भिरधिकास्ते दिनक्षयाः । अतस्तेषामन्तरमेतावद्भवतीत्युपपन्नम् ॥ १० ॥

मरीचिः—अथोपजातिकयाऽधिमासावमानि चाह लक्षाहता देवनवेषुचन्द्रा इति । तत्र कल्पे दिनक्षया अवमानि । शेषस्याङ्कस्थापनेन व्याख्या । एतेऽधिमासाः १५९३३००००० । दिनक्षयाश्चैते २५०८२५५००००० ।

अत्रोपपत्तिः । अधिको मास इत्यर्थश्चान्वर्थसंज्ञया मासानां चान्द्रत्वाच्च अधिकश्चान्द्रो मासोऽधिमासपदवाच्यः । तथा च कल्पादौ समं प्रवृत्तयोः सौरचान्द्रयोः सममानाभावात् स्वकाले पूरणात् कल्पे तत्परिवर्त्ता अतुल्या एव भवन्ति । अतः सौरचान्द्रदिनान्तरं कल्पेऽधिकचन्द्रदिनपरिवर्त्ताः सौरदिनपरिमितिभ्यो भवन्ति ते एतन्मिताः कल्पे ४७७९९००००००
एतान्येवाधिदिनमानानां न्यूनत्वात् तानि त्रिंशद्भक्तान्यधिमासाश्चान्द्रा सौरमाससमानाधिका एतावत्संख्या इति ते उक्ताङ्कमिता उपपन्नाः । एवमेः युगपत्प्रवृत्तचान्द्रदिनसावनयोः कल्पे परिवर्त्तनसङ्ख्या अतुल्याः । तत्र सावनानां चन्द्रदिनेभ्यो यत्संख्याभिर्न्यूनत्वं ते दिनक्षयाः । दिनस्य सूर्योदयद्वयान्तररूपसावनस्य चन्द्रदिनसंख्यातः क्षय इत्यन्वर्थसंज्ञयोक्ताङ्कमिता उपपन्नाः । न चैतत्संख्याया यथाक्रमं सौरचान्द्रयोः सावनाभ्यां न्यूनाधिकत्वसंभवेन तदन्तरस्योक्तसंज्ञानियमाभावात् कथमेतदिति वाच्यम् अहर्गणादिसाधने उक्तसंज्ञया तदन्तरयोः प्रयोजनावश्यकत्वात् सूर्याद्यां तत्संज्ञाया उक्तत्वादुक्तमिति संक्षेपः ॥ १० ॥

इदानीमधिमासेन्दुदिनावमानि प्रकारान्तरेणाह ।

रवेः कोटिनिघ्नाः कृताष्टेन्दुबाणाः
सुराग्न्यब्धिरामेषवो लक्षनिघ्नाः
शशाङ्कस्य मासाः पृथक् सूर्यमासै-
र्विहीनास्तु कल्पेऽथ वा तेऽधिमासाः ॥ ११ ॥
अधिदिनैर्दिनकृद्दिनसंचयः
सहित इन्दुदिनान्यथ तानि वा ।
विरहितानि च तानि दिनक्षयैः
क्षितिदिनान्यत उत्क्रमतोऽपरम् ॥ १२ ॥

वा.भा.–एवमनया वासनया पठितार्कचन्द्रमासान्तरमधिमासाः । किं पाठेनेति वाशब्दार्थः । एवमधिमासदिनैः सहिताः सौराहाश्चान्द्राहा भवन्ति । किं तत्पाठेन वा । तेऽवमैरूना कुहाः स्युर्वा ॥ ११–१२ ॥

मरीचिः–अथ भुजङ्गप्रयातेन सौरचन्द्रमासकथनपूर्वकं पूर्वोक्तोपपत्तिरूपमधिमासस्वरूपमाह रवेः कोटिनिघ्ना इति । कल्पेऽङ्कस्यापनेनैते ५१८४०००००० रवेर्मासाः । अङ्कस्यापनेनैते ५३४३३३०००० शशाङ्कस्य मासाः । ते चन्द्रमासाः पृथक् । सूर्यमासैरूनाः शेषमितास्ते पूर्वश्लोकोक्ता अधिमासा अथ वा प्रकारान्तरेण भवन्ति ।

अत्रोपपत्तिः । पूर्वसौरचन्द्रदिनानामुक्तत्वेन तत्त्रिंशदंशस्य माससंभवात् तन्माससमानज्ञानं सुलभम् । तत्र सौरमासेभ्यो यत्संख्याभिश्चान्द्रमासा अधिकास्तेऽधिमासा इति प्रागुक्तेनाधिकसंख्याज्ञानं तन्मासान्तरेणेति सुलभम् ॥ ११ ॥

अथ भङ्ग्यन्तरेणाधिदिनचयदिनस्वरूपं स्पष्टीकुर्वन् द्रुतविलम्बितेनाह अधिनैर्दिनकृदिति । अधिदिनैस्त्रिंशद्गुणिताधिमासैरित्यर्थः । दिनकृद्दिनसंचयः सौरदिनसमूहः सहितो युक्तस्तदाऽथ वा तानि प्रोक्तानि चन्द्रदिनानि सिद्ध्यन्ति । अतोऽधिदिनानां सौरचान्द्रदिना-

न्तरत्वमुक्तम् । तानि चन्द्रदिनानि दिनक्षयैर्विरहितानि शेषं क्षितिदिनानि सौरसावनदिनानि । एतेन तदन्तरे दिनक्षया इति प्रतिपादितम् । अन्यथा तात्सिद्धिर्न स्यात् । तद्दृढत्वमाह अत इति । अस्मात् कारणात् । उत्क्रमत उक्तविपरीतक्रमेण अपरं साध्यमुक्तपदार्थान्यतरं सिद्धं भवति । तद्यथा । चन्द्रदिनान्यधिदिनैरूनानि सौरदिनानि । सावनदिनानि दिनक्षयैर्युक्तानि चन्द्रदिनानि सिध्यन्ति । अतोऽत्रोपपत्तिः सौरचान्द्रदिनान्तरे दिनक्षया इति प्रागुक्तेनातिस्पष्टा ॥ १२ ॥

इदानीं प्रकारान्तरेण चान्द्रमासात् दिनक्षयांश्चाह ।

अन्तरं तरणिचन्द्रचक्रजं
यद्भवेत् स विधुमाससंचयः ।
चन्द्रचक्रदिवसैक्यमूनितं
चन्द्रमासभदिनैर्दिनक्षयाः ॥ १३ ॥

वा.भा.–पूर्वार्धस्य वासना प्रागेवोक्ता । अथ चन्द्रचक्रदिनैक्ये चन्द्रमासभदिनैक्येन वर्जिते क्षयाहाः स्युः ।

अत्र वासना । चन्द्रभगणा रविभगणैरूनाश्चन्द्रमासाः स्युः । अतो विपर्ययाच्चन्द्रमासोनाश्चन्द्रभगणा रविभगणा भवन्ति । तैरूना भभ्रमाः सावनदिवसा भवन्ति । तैरूनाश्चान्द्राहाः क्षयाहा भवन्ति । एतद्व्यक्तस्थित्या लिख्यते । चंमा १ चंभ १ एते किल रविभगणाः । एभिरूना भभ्रमाः संशोध्यमानमृणं धनं भवतीति जाताः सावनाः । चंमा १ भभ्र १ चंभ १ एभिरूनाश्चान्द्राहा जाताः चंभ १ चंदि १ चंमा १ भभ्र १ । एवं क्षयाहा भवन्तीत्युपपन्नम् । एतच्छिष्याणां धनर्णयोगवियोगमकौशलार्थं दर्शितम् ॥ १३ ॥

वा.वा.–प्रकारान्तरेणाह अन्तरं तरणिचन्द्रेति । प्राग्गमनशीलयोः सूर्याचन्द्रमसोः प्रतिदर्शं यो योगः स त्वेकभगणतुल्यान्तरमन्तरेणानुपपद्यमान एकस्मिन् चान्द्रे मासि भगणतुल्यमन्तरं गमयति । ततोऽनुपातः ।

एकेन भगणान्तरेणैको मासस्तदा कल्पभगणान्तरेण किमिति जाताः शशिमासाः । रविभगणोनाश्चन्द्रभगणास्ते चन्द्रमासा भवन्तीति सिद्धमस्ति। वैपरीत्येन चन्द्रमासोनाश्चन्द्रभगणास्ते रविभगणाः। रविभगणोना भभ्रमास्ते सावनाः । सावनोनाश्चन्द्रास्ते दिनक्षया भवन्ति । यतः सावनचान्द्रान्तरमवमानि । अत्राव्यक्तरीत्युपलक्षणार्थं लेख्यानि । यानि ऋणगतानि तान्यूर्ध्वबिन्दूनि च कार्याणीत्यव्यक्तयुक्त्या लिख्यते ।

चंमा १ं चंभ १ । एते रविभगणाः खण्डद्वयात्मकाः । एभिरूना भभ्रमा जाताः खण्डत्रयात्मकाः सावनाः ।

'संशोध्यमानं स्वमृणत्वमेति स्वत्वं क्षयस्तद्युतिरुक्तवच्च ।'

'योगे युतिः स्यात् क्षययोः स्वयोर्वा धनर्णयोरन्तरमेव योगः ।'

इत्यनेन चंमा·१ चंभ१ं भभ्र १। एतदूनाश्चान्द्रास्ते दिनक्षयाः खण्डचतुष्टयात्मकाः । चंमा १ं चंभ १ भभ्र १ं चांदि १ अत्र धनयोर्योगश्चन्द्रचक्रदिवसैक्यम् । एतदूनमृणेन चन्द्रमासभभ्रमयोर्योगेनातः सर्वमवदातम् ।

"चन्द्रसावनयुतेन्दुमासकास्ते भवन्ति रविसावनास्तु तैः ।
वर्जितानि शशिनो दिनानि वा संभवन्ति खलु ते दिनक्षयाः ॥"

अयमर्थः । चन्द्रभगणोना भभ्रमास्ते चन्द्रसावनास्तेषु चान्द्रमासेषु योजितेषु रविसावना भवन्ति । ततो दिनक्षयसाधनं सुगमम् । नवीनोऽयं प्रकारः। चन्द्रचक्रदिवसैक्यमित्यत्र चन्द्रभगणा एव दिनानि। तदधो यद्राश्यादि तत् पञ्चगुणं विधाय राशिस्थाने यद्भवति तदेव घटिकाः । तस्मादप्यधो यदंशादि संपद्यते तद्द्विगुणं विधाय यदंशस्थाने तदेव पलानि शेषाणि विपलानीति प्रकल्प्य चन्द्रचक्रदिवसैक्यं कार्यम् । यद्वा चन्द्रराश्याद्यस्य कलाः कार्याः। ततोऽनुपातः । यदि चक्रकलाभिः षष्टिघटिकास्तदा राश्यादिकलाभिः किमिति घट्यादि साध्यम्। ऊनितं चन्द्रमासैरित्यत्र चन्द्रमासा एव दिनानि। तदधो यत् तद्द्विगुणं विधाय घटि-

क्षयं भवति । अत्रोदाहरणम् । एकस्मिन् सौरवर्षे चन्द्रचक्राणि सावयवानि १३ । ४ । १२ । ४६ । ३० । अत्र राश्याद्यस्योक्तप्रकारेण घटिकाः २२ । १ । ४५ । एता दिनस्थाने चन्द्रचक्रयुताः । एवं जातानि चन्द्रचक्राणि १३ । २२ । १ । ४५ एतानि चान्द्रदिवसैरेभिः ३७१ । ३ । ५२ । ३० युतानि ३८४ । २६ । ० । १५ जातं चन्द्रचक्रदिवसैक्यम् । इदं चन्द्रमासैरेभिः १२ । ११ । ३ । ५२ । ३० ऊनं कार्यम् । तत्र सजातीयकरणाय चान्द्रमासाधो यद्दिनादि तद्द्विगुणं घटिका इति संपादितघटीभिश्चान्द्रमासतुल्यदिनैरेभिः १२ । २२ । १ । ४५ ऊनं जातम् ३७२ । ३ । ५२ । ३० । इदं भभ्रमैरेभिः ३६६ । १५ । ३० । २२ । ३० ऊनं जाता दिनक्षयाः ५ । ४८ । २२ । १ । ३० । इदं भाष्यकृदनुक्तमप्यूह्यम् । चन्द्रचक्रदिवसैक्यमित्यत्र वासना प्रकारान्तरेणोच्यते । रविसावनोनाश्चान्द्रास्ते दिनक्षया भवन्ति । केवलयोः शोध्यशोधकयोर्यावदन्तरं तावदेवेष्टसंयुक्तयोरपि स्यादिति चन्द्रचक्रतुल्यमिष्टं चान्द्रदिवसेषु संयोज्य जातश्चन्द्रचक्रदिवसैक्यतुल्यः शोधकः । तथैव रविभगणोनभभ्रमापरपर्यायेषु रविसावनेषु चन्द्रचक्रतुल्यमिष्टं योजितं जातश्चन्द्रमासभभ्रमयोगतुल्यः शोध्यः । भभ्रमेषु रविभगणाः शोध्याश्चन्द्रचक्राणि च क्षेप्याणि । तत्र शोध्यक्षेप्ययोरेवान्तरे क्रियमाणे 'अन्तरं तरणिचन्द्रचक्रजम्'-इत्यनेन चान्द्रमासा जाताः । त एव भभ्रमेषु योजिता इति सर्वं निरवद्यम् । नन्वेवं वासनालाघवे धनर्णप्रकारगौरवेण वासनाकथनमाचार्यस्य न युक्तमित्यत आह । एतच्छिष्याणां धनर्णयोगवियोगकौशलार्थं दर्शितम् । अयमर्थः 'संशोध्यमानं स्वमृणत्वमेति–'इत्यस्याव्यक्तगणितोक्तस्य वासनाप्रदर्शनार्थमयं प्रकार उक्तः । चन्द्रमासभभ्रमयोगविवर्जितस्य चन्द्रचक्रदिवसैक्यस्य दिनक्षयतुल्यत्वस्यान्यथाऽनुपपत्त्या संशोध्यमानस्य धनर्णव्यत्यासो युक्त इति भावः ॥ १३ ॥

मरीचिः–अथ प्रकारान्तरेण चन्द्रमासदिनक्षयानयनं रथोद्धतयाऽऽह अन्तरं तरणिचन्द्रचक्रजमिति । तरणिचन्द्रचक्रजं सूर्यचन्द्रभगणोत्पन्नं यत् यत्सं.

ख्याक्रमन्तरं स तदङ्कमितः चन्द्रमाससमूहः । दिनक्षयानाह चन्द्रचक्रदिवसै-क्यमिति चन्द्रभगणदिनयोरैक्यम् । चन्द्रमासयुतभदिनानामिति मध्यमपदलोपाच्चन्द्रमासभदिनैश्चन्द्रमासयुतभभ्रमैरित्यर्थः । ऊनितं शेषे दिनक्षया अवमानि भवन्ति । प्रतीत्यर्थमेतदुदाहरणम् । चन्द्रभगण-५७७५३३०००००० चान्द्रदिनै--१६०२९९९०००००० क्यम् १६६०७५२३०००००। चन्द्रमास—५३४३३३००००० भदिनैः १५८२२३६४५०००० ऊनितं जाता दिन-क्षयाः २५०८२५५०००० इति स्पष्टम् । एवमिष्टकालेऽपि चन्द्रभगणा-सावयवास्तदा राश्यादिभागाः षड्भक्ताः कार्याः । चन्द्रदिनाधोऽवयवघ-ट्यादिषु योज्याः । राश्यादिघट्यादीनां यथाक्रमं द्वादशषष्टिप्रमाणेन स-त्त्वादुभयोः षष्टिप्रमाणकरणेन चन्द्रचक्रदिवसयोः सावयवयोरैक्यस्य युत-त्वात् । एवं यदा चान्द्रमासास्तथाभूतास्तदा दिनाद्यधोऽवयवा द्विगुणाः कृताः । तादृशावयवयुक्तचन्द्रमासा हीनाः कार्याः । यथैकवर्षेऽनुपातेन चन्द्र-भगणाः सावयवाः १३ । ४ । १२ । ४६ । ३० अत्र राश्याद्यस्य घटीकर-णार्थं तद्भागाः १३२ । ४६ । ३० षड्भक्ताः २२ । ७ । ४५ । तथा च युत्यथ चन्द्रभगणाः सावयवाः १३ । २२ । ७ । ४५ । चान्द्रदिन-३७१ । ३ । ५२ ३० युताः ३८४ । २६ । ० । १५ । अत्र चान्द्रमासाः १२ । ११ । ३ । ५२ । ३० । दिनादि तद्द्विगुणम् २२ । ७ । ४५ । तथा च सावयवैश्चान्द्रमासै-रेतैः १२ । २२ । ७ । ४५ भभ्रमै—३६६ । १५ । ३० श्चोना: ५ । ४८ । २२ । ३० जाता दिनक्षयाः । अन्यथैतदसिद्धत्वापत्तेरिति न क्षतिः । एवमन्यत्रापीति ध्येयम् ।

अत्रोपपत्तिः । रवीन्द्वोर्युतेः संयुतिर्यावदन्यित्यादिना कल्पे यावन्तो योगास्तावन्त एवेन्दुमासाः । ते च तयोः प्रागगमनात् तद्भगणान्तर-तुल्या एवेति युक्तमुक्तम् । दिनक्षयस्तु चान्द्रसावनदिनान्तररूप इत्युक्तं प्राक् । अत्र केवलयोर्यावदन्तरं तावदेवेष्टसंयुक्तयोः स्यादिति चन्द्रभगण-तुल्यमिष्टं चान्द्रदिने योजितं जातं चन्द्रचक्रदिवसैक्यम् । अत्र चन्द्रभगण-युतसावनदिनानि हीनानि कार्याणि । तत्र रविभगणोनभभ्रमरूपेण साव

नग्रहणात् सूर्यभगणोनचन्द्रभगणरूपचन्द्रमासयुतभभ्रमाहा हीनाः कार्या इति। अत उक्तमूनितं चन्द्रमासभदिनैर्दिनवयाया इति युक्तम् ॥ १३ ॥

इदानीमन्यदाह ।

इन्दुमण्डलगुणेन्दुसंगुण-
ब्रध्नचक्रविवरेऽधिमासकाः ।
खेचरोच्चभगणान्तरोन्मिताः
सन्ति मन्दचलकेन्द्रपर्ययाः ॥ १४ ॥

वा·भा.—अत्रोपपत्तिः । चन्द्रभगणा रविभगणोनाश्चन्द्रमासा भवन्ति तेऽधिमासज्ञानार्थं रविमासोनाः कार्याः । रविमासास्तु द्वादशगुणिते रविभगणैर्भवन्ति । पूर्वमेकगुणैरूना इदानीं द्वादशगुणैश्च । अतस्त्रयोदशगुणै रविभगणैरूनाश्चन्द्रभगणा अधिमासा भवन्तीत्युपपन्नम् । उत्तरार्धेन केन्द्रस्वरूपमुक्तम् ॥ १४ ॥

इति भगणाध्यायः ।

वा.वा.—इदानीमन्यद्याह इन्दुमण्डलेति । अत्रोदाहरणम् । एकस्मिन् वर्षे चन्द्रचक्राणि १३ । ४ । १२ । । ४६ । ३० । गुणेन्दुसंगुणरविचक्राणि १३ । विवरम् । ० । ४ । १२ । ४६ । ३० । भगणस्थाने ये तेऽधिमासाः । पुनर्यच्छेषं सावयवं तत् त्रिंशता संगुण्य विकलासु षष्ट्या विभज्य लब्धं कलासु निक्षिपेत् । एवं कलासु षष्ट्या, भागेषु त्रिंशता, राशिषु द्वादशभिर्विभज्योपर्युपरि नियोज्य तद्भगणस्थाने यत् ते दिवसाः । पुनः शेषं षष्ट्या सङ्गुण्योपर्यपरिनियोजनेन भागस्थाने यत् ता घटिका भवन्ति एवं पलान्यपि । एवं जातमेकस्मिन् वर्षेऽधिमासाद्यम् । ० । ११ । ३ । ५२ । ३० ।

अत्र वासना। केवलयोर्यावदन्तरं तावदेव केन चित् संयुक्तयोरपि स्यादिति सौरमासचान्द्रमासयोः सूर्यभगणा योजिताः । तत्र रविभगणोनचन्द्रभगणात्मके चान्द्रमासे यावद्रविभगणा योज्यन्ते तावच्चन्द्रभ-

गणा एव भवन्ति । तथैव द्वादशगुणरविभगणात्मकेषु सौरमासेषु यावद्र-विभगणाः क्षिप्यन्ते तावत् त्रयोदशगुणाः सूर्यभगणा भवन्ति । ततस्ते-षामन्तरं कृतम् । यतः सौरचान्द्रमासानामन्तरमधिमासाः ॥ १४ ॥

इति कृष्णदैवज्ञात्मजनृसिंहकृतौ सिद्धान्तवासनावार्त्तिके भगण-ज्ञानम् ।

———०———

मरीचिः—अथ प्रकारान्तरेणाधिमासज्ञानमन्यदपि रथोद्धतयाऽऽह इन्दु मण्डलगुणेन्द्विति । वृत्ते द्वादशराशीनां सत्त्वान्मण्डलचक्रादिपदेन लक्षण-या भगणा गृह्यन्ते । भास्कराहस्करवद्भेत्यभिधानाच्चन्द्रभगणत्रयोदशगुणि-तसूर्यभगणयोरन्तरेऽधिमासाः प्रागुक्ताः सन्ति । अथोच्चपातादीनां भगणा उक्तास्तथा केन्द्राणामपि कल्पे भगणा भवन्तीति कथं ते नोक्ता इत्यतस्त उक्तप्राया इत्याह खेचरोच्चेति । ग्रहभगणोच्चभगणान्तरमिता मन्दच-लकेन्द्रपर्ययाः सन्ति । ग्रहमन्दोच्चभगणयोरन्तरे मन्दकेन्द्रभगणाः । ग्रह-शीघ्रोच्चभगणयोरन्तरे शीघ्रकेन्द्रभगणाः । तथा च प्राग्ग्रहोच्चभगणानां निरूपणेन तदन्तरेण केन्द्रभगणज्ञानसम्भवाच्चोक्तप्राया इति भावः । स्पष्टा-धिकारे ग्रहोच्चान्तरेण केन्द्रस्योक्तत्वात् तद्भगणनिबन्धनं निष्प्रयोजनमिति ते न निबद्धाः ।

तन्निबन्धनश्लोकाः ।

"मन्दकेन्द्रभगणा नखेषुगोनन्दनन्दनवभूत्रिसागराः ४३१९९९९५२० ।
तीक्ष्णगोद्रिमनुवेदगोधराचाङ्कपत्तनगसायकाः विधोः ५७२६५१९४१४२ ॥१॥
खरामाश्व्यहिद्व्यष्टषड्गोद्विदस्रा २२९६८२८२३०
गजाङ्गाङ्कगोगोङ्कगोभूत्रिवेदाः ४३१९९९९६९८ ।
खखाङ्गेषुपक्षाश्विवेदाङ्कगामा ३६४२२५६००
नगाब्ध्यग्निगोगोङ्कगोभूत्रिवेदाः ४३१९९९९३४७ ॥ २ ॥
नगतत्त्वाद्रयङ्गपञ्चरसशक्राः १४६५६७२५७ कुजादयः ।
गजाद्रिमनुसप्तेन्दुत्र्यश्विखाश्विमिताः क्रमात् २०२३१७१४७८ ॥३॥

कृताष्टाङ्गगजाङ्काङ्कषड्भूषड्रामभू—१३६१६९९८९८४ मिता: ।
पञ्चाब्धीष्वग्निसप्ताङ्गपञ्चपञ्चनवाग्नय: ३९५५६७३५४५ ॥ ४ ॥
द्व्यङ्काब्ध्यङ्कगजाग्न्यश्विखभै—२७०२३८९४९२ द्राक्केन्द्रपर्यया: ।
द्विखभव्यब्धिरामाङ्गकुवेदा४१६३४३२७०२ ब्रह्मणो दिने'' ॥५॥ इति ।

अत्रोपपत्ति: । सूर्यचन्द्रमासान्तरमधिमासा इत्युक्तं प्राक् । तत्र केवलयोर्यावदन्तरं तावदेवेष्टसंयुक्तयोरपि स्यादिति द्वादशगुणितसूर्यभगणरूपसौरमासचान्द्रमासयो: सूर्यभगणतुल्येष्टयुतयोरन्तरेऽधिमासा इति सिद्धम् । तथा च द्वादशघ्नसूर्यभगणे तद्योजने त्रयोदशगुणिता रविभगणा: । चन्द्रमासे तद्योजने चन्द्रभगणा: । चान्द्रमासानां तद्भगणान्तरत्वात् । अतो युक्तमुक्तमिन्दुमण्डलगुणेन्दुसंगुणब्रध्नचक्रविवरेऽधिमासका इति । स्पष्टाधिकारे ग्रहोच्चान्तरं केन्द्रमित्युक्तत्वाद्ग्रहोच्चभगणयोरन्तरे केन्द्रभगणा इत्यर्थत: सिद्धमित्युपपन्नं खेचरोच्चेत्यादि । एतत्स्वरूपं च छेद्यकाधिकारे वक्ष्यति ॥ १४ ॥

ननु ग्रहचारे निरूपणीये भगणाभिधानं प्रकृतानुपयुक्तत्वेनार्थान्तरमत: फक्किकयाऽऽह इति भगणाध्याय इति । ग्रहसाधनोपयुक्ताधिमासादीनां भगणेत्युपलक्षणम् । भगणानां सर्वोपजीव्यत्वान्मुख्यत्वज्ञानार्थं भगणोपादानं तेन ग्रहसाधनोपयुक्तपदार्थानामध्यायनिरूपणं कृतम् । तथा च प्रकृतानुपयुक्तत्वाभावेनानर्थान्तरमिति भाव: ॥

इदानीमहर्गणानयनमाह ।

कथितकल्पगतोऽर्कसमागणो
रविगुणो गतमाससमन्वित: ।
खदहनैर्गुणितस्तिथिसंयुत:
पृथगतोऽधिकमाससमाहतात् ॥ १ ॥
रविदिनाप्तगताधिकमासकै:
कृतदिनै: सहितो द्युगणो विधो: ।

पृथगतः पठितावमसंगुणा-
 द्विधुदिनाप्तगतावमवर्जितः ॥ २ ॥
भवति भास्करवासरपूर्वको
 दिनगणो रविमध्यमसावनः।
अधिकमासदिनक्षयशेषतो
 द्युघटिकादिकमत्र न गृह्यते ॥३॥

वा.भा.—स्पष्टम्।

अत्र वासना। कल्पगताब्दा द्वादशगुणिता रविमासा जातास्ते चैत्रादिगतचान्द्रतुल्यैः सौरैरेव युतास्त्रिंशद्गुणा इष्टमासप्रतिपदादिगत-तिथितुल्यैः सौरैरेव दिनैर्युताः। एवं ते सौरा जातास्तेभ्यः पृथक् स्थितेभ्योऽधिमासानयनं त्रैराशिकेन। यदि कल्पसौरदिनैः कल्पाधि-मासा लभ्यन्ते तदैभिः किमिति। फलं गताधिमासाः। तैर्दिनीकृतैः पृथक् स्थितः सौराहर्गणः सहितश्चान्द्रो भवति। यतः सौरचान्द्रान्तर-मधिमासदिनान्येव। अथ चान्द्राद्द्युगणादवमानयनं त्रैराशिकेन। यदि कल्पचान्द्राहैः कल्पावमानि लभ्यन्ते तदैभिः किमिति। फलं गता-वमानि। तैरूनश्चान्द्रोऽहर्गणोऽतः कर्त्तव्यः। यतः सावनचान्द्रान्तरेऽ-वमान्येव। एवं कृते सति रवेर्मध्यमः सावनाहर्गणो भवति न स्फुटः। मध्यस्फुटाहर्गणयोर्भेदो गोले कथितः। स चाहर्गणोऽर्कादिः। यतः कल्पादौ रविवासरः। अत्राधिमासानयनेऽधिमासशेषमनष्टं स्यात्तथं न पुनस्तस्माद्दिनाद्यवयवा ग्राह्याः। एवमवमशेषमपि। न तस्माद्घ-टिकादिकं ग्राह्यम्। नन्वनुपातः सावयवो भवति कुतस्तदवयवा न ग्राह्यास्तत्कारणं गोले कथितं व्याख्यातं च ॥ १—३ ॥

वा.वा.—अथाहर्गणानयनमाह कथितकल्पगतोऽर्क इति। अत्र वासना भाष्यकृदुक्ता। शेषत्यागवासना गोलाध्याये वक्ष्यते।

"दर्शान्ततः संक्रमकालतः प्राक् सदैव तिष्ठत्यधिमासशेषम्।
 दर्शान्ततो यावतितिथिप्रमाणैः सौरैस्तु सौरा दिवसाः समेताः॥

यतोऽधिशेषोत्थदिनाधिकास्ते त्यक्तं च तस्मादधिमासशेषम्।
तिथ्यन्तसूर्योदययोस्तु मध्ये सदैव तिष्ठत्यवमावशेषम्॥
त्यक्तेन तेनोदयकालिकः स्यात् तिथ्यन्तकाले द्युगुणोऽन्यथाऽतः॥''

इति॥ ३॥

मरीचिः—अथ ग्रहसावनोपजीव्याहर्गणसाधनं द्रुतविलम्बितत्रयेणाह कथितकल्पगत इति। अथानन्तर्ये कथितकल्पगतो गोद्रीन्दुद्वीत्यानीतकल्पगतादिकालः। अर्कसमागणः सौरवर्षसमूहात्मकः। द्वादशगुणितः। गतमाससमन्वितश्चैत्रादिगतमासयुक्तः। अधिमासस्यान्तर्गतत्वं तु 'षष्ट्या तु दिवसैर्मासः कथितो बादरायणैः'—इत्युक्तत्वादुत्तरमाससंज्ञत्वाच्च नाधिकयोजनम्। ननु सौरगतमासयुक्तः। 'मासास्तथा च तिथयस्तुहिनांशुमानात्'—इत्युक्तेन तदादेश्चैत्रस्योक्तत्वात्। खदहनैस्त्रिंशता गुणितः। तिथिसंयुतो वर्त्तमानमासशुक्लपक्षादिगततिथियुतः। अयं सिद्धाङ्कः पृथक् द्वितीयस्थाने कर्मभूमौ स्थाप्यः। अधिकमाससमाहतात् लवाहता इत्याद्युक्तकल्पाधिमासमानाङ्कगुणितादस्मात्। रविदिनाप्तगताधिकमासकैः 'विधिदिने दिनक्षत्'—इत्याद्युक्तकल्पसौरदिनमानाङ्कभक्ताप्तकल्पादिगताधिमासकैः कृतदिनैस्त्रिंशद्गुणितैः सहितो युक्तः प्रथमस्थानस्थसिद्धाङ्कः। विधोर्द्युगणः कल्पादिमारभ्येष्टतिथिप्रारम्भपर्यन्तं तिथिरूपश्चान्द्राहर्गणो भवति। अयमपि पृथक्। अतोऽस्मात् पठितावमसंगुणात् 'दिनक्षयास्तत्र'—इत्याद्युक्तकल्पावममानाङ्कगुणितात्। विधुदिनाप्तगतावमवर्जितः। नवनगाङ्कैत्याद्युक्तकल्पचन्द्रदिनमानाङ्कभक्तलब्धकल्पगतावमोनश्चान्द्राहर्गणः। फलितमाह भवतीति। दिनगणः कल्पादिमारभ्येष्टदिनारम्भपर्यन्तमहर्गणो भवति। ननु दिनगणस्य चतुर्मानात्मकत्वसंभवेन चान्द्रत्वं नाक्षत्रत्वं सौरत्वं सावनत्वं वा। नाद्यः। द्युचरचक्रेत्यादिवक्ष्यमाणप्रकारस्यानुपातासंभवेन तद्दिनस्य कुदिनाभिधेयत्वाभावादसंगतापत्तेः। नान्त्यः। सप्तग्रहाणां सावनसद्भावेनानिर्णयात्। अत आह। रविमध्यमसावन इति। रविमध्यममानेन स्पष्टत्वव्युदासार्थं मध्यमेति।

तथा 'च वासराद्यं तत्सावनादित्युक्तेन 'इनोदयद्वयान्तरं तदर्कसावनं-दिनम्' इत्युक्तेन चान्यमाननिरासात् परिशेषेण सूर्यसावनाहर्गणोऽयमित्यर्थः । अथैतत्प्रसङ्गेन पञ्चाङ्गान्तर्गतवारज्ञानमाह भास्करवासरपूर्वकमिति । अहर्गणः सप्ततष्टो ऽवशेषं सूर्यवारादिगणनया गतवारो भवति। तदग्रवारस्य वर्त्तमानवारत्वमर्थसिद्धम् । वारगणना तु सूर्यचन्द्रभौम-बुधगुरुशुक्रशनीत्युक्तपाठक्रमेण।[1]"मन्दादधः क्रमेण स्युश्चतुर्था दिवसा-धिपाः" इति सूर्यसिद्धान्तोक्तेः । एतेन वारसंवादाद्वाराहर्गणस्य शुद्धत्व-मुक्तं भवतीत्याहुः । ननु सावनाहर्गणोऽयं सूर्योदये तदुदयद्वयान्तररूप-त्वान्निरवयवो भाव्यः । उक्तप्रकारेण तु सावयवः । अधिमासावमशे-षागतफलयुतहीनत्वात् न हि तयोस्तुल्यत्वं भिन्नस्वरूपात्। न च निरवयवाऽन्यथाऽनुपपत्त्या तच्छेषद्वयान्तरावयवत्यागः । आनयनसिद्धा-वयवस्य त्यागे मानाभावादन्यथा स्थूलत्वापत्तेरित्यत आह अधिके-त्यादि । अत्राहर्गणानयनेऽधिकमासदिनक्षयशेषतोऽधिकमासदिनक्षययो-र्लब्ध्योर्यच्छेषं भाज्यस्य तस्मात् स्वहरेण भजनात् । क्रमेण द्युघटिकादिकं फलं तदवयवरूपं न गृह्यते गणकैरिति शेषः । तथा च कल्पसौरदिनभा-गेनाधिमासे प्राप्ते शेषात् त्रिंशद्गुणादिद्वारा दिनादिकं फलं कल्पचान्द्रभ-क्तेन क्षयदिनप्राप्तौ शेषात् षष्टिगुणद्वारा घट्यादिफलं न ग्राह्यं किन्तु शेष-द्वयमनुपयुक्तत्वेनानष्टं स्थाप्यं तेनाहर्गणस्य निरवयवानुपपत्तिर्नेति भावः ।

अत्रोपपत्तिः । चारप्रवृत्तिकालादिष्टदिनप्रवृत्त्यवधिकानां रवि-सावनदिनानां गणोऽहर्गणो ग्रहानयनोपयोगी इति साध्यते । अत्रा-धिनैर्दिनर्क्षातनसंचय इत्याद्युक्तरीत्या कल्पादितो गतचान्द्राणां ज्ञाने ततो गतावमज्ञाने च तदन्तरेणाहर्गणज्ञानं सुगममिति चान्द्राहर्ग-णोऽपि गतसौरदिनतदधिमासयोगेनेति कल्पादिष्टदिनपर्यन्तं गतसौ-रदिनगणज्ञानमावश्यकम् । तत्रैतेषामिष्टकाले ज्ञानासंभवान्मध्यममेषादि-सूर्यसंचाररूपसौरवर्षादौ गोदीन्दुद्वीत्वाद्युक्तसौरवर्षाणां ज्ञानात् तत्र दि

१ भूगोलाध्याये ७९ श्लोक ।

वगणज्ञानं सुलभमिति प्रथमं तत्र सौरमासाः । एकवर्षे द्वादशमासास्तदा गतसौरवर्षेषु के इत्यनुपातेन द्वादशगुणसौरवर्षाणि भवन्ति अतः कथित-कल्पगतोऽर्कसमागणो रविगुण इत्युक्तम् । इष्टमासादौ तज्ज्ञानावश्य-कत्वेन सौरवर्षादितो गतसौरमासा योज्याः । तत्र सौरवर्षाद्यज्ञानेन-तद्गतसौरमासाज्ञानात् तद्योजनमशक्यमतोऽन्यथा यतितम् । चैत्रादौ चान्द्रवर्षप्रवृत्तेश्चान्द्रचैत्रादिगतमासज्ञानात् सौरमासा आनीतास्ते चैत्रादौ कल्पिता इति । तेषां चैत्रादिगतचान्द्रमासयोजनेनेष्टचान्द्रमासादौ क-ल्पान्मासा भवन्ति अतो गतमाससमन्वित इत्युक्तम् । तत्रैते न सौरा । निरवयवत्वात् । चान्द्रमासान्ते रविराशिसंचाररूपसंक्रान्तिकालस्यानिय-मात् सौरमासादावेव तन्मासानां निरवयवासंभवात् भिन्नजातित्वेन चैत्रा दिचान्द्रगतमासयोजनानुपपत्तेश्च न चान्द्रा वर्षायनर्त्वित्यादिनोक्तगत-वर्षाणां सौरत्वाच्चान्द्रत्वाभावाच्च द्वादशगुणितद्वारा चैत्रादौ चा-न्द्रमासासंभवात् अत एव सौरवर्षादिसौरमासाश्चैत्रादौ कल्पिता इत्यु-क्तम् । चान्द्राणां सिद्धत्वेनाधिकमासयोजनानुपपत्तेश्च । किन्तु इष्टकाला-त् पूर्वं गणितागतप्राप्ताधिमासान्तकालपर्यन्तं कल्पादितः सौरमासाः सावयवास्तत इष्टचान्द्रमासादौ चान्द्राः सावयवास्तद्योगो निरवय-वोऽयमिति मत्कल्पनात् कथमेतदिति चेत् शृणु । द्वादशगुणितोक्त-वर्षमितसौरवर्षादिसम्भूतसौरमासानां तदानीतसावयवाधिमासयोजने सौरवर्षादौ चान्द्रमासाः सावयवा भवन्ति ते एवाधोऽवयवतुल्यचान्द्रदि-नविहीनाश्चैत्रादौ निरवयवचान्द्रमासाः । अधोऽवयवसौरवर्षाद्या-नीताधिशेषत्वेन चैत्रादिसौरवर्षाद्यन्तरसम्भूतचान्द्रदिनात्मकत्वात् । तथा च द्वादशगुणितोक्तवर्षाणि स्वानीतनिरग्राधिमासयुक्तानि चैत्रादौ निरवयवाश्चान्द्रमासाः कल्पादितो भवन्ति । अथैषु स्वानीतसावयवाधि-मासहीनेषु चैत्रादौ सावयवाः सौरमासा भवन्ति तत्र यदि तदानीतके-वलाधिमासहीने चैत्रादौ कल्पात् केवलाधिमासहीनचान्द्रमासा द्वाद-शगुणवर्षतुल्या भवन्ति । अत्रैतदन्तर्गता मध्यमानपतिताधिमासान्त-

कालीनसावयवसौरमासाश्चान्द्रा न कृताः । अधिमाससंख्यायोजनाभावात् । ततस्तदन्तर्गतचैत्राद्यवधिमासाश्चान्द्राः सिद्धा इति फलितमतश्चैत्रादौ द्वादशगुणितवर्षाणि यथोक्तसौरचान्द्रमासयोगस्तस्य चैत्रादिगतचान्द्रमासयोजनेनेष्टचान्द्रमासादौ तादृशयोग इति सिद्धम् । एतेन विभिन्नजात्योर्योगासम्भवेन द्वादशगुणसौरवर्षमितसौरमासानां चैत्रादिगतचान्द्रमासयोजनं कथं कृतमिति दूषणं परास्तम् । द्वादशगुणस्य स्वतो योगात्मकत्वेन चान्द्राणामपि तदन्तर्गतत्वात् । अथैतद्योगस्येष्टदिनकरणार्थं दिनात्मकत्वं त्रिंशद्गुणेन 'खरामैर्मासः' इति सामान्यपरिभाषाश्रवणात् । अतः खदहनैर्गुणित इत्युक्तम् । अयं तादृशदिनयोग इष्टचान्द्रमासादौ इष्टकाले तादृशज्ञानार्थं शुक्लादिगततिथियुतः । एवं च गणितागताधिमासान्तकालपर्यन्तं कल्पात् सौरदिनानि सावयवानि तत इष्टतिथ्यारम्भपर्यन्तं चान्द्रदिनानि तादृशानि च तद्योगोऽयं निरवयव इति सिद्धम् । अस्य कल्पादिष्टतिथिपर्यन्तं चान्द्रज्ञानार्थं केवलाधिमासा योज्यास्तत्र कल्पसौरदिनैः कल्पाधिमासास्तदेष्टसौरदिनैः के इत्यनुपातेनाधिमासान्ते यानि सौरदिनानि योगान्तर्गतानि कल्पाधिमासगुणानि कल्पसौरदिनभक्तानि फलमधिमासा निरवयवाः । अधिमासान्तेऽधिशेषाभावात् । एवमधिमासान्तकालादिष्टकालपर्यन्तं यदधिशेषं तस्याग्रे उपयोगात् कल्पचान्द्रदिनैः कल्पाधिमासास्तदा तदिष्टतिथिमध्यस्थचान्द्रदिनैर्योगान्तर्गतैः के इत्यनुपातेनाधिमासाभावादधिशेषमायाति तच्च सौरं चान्द्रात् साधितत्वात् । अधिमासाश्चान्द्राः सौरात् साधितत्वात् । तत्राधिशेषस्याधिमासावयवत्वाच्चान्द्रीकरणम् । कल्पसौरैः कल्पचान्द्रास्तदाऽधिशेषान्तःपातिसौरैः के इत्यनुपातेन कल्पचान्द्रयोः पूर्वोत्तरं हरगुणत्वसंभवेन तुल्यत्वान्नाशात् कल्पसौरहरः सिद्धः । एवं चाधिमासान्तकालादिष्टतिथिपर्यन्तं चान्द्रदिनानि कल्पाधिमासगुणानि कल्पसौरभक्तानि तदन्तरेऽधिमासाभावाच्छून्यमधिमासः फलम् । शेषं त्रिंशद्गुणं हरभक्तं दिनाद्यधिशेषम् । अत्राधिमासतच्छेषयोः पृथक् तादृशसौरचान्द्रज्ञानाभा-

वेनानयनमशक्यमपि तथाऽपि योगेऽधिमासगुणे तादृशगुणाधिमासयोगो भवति। अयं कल्पसौरभक्तः फलमधिमासाः शेषं चान्द्रदिनगुणितकल्पाधिमासरूपम्। इदं दिनाद्यधिशेषज्ञानार्थं कल्पसौरभक्तम्। तत्राचार्यैरहर्गणानयनेऽधिशेषस्य प्रयोजनाभावेन हरभक्तं न कृतं यथास्थितमेवोपयोगेन स्थापितम्। संपूर्णचान्द्रसंख्यायां केवलाधिमासंख्यान्यूनस्य प्रतिपादनादत एवाधिशेषं दिनादिकं न ग्राह्यमित्युक्तमतस्ते केवलाधिमासास्तद्योगस्य योज्या इति योज्ययोजकयोरेकजातित्वेन योगसंभवादधिमासानां दिवसाः कार्याः। न च लाघवादधिदिनान्येवानुपातेनानीय योज्यानि अधिमासद्वारा तद्दिनानयनं गौरवमिति वाच्यम्। अधिशेषदिनयोजनापत्तेः। संपूर्णाधिदिनानामनुपातेन सिद्धत्वात् न ह्यधिमासान्ते सौरदिनसंख्याज्ञानं येन तदानीताधिदिनेषु अधिशेषाभावान्नाधिशेषमधिकमिति लाघवं स्यात्। एतानि केवलाधिमासदिनानि तद्योगे योज्यानि। कल्पादिगतितिथिपर्यन्तं संपूर्णतिथ्यात्मकचान्द्राहर्गणः। अत उक्तं पृथगित्यादि विधेरित्यन्तं युक्तमित्युपपन्नम्। सावनज्ञानार्थं स्वानीतदिनत्रया हीनाः कार्याः। तत्र कल्पचान्द्रदिनैः कल्पावमानि तदेष्टचान्द्रदिनैः कानीत्यनुपातेनानीतसावयवावमैर्हीनश्चान्द्राहर्गणस्तिथ्यन्ते सावयवसावनाहर्गणो भवति। तत्रापि तिथ्यन्तकालस्यानियमेनाज्ञानात् सावयवाहर्गणेन गुणनादौ गौरवाच्च सूर्योदयकालस्य षष्टिसावनघट्यन्तरेण नियतत्वात् सूर्योदयावधित्वेन निरवयवसावनसिद्धेः सूर्योदयकालीनकरणार्थं तिथ्यन्तसूर्योदयमध्यवर्त्तिसावनावयवो योज्यः। तत्सावनावयवस्यावमशेषत्वेन तिथ्यन्तरूपचान्द्रसूर्योदयरूपसावनयोरन्तरकालस्यावमशेषत्वात् पूर्वानुपातानीतावमाधोऽवयवतुल्यत्वात् सावयवावमैर्हीनो न कृतश्चान्द्रोऽहर्गणः। अत एवावमशेषाद्घट्यादिकं न ग्राह्यम्। सूर्योदयकालेऽहर्गणस्य साधनादित्युक्तम्। अयं सावनाहर्गणश्चान्द्रावमान्तरेणोत्पन्न इति सूर्यस्य अत्ययहसावनेन चान्द्रदिनान्तरस्य पूर्वैरवमसंज्ञानभिधानात् स्वाभाविकानुपातेन स्वस्वकाले उपचयापचययोरग्रहान्मध्यमत्वम्।

ग्रहाणां सप्तसंख्यया तदधीश्वरदिनानामपि तत्संख्यात्वाद्वारज्ञानार्थमहर्गणः सप्ततष्टः शेषं कल्पादौ रविवारस्य सत्त्वात् तदादिगणनया गतवारः । अहर्गणस्य गतसंख्यात्वात् वारगणनाक्रमे युक्तिस्तु

"होरेशाः सूर्यतनयादधोऽधः परिकीर्त्तिताः"* ।

इति सूर्यसिद्धान्तानुसारेण सूर्यवारे स्वादितो गणनया "होरा सार्धद्विनाडिका" ।

इत्युक्तप्रमाणेनाहोरात्रस्य चतुर्विंशतिहोरासंख्यातः सूर्यात् त्रयः कक्षाक्रमेण होरेशा गताश्चतुर्थो होरेशश्चन्द्रो द्वितीयदिनारम्भे । एवं क्रमेण सूर्योदये तस्यैव तत्कालादिद्वितीयसूर्योदयान्तररूपसावनदिनेशत्वम् । एवमनया रीत्या चन्द्राद्भौमो भौमाद्बुध इत्यादि । एतत्क्रमे सूर्यात्क्रमेणागमः प्रमाणम् ।

"अथ तेषां क्रमं वक्ष्ये ग्रहकक्षावशाद्ग्रहम् ।
सूर्यचन्द्रौ द्युरात्रेशौ तस्मात् प्रथममादृतौ ॥
तदुपर्युपरिस्थानां ग्रहाणामयतः स्थितिः ॥"

इत्यपि केचित् । अत उपपन्नं पृथगित्यादि न यद्यत इत्यन्तमुक्तम् । बहवस्तु द्वादशगुणितसौरवर्षाणि सौरवर्षादौ सौरमासास्तेषां तदादिसौरगतमासादीनामज्ञानेन चैत्रादिचान्द्रा योजितास्तेषु सौरमासानां सत्त्वात् । तस्मादिष्टसौरमासाः सौरचान्द्रान्तररूपाधिशेषाधिकाः सन्ति ते त्रिंशद्गुणा गततिथियुक्ता इष्टकाले फलात् सौरदिनान्यधिशेषेषु तान्यधिकानि अत एभ्योऽधिमासात् कल्पसौरैः कल्पाधिमासास्तदा कल्पितेष्टसौरदिनैः के इत्यनुपातेनानीय केवला योज्याः । नन्वधिशेषदिनादिकमपि सौरवर्षादिगतसौरदिनानामज्ञानेन चैत्रादिगतचान्द्रदिनयोजने पूर्वकल्पितेष्टसौरदिनेऽधिशेषस्य दिनात्मकस्याधिकत्वेन सत्त्वात् । अन्यथाऽधिशेषस्याधिक्यं चान्द्रे स्यात् । न चाधिमासानयने इष्टसौरेऽधिशेषस्याधिकत्वेनाधिशेषगुणिताधिमासेभ्यः कल्प-

* नेदं पद्यार्धं प्रचरितसूर्यसिद्धान्ते उपलभ्यते ।

सौरदिनभागेन फलस्याधिमासावयवदिनाद्यधिशेषेऽधिकत्वात् कथं तत्त्याग इति वाच्यम् । अधिकस्याशुद्धत्वेनापि त्यागसंभवात् । तस्माच्चान्द्राहर्गणस्य वास्तवत्वं युक्तमित्याहुस्तन्न विजात्योर्योगे पृथक् स्थितिरिति मूलकारेण बीजे उक्तस्य जलाञ्जलिदानापत्तेः । वास्तवसौराणामभावेनानुपातासंभवात् । अहर्गणस्य शुद्धत्वेऽप्यधिकत्वेनाधिशेषस्याशुद्धत्वापत्त्या तत्साधितसूर्यचन्द्रप्रकारादौ बहून्तरत्वेनानर्थक्यापत्तेश्च ॥ ३ ॥

इदानीं ग्रहानयनमाह ।

द्युचरचक्रहतो दिनसंचयः
कहहृतो भगणादि फलं ग्रहः ।
दशशिरःपुरि मध्यमभास्करे
क्षितिजसंनिधिगे सति मध्यमः ॥४॥

वा. भा.—अहर्गणे भगणगुणे कहहृते मध्यमो ग्रहो भवति । स च लङ्कायां मध्यमे रवौ क्षितिजासन्ने कदाचिदूर्ध्वस्थे कदाचिदधःस्थिते भवतीति ज्ञेयम् । तत्कारणं गोले कथितं व्याख्यातं च ॥ ४ ॥

वा.वा.—इदानीं ग्रहानयनमाह । द्युचरचक्रहत इति । कल्पकुदिनैः कल्पग्रहभगणा लभ्यन्ते तदेष्टकुदिनैः किमिति ग्रहो भवति । केचिल्लङ्कायां मध्याह्नमध्यरात्रास्तमनकालेषु ग्रहगतिप्रारम्भमिच्छन्ति तन्मतनिवारणाय पूर्वक्षितिजस्थ इति । अग्रे चोदयान्तरकर्म वक्ष्यति तस्मात् संनिधिगे इत्युक्तम् । देशान्तरचरसंस्कारयोर्वक्ष्यमाणत्वाल्लङ्कापूर्वक्षितिजसंनिधिगे इति । भास्वत्फलसंस्कारस्य वक्ष्यमाणत्वान्मध्यमभास्कर इत्युक्तम् ॥ ४ ॥

मरीचिः—अथ यदर्थमेतावान् प्रयासस्तद्ग्रहसाधनं द्रुतविलम्बितेनाह द्युचरचक्रहत इति । द्युचरपदस्योपलक्षणेन कल्पे येषां भगणा उक्तास्तद्भगणैर्गुणितोऽहर्गणः कल्परविकुदिनभक्तः फलं यद्भगणादि विकलापर्यन्तं ग्रहो भवति । यद्भगणा गुणनार्थं गृहीतास्तद्भवतीत्यर्थः । तथा

वाहर्गणः कल्पभगणगुणः कल्पसूर्यसावनभक्तः फलं कल्पाद्गतभगणाः । शेषं द्वादशगुणं हरभक्तं भगणपूरणकालाद्राशयः । पुनः शेषं त्रिंशद्गुणं हरभक्तं राशिभोगादंशाः । पुनः षष्टिगुणं हरभक्तं कलाः । पुनः षष्टिगुणं हरभक्तं विकला इत्यादिरीत्या भगणाद्यात्मको ग्रहः । देशानामनन्तत्वेनायं क्व इत्याह दशशिरःपुरीति लङ्काभूगर्भदेशे । कालोपाधीनामनन्तत्वेन कालनियमामाह मध्यमभास्कर इति । मध्यमसूर्ये क्षितिजनिकटे सति । आकाशलग्नभूवृत्तं क्षितिजम् । मध्यमसूर्योदयप्रागपरकाले तत्काले चेत्यर्थः । अस्याकाशे गोलवेधानीतस्पष्टप्रत्यक्षग्रहेण विसंवादान्मध्यम इति । आकाशेऽस्यादर्शनात् स्वतः सिद्धो विसंवादः । अत एव स्पष्टाधिकारोक्तफलसंस्कारेणास्य मध्यमस्य स्पष्टत्वमुक्तम् ।

अत्रोपपत्तिः । कल्परविसावनैः कल्पभगणतुल्यो भोगस्तदा कल्पादिगतेष्टसावनदिनैः क इति फलं कल्पादिष्टकालपर्यन्तं गतभोगस्तस्येति लक्षणया भोगे ग्रहपदं प्रयुक्तमाचार्यैः । स्वस्वकाले उपचयापचययोः सत्त्वाद् तत्स्वाभाविकानुपातेनानीतग्रहस्याकाशे विसंवादान्मध्यमत्वं लङ्काप्रथमसूर्योदयकालाद्ग्रहचारप्रवृत्तेस्तत्कालाहर्गणादीनां मध्यममानेन सत्त्वान्मध्यमसूर्योदये लङ्काभूगर्भे इत्युक्तम् । अग्रे भूगर्भगणितस्य किञ्चित्संस्कारेण भूपृष्ठगणितत्वस्य प्रतिपादनात् । अथ तत्रापि मध्यमसावनषष्टिघटिकामितमत्र नाक्षत्रघटीज्ञानं घटिकादिकमार्त्तमानादित्युक्तत्वात् तत्रैकदिने नक्षत्रोदयद्वयान्तरकाले तदन्तर्गते नाक्षत्रषष्टिघटिका एता गतितुल्यभचक्रावयवप्रवहवायुकृतभोगकालासुयुताः । यद्येकराशिकलाभिरुदयासवो लभ्यन्ते तदा सूर्यमध्यकलाभिः के इत्यनुपातेन प्रतिराशीनामुदयासुवैलक्षण्यात् मध्यमसावने नाक्षत्रघटीमानवैलक्षण्यम् । अस्याप्येकरूपत्वाभावादनुपातानीताहर्गणस्य मध्यमसावनमानेनाप्तत्वात् । द्वादशराशिकलास्वोः समत्वदर्शनेन सूर्यगतितुल्यासुयुतनाक्षत्रघटिकात्मकमध्यमानासन्नस्यसावनस्यैकरूपत्वादङ्गीकारेणाहर्गणस्यैतत्-

कालीनत्वात् तदुत्पन्नग्रहस्यापि एतत्कालस्य मध्यमानीतात् प्रागपरकाले नियमेन सम्भवात् । मध्यमभास्करे क्षितिजसंनिधिगे सतीत्युक्तम् ॥ ४ ॥

इदानीं ज्ञातेऽर्केऽवमशेषाच्चन्द्रमाह ।

कोट्याहतैरङ्ककृतेन्दुविश्वै-
न्यूनाहशेषे विहृते लवाद्यम् ।
रविघ्नतिथ्याढ्यमनेन युक्तो
रविर्विधुः स्याद्विधुरूनितोऽर्कः ॥५॥

वा.भा.–अस्योपपत्तिः । चन्द्रार्कयोरन्तरभागैर्द्वादशभिरेका तिथिर्भवति अतस्तिथयो द्वादशगुणास्तयोरन्तरभागा भवन्ति । ते यदि रवौ क्षिप्यन्ते तदा शशी स्यात् । यदि शशिनः शोध्यन्ते तदाऽर्कः स्यादिति युक्तमुक्तम् । किन्त्वेवं क्षिप्यन्ते भवति । अथ चन्द्र औदयिकः साध्यः । तत्र तिथ्यन्तार्कोदययोर्मध्येऽवमशेषं वर्त्तते । तच्च सावनम् । तस्य सावनत्वं गोले प्रतिपादितम् । तच्चानुपातेन चान्द्रं कार्यम् । यदि कल्पकुदिनैः कल्पचान्द्रदिनानि लभ्यन्ते तदाऽवमशेषान्तःपातिभिः कुदिनैः किमिति । पूर्वमवमशेषस्य चान्द्रदिनानि भागहार इदानीं तानि गुणकारः । तुल्यत्वात् तयोर्गुणकभाजकयोर्नाशे कृते कुदिनानि भागहारः । फलं चन्द्रदिनात्मकं भवति । तद्द्वादशगुणितमंशात्मकं भवति । अतो द्वादशभिः कुदिनानामपवर्त्ते कृते खाभ्रबाणगिरिरामखत्रिगोशक्रविश्वमितो भागहार उत्पन्नः । तत्र लाघवार्थमाद्येषु सप्तसु स्थानेषु शून्यान्येव कृत्वा भागहारः पठितः । यतस्तथाकृते एकाऽपि विकला नान्तरं भवति । अतस्तैश्च भागैर्युतोऽर्कः शशी स्यादित्युपपन्नम् ॥ ५ ॥

वा.वा.–अथावमशेषज्ञाने रविचन्द्रयोरन्यतरज्ञाने च तदन्यज्ञानमाह । कोट्याहतैरिति । रव्युदयकालिकरवौ रविचन्द्रान्तरयोगेन विधुर्भवति । तत्र रविचन्द्रान्तरज्ञानम् । तद्यथा । पूर्वानीतदर्शान्ताद्यस्यां तिथौ रव्युदयकालिकोऽर्को ज्ञातोऽस्ति तत्तिथ्यवधिका या गततिथयस्ता द्वादशगुणा रविचन्द्रान्तरांशा भवन्ति । यतो विरविचन्द्रलवा द्वादशहृता गततिथय

इति । परन्तु तद्रविचन्द्रान्तरं गततिथ्यन्तावधि जातम् । अपेक्षितं च वर्त्तमानतिथ्युदयावधि । तिथ्यन्तकालिकोदयकालिकयोरहर्गणयोरन्तरमिति तदवमशेषं सावनम् । अवमशेषतो रविचन्द्रान्तरांशज्ञानार्थमनुपातः । यद्येकेन सावनेन रविचन्द्रगत्यन्तरांशा एते १२ । ११ । २७ लभ्यन्ते तदाऽवमशेषान्तःपातिना किमिति गत्यन्तरांशैरवमशेषं गुणनीयम् । शेषस्य कल्पचान्द्रा हरः । गुणहरौ गुणेनापवर्त्त्य शिष्यक्लेशो माभूदित्याचार्यैणाद्येषु सप्तस्थानेषु शून्यान्येव गृहीत्वा हरः पाठपठित इति सर्वं निरवद्यम् ॥५॥

मरीचिः–अथ लाघवार्थं प्रकारान्तरेण सूर्यचन्द्रान्यतरज्ञाने तदन्यतरज्ञानमुपजातिकयाऽऽह कोट्याहतैरङ्ककृतेन्दुविश्वैरिति । न्यूनाहशेषेऽवमशेषे । अहर्गणानयने गतावमे प्राप्ते यद्ग्राह्यं शेषं तस्मिन्नित्यर्थः । विश्वेदेवास्त्रयोदश प्रसिद्धाः । एभिरङ्कैः स्थापितैः–१३१४९००००००० र्विहृते यत् फलं भागाद्यं तद्द्वादशगुणतिथिभिर्युतं कार्यम् । अत्र तिथिशब्देन चान्द्राहर्गणः प्रागानीतः । कल्पादीष्टकाले तत्साधनात् । अनेनानीतेन रविरहर्गणानीतो भगणादिविकलावयवान्तः । अंशाद्येषु युतश्चन्द्रः स्यात् । तादृशश्चन्द्रहीनः सूर्यः स्यात् ।

अत्रोपपत्तिः । सूर्यचन्द्रान्तरभागाः साध्यास्तदैव सूर्यचन्द्रान्यतरज्ञाने तदन्यतरज्ञानं तत्साधनं च द्वादशभागान्तरेणानयोरेका तिथिरुत्पद्यत इति प्रतिपादितत्वादेकतिथिपर्यायचान्द्रदिने तयोर्द्वादशभागान्तरं कल्पादीष्टचान्द्रदिनेषु 'प्रागानीतेषु किमित्यनुपातेन चान्द्राहर्गणो द्वादशगुण इष्टतिथ्यारम्भेऽन्तरांशगणः । न च लाघवात् शुक्लादिगततिथ्यनुपातेनान्तरांशज्ञानं मासान्ते सूर्यचन्द्रयोस्तुल्यत्वादिति वाच्यम् । पूर्वाहर्गणानीतभगणेष्विन्दुगतमासतुल्यान्तरापत्तेः । अपेक्षितस्तादृशसूर्योदयासन्नकालेऽहर्गणानीतस्यैतत्कालीनत्वात् । अतस्तिथ्यन्ततत्कालमध्ये यस्तिथ्यङ्कः स द्वादशगुणः पूर्वानीतान्तरांशगणश्च योज्यः । तत्राव-

मशेषस्य सावनस्य तदन्तरे सत्त्वात् चान्द्रीकरणेन तिथ्यङ्कज्ञानं सुलभमिति कल्परविसादिनैः कल्पचान्द्रदिनानि तदैतत्सावनात्मकावमशेषेण कान्यनुपातेनावमशेषस्य पूर्वं कल्पचान्द्रहरस्य कल्पचान्द्रा गुण इति गुणहरयोस्तुल्यत्वान्नाशेऽवमशेषस्य कल्परविसावनदिनानि हार इति। चान्द्रावमशेषस्वरूपमिदं द्वादशगुणितं तदन्तराले तदन्तरांशा भवन्तीति गुणहरौ गुणेनापवर्त्य हरस्थाने खाभ्रबाणगिरिरामखत्रिगोशक्रविश्वमिताङ्क १३१४९३०३७५०० उपपन्नः । तथा चावमशेषं भाज्यस्य हरभक्तं फलं भागाद्यं तत्राचार्येण हरे एकादिसप्तस्थानेषु शून्यानि गणितसौकर्यार्थं कृतानि धूलीकर्मणा तादृशहरभक्तफलयोः संपूर्णैकविकलान्तराभावात् ।

"महीदिनैर्द्युगणशेषतः फलं दिनादि यत् तत् तिथिभिः समन्वितम् ।
तेनार्कनिघ्नेन युतो रविः शशी हीनोऽंशकैर्विन्दुरयोष्णदीधितिः ॥
रवीन्दुगत्यन्तरभागताडितं क्षयावशेषं शशिवासरोद्धृतम् ।
रविघ्नतिथ्यंशयुतं तु निःक्षिपेद्रवौ विधुस्तद्रहितो विधू रविः ॥"

इति प्रकारद्वयं सिद्धान्तशेखरकृता यथागतमुक्तम् । एवं चावमशेषे कोट्याहतैरङ्ककृतेन्दुविश्वैरित्युक्तहरभक्ते सूर्यचान्द्रान्तरांशास्तिथ्यन्ततत्कालान्तरे एते द्वादशगुणाश्चान्द्राहर्गणे युक्तास्तादृशसूर्योदयासन्नकाले तदन्तरांशाः । एतैः सूर्यो लघुगतिर्युक्तश्चन्द्रो भवत्यर्थाच्चन्द्रो हीनः सूर्यो भवत्यत उपपन्नं कोट्याहतैरङ्ककृतेन्दुविश्वैरित्यादि विधुरूनितोऽर्क इत्यन्तम् ॥ ५ ॥

इदानीमधिमासावमशेषाभ्यां चन्द्रार्कानयनमाह ।

कोट्याहतैर्यद्द्युभैरवाप्तं
न्यूनाहशेषे विहृते कलाद्यम् ।
तत् स्याद्धनाख्यं तरणेर्विधोस्तत्
त्रिभूहतं स्वेषुगुणांशयुक् स्वम् ॥ ६ ॥
चैत्रादियातास्तिथयः पृथक्स्था
विश्वैर्हताः सूर्यविधू लवाद्यौ ।

तौ चाधिशेषाच्छशिमासलब्ध्या
हीनौ युतौ स्वस्वधनाह्वयाभ्याम् ॥ ७ ॥

वा.भा.—प्रथमशेषाद्व्यभैः कोटिगुणैर्भक्ताद्यल्लब्धं कलाद्यं तद्व्येधनसंज्ञं भवति। तदेव फलं त्रयोदशगुणं स्वकीयेन पञ्चत्रिंशदंशेन युतं विधोर्धनसंज्ञं भवति । अथ चैत्रादिगतास्तिथयो द्विः स्थाप्याः । द्वितीयस्थाने विश्व—१३ गुणास्तावंशात्मकौ रविचन्द्रौ भवतः । परमधिमासशेषाच्छशिमासभक्ताद्यत् फलं तेन द्वावप्यूनीकृतौ । तथा स्वस्वफलेन धनाख्येन युक्तौ कृतौ ।

अत्रोपपत्तिः। रविवर्षान्ताद्यावन्तोऽर्कदिवसा गतास्तावन्तोऽर्कभागाः किल भवन्ति । ते कियन्त इति न ज्ञायन्ते। रविवर्षान्तोऽपि न ज्ञायते । अतश्चैत्रादेर्गतास्तिथयो यावन्तस्तावन्त एव सौराहाः कल्पिताः। यथाऽहर्गणानयने स एव भागात्मको रविः ।·असौ पृथग्विश्वगुणः कृतः । यतस्ताभिरेव द्वादशगुणाभिस्तिथिभिर्युक्त कर्त्तव्यः । तिथौ तिथौ हि रविचन्द्रान्तरं द्वादश भागाः । अथ चैत्रादिगततिथितुल्याः सौराहाः कल्पितास्तेऽधिमासशेषसंभूतैश्चन्द्रदिनैरधिका जाताः। यतो मध्यममेषसंक्रान्तिकालो रव्यब्दान्तः। तस्य चैत्रादेश्चान्तरं तिथ्यात्मकमधिमासशेषम् । यथा गोले कथितम् ।

"दर्शाद्यतः संक्रमकालतः प्राक् सदैव तिष्ठत्यधिमासशेषम् । "

इति । तत् तावत् सौरचान्द्रान्तरमधिकं जातम् । तथा कल्पितचान्द्रदिनसंबन्धि यत् सौरचान्द्रान्तरं तदप्यधिकं जातम्। तदप्यधिमासशेषसंभूतम् । एतदुक्तं भवति । अधिमासशेषात् त्रिंशद्गुणात् स्वच्छेदेन हृताद्ये लभ्यन्ते ते चान्द्राहाः । तेषां चान्द्राणां यावन्तः सौरा भवन्ति तैरधिकोऽर्को जातः । अतस्ते शोध्याः । तेषां चान्द्राणां सौरकरणायानुपातः । यदि कल्पचान्द्राहैः कल्पसौराहा लभ्यन्ते तदाधिमासशेषस्यैः किमिति । पूर्वमधिमासशेषस्य त्रिंशद्गुणस्य सौराहा भाग-

हार इति स्थितम् इदानीं गुणकारस्तुल्यत्वात् तयोर्नाशे कृतेऽधिमासशेषस्य चान्द्राहा भागहारः। ततः पुनर्भाज्यभाजकयोस्त्रिंशताऽपवर्त्तने कृतेऽधिमासशेषस्य चान्द्रमासा भागहारः। फलं सौराहाः। त एव भागाः। तैरूनः कल्पितोऽर्को निरन्तरः स्यात्। परं तिथ्यन्ते। अमावौदयिकः कार्यः। तिथ्यन्तार्कोदययोर्मध्येऽवमशेषम्। तच्च सावनम्। तेन चन्द्रार्कावौदयिकौ कार्यौ। तत्रानुपातः। यदि चान्द्राहतुल्येन परमावमशेषेण रविगतिर्लभ्यते तदेष्टेनानेन किमिति। एवमवमशेषं रविगत्या गुणनीयं चान्द्राहैर्भाज्यम्। अत्र गुणकभाजकयो रविगत्याऽपवर्त्ते कृते भागहारे किंचित् प्रक्षिप्य कोट्याहतभवभतुल्यः सुखार्थं भागहारः कृतः स्वल्पान्तरत्वात्। तेन भागहारेणावमशेषे भक्ते याः कला लभ्यन्ते ताः कला रवौ ज्ञेया इति धनसंज्ञाः। अथ चन्द्रस्य परमेऽवमशेषे चन्द्रगतितुल्याः कला भवन्ति। अतो रविगत्या चन्द्रगतौ हृतायां स्वषड्विंशदंशाधिकं चन्द्रस्य धनं भवतीत्युपपन्नम्। एवं स्वस्वफलेनाधिकौ तिथ्यन्तकालिकौ चन्द्रार्कावौदयिकौ भवत इति सर्वं निरवद्यम् ॥ ६-७ ॥

वा.भा.—इदानीं चन्द्रार्कानयनमधिमासावमशेषाभ्यामाह। कोट्याहतैर्द्युभैरिति। यस्मिन् चैत्रशुक्लादितो वर्त्तमानमासि यस्यां वर्त्तमानतिथौ सूर्योदये रविचन्द्रौ कर्त्तुमिष्टौ तद्दिवससाधिताहर्गणादधिमासावमशेषे ज्ञातव्ये। नन्वधिशेषमिदमवमशेषं च कयोरन्तरं किं जातीयमिति चेदुच्यते। कल्पसौराहर्गणस्य खण्डत्रयम्। एकं तावत् कल्पादेः समभीप्सितकालनिकटपतितगताधिमासान्तावधि। निकटपतिताधिमासन्तादिष्टसौरवर्षान्तावधि द्वितीयम्। तृतीयं तु चैत्रादिगतमासागततिथ्यवधिका ये चान्द्रास्तत्तुल्यसौराहात्मकम्। इदं तृतीयं खण्डं सौरवर्षादितश्चैत्रादिमासेष्टतिथ्यवधि ये वास्तवाः सौराहास्तेषामज्ञातत्वेनेदृशमङ्गीकृतम्। एवं खण्डत्रययोगः सौराहर्गणः "कथितकल्पगतोऽर्कसमागणः" इत्यनेन कृतः। अस्य सौराहर्गणस्य चान्द्रीकरणमनुपातेन। कल्पसौरैः कल्पाधिमासास्तदेष्टसौरैः किमिति लब्धं सावयवं गताधिमासादि। इदं

दिनीकृत्य सौराहर्गणे योज्यं चान्द्रद्युगणो भवति । यद्वा गताधिमासानां सावयवानामपि खण्डत्रयं कृतम् । एकं लब्धाधिमासानामेव ये दिवसास्त-तुल्यम् । द्वितीयमिष्टसौरवर्षादिजशुद्धिदिनतुल्यम् । तृतीयं तु सौरव-र्षादित इष्टचान्द्रमासगततिथितुल्यसौरावधि यदधिशेषं तत्तुल्यम् । प्रथमसौराहर्गणखण्डे प्रथम लब्धाधिमासदिवसतुल्यं योजितं जाताश्चान्द्राः । द्वितीयखण्डे सौरवर्षादिजा शुद्धिर्योज्या तत्रापि चान्द्रा भवन्ति । तृतीयेऽपि सौरवर्षादितश्चैत्रादिगतचान्द्रतुल्यसौराहजनितं योजितं त्रयाणां योगे चान्द्रद्युगणो भवति परन्तु सौरवर्षादितश्चैत्रादिगतचान्द्रतुल्यसौराहा यस्मिन् काले भवन्ति तत्कालीनः । अपेक्षितस्तु चैत्रादित एव चैत्रादिगतचान्द्रान्तावधि । अनयोरन्तरमधिशेषं पूर्वमनुपातसिद्धम् । इदं शोध्यम् । पूर्वं पृथक् पृथक् खण्डत्रयेण योजनीयमधुना युगपदेव हेय-मिति लब्धाधिमासा एव दिनीकृत्य योज्या इत्युक्तम् । चैत्रादितश्चैत्रा-दिगतचान्द्रतुल्यसौराहावधि ये कल्पचान्द्रास्तेषामन्तरम् । इदं चान्द्रमेव तिथ्यात्मकम् । अतो वक्ष्यते गोले ।

"सौरेभ्यः साधितास्ते चेदधिमासास्तदैन्दवाः" ।

एवमहर्गणतः कल्पगतसाधने यश्चान्द्रगणः समायाति स तु कल्पा-दिमारभ्य चैत्रादितश्चैत्रादिगतचान्द्रावधि । तस्मादधिमासेषु साध्यमानेषु यदधिशेषं समायाति तत् सौरम् । यस्माच्चैत्रादितश्चैत्रादिगतचान्द्रावधि ये सौराः सौरवर्षादितश्चैत्रादिगतचान्द्रतुल्यसौराहावधि ये सौराश्च तेषामन्तरम् । अत एव वक्ष्यते "चेच्चान्द्रेभ्यस्तदा सौराः" इति । सौरेभ्योऽधिमाससाधनं चान्द्रीकरणार्थमेव करिष्यति । एवमवमेष्वपि योज्यम् । सौरवर्षादौ रविः शून्यम् । सौरवर्षादित इष्टकालावधि यावन्तः सौराहास्तावन्तोऽर्कभागाः स्युः । चैत्रादितश्चैत्रादिगत-चान्द्रान्ते रविरपेक्षितः । सौरवर्षादित इष्टकालावधि ये सौरास्तेषामज्ञा-तत्वेन चैत्रादिगतचान्द्रा यावन्तस्तावन्त एव सौरवर्षादितो रवेरंशा इति कल्पितम् । तत्राधिशेषं शोध्यं पूर्वन्यायेन । परन्तु सौरमधिशेषमेव

कल्पितसौरेभ्यो हातुमुचितं वास्तवसौरज्ञानार्थम् । यत् तु सिद्धमधिशेषं तत् तिथ्यात्मकमिति निरूपितम् । अधिशेषस्य सौरीकरणायानुपातः । कल्पचान्द्रैः कल्पसौरास्तदैवाधिशेषेण त्रिंशद्गुणितेन कल्पसौराह्यभक्तेन किमिति सौरतुल्ययोर्गुणहरयोर्नाशे त्रिंशता चान्द्रेषु भक्तेषु चान्द्रमासा एव भवन्ति । तस्मादधिशेषाच्छशिमासलब्ध्या हीनाश्चैत्रादिगततिथयो रव्यंशा इष्टतिथ्यन्ते भवन्ति । अस्मिन् रवौ शुद्धूनचैत्रादिगततिथयो द्वादशगुणा योज्याः । स च सौरवर्षादेश्चन्द्रो भवति । अत्र सौरवर्षादिजश्चन्द्रो योज्यः । द्वादशगुणिता शुद्धिः सौरवर्षादौ लवाद्यश्चन्द्रो भवति । तस्मादधिशेषाच्छशिमासलब्ध्या हीनास्त्रयोदशगुणाश्चैत्रादिगततिथयश्चन्द्रस्तिथ्यन्ते भवति । तिथ्यन्तसूर्योदययोर्मध्येऽवमशेषम् । तच्चान्द्रगणसिद्धत्वात् सावनम् । तत्रानुपातः । यद्येकेन सावनेन रविगतिर्लभ्यते तदाऽवमशेषेण किमिति रविगुतिर्गुणो हरस्तु कल्पचान्द्राहाः । गुणहरौ गुणेनापवर्त्य रविहरः कृतः । रविगत्या चन्द्रगतौ हृतायां स्वपञ्चत्रिंशांशयुक्तास्त्रयोदश लब्धाः । अतः सर्वं निरवद्यम् । चन्द्राहतुल्येन परमावमशेषेण रविगतिर्लभ्यते तदेष्टेन किमित्यनुपातः कृतो भाष्यकारेण स त्वयुक्त एव । 'महीमितादहर्गणात् फलानी'ति सावनदिवस एव रविमध्यकला कल्प्यन्ते न चान्द्रे । तस्मात् तावदिदमयुक्तम् । चान्द्रगणसाधितावमशेषस्य सावनस्येच्छास्थानीयस्य प्रमाणस्थानीयचान्द्राद्विजातीयत्वमपि दोषावहम् । त्रैराशिके प्रमाणेच्छयोः समानजातित्वनियमात् । समानजातित्वं सादृश्यादवगम्यते । सादृश्यमुपाधिना क्वचिदवगम्यते । अशीतिवराटकप्रमाणकस्य पणस्याशीतिवराटकमानपणैः सादृश्यावबोधः । क्वचिज्जात्याऽपि । घटानां घटैः ।

"त्रिज्ये पृथक् कोटिभुजाहते ते कर्णोद्धृते लम्बपलज्यके स्तः" ।

इत्यत्र सर्वेष्वक्षेत्रेषु पलभा भुजो द्वादश कोटिः पलकर्णः कर्ण इत्येवमावर्त्तत इत्युपाधिनैव प्रमाणेच्छयोः समानजातित्वमिति न

कश्चिद्दोषः । प्रकृते तु चान्द्रमिदं सावनमिदमित्युपाधिभेदेनैव भेदस्य सुज्ञानत्वात् । प्रमाणेच्छयोर्विसदृशत्वं न दण्डेन परानूद्यते । अतोऽन्यथा भाष्यं व्याक्रियते । तावच्चन्द्रदिनमध्ये सावनं पूर्वोक्तप्रकारेण ज्ञात्वा तन्मध्ये रविगतिमानमानयेत् । चान्द्राहतुल्येनेत्यत्र चान्द्रदिनेऽहः सावनं तच्चान्द्राहशब्देनोच्यते । इयमानीता रविगतिश्च रविगतिशब्देनोच्यते । तस्माद्युक्तोऽयमनुपातः । चान्द्रान्तर्वर्तिना सावनेन तन्मध्यवर्तिनी गतिर्लभ्यते तदाऽवमशेषेण किमिति । यद्वाऽवमशेषस्य कल्पचान्द्राहस्तस्मात् परमावमशेषं कल्पचान्द्रतुल्यमेव स्यात् तदेकसावनतुल्यमतो युक्तोऽनुपातश्चान्द्राहतुल्येन परमावमशेषेणेति । अत्र चान्द्राहपदेन कल्पचान्द्रा उच्यन्ते ॥ ६–७ ॥

मरीचिः—अथ प्रकारान्तरेणार्कचन्द्रानयनमुपजातिकाभ्यां लाघवादाह । कोट्याहतैर्युद्रभैर्वाप्तमिति चैत्रशुक्लादिष्टमासतिथिप्रारम्भसमयपर्यन्तं गतास्तिथयोऽहर्गणानयनगृहीता एव ग्राह्याः । तेन मध्येऽधिमासपातोऽपि चेत् तस्यापि तिथयो न ग्राह्या इति ध्येयम् । एताः पृथक्स्थास्त्रयोदशगुणा भागाद्यौ सूर्यचन्द्रौ स्तः । तिथिमितोऽंशाद्योऽर्कः । त्रयोदशगुणितोऽंशाद्यश्चन्द्र इत्यर्थः । विशेषमाह ताविति । अधिशेषात् अहर्गणानयने गताधिमासेष्वागतेषु यदाद्यशेषं तदङ्कमितात् शशिमासलब्ध्या कल्पोक्तचान्द्रमासभक्ताप्तफलेन तौ सूर्यचन्द्रौ तिथ्यानीतौ हीनौ । पुनर्विशेषमाह युताविति । स्वस्वधनाख्याभ्यां यथास्थाने युतौ । एतेन धनशब्देन युतं कार्यमिति सूचनाद्यदंशादिफलेनेत्युक्तं भवति । चकारः समुच्चयार्थः । भागास्त्रिंशद्युक्ताः । राश्याद्यौ सूर्यचन्द्रौ दिनगणानीतौ तत्तुल्यौ स्त इत्यर्थसिद्धम् । तयोर्भगणज्ञानं व गतवर्षगतचन्द्रमासज्ञानात् प्रयोजनाभावाच्च नोक्तम् । अथार्कचन्द्रयोर्धनफलानयनमाह । कोट्याहतैरिति । न्यूनाहशेषं कोट्याहतैर्भवप्रैस्तैर्भक्तं यत् यदङ्कमितं कलाद्यं प्राप्तं तत् फलं सूर्यस्य धनाख्यं स्यात् । तत् सूर्यफलं त्रयोदशगुणं स्वपञ्चत्रिंशदंशयुक्तं विधोः स्वं धनाख्यं स्यात् ।

अत्रोपपत्तिः। "रवेश्चक्रभोगोऽर्कवर्षं प्रदिष्टम्"-इत्युक्तेन मेषाद्यर्कसञ्चाररूपवर्षादितो ये सौरदिवसास्त एव मध्यमसूर्यांशाः। तेषामिष्टशुक्लादिगततिथयो द्वादशगुणिता योज्याश्चन्द्रोऽपि मध्यमः स्यात्। तत्र सौरवर्षाद्यज्ञानेन सौरदिनानां तदादीनामज्ञानात् चैत्रादिरूपचान्द्रवर्षादिज्ञानात्। तत इष्टकालपर्यन्तं चान्द्रदिनज्ञानेन चैत्रादीष्टतिथ्यारम्भपर्यन्तं चान्द्रदिवसा एव सौरदिवसाः कल्पिताः। एतन्मित एवांशाद्योऽर्कः। अयं द्वादशगुणितशुक्लादिगततिथियुतश्चन्द्रज्ञानार्थं कार्यस्तत्र चान्द्रमासे पूर्णभगणान्तरसम्भवेन चैत्रादीष्टतिथयो द्वादशगुणा योजिता लाघवात्। भगणानां प्रयोजनाभावेन राश्यादिवास्तवचन्द्रज्ञानसम्भवात्। अतः सूर्यस्य तिथिमितत्वकल्पनाल्लाघवेन त्रयोदशगुणानां चैत्रादितिथीनां भागादिचन्द्रत्वं सिद्धम्। अत्र उपपन्नं चैत्रादीत्यद्यर्धम्। अथ सौरदिनज्ञानात् कल्पितसौरे वास्तवचान्द्रमिते सौरचान्द्रान्तररूपाधिशेषमधिकं वास्तवसौरदिनेभ्य इत्यधिशेषमुभयत्र रविसम्बन्धाद्विकाशनीयम्। तत्राहर्गणानयनेऽधिशेषं तदधिमासपतितकालादिष्टतिथ्यारम्भपर्यन्तं ये चान्द्रदिवसाः सावयवास्तत्तुल्यसौरदिनानामधिशेषं चान्द्रांशाः। एतत् तत्र युक्तम्। इष्टकाले तन्मितसौराभावात् इष्टकाले वास्तवतादृशचान्द्रादधिशेषमानेयम्। तत्तुल्यचान्द्रदिनैः कल्पाधिमासास्तदेष्टचान्द्रदिनैः क इत्यनुपातेनाहर्गणोपपत्तौ दर्शितम्। एतत्सौरमितकल्पसौरैः कल्पचान्द्रास्तदाऽनेन क इति गुणहरनाशेनाहर्गणानयनेऽधिमासलब्धौ शेषं कल्पसौरभक्तरूपमधिशेषं चान्द्रसिद्धमेवास्ति। अतः कल्पचान्द्रैः कल्पसौरास्तदैतत्सिद्धेन क इति पूर्वविपरीतेन कल्पसौरतुल्यगुणहरयोर्नाशाच्छेषं कल्पचान्द्रभक्तमित्यधिशेषं रूपं सौरं वास्तवं तत्काले सिद्धमिति वक्ष्यति। एतन्मासादिकमिति दिनात्मकार्थं त्रिंशद्गुणः। शेषस्येति गुणहरौ गुणेनापवर्त्य हरस्थाने चान्द्रमासाः। दिनत्रिंशदंशस्य मासत्वात् अत उपपन्नं तौ चाधिशेषाच्छशिमासलब्ध्या हीनाविति। अथैवं पुष्पवन्ताविष्टतिथ्यारम्भे सूर्योदयकरणार्थमवम-

शेषेण सावनात्मकेन चाल्यौ । तदर्थं कल्पकुदिनैः कल्पसूर्यभगणकला ९३३१२००००००००० श्चन्द्रभगणकलाश्च १२४७७०१२८०००००० लभ्यन्ते तदाऽवमशेषात्मकसावनेन का इत्यनुपातेनाहर्गणसाधनेऽवमलब्धौ शेषस्य कल्पचान्द्रदिनहरस्य स्थितत्वेन भाज्यशेषं भगणकलागुणितं कल्पचान्द्ररविसावनदिनघातेनानेन खर्वघ्नशरेषुदेवेन्द्रतानाष्टाङ्करामगोद्वितत्त्वमितेन-२५२९३९८४९१४३३५५०००००००००० भक्तं लब्धं प्रत्येकं कलात्मकं योज्यम् । तत्र सूर्यस्य गुणहरौ गुणेनाब्जगुणितेन रविसुराङ्कमितेन ९३३१२००००००००० अपवर्त्य हरस्थाने किञ्चिन्न्यूनवेदाष्टाङ्करामाङ्काष्टषड्दिगभ्रमिता २०१०६८९३९८३ । ५९ । ३ । ४५ उत्पन्नाः । अत्र गणितसौकर्यार्थं किञ्चिदधिकनृपषष्टिदिग्राममिताः ३१०६०१६ । १५ योजिता जाता उत्तहरमिताः २०११००००००० । फलयोर्हरभक्तयोः पूर्वविकलान्तराभावात् इदं फलं सूर्यस्य योज्यमिति धनर्णाऽस्यात उपपन्न कोट्याहतैरित्यादि तयोरित्यन्तम् । एवमुक्तमार्गेण चन्द्रहरेणानेन स्वर्गाङ्गनखाङ्गभनखमितेन २०२७६२९६२१ किञ्चिदधोऽवयवयुतेनावमशेषे भक्ते फलं चान्द्रचालनं स्यात् । तत्रेदं गुरुभूतं विज्ञाय लाघवात् सूर्यफलादेव चन्द्रफलमानीतं तदर्थं सूर्यभगणैः सूर्यफलं तदा चन्द्रभगणैः किमित्यनुपातेन गुणहरौ हरेणापवर्त्य गुणस्थाने सावयवाङ्काः १३ । २२ । ० ४५ । इति सूर्यफलमनेन गुण्यं चन्द्रफलम् । तत्रापि खण्डगुणनार्थं त्रयोदशमितं भिन्नं कृतम् । अत्र खण्डं सावयवम् २२ । ० । ४५ । इदमेतत्र करणार्थं खार्क-१२० वर्ग १४४०० गुणं जातम् ५३११ । तस्मात् द्वितीयस्थाने रविफलं भवन्नोघुगुणं खार्कवर्गभक्तमिति सिद्धम् । तत्रापि भवन्नोघुगुणस्य खार्कवर्गभागस्तदा त्रयोदशगुणितस्य को भाग इत्यनुपातेन लब्धो भागः किञ्चिन्न्यूनः सपादपञ्चत्रिंशन्मितः ३५ । १५ । अत्र लाघवेनाधोऽवयवेऽनुपातः कृतः स्वल्पान्तरात् । सूर्यफलस्य न्यूनत्वात् उक्तं विधोरित्यादि श्लोकान्तम् । आभ्यां फलाभ्यां योज्यौ क्रमेण

पुष्पवन्ताविति युतौ स्वस्वधनाह्वयाभ्यामित्युक्तम्। एतत्प्रकारेणैव पुष्प-
वतोः सूक्ष्मं साधनमुक्तं सिद्धान्तशेखरे श्रीपतिना—

"कल्पाधिमासगुणिताद्वमावमावशेषात्
स्वाहोद्धृतात् फलयुतं ह्यधिमासशेषम्।
मासादिकं फलमतः शशिवासरैः स्यात्
स्वाहैर्हृताच्च दिवसाद्यवमाशेषात्॥
चैत्रादितो विगतमासदिनैर्युतं तत्
कृत्वा दिनाद्यथ पृथग्गुणितं च विश्वैः।
मासादिना विरहिते विहिते क्रमेण
यद्वा दिवाकरनुपाकरौ भवेताम्॥

इति श्लोकद्वयेन॥ ६-७॥

इदानीं प्रकारान्तरेण ग्रहानयनमाह।

अर्कसावनदिवागणो हतः
स्वस्वसावनदिनैस्तु कल्पजैः।
खाभ्रबाणगिरिरामखत्रिगो-
शक्रविश्वविहृदाप्तराशिभिः॥ ८॥
छिवर्जितो विकर्त्तनो गृहादिको गृहादिकाः।
ग्रहा भवन्ति वा बुधैर्विचिन्त्यमन्यदप्यतः॥ ९॥

वा. भा.—अहर्गणाद्ग्रहस्य कल्पसावनदिनैर्गुणितात् खाभ्रबा-
णगिरिरामखत्रिगोशक्रविश्वै—१३१४९३०३७५०० विहृताद्यत् फलं राश्यादि
तेन राश्यादिको रविहीनोऽभीष्टो ग्रहः स्यात्। अस्मादानयनप्रकारा
द्बुधैरन्यदपि प्रकारान्तरं विचिन्त्यम्।

अत्रोपपत्तिः। भगणैरूना भभ्रमा ग्रहसावनदिवसा भवन्ति। तैः
सावनैरूनास्ते भभ्रमा ग्रहभगणा भवन्ति अतोऽहर्गणाद्ग्रहवदनुपातेः
गतभभ्रमान् ग्रहसावनदिवसांश्चानीय तैः सावनैस्ते भभ्रमा वर्जित

यदि क्षियन्ते तदा भगणादिको ग्रहो भवतीत्युपायो दृष्टः । अथ च यो भगणाद्यो रविरागतः सोऽहर्गणतुल्यैर्भगणैर्युतो यावत् क्रियते तावद्गत-भभ्रमा भवन्ति । यतः कुदिनानां रविभगणानां च योगे भभ्रमाः । अत्र भगणानां प्रयोजनाभावाद्राश्यादिरेव रविर्भभ्रमावयवीभूतो गृहीतः । एवं ग्रहगतसावनानयनेऽपि । तत्र ग्रहकल्पसावनैरहर्गणे गुणिते कुदि-नैर्हृते भगणादिकं किल फलं भवति । तद्द्वादशगुणितं राश्यादिकं स्यात् । अतः कुदिनानि द्वादशभिरपवर्त्तितानि भागहारः कृतः । लब्धराशिषु द्वादशतष्टेषु ये भगणा लभ्यन्ते ते प्रयोजनाभावात् त्याज्याः । अत उक्तम् । आप्तराशिभिर्विवर्जितो विकर्त्तन इत्यादि जातं सर्वमुप-पन्नम् ॥ ८-९ ॥

वा.वा.—अथ रव्यहर्गणाभ्यां ग्रहानयनमाह अर्कसावनदिवागणो-हत इति । रविभगणसावनयोगे भभ्रमा इत्युक्तम् । 'भभ्रमास्तु भगणैर्विवर्जिता यस्य तस्य कुदिनानि तानि वा' इति कल्पे ग्रहसावनान्यपि वेद्यानि । तत इष्टग्रहेष्टसावनज्ञानं त्रैराशिकेन । कल्परविसावनैः कल्पग्रहसावनास्तदेष्टा-र्कसावनगणेन किमिति । एतानि ग्रहेष्टसावनानीष्टभभ्रमेभ्यः शोध्यानि तत्रेष्टभभ्रमो नामेष्टभगणाद्यरवेरिष्टरविसावनस्य च योगः । इष्टराश्याद्यो रविस्तु भभ्रमावयवः । तस्मादिष्टभभ्रमाणां पञ्चावयवाः । तत्र पूर्वा-क्तानुपातेन ग्रहेष्टसावनेषु यच्छेषं तद्द्वादशगुणं रविकल्पसावनहृतं लब्धे राशयस्ते रविराशिभ्य एव शोध्याः । अत्र राश्यादिग्रहाणामेव प्रयोजना-दनुपातेन सिद्धो यो ग्रहकल्पसावनरवीष्टसावनघातः स एव द्वादशगुणः कार्यः । रविकल्पसावनैर्भाज्यः । तत्र गुणहरौ गुणेनापवर्त्त्य हर एव खाभ्रबाणेति पठितः । लब्धं राश्यादि चतुर्धा । तद्राश्याद्यरवेः शोधितं जाता राश्यादिका ग्रहाः ॥ ८-९ ॥

मरीचिः—अथ प्रकारान्तरेण सूर्याद्ग्रहानयनं रयोद्गताप्रमाणिकाभ्या-माह अर्कसावनदिवागणो हत इति । प्रागानीतोऽहर्गणः कल्पीयैः स्वस्व-

सावनदिनैः 'भभ्रमास्तु भगणैर्विवर्जिता यस्य तस्य' इति ज्ञातैर्गुणिताः' अस्मात् । इन्द्राणां चतुर्दशसङ्ख्यात्वात् तत्पर्यायपदेन चतुर्दशेत्येतदङ्क-१३१४९३०३७५०० भक्तादाप्तफलराश्यादिभिः । अत्रोपरि द्वादशतष्टमित्यर्थसिद्धम् । अर्कसावनदिवागणाद्धृतादिति पाठे त्ववतिः । गृहादिको राश्यादिको विकर्त्तनः सूर्यः । "विकर्त्तनार्कमार्त्तण्ड—"इत्यभिधानात् । विवर्जितो हीनः । गृहादिका राश्यादिका ग्रहा भवन्ति । ग्रहा इत्युपलक्षणं कल्पभगणसम्बन्धिनः । तेन यत्सावनेन फलमानीतं तेनोनोऽर्कः स इष्टकाले भवतीत्यर्थः । वा प्रकारान्तरेण । उपसंहारार्थमाह बुधैरिति । अतोऽस्माद्धेतोः सूर्याद्ग्रहाः प्रकारान्तरेण । अर्कचन्द्रौ साधितौ यद्युक्तिभिस्तत्सदृशयुक्त्या अन्यदपि प्रकारान्तरेण ग्रहानयनमुक्तभिन्नं बुधैर्गणितत्वज्ञैर्विचिन्त्यम् । तथा च प्रकाराणामनेकत्वसम्भवात् सर्वेऽपि प्रकारा वक्तुं न शक्यन्ते ते स्वबुद्ध्या ज्ञेया इति यथा सूर्याद्ग्रहाः साधितास्तथेष्टग्रहज्ञानादितरग्रहाः साध्याः । तथा हि यद्ग्रहज्ञानमस्ति तस्य सूर्याहर्गणेनानुपातादिष्टकाले सावनानि सावयवानि भगणाद्यात्मकानि साध्यानि एतानि तस्यैव तदात्मकस्य योज्यानि । ततः सिद्धेतरग्रहसावनानि तदात्मकान्यर्कदिनगणानुपातेनानीय हीनानि तत्र शेषं भगणात्मकं तदितरग्रहो भवति ।

अत्रोपपत्तिः । 'भभ्रमास्तु भगणैर्विवर्जिता यस्य तस्य कुदिनानि तानि वा' इत्यस्य वैपरीत्येन कल्पग्रहाः सावनोना भभ्रमग्रहभगणा भवन्तीति सिद्धम् । तथेष्टकालेऽपि भगणादिसूर्याहर्गणयोगो गतभभ्रमसङ्ख्या स्यात् । अत्र कल्परविसावनैः कल्पग्रहसावनानि तदाऽहर्गणेन कानीत्यनुपातेनेष्टकाले यद्ग्रहगतसावनानि स एव भगणाद्यो ग्रहो भवति तत्रेष्टकाले राश्यादिग्रहस्यैव सर्वत्रावश्यकत्वेन लाघवाच्च गतभभ्रमग्रहसावनाद्योऽवयवयोरुक्तरीत्याऽन्तरस्य राश्यादिग्रहसम्भवेन गतसावनाद्योऽवयवो राश्यादिक आनेय इति द्वादशगुणो गतसावनानाम्

तेन गुणहरौ द्वादशकुदिनरूपेा गुणेनापवर्त्त्य कुदिनस्थाने १३१४९३०३७५०० तथा चाहर्गणः स्वस्वकल्पसावनगुण उक्तहरभक्तः फलं सावनावयवराश्याद्यम् । साजात्येनान्तरस्योक्तत्वाद्घट्याद्यकरणेऽपि न क्षतिः । राश्यादिसूर्यस्यैव भभ्रमाधोऽवयवत्वात् फलोनरविः शेषस्य राश्यादिग्रहत्वप्रतिपादनात् । राशीनां द्वादशाधिकत्वाभावात् । फलं द्वादशतष्टमुपरीति राशिपदेनार्थसिद्धम् । एतद्रीत्याऽन्यप्रकाराणां सम्भवादन्यदपि विचिन्त्यं बुधैर्वैचित्र्यात् । अत उपपन्नमर्कसावनेत्यादि विचिन्त्यमन्यदप्यत इत्यन्तम् ॥ ८-९ ॥

इदानीमानयनप्रकारान्तराणामुपपत्तिमाह ।

यथायथाऽधिमासकाऽवमेन्दुमासपूर्वकाः ।
परस्परं युतोनिता भवन्ति खेटपर्ययाः ॥ १० ॥
त एव सूर्यसावनद्युपिण्डतोऽनुपातजाः ।
तथातथा युतोनिता भवन्ति तेऽथ वा ग्रहाः ॥११॥

वा. भा.—अत्राधिमासावमेन्दुमासपूर्वका इति पूर्वशब्दोपादानादन्येऽप्यभीष्टा राशयो यथायथा परस्परं युतोनिताः सन्त इष्टग्रहभगणसमा भवन्तीति पूर्वं संप्रधार्य तानेव राशीन् भगणान् प्रकल्प्याहर्गणादनुपातेन फलानि साध्यानि । तेषां फलानां तथातथा योगे वियोगे च कृते ग्रहः स्यादिति । तद्यथा ।

'इन्दुमण्डलगुणेन्दुसंगुणब्रध्नचक्रविवरेऽधिमासकाः ।'

इति चन्द्रभगणानां त्रयोदशगुणार्कभगणानां चान्तरे यद्यधिमासा भवन्ति तदा त्रयोदशगुणार्कभगणाधिमासयोगे चन्द्रभगणाः स्युरित्यर्थाज्ज्ञातम् । अतोऽहर्गणादधिमासमानीय त्रयोदशगुणोऽर्कस्तेनाधिकश्चन्द्रः स्यादित्येवमादीनि प्रकारान्तरशतान्युत्पद्यन्ते ॥ १०–११ ॥

वा. वा.—अत्राध्यायान्तमेकादशवृत्तानि भाष्ये स्पष्टानीति ॥ १०-२० ॥

इति श्रीकृष्णदैवज्ञात्मजनृसिंहकृतौ ग्रहानयनाध्यायः ।

मरीचिः—अथ विचिन्त्यमित्युक्तं कल्पे उक्ताधिमासावमचन्द्रमासंख्यादयः । आदिपदात् तत्र कथं विचिन्त्यमिति चिन्तनरीतिं प्रमाणिकाभ्यामाह । यथायथेति । त एव सूर्यसावनदिनादयः कल्पोक्तपदार्थसंख्याः परस्परं युतोनिता युता ऊनिता वा इदमुपलक्षणम् । परस्परं गुणिता भक्ता इत्यादि यथायथा यद्रीत्या खेटपर्यया ग्रहभगणसंख्याः कल्पोक्ता भवन्ति इति प्रकारं निश्चित्येष्टकालेऽपि त एवाधिमासादयः प्रकारोपयुक्ताः सूर्यसावनद्युपिण्डतः प्रागनीताहर्गणात् कल्पकुदिनैः कल्पोक्ताधिमासादयस्तदाऽहर्गणेन के इत्यनुपातजाः कार्याः । अतः फलितमाह तथेति । तयातया तद्रीत्या आनीतास्तेऽधिमासादयो युतोनिता इत्युपलक्षणात् । सङ्कलनादिपरिकर्मप्रकारविषयाः कार्याः । अथ वा प्रकारान्तरेण ग्रहभवन्ति । यथा इन्दुमण्डलगुणेन्दुसंगुणेत्युक्तवैपरीत्येन त्रयोदशगुणार्कभगणाधिमासयोगे चन्द्रभगणाः कल्पे चन्द्रभगणाधिमासान्तरं त्रयोदशभक्तमर्कभगणश्च भवतीतीष्टकालेऽहर्गणानुपातेनाधिमासा भगणाद्या आनेयाः तद्युक्तस्त्रयोदशगुणार्कश्चन्द्रः स्यात् । तद्धीनश्चन्द्रस्त्रयोदशभक्तोऽर्कः स्यात् ।एवमन्तरं तरणिचन्द्रचक्रजमित्युक्तवैपरीत्येनेष्टकाले चन्द्रमासभगणाद्याः साध्यास्तदूनश्चन्द्रोऽर्कः । तद्युतोऽर्कश्चन्द्रः । एवं चन्द्रचक्रदिवसैक्यमूनितमित्युक्तवैपरीत्येनेष्टकालेऽहर्गणाद्भगणाद्या अवमचन्द्रमासचन्द्रदिनभभ्रमाः साध्यास्ततोऽवमे चन्द्रमासोनचन्द्रदिनैरूना भभ्रमयुताश्चन्द्रः स्यादित्यादि । तथा च यस्य कल्पभगणा येन प्रकारेणोत्पन्ना भवन्ति तत्प्रकारेणेष्टकाले स भवतीत्यर्थः ।

अत्रोपपत्तिः । "प्रमाणमिच्छा च समानजाती" इत्युक्तेन यमाणकाले गतिः सैवेच्छाकाले अन्यथा समानजातिविरोधापत्तेरिति सुगमा ॥ १०–११ ॥

इदानीमस्योदाहरणभूतानि प्रकारान्तराणि दर्शयन्नाह ।

द्विचक्रयोगजो ग्रहो वियोगजेन युग्वियुक् ।

दलीकृतौ च तौ क्रमादमन्दमन्दगामिनौ ॥ १२ ॥

द्विपर्ययान्तरोद्भवग्रहेण वर्जितो द्रुतः ।

स मन्दगोऽथ मन्दगो युतो भवेदमन्दगः ॥ १३ ॥

वा० भा.—अत्राद्यानयनस्योपपत्तिः संक्रमणगणितेन । द्वितीयस्यातिसुगमा ॥ १२–१३ ॥

मरीचिः—अथैतद्रीत्याऽनेकप्रकारा उत्पद्यन्ते तत्रैतस्योदाहरणभूतप्रकारान् विवक्षुः प्रथमं संक्रमसूत्रोपनिबद्धकर्मणा ग्रहानयनं प्रमाणिकयाऽऽह द्विचक्रयोगजो 'ध्रुवरचक्रहतो दिनसंचयः'-इत्यादिना इष्टाहद्वयभगणयोगमितभगणसंख्यया इष्टकाले भगणाद्यो ग्रहः । तद्भगणान्तरमितभगणानीतग्रहेण स्थानद्वये क्रमेण युगयुक्तो वियुक्तो हीनः कार्यः । तौ स्थानद्वयस्यावर्धितौ । चः समुच्चये । क्रमात् योगान्तरक्रमात् अमन्दमन्दगामिनौ । द्वयोर्मध्ये यस्य भगणा अधिका यस्य च न्यूनास्तौ शीघ्रमन्दगतिग्रहौ भवतः । ग्रहोपलक्षणादुच्चपातकेन्द्राण्यपि भवन्ति ।

अत्रोपपत्तिः । लघुबृहद्राश्योर्यदन्तरं तल्लघुराशौ क्षिप्यते तदा बृहद्राशिः । अस्मिन् तदूने लघुराशिरिति प्रत्यक्षसिद्धम् । अतो लघुबृहद्राश्योर्योगे ज्ञाते ज्ञाततदन्तरयुक्तोर्द्विगुणो बृहद्राशिः । अन्तरे हीने च लघुराशिर्द्विगुणः । योगे बृहल्लघुराश्योरेव सत्त्वात् । तत एतौ द्विभक्तौ क्रमेण बृहल्लघुराशी स्तः । एवं ग्रहयोरिति सुगमा । अत उपपन्नं द्विचक्रयोगज इत्यादि ॥ १२ ॥

अथ प्रकारान्तरेण शीघ्रमन्दान्यतरज्ञाने तदन्यतरज्ञानं संक्रमोपपत्तिरूपं प्रमाणिकयाऽऽह द्विपर्ययान्तरोद्भवग्रहेणेति । ययोर्द्वयोर्भगणान्तरतुल्यभगणात् ध्रुवरचक्रेत्यादिनाऽऽनीतो ग्रहस्तेन तद्द्वयान्यतरशीघ्रगो वर्जितो हीनः सः शेषमितो मन्दगतिस्तदितरो भवेत् । अथ ज्ञातो मन्दगतिर्युतोऽमन्दगः शीघ्रगतिस्तदितरः स्यात् ।

अत्रोपपत्तिः । भगणान्तरोत्पन्नस्येष्टकाले तदन्तरत्वादन्तरेण बृहद्राशिरूनो लघुराशिरयं युतो बृहद्राशिरिति पूर्वोक्तेन मन्दशीघ्रग्रहज्ञानं सुगममित्युपपन्नं द्विपर्ययेत्यादि ॥ १३ ॥

पुनः प्रकारान्तरेणाह ।

केन्द्रोच्चयोश्चञ्चलयोर्वियोगे
योगेऽथ वा स्यान्मृदुनोः प्रसाध्यः ।
***साध्यस्य चक्रैर्गुणितः प्रसिद्धो**
भक्तो निजैः स्यादथ वा प्रसाध्यः ॥ १४ ॥

वा.भा.—अत्रोपपत्तिः । शीघ्रोच्चाद् ग्रहे शोधिते शीघ्रकेन्द्रं भवति । शीघ्रकेन्द्रे शोधिते ग्रहो भवतीति किमाश्चर्यम् । मन्दोच्चोनो ग्रहो मन्दकेन्द्रम् । तत् केन्द्रं मन्दोच्चेन युतं ग्रहो भवतीति किं चित्रम् । यदि सिद्धग्रहस्य युगभगणैः सिद्धग्रहो लभ्यते तदा साध्यभगणैः किमिति फलं साध्यग्रहः स्यादित्युपपन्नम् ॥ १४ ॥

मरीचिः—अथ केन्द्रोच्चज्ञाने ग्रहज्ञानमिष्टग्रहे ज्ञाते तदाऽन्येष्टग्रहज्ञानं च प्रकारान्तरेणेन्द्रवज्रयाऽऽह केन्द्रोच्चयोश्चञ्चलयोरिति। खेचरोच्चभगणान्तरोन्मिता इत्यादिना ज्ञातमन्दशीघ्रकेन्द्रभगणेभ्यो मन्दशीघ्रोच्चभगणेभ्यश्चोक्तप्रकारेणोच्चकेन्द्राणि साध्यानि । तत्र चञ्चलयोः केन्द्रोच्चयोः शीघ्रोच्चकेन्द्रयोर्वियोगेऽन्तरे प्रसाध्यः । यत्केन्द्रोच्चे स इष्टो ग्रहः स्यात् । अथ मृदुनोः केन्द्रोच्चयोर्मन्दोच्चकेन्द्रयोर्योगे यस्य मन्दोच्चकेन्द्रे स इष्टो ग्रहः स्यात्। द्वितीयमाह साध्यस्येति । प्रसिद्धभागणाद्यो ज्ञाते

---

* अस्य नवीनोपपत्तिः । $\frac{\text{सि. यु· भ} \times \text{अह}}{\text{युकु}} = \text{सिग्र}$ ∴ $\frac{\text{अह}}{\text{युकु}} = \frac{\text{सिग्र}}{\text{सि· यु· भ}}$

एवम् $\frac{\text{अह}}{\text{युकु}} = \frac{\text{साग्र}}{\text{सा. यु· भ}}$ ∵ $\frac{\text{सिग्र}}{\text{सि· यु· भ}} = \frac{\text{साग्र}}{\text{सा· यु· भ}}$ ∴ $\frac{\text{सा. यु, भ} \times \text{सिग्र}}{\text{सि· यु· भ}} = \text{साग्र}$

अत उपपन्नम् ।

ग्रह इष्टः साध्यस्य इष्टस्य भगणैर्गुणिता निजैर्ज्ञातस्य ग्रहस्य भगणैर्भक्तः फलं प्रसाध्य इष्टग्रहः स्यात् ।

अत्रोपपत्तिः । खेचरोच्चभगणान्तरोन्मिता इत्यादिनेष्टकाले केन्द्रस्य ग्रहोच्चान्तरत्वं सिद्धम् । तत्र ग्रहभगणेभ्यः शीघ्रोच्चभगणानामधिकत्वा-द्ग्रहोनं शीघ्रोच्चं शीघ्रकेन्द्रं सिद्धमत्र वैपरीत्याद्ग्रहे योजिते उच्चं भवति केन्द्रोनोच्चं ग्रह इति । अत उक्तं केन्द्रोच्चयोश्चलयोर्वियोग इति । एवं ग्रहभगणेभ्यो मन्दोच्चभगणानां न्यूनत्वान्मन्दोच्चोनो ग्रहः केन्द्रमिति सिद्धम् । अत्र वैपरीत्यान्मन्दोच्चयोगे ग्रहः । अत उक्तं योगोऽथ वा स्यान्मृदुनोः प्रसाध्य इति । सिद्धग्रहभगणैः सिद्धग्रहो लभ्यते तदा तदितरेष्टभगणैः क इत्यनुपातेनोपपन्नं साध्यस्य चक्रैरित्यादि ॥ १४ ॥

अहर्गणान्मध्यमग्रहमानीयेदानीं मध्यग्रहादहर्गणमाह ।

> साग्रात् सचक्राच्च खगात् कुहृघ्नात्
>
> तत्कल्पचक्राप्तमहर्गणः स्यात् ।
>
> निरग्रचक्रादपि कुट्टकेन
>
> वक्ष्येऽग्रतोऽग्राच्च तथाऽग्रयोगात् ॥ १५ ॥

वा.भा.—भगणराशिकलाविकला अन्ते विकलाशेषं च कुदिनैः संगुण्य स्वच्छेदेन विभज्योपर्युपरि निक्षिपेत् । तद्यथा—भगणादिविकलाशेषा-वधि कल्पकुदिनगुणे विकलाशेषस्थाने कुदिनैर्विभज्य विकलास्थाने फलं प्रक्षिप्य तत्र षष्ट्या विभज्य कलास्थाने निक्षिप्यैवं भगणान्तं यावत् । तत्र कल्पभगणैर्हृतेऽहर्गणः स्यात् । अत्रोपपत्तिर्विलोमगणितेन । तथा निरग्रचक्रादपि ग्रहात् तथा केवलादग्रादपि तथा शेषयोः शेषाणां वा योगादहर्गणानयनमग्रत इति प्रश्नाध्याये कुट्टकविधिना वक्ष्ये ॥ १५ ॥

मरीचिः—अथानीतग्रहाणां शुद्धत्वज्ञानार्थं ग्रहेभ्योऽहर्गणानयनमुपजाति-कयाऽऽह साग्रात् सचक्रादिति । खगात् राश्यादिविकलान्तावयवात्मक-ग्रहात् । तदात्मके ग्रहपदस्य शक्तत्वात् । भगणाद्यात्मकार्थमाह ।

सचक्रादिति गतभगणसहितात् । तथा च भगणादिविकलान्तावयवात्मकाद्ग्रहात् । कुहृग्नात् कल्पकुदिनगुणितात् । ननु पूर्वोक्तग्रहसाधनप्रकारेण विकलावयवान्तग्रहज्ञानेऽपि विकलाशेषादधोऽवयवाद्ग्रहात् स्थूलग्रहग्रहणेनाहर्गणः कथं सिद्ध्येदत आह साग्रादिति । अग्रेण विकलाप्राप्तौ भाज्यशेषं तेन सहितः साग्रस्तस्मात् । तथा च ग्रहविकलागुणितकल्पभावनेषु विकलाशेषं योज्यं तच्छेषत्वात् षष्ट्या भक्ते फलं कलास्थाने तत्र षष्ट्या भक्ते फलं भागस्थाने ततस्तत्र त्रिंशद्भक्ते फलं राशिस्थाने ततस्तत्र द्वादशभक्ते भलं भगणस्थाने योज्यमिति परिभाषया गुणनफलं निरवयवं भगणस्थाने कार्यम् । एतादृशात् । तत्कल्पचक्राप्तं यो गुणितस्तस्य कल्पभगणैर्भक्ताद्य लब्धमहर्गणः पूर्वेणाधितः स्यात् । तथा च ग्रहादहर्गणश्चेत् सिद्धस्तथाऽसौ शुद्धोऽन्यथा त्वशुद्ध इति भावः । ननु 'द्युचरचक्रहतो दिनसञ्चय' इत्यादिनाऽऽनीतस्य ग्रहस्य राश्यादिविकलावयवान्तज्ञानप्रयोजनाद्भगणविकलाशेषयोः परिमार्जनेन तदज्ञानाद्राश्यादिविकलान्तावयवात्मकग्रहज्ञानेऽहर्गणः कथं सिद्ध्येदत आह निरग्रचक्रादिति निर्गतेऽग्रचक्रे यस्मात् तादृशग्रहात् राश्यादिविकलान्तावयवात्मकात् । अग्रतो 'राश्योर्देर्विकला दृढभगणगुणाश्चक्रविकलकाभक्ताः' इत्याद्युक्तप्रकारेणानीतभगणशेषात् कुट्टकेन 'दृढभगणा येन गुणाः' इत्यादिप्रश्नाध्यायोक्तप्रकारेण वक्ष्येऽहर्गणमिति शेषः । अपिः समुच्चये । अथैतत्प्रसंगेन वक्ष्यमाणप्रकारं स्मारयति केवलविकलाशेषात् 'कल्प्याऽथ शुद्धिर्विकलावशेषम्'-इत्यादिनोक्तकुट्टकप्रकारेण कुट्टकाध्याये वक्ष्ये । एतेन पाटीबीजे ग्रहगणितोत्तरं कृते इति सूचितम् । अग्रयोगात् भगणशेषाद्यग्रहयोगात् । 'उद्दिष्टं कुहतघ्नमम्बुधिहृतम्'-इत्यादिना प्रश्नाध्याये तथाऽहर्गणं वक्ष्ये इत्यर्थः ।

अत्रोपपत्तिः । कल्पग्रहभगणैः कल्पसूर्यसावनतुल्याहर्गणस्तदा गतभगणाद्यवयवरूपग्रहेण क इत्यनुपातेनाहर्गणज्ञानम् । तत्र विकला-

शेषादप्यवयवसम्भवान्निरवधित्वाल्लाघवाच्च विकलाशेषे कुदिनहररूपगुणहरयोस्तुल्यत्वान्नाशकरणेन गुणनोत्तरं विकलास्थाने विकलाशेषं केवलं योज्यमत उपपन्नं सायात् सचक्रादित्याद्युक्तम् ॥ १५ ॥

इदानीमहर्गणादपि कल्पगतमाह ।

अभिमतद्युगणादवमैर्हतात्
क्षितिदिनाप्तगतावमसंयुतः ।
दिनगणः स भवेत् तिथिसञ्चयः
पृथगतोऽधिकमाससमाहतात् ॥ १६ ॥
विधुदिनाप्तगताधिकमासकैः
कृतदिनै रहितोऽर्कदिनोच्चयः ।
भवति मासगणः खगुणोद्धृतो
रविहृतः स च कल्पगताः समाः ॥ १७ ॥

वा.भा.—स्पष्टार्थमिदम् ।

अत्रोपपत्तिस्त्रैराशिकाभ्याम् । अहर्गणानयनाद्विलोमप्रकारेण कलिगतानयनं सुगमम् ।

मरीचिः—नन्वहर्गणस्याशुद्धत्वे ग्रह शुद्धि कथमतोऽहर्गणस्य शुद्धत्वज्ञानाय कल्पगतवर्षाद्यानयनं तत एव द्रुतविलम्बिताभ्यामाह अभिमतद्युगणादिति । अहर्गणनयनश्लोकानुरोधेन स्पष्टार्थम् । अवमशेषाद्घट्याद्यवयवो न ग्राह्यः । अधिशेषाच्चैत्रादिगतमासशुक्लादिगततिथिज्ञानार्थं दिनाद्यवयवो न ग्राह्यः । तदप्रयोजने ग्राह्य इति ध्येयम् ।

अत्रोपपत्तिः । कल्पभावनैः कल्पावमानि तदाऽहर्गणेन कानीत्यनुपातेनावमानि निरग्राणि योज्यान्यहर्गणे तिथ्यन्तकाले चान्द्राहर्गणसिद्ध्यर्थं पूर्वं तथैव सिद्धत्वात् । निरवयवत्वेन लाघवाच्च कल्पचान्द्रदिनैः कल्पाधिमासास्तदेष्टचान्द्रैः क इत्यनुपातेनाधिदिनान्येव कुतो नानीतानि लाघवादिति वाच्यम् । कल्पेऽधिदिनानिबन्धनाभावात् सौरा-

हर्गणस्त्रिंशद्भक्तः सौरमासाः फलम् । शेषं सौरदिनानि । द्वादशभक्तास्ते गतसौरवर्षाणि मध्यममेषसङ्क्रमकाले शेषम् । ततः सङ्क्रान्त्यवधिसौरमासाः । एत एव "कोट्याहतैर्यद्भवे"-रित्यादिना सूर्यचन्द्रसाधने'ऽधिशेषाच्छशिमासलब्ध्या'इत्यनेन चैत्रादिचान्द्रदिनानां सौरदिवसाः प्रतिपादिताः । अत एव तत्स्थाने चैत्रादिचान्द्रमासशुक्लादिगततिथिज्ञानार्थं निरवयवाधिमासा हीनाः कार्याः । शेषं सौरचान्द्रदिनयोगस्तादृशो भवति । सौरदिनानां बहुत्वादर्कदिनोच्चय इत्युक्तमिति तथाऽपि न क्षतिरित्यभिमतद्युगणादित्यादि श्लोकद्वयं पूर्ववैपरीत्येनोपपन्नम् ॥ १७ ॥

इदानीं कलिगतादप्यहर्गणमाह ।

कलिगतादथ वा दिनसञ्चयो
दिनपतिर्भृगुजप्रभृतिस्तदा ।
कलिमुखध्रुवकेण समन्विता
भवति तद्द्युगणोद्भवखेचरः ॥ १८ ॥

वा. भा—अत्र कलिगताद्दर्गणेऽयं विशेषः । शुक्राद्यो वारो गणनीयः । यतः कल्पगतादहर्गणात् कलिमुखे शुक्रवारो भवति । तत्र च ये ग्रहास्ते ध्रुवसंज्ञाः कल्पिताः । तद्द्युगणभवः खेचरश्च । कलिमुखध्रुवकेण समन्वितः कार्य इत्यत्र वासनाऽपि सुगमा ।

मरीचिः—अथ गणितलाघवार्थमुक्तप्रकारेण कलिगतवर्षेभ्योऽहर्गणादकं साध्यमिति तद्द्रुतविलम्बितेनाह कलिगतादथ वा दिनसञ्चय इति । अथ वा गणितसौकर्यार्थं कलिगतात् कलियुगचरणप्रारम्भाद्गतसौरवर्षगणाच्चन्द्राद्रीन्दुगुणाः शक्रयुता इति ज्ञानात् 'कथितकल्पगतोऽर्कसमागणः'-इति प्रागुक्तप्रकारेणाहर्गणः साध्यः । वारासंवादाद्विशेषमाह दिनपतिरिति । तदा तस्मिन्नहर्गणे दिनपतिर्वारो भृगुजप्रभृतिः शुक्रपूर्वगणनयोत्क्रमेण गण्य इति । अस्माद्ग्रहसाधने विसंवादाद्विशेषमाह कलिमुखेति । तद्द्युगणोद्भवखेचरः कलिगतसाधिताहर्गणात् द्युचरचक्रत्यानीतग्रहः

कलिमुखध्रुवकेण कलिप्रारम्भकाले यः स्वस्वध्रुवस्तेन समन्वितो राश्यादिषु साजात्येन युक्तो ग्रहो राश्यादिको भवति भगणानामप्रयोजनात् ।

अत्रोपपत्तिः । वारप्रवृत्तिरूपकल्पादितो ग्रहसाधने लाघवादिष्टकालादहर्गणे साधिते तदुत्पन्नग्रहस्तत्कालादेव । कल्पादित इति । अहर्गणादिकाले कल्पादितो यो ग्रहो भवेत् स योज्यस्तत्र कल्पादावधिशेषावमशेषाभावादहर्गणसाधने कल्पादिरीतिरेव भवतीति कलिगतादहर्गणः साधितः । अत एव करणादौ तदानयने तत्क्षेपं योजितमस्ति । कल्यादौ कल्पादहर्गणे साधिते सप्ततष्टे शुक्रवारो भवतीति तदादिगणना । कल्यहर्गणानीतवारे यथा कल्पवर्षैः कल्पकुदिनानि तदा कल्यादितः कल्पादिवर्षैरेभिः १९७२९४४००० कानीत्यनुपातेन परस्परमपवर्त्तने एतेऽङ्काः १५७७९१६४५ । ४५६७ अनेनाङ्केन गुणनीया अहर्गणो भवति । वारापेक्षायाः सत्त्वात् पूर्वमेव सप्ततष्टौ तौ प्रथमे चत्वारो द्वितीये त्रयः । अनयोर्घातः सप्ततष्टः शेषं पञ्च सूर्यादिगणनया शुक्रवार इति । कल्याद्यहर्गणानीतग्रहे कल्पादिजातग्रहो योज्य इति तद्ग्रहस्य योजने स्थिरत्वाद्ध्रुवक इति संज्ञा । अतः कलिमुखध्रुवकेण समन्वित इति ॥ १९ ॥

इदानीं कलिमुखग्रहानयनमाह ।

खाद्रिरामाग्नयः कग्निरामाङ्कका
वेदवेदाङ्कचन्द्रा विलिप्ताः क्रमात् ।
षड्रसाङ्गाब्धयोऽङ्गाभ्रवेदाब्धयो
वेदषट्काभ्रभूपाभ्रभूसम्मिताः ॥ १९ ॥

वेदचन्द्राद्रिवेदाब्धिनागाः कर-
द्वयब्धिवेदाब्धिशैला भवेयुः कुजात् ।
द्वापरान्तध्रुवाश्चक्रशुद्धास्तथा
सूर्यतुङ्गेन्दुतुङ्गेन्दुपातोद्भवाः ॥ २० ॥

वा. भा.–स्पष्टार्थमिदम् ।

कुजादीनां सर्वेषां ध्रुवाश्चक्रशुद्धाः पठिता लाघवार्थम् ।

मं	बु	बृ	शु	श	र. तुं०	चं. तुं०	चं. पा०
११	११	११	११	११	२	४	५
२९	२७	२९	२८	२८	१७	५	३
३	२४	२७	४२	४६	४५	२९	१२
५०	२९	३६	१४	३४	३६	४६	५८

इति ग्रहानयनाध्यायः ।

मरीचिः–अथात्रोपयुक्तग्रहध्रुवाङ्कान् स्रग्विणीभ्यामाह । खाद्रिरामाग्नय इतः कुजादिति ल्यब्लोपे पञ्चमी । तेन भौममारभ्य पञ्चग्रहाणां शन्यन्तानामेताः क्रमात् खाद्रिरामाग्नय इत्याद्यङ्कस्थापनेन विकला भौमस्य ३३७०। बुधशीघ्रोच्चस्य ९३३१। गुरोः १९४४। शुक्रशीघ्रोच्चस्य ४६६६। शनेः ४४०६। चक्रशुद्धा द्वादशराशिविकलाभ्यो १२९६००० हीना द्वापरान्तध्रुवाः कलिप्रारम्भध्रुवा विकलात्मका भवन्ति । तद्यथा–भौमस्य १२९२६३० । बुधशीघ्रोच्चस्य १२८६६६९ । गुरोः १२९४०५६ । शुक्रशीघ्रोच्चस्य १२९१३३४। शनेः १२९१५९४ । एता विलिप्ताः १०१६०६४, ८४४२१४,७४४४२२ । तथा तदुच्चक्रशुद्धाः क्रमेण सूर्यमन्दोच्चचन्द्रमन्दोच्चपातोद्भवा द्वापरान्तध्रुवाः। तेषां त्रयाणां ध्रुवका भवन्ति । तद्यथा सूर्यमन्दोच्चस्य २७९९३६,चन्द्रमन्दोच्चस्य ४५१७८६, चन्द्रपातस्य ५५१५७८ विकलानां परिभाषाया जातराश्यादिका ध्रुवास्तेषाम् । तद्यथा सूर्यमन्दोच्चस्य २। १७। ४५। ३६। चन्द्रमन्दोच्चस्य ४ । ५ । २९ । ४६ । चन्द्रपातस्य ५ । ३ । १२ । ५८ । भौमस्य ११ । २९ । ३ । ५० । बुधशीघ्रोच्चस्य ११ । २७ । २४ । १९ । गुरोः ११ । २९ । २७ । ३६ । शुक्रशीघ्रोच्चस्य ११ । २८ । ४२ । १४ । शनेः ११ । १८ । ४६ । ३४ ।

अत्रोपपत्तिः । कल्पादितः कल्यादिवर्षैः सप्तसप्तवेदाब्ध्यङ्कद्व्यगाङ्केन्दुमितैः १९७२९४४००० कल्पसौरवर्षैः कल्पाधिमासाद्यमे तदिष्टवर्षैः क इत्यनुपातेनाधिमासावमयोर्निरग्रतादर्शनाद्दर्शान्तसूर्योदयमेषसंक्रमकालानामभेद इति सिद्धम् । तत्र सप्ताङ्कपञ्चवेद–४५९७ गुणितशरवेदभूपगोसप्तसप्ततिथिमितानाम् १५७७९१६४५ अहर्गणत्वप्रतिपादनादयमहर्गणः ७२०६३४४४२७१५ पञ्चेन्दुपक्षताब्ध्यब्धित्र्यङ्कखद्विनगैर्मितः । अस्माद्गुणप्रयोजनाभावेनार्कसावनदिवागण इत्यादिना ग्रहाणां राश्यादिध्रुवाः समानीताः । तत्र सूर्यचन्द्रयोः पूर्णत्वेन स्वतः सिद्धज्ञानात् भौमादीनां राश्यादिफलानयनेऽहर्गणोक्तगुणहरौ तिथिद्व्यगाङ्कतत्त्वेषुमितैः ५२५९७२१५ अपवर्तितौ जातौ कल्पे सावनानां गुणहरौ १३७० । २५० । अत्र फलस्य राश्यात्मकत्वात् स्वस्वसावनैः फलमुपरि द्वादशतष्टं जातं सर्वेषां राश्यादि तद्यथोक्तग्रहाणाम् । मं ०।०। ५६ । १० । बु· शी· ३० । २। ३५ । ३१ । वृ० । ० । ३२ । २४ । शु· शी· ३·० । १ । १७ । ४६ । श·०। १ । १३ । २६ । सू· ३· ९ । १२ । १४ । २४ । चं· ३· ७ । २४ । ३० । १४ । चं० पा· ६ । २६ । ४७ । २ । एते सूर्याद्राश्यादिशून्यमिताच्छोध्या ग्रहा भवन्ति । एते निबन्धनीया इत्यङ्कबाहुल्याद्भौमादिपञ्चानां तत्साहचर्येण सूर्याब्धादीनां च सावनस्थानापन्नराश्यादिफलमेव निबन्धनार्थं गृहीतम् । अङ्कस्वल्पत्वेन लाघवात् । अत्रापि राश्यंशादिविभागेनैव तदुक्तश्लोकबहुत्वसंभवात् लाघवार्थं विकला एव निबद्धाः । अत एव सूर्याच्छोधनार्थं चक्रशुद्धा इति । अत उपपन्नं स्वाद्रिरामाभय इत्यादिश्लोकद्वयम् ॥ १९–२० ॥

अध्यायस्य समाप्तिं सूचयति इति ग्रहानयनाध्याय इति स्पष्टम् । अन्यथाऽयिमग्रन्थोक्तावसङ्गततापत्तेः । उक्तविषयाभावादिति भावः ।

इदानीं कक्षाप्रकारेण ग्रहानयनं विवक्षुः खकक्षां तावदाह ।

कोटिघ्नैर्नखनन्दषट्कनखभूभृद्भुजङ्गेन्दुभि-
र्ज्योतिःशास्त्रविदो वदन्ति नभसः कक्षामिमां योजनैः ।

तद्ब्रह्माण्डकटाहसंपुटतटे केचिज्जगुर्वेष्टनं
केचित् प्रोचुरदृश्यकगिरिं पौराणिकाः सूरयः ॥ ११ ॥
करतलकलितामलकवदमलं
सकलं विदन्ति ये गोलम् ।
दिनकरकरनिकरनिहततमसो
नभसः स परिधिरुदितस्तैः ॥ १२ ॥

वा. भा.—एभिर्योजनैस्तुल्यां गणकाः खकक्षामाकाशपरिधिं वदन्ति । तत्र कथमनन्तस्याकाशस्येयत्ता वक्तुं शक्यत इत्याशङ्क्याऽहर्पतिद्युतियुजो नभसः परिधेरिदं मानं वदन्ति । अत एव पौराणिकास्ते ब्रह्माण्डपरिधिं वदन्ति । केचिल्लोकालोकं वदन्ति । यतस्तदन्तर्वर्त्तिन एवार्करश्मयः । एवमन्ये वदन्तीति नास्माकं मतमित्यर्थः । प्रमाणशून्यत्वात् । करतलकलितसकलब्रह्माण्डगोला एवं वक्तुं शक्नुवन्ति ॥ १–२ ॥

वा. वा.—अथ कक्षाध्यायस्तत्र ग्रहकक्षाखकक्षयोर्ज्ञानोपायो भगणोपपत्तौ चिन्तितः । नक्षत्रकक्षाज्ञानं भूगर्भभूपृष्ठस्थक्षितिजान्तराले दृङ्मण्डले स्वस्वक्षितिजोर्ध्वशङ्कुद्वयान्तरकलाभ्यः सुगमम् ।

"पश्येज्जलादौ प्रतिविम्बितं भं खेटं दृगौच्च्यं गणयेच्च लम्बम् ।
तल्लम्बपातप्रतिविम्बमध्यं दृगौच्च्यहृत् सूर्यहतं प्रभा स्यात्" ॥

छायातः शङ्कुर्यः स तु भूपृष्ठस्थक्षितिजात् । त्रिप्रश्नविधिना भौमादिवन्नक्षत्रशङ्कुः साध्यः । स तु भूगर्भस्थक्षितिजादूर्ध्वं भवति । आभिः शङ्क्वन्तरकलाभिर्भूव्यासार्धयोजनानि तदा चक्रकलाभिः किमिति भकक्षा भवति । सा च रविकक्षातः षष्टिगुणोत्पद्यते । कक्षासाधनस्य मनुष्यैरेवं कर्त्तुमशक्यत्वादागम एव कक्षामाने प्रमाणमित्युक्तम् । स्वकक्षातो वा शङ्क्वन्तरसाधनं वैपरीत्येन रवीन्द्वोरेव कक्षातः शङ्क्वन्तरसाधनम् । भौमादीनां तु ।

"ग्रहस्य कक्षा चलकर्णनिघ्नी स्फुटा भवेद्व्यासदलेन भक्ता" ।

इति स्फुटकत्तातः शङ्क्वन्तरं साध्यम् । अथ ग्रहकत्तोपरि चलोच्च-कत्ताऽस्ति तदधो वा । नाद्यः । ग्रहापेत्तया चलोच्चगतेरल्पत्वं प्रसज्येत तच्चायुक्तं प्रत्यत्तविरोधात् । न द्वितोयः । भूगर्भाद्दूरतरप्रदेशावस्थिति-निबन्धनोऽयमुच्चव्यपदेशो बाध्येत । दूरप्रदेशावस्थितत्वं नाम स्वीयग्र-हादनधःस्थितत्वम् । तस्माद्ग्रहकत्तैव तुङ्गपातयोः कत्तेत्याह—

"ग्रहस्य कत्तैव हि तुङ्गपातयोः पृथक् च कल्प्याऽत्र तदीयसिद्धये"-

ग्रहकत्ता या तूच्चप्रदेशस्यैवोच्चत्वव्यपदेशः । ग्रहकत्ताया यत्र विमण्डलेन संयोगस्तत्प्रदेशस्य पात इति संज्ञा । कुजगुरुशनिचलोच्चानां प्रत्यत्तोपलब्धगतेर्मध्यरविगतितुल्यत्वदर्शनान्मध्यरविश्चलोच्चमिति कल्प-ना । वस्तुतस्तु स्वीयग्रहकत्तास्थानामेव चलोच्चानां नन्दाद्याः कला भुजगा-श्च विकला गतिरिति । अत्र 'ग्रहस्य चक्रैर्विहृता खकत्ता भवेत् स्वकत्ता'-इति या तुङ्गपातानां पृथक् कत्ता समायाति सा तु

"स्वया स्वया तानि पृथक् च कत्तया
हृतानि वा स्युर्भगणादिका ग्रहाः" ।

इति प्रकारेण तेषां साधनार्थमेवोपयुज्यते । न तेषामवस्थित्यर्थ-मत्यर्थः । सममण्डलमप्राप्तस्य रवेः समशङ्कूत्पत्तिवत् । नन्वेवं विसदृश-गतीनां तुङ्गपातग्रहाणामेककत्तास्थित्यङ्गीकारे रव्यादीनां ग्रहाणां सर्वे-षामप्येककत्तास्थितत्वं कुतो न स्यात् । स्यादेतद्यदि ग्रहभेदयोगकाले-ग्रहबिम्बयोरूर्ध्वाधरत्वानुभवो न भवेत् । शीघ्रफलाभावे भूमेर्दूरतरप्रतिम-ण्डलप्रदेशावस्थितो ग्रह एवोच्चपदेनोच्यते । प्रतिमण्डले विलोमं भ्रम-तो मेषादेर्या गतिः सैवोच्चगतिरित्युच्यते । कत्तास्थप्रदेशविशेषत्वेन सिद्धस्योच्चस्य को नामभिन्नकत्तास्थितत्वं वदेत् । तथैव प्रतिमण्डलेन-गच्छतो ग्रहस्य यत्र प्रदेशे शराभावः स एव प्रदेशः पात इति । तस्मा-दस्ति मिथो ग्रहाणां वैषम्यं ग्रहतुङ्गपातेभ्य इति सिद्धम् । एवं विसदृ-शगतीनां तुङ्गपातग्रहाणामेककत्तास्थितत्वमुक्तम् । अधुना तुल्यगतीना-

मपि रविबुधशुक्राणां कक्षाभेदमाह अर्कस्य कक्षैवेति कक्षासाधनप्रकारेण साधिते कक्षे ज्ञशुक्रयोश्चलोच्चकक्षे एव भवतः । ज्ञशुक्रमध्यकक्षाभ्यां खकक्षातो भागे गृहीते ज्ञशुक्रचलोच्चभगणा भवन्ति । ज्ञशुक्रयोर्मध्यगतौ साध्यमानायां रविमध्यगतितुल्यैव तयोर्गतिरुत्पद्यते । अत उक्तं चलतुङ्गकक्षायामेव ज्ञशुक्रयोरर्कमध्यगत्या भ्रमणमिति । किन्तु ज्ञशुक्रयोर्योजनात्मिका गतिः पादोनगोत्वधृतिभूमितयोजनेभ्यो भिन्ना । कक्षाभिन्नत्वे योजनात्मककलात्मकगत्योरभेदासम्भवात् । लघुवृत्ते लघ्वः कला महति वृत्ते महत्य इति कलात्मकगतेरैक्यत्वस्वीकारे योजनगतिरवश्यं भिद्यत इति भावः । तयोर्गतेरानयनं त्रैराशिकेन । मध्यचलोच्चकक्षायोजनानि चक्रकलाभिस्तदा रविमध्यगतितुल्यकलाभिः किमिति ज्ञशुक्रयोर्योजनात्मिके गती भवतः । अतः सर्वं निरवद्यम् ।

इति कृष्णदैवज्ञात्मजनृसिंहकृतौ कक्षाध्यायः ।

मरीचिः–अथ यन्मार्गेणैते ग्रहा गच्छन्ति तन्मार्गानुमिताकाशस्य वृत्तानां योजनात्मकमध्यममानं तदाश्रयत्वेनोपजीव्यत्वाद्विवक्षुः प्रकारान्तरेण ग्रहानयनार्थं च खकक्षां प्रथमं शार्दूलविक्रीडितेनाह कोटिघ्नैरिति । १८७१२०६९२०००००००० योजनैः ।

"यवोदरैरङ्गुलमष्टसंख्यैर्हस्तोऽङ्गुलैः षड्गुणितैश्चतुर्भिः ।
हस्तैश्चतुर्भिर्भवतीह दण्डः क्रोशः सहस्रद्वितयेन तेषाम् ॥" इति

"स्याद्योजनं क्रोशचतुष्टयेन" इति प्रागुक्तप्रदेशैरिमां प्रसिद्धां नभसः कक्षां खपरिधिं ज्योतिःशास्त्रविदो गणका वदन्ति एततुल्यां खकक्षामूचुः । एवं च

"खव्योमखत्रयखसागरषट्कनागव्योमाष्टशून्ययमरूपनगाष्टचन्द्राः" *

इति सूर्यसिद्धान्तोक्तस्वकक्षामानेन १८७१२०८०८६४०००००० विसंवादेऽपि भगणोपजीवकत्वाच्च क्षतिः ।

---

* नेदं प्रचरितसूर्यसिद्धान्ते उपलभ्यते ।

तथा च ब्रह्मगुप्तोक्तवाक्यम्—

"अम्बरयोजनपरिधिः शशिभगणाः शून्यखखजिनाग्निगुणाः" इति ।

सिद्धान्तशेखरेऽपि—

"द्व्यङ्कर्तुखेनागधृतिप्रमाणा कक्षाऽम्बरस्यार्बुदयोजनघ्नी"-इति ।

ननु परमहत्परिमाणस्याकाशस्य मध्यविधमानासंभवादिदमसंगत-मित्यतस्तत्समाधानरूपे मतान्तरे आह तदिति । यदेतदाकाशपरिधि-मानमुक्तं तत् तन्मितं ब्रह्माण्डमेव "कटाहद्वितयस्येव संपुटं गोलकाकृति" * इति सूर्यसिद्धान्तोक्तेः। तस्य तटे सन्धौ वेष्टनं परिधिम्। पौराणिकाः केचित् सूरयो गणका जगुरूचुः । तथा च गोलाकारब्रह्माण्डावच्छिन्नाकाशपरि-धिमाहुः । द्वितीयमतमाह केचिदिति । केचित् पौराणिकाः सूरयोऽदृश्य-दृश्यकगिरिं प्रोचुः। पश्चिमपूर्वस्थलोकालोकपर्वतयोर्दक्षिणोत्तरदिशि मिल नात् तदवच्छिन्नाकाशपरिधिं "लोकालोकेन वेष्टितम् †"-इति सूर्यसिद्धा-न्तोक्तेः । "लोकालोकश्चक्रवालः" इत्यभिधानं चाहुः ।

तथा च तद्वाक्यम्—

"हिरण्यगर्भाण्डकटाहसंपुटप्रवेष्टनं तच्च बभाषिरे बुधाः ।

अदृश्यदृश्यं च गिरिं पुरातना जगुः खकक्षामिति गोलवादिनः"॥

इति । एतन्मते नोक्तदोष इति ॥ १ ॥

ननु ब्रह्माण्डे लोकालोकपर्वते च बाह्यान्तर्गतपरिधिद्वयसंभ-वात् कस्येदं मानमित्येतन्मतेऽपि संशयग्रस्तत्वमित्यत एतन्मतद्वयपरि-ष्कारूपमतान्तरमार्ययाऽऽह करतलकलितामलकवदिति । पौराणिकैर्ग-णकैः स उक्ताङ्कमितो नभसः परिधिरुक्तः। उक्तदूषणं निवारयति । दिन-करेति। सूर्यकिरणसमूहविध्वस्तान्धकारस्येत्यर्थः । अत्र मानमाह करतले-त्यादि । करतलेऽपहस्ते कलितो गृहीतो य आमलको धात्रीफलं तद्वद्-

* द्रष्टव्यो भूगोलाध्याये २८ श्लोकः ।

† द्रष्टव्यो ज्योतिषोपनिषदध्याये १६ श्लोकः ।

मलं निरूपणं गोलं ब्रह्माण्डगोलं सकलं संपूर्णं ये विदन्ति तैरित्यर्थः । एतादृशोक्तिरेव मानमाप्तवाक्यत्वादिति भावः । तथा च सूर्यकिरणग-मनविषयाकाशावच्छिन्नगोलस्य परिधिमङ्गीकुर्वन्ति । तेन ब्रह्माण्डे लोका-लोकपर्वतेऽपि किरणावच्छिन्नत्वेनोक्तदोषो यतस्तदन्तर्वर्त्तिन एवार्कर-श्मय इति ।

तद्वाक्यं च धीवृद्धिदे—

"भवति योजनमानमहर्पतिद्युतियुजो नभसः परिधेरिदम्"-इति ।

श्रीपतिरपि—

"रविगभस्तिनिरस्ततमोनभःपरिधियोजनमानमिदं भवेत्"-इति ।

व्याससिद्धान्तेऽपि—

"ब्रह्माण्डसंपुटपरिभ्रमणं समन्तादभ्यन्तरे दिनकरस्य करप्रसारः-इति ।

"ब्रह्माण्डमध्ये परिधिर्व्योमकक्षाऽभिधीयते" † ।

इति सूर्यसिद्धान्तेऽपि ।

"ब्रह्माण्डकुण्डमध्यगमिदमखिलं यत् प्रकीर्त्तितं क्रमशः ।
तस्य परिधिः स्वकक्षालोकालोकोऽपि च स उक्तः" ॥

इति लल्लेनापि स्पष्टमुक्तमित्यलम् ॥ २ ॥

इदानीं स्वमतमाह ।

ब्रह्माण्डमेतन्मितमस्तु नो वा
कल्पे ग्रहः क्रामति योजनानि ।
यावन्ति पूर्वैरिह तत्प्रमाणं
प्रोक्तं खकक्षाख्यमिदं मतं नः ॥ ३ ॥

वा.भा.—स्पष्टार्थम् ॥ ३ ॥

मरीचिः—अथ यथाश्रुतखकक्षापरिष्कारकृपं स्वाभिमतार्थं पूर्वमतदूषणपू-

† द्रष्टव्यो भूगोलाध्याये ३० श्लोकः ।

र्वंक्रमिन्द्रवज्रयाऽऽह ब्रह्माण्डमेतदिति । ब्रह्माण्डमेतन्मितं खकक्षायोजनमितम् । अस्तु नो वाऽस्तु नास्तु लोकालोकपर्वतोऽप्येतदुपेक्षणात् । अत्रास्माकं नाग्रहः । ग्रहसम्बन्धाभावेनोपपत्तिमदागमप्रमाणाभावात् । स्वयमुपपत्त्या खकक्षामाह कल्पे इत्यादि । ग्रहः कल्पे तदवच्छिन्नकाले यावन्ति यन्मितानि योजनानि क्रामति स्वशक्तिपूर्वगत्या भुनक्ति तत्प्रमाणं ग्रहगमनेन कल्पावच्छिन्नकाले योजनभोगमानम् । इह गणितस्कन्धात्मकज्योतिःशास्त्रे खकक्षाख्यमाकाशपरिधिवाच्यं पूर्वैर्विष्णुधर्मोत्तरपुराणकारादिभिः । प्रोक्तमिदं युक्तियुक्तमेतन्मतं नोऽस्माकं ब्रह्मगुप्तादीनां प्रतिभाति ग्रहसम्बन्धोपपत्त्या प्रमाणत्वात् । एवं च कल्पावच्छिन्नकाले ग्रहभुक्तानि योजनानि तदवच्छिन्नाकाशपरिधेर्नियतमानं युक्तमिति नोक्तदोषः । तथा च विष्णुधर्मोत्तरान्तर्गतब्रह्मसिद्धान्ते उक्तम्—

"अष्टौ शून्यानि यमन-
वरसखर्रविमुनिवसुनिशाकराः १८७१२०८९२००००००००।
सर्वग्रहाणां भ्राम्यमाणानां योजनात्मककल्पाध्वा"-इति ॥

ब्रह्मगुप्तोऽपि—

"भपरिधिसमानि षष्ट्या खपरिधितुल्यानि कल्परविवर्षैः ।
गच्छन्ति योजनानि ग्रहाः स्वकक्षासुतुल्यानि"-इति ॥

तट्टीकाकारश्चतुर्वेदाचार्योऽपि ।

"द्विच्छिद्रषट्काम्बरनेत्रचन्द्रशैलाष्टरूपाणि गुणानि कोट्या ।
व्योम्नः सधाम्नः परिधिर्दशघ्नः कल्पे ग्रहाणां स च योजनाध्वा"॥

इति मूलं प्रसिद्धम् ।

अत्रोपपत्तिः । भूपृष्ठसम्बन्धियन्त्रेण ग्रहवेधविधिनोन्नतांशा राश्याद्यवयवेन स्पष्टत्वं च ग्रहस्य ज्ञेयम् । ततस्तत्काले दिगंशज्ञानेन त्रिप्रश्नोक्तविधिना गणितेनोन्नतांशा ज्ञेयाः । तयोरन्तरं भूपृष्ठगर्भक्षितिजान्तरप्रदेशस्थस्वदृग्वृत्तप्रदेशेऽन्तरांशाः । कुत एवमिति चेच्छृणु । भूपृष्ठस्थेन

वेधार्हभूपृष्ठोन्नतांशानां वेधविधिना सिद्धत्वात् । स्पष्टस्य चैकरूपेणो-भयत्र समानत्वात् तत्काले तत्क्षितिजयोर्दिशाभेदेन भूपृष्ठक्षितिजे तद्वि-गंशज्ञानसम्भवाद्गणितस्य भूगर्भविषयत्वेन गणितागतोन्नतांशानां भूग-र्भीयत्वम् । उन्नतांशानां क्षितिजावधित्वेन तदन्तरांशाः क्षितिजान्तरा-लस्थस्वदृग्वृत्तप्रदेशे स्पष्टाः । क्षितिजयोरन्तरं तु भूव्यासार्धयोजनमित्यग्रे लम्बनादौ स्फुटं प्रतिपादितमतस्तदन्तरांशैर्भूव्यासार्धयोजनानि तदा चक्रांशैः कानीत्यनुपातेन संपूर्णदृग्वृत्तस्ययोजनानि । एतत्तुल्यान्येव कक्षा-वृत्तयोजनानि ग्रहगोले ऊर्ध्वाधःस्वस्तिकयोर्भ्रमणदृग्वृत्तस्य प्रोक्तत्वात् ।

"स्वस्थानेन्दुसमुद्गमास्तमययोः कालान्तरं यद्भवेत्
तत् स्वीयं दिनमानमम्बुघटिकायन्त्रेण संसाधितम् ।
यत् त्वत्रैव दिने निशाकरचरात् त्रिप्रश्नमार्गेण तद्-
भूगर्भस्थनरद्युमानमनयोर्नाड्यन्तरेणेति चेत् ॥

इन्दुर्द्विसङ्गुणमहीदलयोजनानि स्वीयद्युरात्रघटिका'भरयं तदा किम्
त्रैराशिकेन विधुकक्षिकयोजनानि वा सूर्यवत इयं परिसाधनीया"॥

इत्येकदेशमतोक्तेन वा साध्या । एतद्विवरणं तु तट्टीकायां स्फुटम् । एवं प्रत्यहं भगणभोगपर्यन्तं कक्षायोजनान्यानेयानि । तत्परमाधिकन्यून-संख्यायोगार्धस्य मध्यमत्वेन ज्ञानान्मध्यमकक्षामानं सिद्धम् । अथ कक्षा-योजनानि तत्स्थभगणभोगेन भुनक्ति । अत एकभगणभोगेन कक्षायोज-नभोगस्तदा कल्पभगणैः क इत्यनुपातेन कल्पयोजनभोगः। खकक्षा स्वभ-गणकक्षाघाततुल्योपपन्ना । पृथूदकभास्करादयस्तु चन्द्रभूयोगाच्चन्द्रबिम्ब-मध्यमलिप्तागतं साधयेत् । तच्चोदयतोऽस्तमयतो वा बिम्बस्य क्रिय-त्यो विनाड्यः प्राणाश्च भवन्तीति चन्द्रभगणभोगं यावत् साधयेत् । प्रति-दिनसंभूतबिम्बकालैक्यमेकभगणभोगसंभूतसावनदिनमितिभक्तं फलमेक-दिनोदयकालो मध्यमो भवति । स च प्राणीकृतो मध्यमचन्द्रबिम्बकला भवन्ति कलासूनां समत्वात् । तत् तु द्वात्रिंशत् । चन्द्रबिम्बयोजनमानं

शून्यवसुवेदाः ४८०। अत एतत्कलाभिरेतानि योजनानि तदैककलया कानीत्यनुपातेन चन्द्रकक्षायामेककलाप्रमाणं पञ्चदश योजनानि। एतानि चक्रकलागुणानि चन्द्रकक्षामानं योजनात्मकम् ३२४०००। अतः पूर्वोक्तानुपातेन खकक्षेति। न च विम्बयोजनोपपत्तौ कक्षामूलत्वेनान्योन्याश्रय इति वाच्यम्। विम्बयोजनानामाप्तवाक्येन प्रमाणसिद्धत्वाभ्युपगमात्। अथोक्तं चन्द्रविम्बसाधनादि मनुष्यकृत्यगोचरं सूक्ष्मकालस्याज्ञानात्। भुवश्च निम्नोन्नतत्वान्महाद्रिवनान्तरितत्वाच्चाशक्यं सर्वमिति भगणस्वपरिधिमाने आगम एव प्रमाणमिति सत्यम्। परन्त्वस्माभिः प्रसङ्गेन वस्तुदर्शनस्य प्रतिपादनान्न क्षतिरिति।

"अम्बरयोजनपरिधिः शशिभगणाः शून्यखखजिनाग्निगुणाः"।

इति ब्रह्मगुप्तोक्तस्य व्याख्यावसरे

"दशगुणं गुणयेत् खखषड्घनं १०६००० युगभवैर्भगणैः शिशिरद्युतेः।

इत्यस्य व्याख्यावसरे धीवृद्धिदटीकायां क्रमेणाहुः।

एतेन–

"अत्र भास्करपृथूदकमुख्यैर्वासना निगदिता निजतन्त्रे।

तां विरोधिमतदूषणदक्षां वच्मि सन्मतिमतामतिरम्याम्"-इति॥

केषां चित् प्रागल्भ्यं परास्तम्। ब्रह्मगुप्तसिद्धान्ते पृथूदककृतभाष्ये शिष्यधीवृद्धिदतन्त्रे लल्लोक्ते भास्करकृतटीकायां च प्रसिद्धत्वात्॥ ३॥

इदानीं ग्रहकक्षा आह।

ग्रहस्य षष्ट्या विहृता खकक्षा
भवेत् स्वकक्षा निजकक्षिकायाम्।
ग्रहः स्वकक्षामितयोजनानि
भ्रमत्यजस्रं परिवर्त्तमानः॥ ४॥

वा.भा.–सा खकक्षा यस्य यस्य भगणैर्हियते तस्य तस्य ग्रहस्य कक्षामितिर्लभ्यते। अस्योपपत्तिरूपं श्लोकस्योत्तरार्धमिति। यतः स्वकक्षायां

ग्रहो भ्रमन्नजस्रं परिवर्त्तमानः खकक्षामितानि योजनानि पूरयति । अतो ग्रहभगणैर्भक्ताया: खकक्षाया यल्लभ्यते सा ग्रहकक्षामितिरित्युपपन्नम् ॥४॥

मरीचिः—अथ स्वस्वकक्षायां पूर्वगत्या प्रतिपादितयोजनभोगात् कल्पे खकक्षातुल्ययोजनानि प्रत्येकं भुनक्तीति प्रतिपादितम्। तत्रेदं स्वाश्रयकक्षा-योजनमानाधीनमिति ग्रहकक्षायोजनानयनमुपेन्द्रवज्रयाऽऽह ग्रहस्य चक्रै-रिति । पूर्वोक्ता खकक्षा यस्य कल्पभगणैर्भक्ता फलं स्वकक्षा तन्मार्गानुमि-ताकाशवृत्तमानं योजनात्मकं भवेत् । तथा च पूर्वगत्यैकगणभोगेन कक्षायोजनानि भुनक्तीति प्रतिपादनमर्थसिद्धम् । अथ कक्षायोजनानि प्रतिदिनमपि भुनक्तीत्याह निजकक्षिकायामित्यादि निजकक्षावृत्तमार्गे परिवर्तमानो भ्रममाणः प्रवहानिलेनाजस्रं प्रतिदिनं ग्रहः स्वकक्षामित-योजनानि भ्रमति परिवर्त्तं करोति । ग्रहस्य प्रवहानिलभ्रमेण कक्षावृत्त-प्रदेशत्यागाभावेन कक्षावृत्तभोगानुपपत्तिरिति तद्वारणार्थं मितपददानं प्रवहानिलेन ग्रहाधिष्ठितकक्षावृत्तप्रदेशस्यैव भ्रमणात् । अत एव स्वोद-यद्वयान्तरकालेन ग्रहोऽन्यगत्या कक्षायोजनानि भुनक्तीति चक्रभोगेनैकं भगणं भुनक्तीति कल्पेन स्वरशास्त्रादिषु तत्कालग्रहानयनम् ।

"इष्टनाड्यो हता धिष्ण्यैः षष्टिभागाप्तशेषके ।
अश्विन्यादीन्दुभोगेन भुङ्क्ते तत्कालचन्द्रमाः ॥
यथा चन्द्रस्तथा सूर्यः कर्त्तव्यश्चेष्टकालिकः ।
यतोऽहोरात्रमध्ये तौ विभ्रान्तौ धिष्ण्यमण्डले" ॥

इति सम्यगुक्तम् । अन्ये तु ग्रहः खकक्षामितेत्यादि पाठं कृत्वा कक्षानयनप्रकारस्योपपत्तिरूपं द्वितीयार्धम्। तदर्थस्तु निजकक्षायां परिवर्त-मानोऽजस्रं नित्यं ग्रहः कल्पे आकाशकक्षामितयोजनानि भ्रमति अतो ग्रहः कल्पभगणभोगेनाकाशकक्षायोजनभोगं करोति तदैकभगणभोगेन कियन्मितमित्यनुपातेन कक्षानयनं पूर्वार्धोक्तं युक्तमित्याहुः । तत्र पूर्व-श्लोकार्थेन पौनरुक्त्यापत्तेः । अत्रोपपत्तिः । स्वकक्षायाः भगणाङ्ककक्षाघात-

तुल्यत्वप्रतिपादनात् । सा भगणभक्ता कक्षा स्यादिति सुगमा पश्चिमभ्रमेण कक्षामितयोजनानि भुनक्त्येवेति प्रत्यक्षम् ॥ ४ ॥

इदानीमेवं सिद्धे रवीन्दुकक्षे भकक्षां चाह ।

सार्धाद्रिगोमनुसुराब्धिमिताऽर्ककक्षा ४३३१४९७½
चान्द्री सहस्रगुणिता जिनरामसंख्या ३२४००० ।
अभ्रेषुविभाङ्कगजकुञ्जरगोऽक्षपक्षाः २५९८८९८५०
कक्षां गृणन्ति गणका भगणस्य चेमाम् ॥ ५ ॥

वा·भा·—रवेः कक्षा ४३३१४९७½। चन्द्रकक्षा ३२४००० । भकक्षा २५९८८९८५०- अत्रार्ककक्षातो भकक्षा षष्टि-६० गुणा । 'अर्को भषष्ट्यंश'-इत्यागमप्रामाण्ये नाङ्गीकृता । एवमन्येषामपि ग्रहाणां कार्याः ॥ ५ ॥

मरीचिः– अथैवं सिद्धं रवीन्दुकक्षामानं नक्षत्रकक्षामानं च सिंहोद्धतयाऽऽह सार्धाद्रिगोमनुसुरेति । मनूनां चतुर्दशानां कल्पे प्रतिपादनात् तत्पदेन चतुर्दश । तथा चैतदङ्कस्थापनेनार्ककक्षा एतन्मिता ४३३१४९७। अस्या अधोऽवयवमाह सार्धेति । अर्धेन एकार्धेन ०।३० सह वर्त्तमानेति सूक्ष्मा ४३३१४९७।३०। इयमेव बुधशुक्रयोर्भौमगुरुशनिशीघ्रोच्चानां च ज्ञेया । एकदेशान्वयस्य शास्त्रे प्रतिपादनाच्चान्द्री कक्षेति सम्बन्धः । जिनाश्चतुर्विंशतिः । तद्भेदानां तत्संख्यात्वात् । अङ्कस्थापनेन स्पष्टम् ३२४००० । ननु सूर्यचन्द्रयोर्यथा कक्षामानमुक्तं तथाऽन्येषां कथं नोक्तम् । न च प्रयोजनाभावादिति वाच्यम् । स्वया स्वयेत्याद्युक्तग्रहानयनप्रकारे कक्षामानानामत्यन्तप्रयोजनादिति चेव । ग्रहानयनस्याहर्गणतः साक्षात्सिद्धत्वेनातिप्रयोजनाभावात् ग्रहणेऽर्केन्दुकक्षामानस्यात्युपयोगात् शेषाणां सिद्धान्तशेखरे उक्ताः–

"अष्टाङ्कपक्षमनुगजाः क्षितिनन्दनस्य ८१४६९१६
ज्ञस्येशदन्तकृतखेन्दुमिता–१०४३२११ ऽथ सूरेः ।
रूपाश्विनागयुगशैलगुणेन्दुबाणाः ५१३७४८२१

खाग्न्यङ्कसागररसोत्कृतयः सितस्य २६६४६३० ॥

भूधराहिनगनागरसर्तुक्ष्माधराश्विशशिनः शनिकक्षा"–

१२७६६८७१८७ ।

मदुक्ताश्च मन्दोच्चपातानाम् ।

"खाभ्रखाभ्रखशरागनगाब्ध्यग्न्यष्टगोष्टदहनै रवेः

३८९८३४७७५००००० क्रमात् ।

नागनागखरसत्रिरामनागाग्निभिः परिमिता ३८३३६०८८ मृदुतुङ्गे ॥

त्र्यर्कागषट्तर्कगजाश्विसिद्धनागाभ्रवेदाङ्कमिता च कक्षा

६४०८२४२८६६७१२३ ।

सप्ताङ्गनागाष्टियमाब्धिपञ्चनृपाङ्गरामाङ्गशरैर्मिता

५६३६१६५४२१६८६७ स्यात् ॥

क्वग्न्यङ्कपक्षेषुखभूरसाब्धिशराष्टनागेन्दुयमैर्मिता

२१८८५४६१०५२६३१ स्यात् ।

कुभ्राङ्कगोभूजिनवेदपञ्चपञ्चाक्षपड्नागयमैर्मिता

२८६५५५४२४१९६०१ स्यात् ॥

घनत्रिसप्ताभ्रघनत्रिगोभूनन्दाग्निषट्पञ्चकृतप्रमाणा

४५६३९१९३१७०७३१७ ।

कृतेषुपाठे खखखाभ्रखाभ्रखखाष्टगोकुवरसाब्धिरामैः

३४६५१९८७००००००० ॥

चन्द्रादिपातस्य नगाग्निवेदसप्ताब्धिपञ्चाभ्रगजप्रमाणा

८०५४७४३७ ।

चञ्चागसप्ताङ्कघनाङ्कपञ्चरसाश्विनागाभ्रखसप्ततुल्या

७००८२६५६१७९९७५ ॥

तानाब्धिषड्वेदगजाङ्कसप्ताङ्गेष्विन्दुगोत्ताग्निमिता

३५९१५६७९८४६४४९ क्रमेण ।

कृगातनागाश्विकृतेन्दुसप्तनवाष्टखाङ्गाङ्कयमप्रमाणा २९६०८९७१४२८५७१ ॥

उत्कृत्यङ्गागरामाष्टाब्ध्यष्टाब्धीष्वङ्कखाश्विभिः२०९५४१६४८३७६२६।
कङ्गाताग्न्यष्टरामाब्धिकृकब्ध्यभ्ररदैर्मिता ३२०४१२१४३८३५६१ ॥
निबद्धा भास्करप्रोक्तभगणानां मया ततः।
केन्द्रचक्राद्युक्तरीत्या ज्ञेया केन्द्रस्य कक्षिका" ॥ इति

ननु यथा ग्रहभ्रमणेन तन्मार्गानुमिततत्कक्षाऽस्ति तथा नक्षत्र भ्रमेण प्रत्यक्षसिद्धेन तेषामपि कक्षाऽस्तीति सिद्धम्। तथा च तन्मान ग्रहस्य चक्रैरित्यादिप्रकारेण कथं सिद्ध्येत्। नक्षत्राणां नियतगत्यभावेन भगणभोगाभावात्। न च भभ्रमेणैककक्षावृत्तभ्रमणात् कल्पभभ्रममानमेव तेषां भगणभोगमानं तेनोक्तप्रकारेण नक्षत्रकक्षामानानयने न क्षतिरिति वाच्यम्। कल्पे ग्रहः क्रामति योजनानीति पूर्वोक्तेन स्वशक्तिगत्या नक्षत्राणां खकक्षाभोगाभावात् भभ्रमाणां प्रवहे हेतुत्वाच्च। अन्यथा ग्रहोदयेन ग्रहकक्षापरिवर्त्तसिद्धिस्तत्सावनैरेव तत्कक्षासिद्धत्वापत्तेरित्यतः सिद्धमेव नक्षत्रकक्षामानमाह। अभ्रेष्विति। इमां भगणस्य नक्षत्रसमूहाधिष्ठिताकाशगोलस्य कक्षां परिधिं गणकास्तत्त्वज्ञा गृणन्ति वदन्ति। इमां काम्। या अभ्रेष्विभाङ्कगजकुञ्जरगोक्षपक्षाः। अत्र पक्षपदेन शुक्लकृष्णभेदात् द्विसंख्या। तेनैतद्योजनमिता २५९८८९८५०। तां वदन्तीत्यर्थः। नक्षत्राकाशगोलपरिधिरेतद्योजनमित इति तात्पर्यार्थः।

तथा च चतुर्वेदाचार्यः—
"खेष्विन्दुपूर्णशशिशीतकरै-११०१५० विहीनाः
कोट्या रसाश्विनिहताः २६००००००० कथिता भकक्षा"।

अत्रोपपत्तिः। भूपृष्ठयन्त्रेण नक्षत्रयोगताराबेधाद्युन्नतांशा नक्षत्रस्य ज्ञेयास्ते भूपृष्ठक्षितिजात्। अथ तस्मिन् काले तद्ध्रुवप्रकशरादिज्ञानात् त्रिप्रश्नाधिकारोक्तप्रकारेण ग्रहवदुन्नतांशाः साध्यास्ते भूपृष्ठ-

क्षितिजात् । तयोरन्तरांशाः क्षितिजान्तरालस्थदृग्वृत्तप्रदेशे भवन्ति । एतेऽंशाः सूर्यदृग्वृत्तस्थितांशानां षष्ट्यंशरूपा दृष्टा वेधेनात एव तदन्तरांशैर्भूव्यासार्धयोजनानि तदा चक्रकलाभिः कानीत्यनुपातेन सूर्यकक्षा षष्टिगुणा नक्षत्रकक्षा सिद्धैतदङ्कमितेति ग्रहकक्षोपपत्तिरीत्योक्तप्राया ।

अत एव सूर्यसिद्धान्ते—

"भवेद्भकक्षा तिग्मांशोर्भ्रमणं षष्टिताडितम् ।
सर्वोपरिष्टाद् भ्रमति योजनैस्तैर्भमण्डलम् ॥ * "

इत्यभिहितं युक्तम् । भचक्रस्य सूर्यात् पञ्चमस्थानस्थत्वेन तस्य द्वादशराश्यात्मकत्वात् तद्घातगुणिताऽर्ककक्षा सा भवत्येवेति नयनावरणं मन्दानामिति कश्चित् ।

अन्ये तु—

"पश्येज्जलादौ प्रतिबिम्बितं भं खेटं दृगौच्च्यं गणयेच्च लम्बम् ।
तल्लम्बपातप्रतिबिम्बमध्यं दृगौच्च्यहृत् सूर्यहतं प्रभा स्यात्" ॥

इति ज्ञातच्छायातः शङ्कुः साध्यः । तस्मिन् काले भौमादिवद् दृग्गणितेन शङ्कुः साध्यः । तयोश्चापांशपूर्वकान्तरं कार्यम् । अस्मादुक्तानुपातेन कक्षोक्ताङ्कमितोपपन्नेत्याहुः ॥ ५ ॥

इदानीं ग्रहगतियोजनान्याह ।

कल्पोद्भवैः क्षितिदिनैर्गगनस्य कक्षा
भक्ता भवेद्दिनगतिर्गगनेचरस्य ।
पादोनगोऽक्षधृतिभूमितयोजनानि
खेटा व्रजन्त्यनुदिनं निजवर्त्मसीमे ॥ ६ ॥

वा·भा·—अत्रोपपत्तिः । यदि कुदिनैः खकक्षामितयोजनानि गच्छन्ति तदैकेन किमिति । फलं दिनगतियोजनानि । तानि च स्थूलत्वेन तावत् पादोनगोऽक्षधृतिभू—११८५८।४५मितानि स्युः ॥ ६ ॥

* द्रष्टव्यो भूगोलाध्याये ८० श्लोकः ।

मरीचिः—अथ कक्षायोजनानि स्वशक्तिगमनहेतुभगणभोगेन भुनक्ति तत्र प्रतिदिनयोजनभोगमानस्य हेतुत्वात् तज्ज्ञानं सिंहोद्धतयाऽह कल्पोद्भवैरिति। खस्य कक्षा परिधिः। कल्पग्रहभुक्तयोजनसंख्या समया। कल्पोद्भवैः कल्पकालपठितैः क्षितिदिनैः सूर्यसावनदिनैर्भक्ता फलं गगनेचरस्य सूर्यादिग्रहस्य दिनगतिरेकसूर्यसावनदिने योजनभोगमानरूपा प्रत्येकं भवेत्। फलस्य भाज्यहरयोर्नियतत्वेन नियतत्वात् तन्मनकथनपूर्वकं दिनगत्यर्थं स्पष्टयति पादोनेति। इमे दृश्यमानाः खेटा ग्रहा निजवर्त्मनि स्वकक्षावृत्ते अनुदिनं प्रत्यहं रूपचतुर्थांशोननवपञ्चाष्टादशैकप्रमाणयोजनानि ११८५८। ४५। अत्र महायुगस्य श्लोकस्य वा चरणाश्चत्वार इति चतुर्थांशः। तदूनस्याव्यवहितत्वेन गो-इत्यत्रान्वयः त। व्रजन्ति स्वशक्त्या गच्छन्ति। नक्षत्राणां स्वशक्त्या नियतगत्यभावाद्दिनगत्यभावः खेटपदेनार्थसिद्धः।

अत्रोपपत्तिः। कल्पकुदिनैः खकक्षामितयोजनानि भोगस्तदैकदिनेन क इत्यनुपातेनोपपन्नं कल्पोद्भवैरित्यादि। फलं वागतं किञ्चिदधोवयवाधिकत्रिचत्वारिंशदधोवयवाधिकाष्टेषुधृतीन्दुधृतम्। तत्र स्वल्पान्तरत्वाल्लाघवाच्च पादोनेत्याद्युक्तमत एवाधोऽवयवेषु किञ्चिदधिकत्र्यमागतेषु त्यक्त्वा "त्र्यंशोननन्देषुधृतीन्दुसंख्या द्युचारिणां योजनभुक्तिरह्नि"। इति सिद्धान्तशेखरे उक्तम् ॥ ६ ॥

इदानीं ग्रहानयनमाह।

> अहर्गणात् कक्षिनवाङ्क-६६२१निघ्नान्-
>
> नवेन्दुवेदेषुहुताश-३५४१९ लब्ध्या।
>
> अहर्गणो गोऽक्षधृतीन्दु-११८५९ निघ्नो
>
> विवर्जितः स्युर्गतयोजनानि ॥ ७ ॥
>
> स्वया स्वया तानि पृथक् च कक्षया
>
> हृतानि वा स्युर्भगणादिका ग्रहाः।

वा॰ भा॰—अहर्गणे भूनेत्रनवतन्द-९९२१ गुणे नवशशिश्रुतिबाणाग्निभि-३५४१९ भक्ते यल्लब्धं तेन विवर्जितः कार्यः। कः। नन्देन्द्रियधृतीन्दु-

११८५९ गुणोऽहर्गणः । एवं गतयोजनानि स्युः । तेभ्यः पृथक् पृथक् स्वया स्वया कक्षया भाजितेभ्यो भगणाद्या ग्रहा लभ्यन्ते ।

अत्रोपपत्तिः । दिनगतियोजनैरहर्गणे गुणिते गतयोजनानि भवन्तीति सुगमम् । अत्र सुखार्थं गोऽङ्कधृतीन्दुभिः ११८५९ संपूर्णैरहर्गणो गुणितः । सोऽधिको जातः । यदधिकं तच्छोध्यम् । तस्याधिकस्य ज्ञानार्थमुपायः । परमोऽहर्गणः कुदिनतुल्यः । तेन गुणकेन गुण्यः । एवं गोऽङ्कधृतीन्दुनिघ्नः सन् खकक्षातोऽधिको भवति । तस्मात् खकक्षां विशोध्य शेषेणानुपातः । यदि कुदिनतुल्येनाहर्गणेनैतावदधिकं भवति तदेष्टेनाहर्गणेन किमिति । अत्र कुदिनानां तस्य शेषस्य च पञ्चपञ्चयुगवेदैरयुतगुणिते ४४५५०००० रपवर्त्ते कृते सति शेषस्थाने कृतिनवाङ्का उत्पन्नाः । कुदिनस्थाने नन्देन्दुवेदेषुहुताशाः । एवं त्रैराशिकेन यल्लभ्यते तेन स्थूलगतिगुणितेऽहर्गणे वर्जिते गतयोजनानि भवन्ति । सर्वेषां ग्रहाणां तान्येव गतेस्तुल्यत्वात् । अथ ग्रहार्थमनुपातः । यदि कक्षातुल्यैर्गतयोजनैरेको भगणस्तदेभिः किमिति । फलं गतभगणाद्याः सर्वे ग्रहा भवन्तीत्युपपन्नम् ॥ ७$\frac{1}{2}$ ॥

मरीचिः—अथैतदनुरोधेन कल्पादितो ग्रहभुक्तयोजनानयनमिष्टकाले उपजातिकयाऽऽह अहर्गणादिति। एकोनाशीत्यूनायुतगुणितादहर्गणात् । प्रागानीतात् एकाशीत्यधिकपञ्चशतोनषट्त्रिंशत्सहस्रभक्तात् फलेन । एकचत्वारिंशदधिकशतोनद्वादशसहस्रगुणितोऽहर्गणो हीनो गतयोजनानि कल्पादित दृष्टकाले ग्रहभुक्तयोजनानि भवन्ति ।

अत्रोपपत्तिः । एकदिनेन गतियोजनानि तदाऽहर्गणेन कानीत्यनुपातेन गतियोजनसंख्यागुणिताहर्गणो गतयोजनानि भवन्तीत्यत्र निबद्धगतियोजनाङ्कस्यापि स्थूलत्वाल्लाघवाद्गोऽङ्कधृतीन्दुगुणितोऽहर्गणः कृतः । एतानि स्थूलानीति वास्तवज्ञानार्थमन्तरोनानि कार्याणि । तत्रान्तरानयनार्थे त्रैराशिकावतारस्तदर्थं प्रमाणकाले फलं साध्यते ।

कल्पे वास्तवानि गतयोजनानि खकक्षातुल्यानि प्रतिपादितानि । तत्रैव कल्परविकुदिनानामहर्गणत्वात् । तानि गोऽङ्कधृतीन्दु-११८५९ गुणितानि स्थूलान्ययुतघ्नशरेषुखाष्टिशक्रताङ्कागधृति-१८७१२५१११८०५५०००० मितानि । अनयोरन्तरमयुतघ्नशरेषुखाष्टातिधृतिवेदमितम् ४१९८०५५०००० । कल्पे वास्तवगतयोजनेभ्यः स्थूलेष्वधिकमतः कल्पकुदिनतुल्याहर्गणेनेदमन्तरं तदेष्टाहर्गणेन किमित्यनुपातेनाहर्गणस्य कुदिनान्तररूपौ हरगुणावयुतघ्नशरेषुवेदवेदै-४४५५०००० रपवर्त्तितौ जातौ हर—३५४१९ गुणौ ९९२१ । तथा चाहर्गणात् क्वचिनवाङ्कनिघ्नेत्याद्यानीतफलोनेऽधिकग्रहणादत उक्तमुपपन्नम् ।

अथैभ्यः प्रसंगाद्ग्रहानयनं विशेषं च वंशस्थेनाह. स्वयेति । तानि गतयोजनानि स्वया स्वया कक्षया प्रागानीतया. पृथक् प्रत्येकं सर्वेषां गतयोजनानां गतितुल्यत्वेनाभेदात् । भक्तानि फलं भगणादिका ग्रहाः पूर्वसिद्धा भवन्ति वा प्रकारान्तरेण पूर्वमनेकधा ग्रहसाधनस्योक्तत्वात् । आदरे वीप्सेति स्वया स्वयेत्युक्तम् । ननु ग्रहाणां प्रत्यक्षबिम्बदर्शनेन परस्परं कक्षाभेदोऽयुक्तस्तयोच्चपातयोराकाशे विम्बाभावाद्ग्रहस्य चक्रैरित्यादिप्रकारेण भगणभेदात् । ग्रहकक्षातो भिन्नकक्षा न युक्ता बिम्बगमनानुमार्गेणाकाशे वृत्तरूपकक्षाया असत्त्वादत आह ग्रहस्येति । हि यतो ग्रहस्य कक्षा । एवकारो गणितागतपृथक्कक्षाव्यवच्छेदार्थः । तुङ्गपातयोः कक्षा । शीघ्रमन्दोच्चपातानां स्वकीयग्रहकक्षायामेवावस्थानं न पृथगानीतकक्षायां तथा चानीतकक्षाया अप्रयोजकत्वेन नोक्तदोष इति भावः । नन्वेवं कक्षैकत्वात् स्वया स्वयेत्याद्यानयनप्रकारेण ग्रहोच्चपातानामभेदाद्भिन्नभगणानुपपत्तेर्भगणानीतोच्चपाताभ्यां विसंवादात् । ग्रहस्य स्पष्टत्वानुपपत्तेः । सर्वदा ग्रहोच्चान्तररूपकेन्द्राभावेन फलाभावाच्चात आह पृथगिति । अत्र गतयोजनेभ्यो ग्रहानयने तदीयसिद्धये तयोरुच्चपातयोः । इदं स्वग्रहभिन्नत्वं तस्य सिद्धये निष्पत्तये । पृथक् भिन्ना

स्वाधिष्ठितकक्षातःकक्षा ग्रहस्य चक्रैरित्यादिप्रकारेण कल्प्या । चः समुच्चये । तथा च ग्रहभगणेभ्यः पातोच्चयोर्भगणभेदाद् ग्रहस्य चक्रैरित्यनेन कक्षायाः पृथक्त्वेन ग्रहभिन्नत्वम् । आकाशे उच्चपातयोः प्रत्यक्षस्वरूपाभावेन कल्पितत्वाद्ग्रहकक्षायामेव तदधिष्ठानं कल्प्यत इति ग्रहकक्षैव तयोरिति नोक्तदोष इति भावः ।

अत्रोपपत्तिः । कक्षायोजनतुल्यभोगेनैको भगणस्तदा गतयोजनैः क इत्यनुपातेन स्वया स्वयेति ग्रहभगणाद्यानयनमुपपन्नम् ॥ ७½ ॥

इदानीं विशेषमाह ।

ग्रहस्य कक्षैव हि तुङ्गपातयोः
पृथक् च कल्प्याऽत्र तदीयसिद्धये ॥ ८ ॥
अर्कस्य कक्षेव सितज्ञयोः सा
ज्ञेया तयोरानयनार्थमेव ।
उक्ते तयोर्ये चलतुङ्गकक्षे
तत्रैव तौ च भ्रमतोऽर्कगत्या ॥ ९ ॥

वा० भा०—अत्रोच्चस्य पातस्य च या कक्षाऽऽगच्छति सा तयोरानयनार्थमेव कल्प्या । अन्यथा या ग्रहस्य कक्षा सैव तयोरपि । यतो ग्रहकक्षाया उच्चप्रदेशस्योच्चव्यपदेशः । यत्र च विमण्डलेन सह संपातस्तस्य प्रदेशस्य पातसंज्ञेति गोले सम्यक् प्रतिपादितमस्ति । तथा बुधशुक्रयोरत्र ये अर्ककक्षातुल्ये कक्षे आगच्छतस्ते तयोरानयनार्थमेव । किन्तु तयोर्ये चलकक्षे तत्रैव तौ च भ्रमतः परमर्कगत्या । एतदुक्तं भवति । भूमध्यादर्कं प्रति नीतं सूत्रं यत्र ज्ञचलकक्षायां लगति तत्र बुधो यत्र शुक्रचलकक्षायां लगति तत्र शुक्रो भ्रमतीत्यर्थः ॥ ९ ॥

इति कक्षाप्रकारेण ग्रहानयनाध्यायः ।

मरीचिः—अथ कक्षासंबद्धप्रतिवृत्तस्थग्रहस्य फलाभावे भूमध्यात् परमान्तरेणोच्चत्वेन दर्शनात् । कक्षाभेदप्रतिवृत्तप्रदेशविशेष एवोच्चम् । एवं प्रतिमण्डलस्थग्रहस्य यत्र प्रदेशे शराभावः स प्रदेशः पात इति गोलाध्याये कक्षास्थग्रहविशेषभेदेनोच्चपातयोः प्रतिपादनात् सिद्धं ग्रहकक्षैव तयोरवस्थानकक्षेति तयोर्भगणभेदाद्भिन्नत्वप्रतिपादनाय कक्षा आनयनार्थमन्याऽस्तीति कल्प्या । अन्यथा स्वया स्वयेत्यादिप्रकारेणानीतोच्चपातयोः पूर्वानीततुल्यत्वं न स्यात् । न चैवमतुल्यगत्योच्चपातयोरेककक्षास्थित्यङ्गीकारे रव्यादिसप्तग्रहाणामेककक्षावस्थानं स्वीकार्यं लाघवादिति वाच्यम् । कक्षापरिवर्त्तनं भगणभोगस्याङ्गीकारात् । समकालेन भगणपरिपूरणापत्तेर्भगणैकत्वापत्तेश्च । अथ साधनार्थं कक्षाभेदाः स्वीकार्याः । ननु स्थित्यर्थमिति चेन्न लाघवात् तत्रैव तेषामवस्थानसंभवेनातिरिक्तैव कक्षा कल्पनस्य गौरवात् । अन्यथाऽऽनयनहेतुकक्षासु प्रत्येकं प्रतिदिनतुल्यगतियोजनभोगसंभवेऽपि ग्रहाणां वस्तुतस्तत्र तद्योजनभोगानुपपत्त्या खेटा व्रजन्त्यनुदिनं निजवर्त्मनीमे इत्यस्यासंगतत्वापत्तेः । अत एवोच्चपातयोरानयनहेतुस्वकक्षाकल्पितवृत्ते दिनगतियोजनभोगसंभवेऽपि ग्रहकक्षायां तद्भोगाभावात् खेटा व्रजन्तीत्युक्तम् । तथा चोच्चपातयोरानयनकक्षाकल्पितवृत्ते यत् स्थानं तत्र भूगर्भात् सूत्रे नीते तदुपर्यपि भकक्षायां नीते ग्रहकक्षायां यत्र सूत्रं लग्नं तत्र तयोः स्थानमित्यलम् ॥८॥ ननु सूर्यबुधशुक्राणां प्रत्यहं बिम्बदर्शनगमनानुरोधात् । कक्षाभेदोऽन्यग्रहवत् । तत् कथं सूर्यकक्षातुल्या ग्रहस्य चक्रैरित्यादिप्रकारेणानीतकक्षा बुधशुक्रयोर्भगणैकत्वाद्युक्तेत्यत इन्द्रवज्रयाऽऽह अर्केस्येति । अर्कस्य कक्षा । एवकारोऽन्ययोगव्यवच्छेदार्थो निश्चयार्थो वा । सितज्ञयोः शुक्रबुधयोः कक्षा भगणैकत्वात् । अन्येषां तु भगणभेदेनैव तद्भेददर्शनस्य युक्तत्वात् । शुक्रस्यान्यग्रहवद्दर्शनयोग्यत्वाद्बुधस्य स्वदर्शनोत्पातकालव्यतिरिक्तकाले दर्शनाभावात् । सितज्ञयोरिति क्रमानुसरणं ज्ञेयम् । उक्तदोषं निरस्यति सेति । तयोः शुक्रबुधयोरानयनार्थं

स्वया स्वयेत्यादि प्रकारेण तन्निष्पत्त्यर्थम् । एवकारोऽवस्थानयोगव्यवच्छेदार्थः । सा रविकक्षातुल्यकक्षा ज्ञेया । अन्यथा भगणैक्यत्वात् पूर्वप्रकारानीताभ्यां समत्वानुपपत्तेः । तथा च सूर्यकक्षायां तदवस्थानाभावाचोक्तदोष इति भावः । ननु तयोर्बिम्बयोः प्रत्यक्षभ्रमदर्शनेनावस्थानकक्षाऽपि प्रत्यक्षसिद्धाऽन्यग्रहवदिति तदपलापः कथं युक्तोऽनुक्तत्वादत आह उक्ते इति । तयोर्बुधशुक्रयोर्ये यन्मिते चलतुङ्गकक्षे शीघ्रोच्चकक्षे उक्ते । ग्रहस्य चक्रैरित्यादिप्रकारेण ज्ञाते । तत्र तत्कक्षयोरित्यर्थः । एवकारेण सूर्यकक्षाया अन्यातिरिक्तकक्षायाश्च निरासः । बाधाज्ज्ञानाभावाच्च । तौ च बुधशुक्रौ । चकाराच्छीघ्रमन्दोच्चपातानां संग्रहः । यथायोग्यं भ्रमतः । तथा च स्वशीघ्रोच्चकक्षयोस्तयोर्भ्रम इत्यस्या उक्तत्वाभावेन तत्कक्षाप्रलापोऽप्रसिद्ध इति भावः । ननु शीघ्रोच्चकक्षायां तद्गतिकलाक्रान्तपादेनेत्याद्युक्तग्रहदैनंदिनभगतियोजनानि सन्ति चक्रकलाङ्कितत्वात् । अन्यथा तत्कक्षात्वव्याघातः । तत्र खेटा व्रजन्त्यनुदिनमित्युक्तत्वाद्बुधशुक्रौ स्वशीघ्रोच्चगतिकलाभोगेनोक्तयोजनान्याक्रामतः । अन्यथा तत्कक्षायां ग्रहतुल्यगतियोजनायोगानुपपत्तेरिति शीघ्रोच्चसमत्वेन तयोः स्पष्टत्वस्यार्कतुल्यस्य चानुपपत्तेरित्यत आह । अर्कगत्येति । सूर्यमध्यमगत्या तत्कक्षायां भ्रमत इत्यर्थः । भगणैक्यत्वात् । तेन सूर्यकक्षायां तुल्यगतियोजनयोगोऽपि अवस्थानकक्षायां तद्भोगाभावस्य सूर्यतुल्यत्वेन कल्पनाचोक्तदोष इति भावः ।

अत्रोपपत्तिः । बुधशुक्रयोः सूर्यतुल्यत्वेनान्यथा तत्समत्वानुपपत्त्या साधनार्थं सूर्यकक्षैव सिद्धा । तुल्यभगणत्वात् । तत्रैवावस्थाने सूर्याद्ग्रहान्तरत्वानुपपत्तेः । एकप्रदेशावच्छेदेन द्वयोर्गमनानुपपत्तेश्च सूर्यकक्षातोऽन्याऽवस्थानार्थं कल्प्या सा तु तच्चलोच्चकक्षाक्लृप्तत्वात् कल्पिता । लाघवाद् ग्रहस्य कक्षैव हीत्यादिना तुङ्गग्रहयोरेककक्षास्यलोक्तेश्च । न च मन्दोच्चकक्षैव स्वीकार्या विनिगमनाविरहात् इति वाच्यम् । तत्कक्षाया अति-

दूरस्थत्वात् । शीघ्रोच्चकक्षायास्त्वासन्नत्वात् । तत्रैव तन्मन्दोच्चभ्रमोऽपि । ननु स्वकक्षायां यत्र लगति तत्रैव तौ तिष्ठत इति कल्पना वस्तुनोऽभावादन्यग्रहवत् तयोः स्फुटत्वेन स्वतन्त्रकक्षाया विद्यमानत्वादित्याद्युक्तप्राया । ननु दृश्यमानग्रहाणां स्पष्टत्वेन तद्भ्रमणानुसृतस्य प्रत्यक्षेण भेदात् कक्षाभेदः स्वतः सिद्धो युक्त इति सूर्यकक्षातो भिन्नकक्षास्थितत्वमन्यग्रहवद्बुधशुक्रयोर्युक्तम् । परन्तु मध्यग्रहाणामाकाशे वस्तुतो दर्शनाभावाद्गणानुरोधेन सूर्यकक्षायां मध्यमबुधशुक्रयोरवस्थानकल्पने बाधकाभावात् । तदन्यकक्षावस्थानकल्पनमयुक्तं गौरवात् । किञ्च 'खेटा व्रजन्त्यनुदिनम्'-इत्यादिना सामान्यतो ग्रहाणां तुल्यगतिरित्यभिमतार्थस्य बुधशुक्रयोर्भिन्नकक्षास्थत्वेन तत्तुल्यगतियोजनभोगाभावादसंगतित्वापत्तेः । शीघ्रोच्चानयनकक्षा स्वाधःस्थितत्वस्यान्यग्रहवदनुपपत्तेश्च । तयोः स्वशीघ्रोच्चानयनकक्षायामवस्थानकल्पनात् । अत एव ।

"मध्यमकक्षावृत्ते मध्यमया गच्छति ग्रहो गत्या ।
उपरिष्टात् तल्लघ्व्या तदधिकगत्याऽत्वधःस्थः स्यात्" ॥

इत्यापाततः साधारणं लल्लोक्तं युक्तम् । न च सूर्यबुधशुक्राणां मध्यमैककक्षास्थत्वकल्पनेऽपि बुधशुक्रयोः शीघ्रोच्चकक्षाया व्यर्थत्वं स्यात् । आकाशे शीघ्रोच्चस्य ग्रहवद्दर्शनाभावेन तस्य काल्पनिकत्वादिति वाच्यम् । मध्यमग्रहवत् तस्य कक्षास्थत्वकल्पने बाधकाभावात् । न च तथाऽपि शीघ्रोच्चबुधशुक्राणामेककक्षास्थत्वानुपपत्तिरिति वाच्यम् । ग्रहस्य कक्षैव हि तुङ्गपातयोरित्यादिना बुधशुक्रयोः स्वशीघ्रोच्चेन सह रविकक्षायामवस्थानकल्पनेन तद्भिन्नकक्षायास्तदानयनोपयुक्तत्वाच्च नोक्तत्वकल्पनेनैकप्रदेशस्यैव त्रयाणामुच्चत्वसिद्धेरुच्चतुल्यत्वेन गणितागतोच्चभेदस्यासंगतत्वापत्तेः । तत्कक्षायां गणितागतोच्चप्रदेशस्यानेकत्वसंभवेऽपि उच्चत्वव्याघातात् । न ह्येककक्षायामनेकप्रदेशानामुच्चत्वसंभवः ।

अन्यथा ग्रहप्रदेशस्यैवोच्चत्वापत्तेः। तस्मात् सूर्यकक्षायां सूर्योच्चस्थिति-कल्पनसंभवाद्बुधशुक्रोच्चावस्थानत्वं स्वरूपनिर्वाहार्थमन्यकक्षायां कल्प्यम्। तत्र शीघ्रोच्चकक्षाया आनयनोपयुक्तायाः क्लृप्तत्वात् सैवावस्थानकक्षा कल्प्या। एवं सति बुधशुक्रयोः स्वोच्चयोरेककक्षावस्थानाभावाद्ग्रहस्य कक्षैव हीत्याद्युक्तस्यासंगततापत्तेरिति। बुधशुक्रयोः स्वोच्चकक्षावस्थानकल्पनेन सर्वं समञ्जसं प्रामाणिकगौरवस्य दोषाभावात्। शीघ्रोच्चस्य तुल्यगतियोजनभोगसंभवेनैककक्षास्थत्वसम्बन्धेन तयोस्तद्भोगापपत्ति-श्चेति सुष्ठूक्तमर्कस्य कक्षैव सितज्ञयोरित्यादीनि चेन्न। मध्यमकक्षाप्रदे-शस्य भूमध्यात् सर्वतस्तुल्यान्तरेणोच्चत्वाभावात्। प्रतिमण्डलप्रदे-शस्य तदुच्चसंभवेन बुधशुक्रसूर्याणां मध्यमैककक्षास्थत्वकल्पनेऽपि तदु-च्चभेदेन तत्कक्षायां प्रतिमण्डलभेदात् तत्प्रदेशस्योच्चतुल्यदर्शनेन तेषा-मुच्चानां प्रतिमण्डलद्वारैककक्षास्थत्वे बाधकाभावात्। नीचोच्चवृत्तानामे-ककक्षाप्रदेशकेन्द्राणां भेदात् तत्रापि त्रयाणां तदुच्चभेदसंभवेनादोषाच्च। अन्यथा शीघ्रोच्चमन्दोच्चभेदेन तयोरेककक्षात्वानुपपत्तेः। तस्माद्यथा-श्रुतेऽन्यग्रहवद्बाधकाभावेनार्कस्य कक्षैव सितज्ञयोरित्यादिपद्योक्ताचार्य-कल्पितविशेषो व्यर्थ इति भातीति चेत् उच्यते। त्रिज्यातुल्यशीघ्रकर्ण-मध्यमकक्षावृत्तपरिभ्रमणशुक्रतारायाः सूर्यमध्यमकक्षास्थत्वं दर्शनाभावे-नोर्ध्वाधोऽन्तरादर्शनाद्विनकक्षास्थत्वं शुक्रस्य कल्पितम्। एवमेतदनुरोधेन-बुधस्यापि सूर्यमध्यमकक्षामार्गादधः शुक्रतारादर्शनाचोचोच्चकक्षावस्थान क्लृप्तत्वात् कल्पितं महर्षिभिः। न त्वस्माद्दृग्भिर्बुधस्य सदा दर्श-नाच्छुक्रस्य तदानीं सूर्यबिम्बादधःस्थत्वाभावात्। अन्यथाऽस्तंगतत्वा-पत्तेरिति ऊर्ध्वाधोदर्शनस्य मनुष्याणामस्मादृशामशक्यत्वात्। मध्यम-गत्या स्पष्टकक्षायामेव ग्रहो भ्रमति मध्यमासन्नगत्या कदाचिन्मध्यमक-क्षायां भ्रमतीत्ययं बहुधा प्रतिपादि तल्लोक्तमुपेत्यम्।

तथा च सूर्यसिद्धान्ते—

"तन्मध्ये भ्रमणं भानामधोऽधः क्रमशः स्थिताः ।
मन्दामरेज्यभूपुत्रसूर्यशुक्रेन्दुजेन्दवः ॥
परिभ्रमन्त्यधोऽधःस्थाः सिद्धविद्याधरा घनाः" * ।

इत्युक्त्वा कक्षानिबन्धने चन्द्रकक्षाग्रे बुधशीघ्रोच्चकक्षा तदग्रे शुक्रशीघ्रोच्चकक्षा तदग्रे सूर्यादिकक्षा इत्ययुक्तेन बुधशुक्रयोः स्वशीघ्रोच्चकक्षाणां भ्रमणं प्रतिपादितमिति दृश्यते । "भार्गवेन्दुसुतयोरधःस्थयो-"विवस्वतोऽधःस्थितयोः" इति लल्लश्रीपतीभ्यां स्फुटं प्रतिपादितम्-अत एव सुन्दरसिद्धान्ते—

"सितोदयाद्यातघटीप्रमाणं स्वच्छाययोत्थं गणितेन यस्मात् ।
तद्भूमिगर्भस्थनरद्युयातं तथा घटीयन्त्रसुसाधितं स्वम् ॥
अन्तरेण दिनपातयोर्यदा योजनानि कुदलोन्मितानि चेत् ।
किं तदा द्युनिशनाडिकामितः कक्षिकाफलमिहानुपाततः ॥
तन्महत्त्वलघुतैक्यखण्डकं मध्यमा ज्ञचलकक्षिकाऽनया ।
भाजिता गगनकक्षिका भवेच्छुक्रतुङ्गचलपर्ययोन्मितिः ॥"

इति शुक्रशीघ्रोच्चभगणोत्पादनप्रतिपादनं युक्तं निबद्धमिति संक्षेपः ॥ ९ ॥

अथाग्रिमग्रन्थस्यासंगतोक्तत्वपरिहारार्थमध्यायसमाप्तिं फक्किकया सूचयति । इति कक्षाध्याय इति कक्षाप्राधान्येन ग्रहानयनप्रतिपादनं पूर्णं जातमित्यग्रिमग्रन्थस्याभिन्नविषयत्वात् संगतमेवेति भावः ।

---

* द्रष्टव्यौ भूगोलाध्याये ३०–३१ श्लोकौ ।

इदानीं प्रत्यब्दशुद्धिः ।

तत्रादौ सावनदिनाद्यमाह ।

अधोऽधस्त्रिधा कल्पयाताब्दवृन्दात्
करार्भ्यां कृतैः पावकैः संगुणाच्च ।
भुजङ्गैरवाप्तं फलं स्याद्दिनाद्यं
तदब्दान्वितं भास्करादब्दपः स्यात् ॥ १ ॥

वा.भा.—स्पष्टार्थम् ।

अत्रोपपत्तिः । एकस्मिन् रविवर्षे सावनाहाः प्राक् प्रतिपादिताः । तेभ्यः पञ्चषष्ट्यधिकं शतत्रयं ३६५ प्रोज्झ्य शेषं दिनस्थाने पूर्णं पञ्चदश नाड्यस्त्रिंशत् पलानि तथा सार्धानि द्वाविंशतिर्विपलानि ० । १५ ३० । २२ । ३० । एतदष्टभिः सवर्णितं जातम् ४ । अतोऽनुपातः । यद्यष्टाभिर्वर्षैरेतावद्दिनाद्यं तदा कल्पगतैः किमिति फलं दिनाद्यम् । तदनष्टं संस्थाप्यम् । ततो गताब्दैर्युतं सदब्दपतिः स्यादिति यदुक्तं तदतः । यतः पञ्चषष्ट्यधिकशतत्रये सप्तभिर्भक्ते एकोऽवशिष्यते । अत एकगुणाब्दसंख्या तस्मिन् दिनाद्ये निक्षिप्ता । तस्मिन् सप्ततष्टेऽङ्कोऽङ्कोऽब्दपतिः । यतो यस्मिन् वारेऽब्दादिः सोऽब्दपतिः स्यादित्युपपन्नम् ॥ १ ॥

वा.वा.—प्रत्यब्दशुद्धौ ग्रहानयनमारभ्यते । तत्राब्दपानयनमाह । अधोऽधस्त्रिधेति । सौरवर्षान्ते यः सावयवो वारः सोऽब्दप इत्युच्यते । अहर्गणाद्ये आनीयेते ।

"मासाब्ददिनसंख्याप्तं द्वित्रिघ्नं रूपसंयुतम् ।
सप्तोद्धृतावशिष्टौ च विज्ञेयौ मासवर्षपौ" * ॥

इत्यादिना मासाब्दपती तौ फलादेशायोपयुज्येते । अत्रानीयमानोऽयमब्दपः स तु वार्षिकग्रहानयनादुपयोगाय । मन्दादधःकक्षाक्रमेण कालहोरेशा उक्ताः सौरे । मन्दादधःक्रमेण चतुर्थाश्च वारा उक्ताः । कथ-

* सूर्यसिद्धान्ते मध्यमाधिकारे ५२ श्लो० ।

मत्राब्दपो ज्ञातव्य इत्यत्राह । भास्करादिति । कल्पादौ रविरेवाब्दपः । अत्राचार्येण वर्षेशमासेशहोरेशा नोक्ता दिनेश उक्तस्तेनैव क्रमेणाब्दपो भविष्यतीति भाष्येऽभिहितं सावयवो वार इति ।

अत्र वासना । तत्रैकवर्षसावनेषु सप्ततष्टेषु शेषं दिनाद्यम् १ । १५ । ३० । २२ । ३० । सौरे १ । १५ । ३१ । २४ । कल्पादित आनीय माने बह्वन्तरं पतति । येन पक्षेण दृग्गणितैक्यं भवति स एव पक्षोऽङ्गीकार्यः । "भवतु योऽपि कोऽप्यागमो ग्रहगणिते इति कर्त्तव्यतायामस्माभिः कौशलं दर्शयितव्यम्" इति वदतो भाष्यकारस्य न कोऽपि दोषः । प्रकृतमनुसरामः । १ । १५ । ३० । २२ । ३० । अत्रानुपातः । एकेन वर्षेणेदं तदेष्टवर्षैः किमिति सावयवेनेष्टवर्षाणि गुणनीयानि । एवं क्रियमाणे शिष्याः क्लिश्येरन्निति सुगमोपायः कृतः । अत्र कल्पितमिष्टम् । ० । १५ । ३० २२ । ३० । इष्टोनेन गुणेन निघ्नो गुण्य इति यावन्तोऽब्दास्तावन्तो वाराइत्युक्तम् । अथेष्टघ्नगुण्ययुक्तास्ते कर्त्तव्याः । एकेन भाज्याः । अत्र संचारः एतदनेन हरेणायं गुण-० । १५ । ३० । २२ । ३० स्तदा वसुमितेन किमिति लब्धो वाराद्यो गुणः २ । ४ । ३ । अयं स्वरूपेणैव खण्डत्रयात्मकः ।

"गुण्यस्त्वधोऽधो गुणखण्डतुल्यस्तैः खण्डकैः संगुणितो युतः"*

इति प्रकारेणाधोऽधस्त्रिधा कल्पयाताब्दवृन्दात् काराभ्यां कृतैः पावकैः संगुणादित्युक्तम् । भुजङ्गैर्भागे हृते दिनाद्यं लभ्यते ॥ १ ॥

मरीचिः—अथ वर्षान्तःपात्यहर्गणेन लाघवार्थं ग्रहानयनं वक्तुं प्रथमतस्तदुपयुक्तोपकरणानयनं विवक्षुरब्दपानयनं भुजङ्गप्रयातेनाह अधोऽध इति। त्रिधाऽधोऽधःस्थापितकल्पगतवर्षसमूहाङ्कात् । क्रमेण द्वाभ्यां चतुर्भिस्त्रिभिर्गुणितात् षष्ट्या भक्तफलोर्ध्वयोजनमिद्वाच्चेति चकारार्थः । अष्टाभिर्भक्तादत्राप्तं फलं दिनाद्यं दिनघटीपलात्मकादि यत् तत् उपरि कल्पगतवर्षयुक्तं सप्ततष्टं च । भास्करात् सूर्यादितः क्रमेण वारगणनया वर्षपतिः सावयवः स्यात् ।

* भास्क-लीलावत्यां गुणनप्रकारः ।

भुजङ्गैरिति पदेन तत्प्रयातं छन्दोऽपि सूचितम् । तदर्थस्तु-पावकैस्त्रिभिर्वर्णैः प्रमितस्य वृत्तपादस्य अधोऽर्धस्त्रिधा वर्णौ । कल्पनं कल्पः । प्रस्तारकल्पनेनाष्टगणानां सिद्धत्वात् । यथा—म SSS, य ।SS , र S।S, स ।।S, त SS।, भ S।।, न ।।।, प्रस्तारकल्पनेन योऽब्दवृन्दो यगणः । य उदकं पुत्रं ददातीत्यादित इत्युक्तत्वात् । वृन्दस्य गणवाचकत्वाच्च । तस्मात् कृतैश्चतुर्भिर्गुणितात् । चतुःसंख्याद्यगणात् कराभ्यां द्वाभ्यां गुणाच्च सिद्धं यत् फलम् । अष्टयगणात्मकं दिनाद्यलक्षणया वृत्तस्य प्रथमार्धे तद्भुजङ्गैरवाप्तं स्यात् । भुजङ्गप्रयातस्यार्धं भवति । तत् प्रथमार्धम् । अब्दैर्यगणैः प्रथमार्धस्यतुल्यैरन्वितम् । एवमर्धाभ्यां भास्करात् कवेरब्दपः । अब्दानां गणानां षोडशसंख्यकानां स्वामी तादृशवर्णसंनिवेशात्मकमेकं पद्यं स्यादिति मदुक्त इति ।

अत्रोपपत्तिः । सौरवर्षादौ सावयवो वारोऽब्दपः । तद्वारे गते वर्त्तमाने मध्यमसूर्योदयाद्गतघटिकादिषु च मध्यवर्षारम्भात् तत्कालीन-वारादिकस्याब्दप इति संज्ञाव्यपदेशात् । अयं 'वासराद्यं तत्सावनात्'-इत्युक्तत्वात् सावनः । एतज्ज्ञानं तु कल्पसौरवर्षैः कल्परविसावन-दिनानि तदा कल्पगतवर्षैः कानीत्यनुपातेनागतं दिनादि सावयवफलम् । सप्ततष्टमिति प्रकारेण । अत्राङ्कलाघवार्थमेकवर्षस्याब्दप आनीतः सावयः १ । १५ । ३० । २२ । ३० । तत एकवर्षेऽयं तदेष्टवर्षैः क इत्यनुपातेन गतवर्षाणि पञ्चस्थानेषु क्रमेण गुणानीति गौरवदर्शनेन खण्ड-गुणनं कृतम् । तत्र वारस्थानीयैकमितं खण्डमेकम् । द्वितीयं तदून-दिनाद्यसंज्ञम् ० । १५ । ३० । २२ । ३० । द्वितीयखण्डेनापि गुणने पूर्वोक्तगौरवभयेन लाघवार्थं गुणः सवर्णितो रूपमितो हरश्च । तद्गुणस्य हरसिद्ध्यर्थम् । ३३४९३५० । १२९६०००० । अत्रापि गुणहरौ लाघवार्थम-युतघ्नद्विनृपै-१६२०००० रपवर्तितौ जातौ गुणः सावयवः स्थानत्रये २ । ४ । ३ । हरश्च ८ । अतो दिनाद्यमित्यन्तमुपपन्नम् । अस्य पूर्वखण्डागत-

फलं योज्यम्। तत्र पूर्वखण्डस्य रूपमितत्वादनुपातेन गतवर्षाणि योज्यानीति ज्ञातम्। वाराणां सप्तसंख्यात्वात् सप्ततष्टं शेषं कल्पादौ रविवारसत्त्वात् तदादिगणनयाऽब्दपः सावयवः सिद्धो भवत्यत उक्तं तदब्दान्वितमित्याद्युपपन्नम् ॥ १ ॥

इदानीं प्रकारान्तरेणाह।

निजाशीति-८० भागेन युक्तं सामार्धं

खषड्-६० भक्तमब्दाङ्घ्रियुग्वा दिनाद्यम्।

वा. भा.—अत्र वर्षाणामर्ध निजेनाशीतिभागेन युक्तं षष्ट्या हृतं सर्वं चतुर्थांशेन युक्तं सद्दिनाद्यं वा।

अत्रोपपत्तिः। पूर्वस्मिन् दिनाद्ये पञ्चदश घटिकाः स एकस्य दिनस्य चतुर्थांशः। यानि त्रिंशत् पलानि तद्घटिकाया अर्धम्। यत्तदनष्टमघटिकाया अधस्तनेनावयवेन यावद्ध्रियते तावदशीतिर्लभ्यते। अतो वर्षार्धं निजाशीतिभागेन युक्तं घटिका भवन्ति। तत्षष्ट्यंशा दिनानि। तानि पूर्वकथितवर्षचतुर्थांशेन युतानि दिनानि भवन्तीत्युपपन्नम्।

वा. वा.—प्रकारान्तरेणाह। निजाशीतिभागेनेति। अत्राब्दान्वितमिति सम्बध्यते। इदं तु केवलं दिनाद्यशब्देन व्यवह्रियते दिनाद्यं त्रिनिघ्नमित्यादिवक्ष्यमाणोपयोगाय। तत्रेदं दिनाद्यम् ०। १५। ३०।२२।३०। अस्यापि खण्डत्रयम् ०। १५। द्वितीयम् ०। ०। ३०। तृतीयम् ०। ०। ०। १२। ३०। घटिका तु दिनस्य षष्ट्यंशो भवति। तस्मात् पञ्चदश घटिकाः पञ्चदशदिनषष्ट्यंशाः।

"समेन केनाप्यपवर्त्य हारभाज्यौ भवेद्वा सति संभवे तु *।"

प्रकारेणानेन भागहारौ भागेनैवापवर्त्य जातो दिनचतुर्थांशः। अब्दाङ्घ्रियुगिति त्रिंशत्पलानि घटिकायास्त्रिंशत्षष्ट्यंशाः। अत्राप्यपवर्त्तन घटिकार्धं जातम्। तृतीये तु सार्धद्वाविंशत्यवराणि। अत्र

* भास्कर-लीलावत्यां भागहारप्रकारः।

"छेदघ्नरूपेषु लवा धनर्णमेकस्य भागा अधिकोनकाश्चेत् * ।"

इति पञ्चचत्वारिंशदत्तराणामर्धम् । अत्तरं तु पलषष्ट्यंशः । एवं पञ्चचत्वारिंशदर्धषष्ट्यंशा इति ।

"अंशाहतिश्छेदवधेन भक्ता लब्धं विभिन्ने गुणने फलं स्यात्" † ।

इति जाताः पलस्य पञ्चचत्वारिंशत् खार्कांशाः । अत्र सार्धपलेन हरांशावपवर्त्य हरस्थाने जातमशीतिः । अंशस्थाने च

"छेदं लवं च परिवर्त्य हरस्य शेषः कार्योऽथ भागहरणे गुणनाविधिश्च" ‡

इति त्रिंशत्पलानि इदं तु घटिकार्धमेव । तस्मात्त्रिजाशीतिभागेन युक्तं समार्धं घटिका भवन्ति । इदं षष्ट्या भक्तं दिनीकरणायेति सर्वं शोभनम् ।

पुनः प्रकारान्तरेणाह ।

गताब्दा विभक्ताः समुद्रैः ४ खसूर्यैः १२०
खखाङ्गाङ्कैः-९६०० र्वा फलैक्यं दिनाद्यम् ॥२॥

वा-भा- अत्रोपपत्तिः । एकं दिनं पञ्चदशघटिकाभिर्यावद्वर्धयते तावच्चत्वारो लभ्यन्ते । यावदर्धघटिकया तावत् खसूर्याः १२० । यावदधस्तनेनावयवेन ० । ० । ० । २२ । ३० तावत् खखाङ्गाङ्काः ९६०० । एवं प्रत्यब्दम् । अतो गताब्दा एभिर्विभक्ताः फलैक्यं दिनाद्यं स्यादित्युपपन्नम् ॥ २ ॥

वा.वा.-प्रकारान्तरमाह गताब्दा विभक्ता इति । अत्र पूर्ववद्दिनाद्यानि खण्डत्रयाणि कृत्वा वारस्वरूपमेभिः पृथक् भजेत् । यल्लभ्यते त एव हराः । समानामिति योगे दिनाद्यं भवति । अयमर्थः । यद्यनेन खण्डेन रूपमितो हरस्तदाऽऽचार्यकल्पितरूपमितदिनेन किमिति सर्वमुपपद्यते ॥ २ ॥

---

* भास्क-लीलावत्यां भागानुबन्धापवाहौ ।

† भास्क-लीलावत्यां भिन्नगुणनविधिः ।

‡ भास्क-लीलावत्यां भिन्नभागहारः ।

मरीचिः—अथ प्रकारान्तरद्वयेन लाघवाद्दिनाद्यानयनं भुजङ्गप्रयातेनाह निजाशीतिभागेनेति गताब्दा विभक्ता इति च । स्पष्टार्थम् ।

अत्रोपपत्तिः । अब्दपस्य द्वितीयं खण्डं दिनाद्यसंज्ञम् । एकवर्षे० १५ । ३० । २२ । ३० । अनेन गतवर्षाणां गुणनार्थमस्य खण्डत्रयं कृतम् । यथा प्रथमम् १५ । द्वितीयम् ० । ३० । तृतीयम् ० । ० । २२ । ३० । तत्र लाघवार्थं प्रथमखण्डं दिनस्थाने एकस्थम् । षष्टिगुणनेन तदधो हरश्च $\frac{१५}{६०}$ । द्वितीयं खण्डं घटीस्थाने $\frac{३०}{६०}$ । तृतीयं च घटीस्थाने सवर्णितम् $\frac{१३५०}{२१६०००}$ । अत्र खण्डत्रयेषु गुणहरौ गुणेनापवर्त्तितौ जातं खण्डत्रयं स्वस्वस्थाने $\frac{१}{४}$, $\frac{१}{२}$, $\frac{१}{१६०}$ । अत इष्टवर्षेष्वनुपातेन खण्डान्यानीय तद्योगो दिनार्थम् । तत्र घटीस्थाने स्थितयोरेव साक्षात्याद्योगे क्रियमाणे वर्षार्धं वर्षषष्ट्यधिकशतभागेन युक्तं कार्यमिति सिद्धेऽत्रापि लाघवार्थं वर्षार्धमेव स्वाशीतिभाग युक्तमिति सिद्धम् । प्रथमखण्डस्य दिनस्थानीयत्वात् तद्योजनार्थमिदं सिद्धं दिनस्थाने कार्यमिति षष्टिभक्तम् । ततः प्रथमखण्डं वर्षाङ्घ्रिमितं युतमत उपपन्नं निजाशीतिभागेनेत्याद्यर्धम् । एवं द्वितीयप्रकारे तान्येव खण्डत्रयाणि । यथा प्रथमम् ० । १५ । द्वितीयम् ० । ० । ३० । तृतीयम्० । ० । २२ । ३० । एतानि दिनस्थाने सवर्णितानि तदधः स्वस्वहराश्च यथा $\frac{१५}{६०}$, $\frac{३०}{३६००}$, $\frac{१३५०}{१२९६००००}$ । स्वगुणापवर्त्तितानि जातानि $\frac{१}{४}$, $\frac{१}{१२०}$, $\frac{१}{९६००}$ । अत्र रूपगुणस्याविकृतत्वेन नाशाद्गताब्दास्त्रिः स्थाप्या हरभक्ताः फलानां योगो दिनाद्यम् । अत उपपन्नं गताब्दा विभक्ता इत्याद्यर्धम् ॥ २ ॥

इदानीं क्षयाहानाह ।

स्वषष्ट्यंशयुक्तानि वर्षाणि वर्षैः
खरामाहतैः संयुतान्यभ्रभूपैः १६० ।
विभक्तानि तान्यत्र लब्धं विशुद्धं
समाभ्यो गताभ्यो भवन्ति क्षयाहाः ॥ ३ ॥

वा.भा.—अत्रोपपत्तिः । यदि कल्पवर्षैः कल्पक्षयाहा लभ्यन्ते तदैकेन किमिति । फलमेकस्मिन् वर्षे क्षयाहाद्यम् ५ । ४८ । २२ । ७ । ३० ।

अस्मात् षञ्च विशोध्य शेषेणाब्दा गुणिता अवमाद्यं भवति । तत्र लाघवार्थं शेषं रूपाद्विशोध्यावशेषरितमभ्रभूपैः १६० सवर्णितं जातम् ३१ । १ ततोऽनुपातः । यद्यभ्रभूपैर्वर्षैरेकत्रिंशद्दिनानि घटिकयाऽधिकानि लभ्यन्ते तदा गताब्दैः किमिति । अत्र स्वषष्ठ्यंशयुक्तानि वर्षाणि खरामाहतव- र्षयुतानि एकत्रिंशता नाड्यधिकया गुणितानि भवन्ति । अत्राभ्रभूपै–१६० र्लब्धिफलेन गताब्दा अतो वर्जिताः कृताः । यतः प्रत्यब्दं षष्ठेऽवमे यत्र पूर्यते तद्गृहीत्वा कर्म कृतमिति सर्वमुपपन्नम् ॥ ३ ॥

वा.वा.–क्षयाहानाह स्वषष्ठ्यंशयुक्तानि वर्षाणीति । तत्रैकवर्षेऽवम- दिनानि ५ । ४८ । २२ । ० । ३० । अत्र कार्यान्तरवशेनैभ्यः पञ्च दिनानि त्यक्त्वा यच्छेषं तदेव क्षयाहपदेनोच्यते । तस्मात् क्षयाहाः ० । ४८ । २२ । ० ३० । अत्र दिनस्थाने रूपं गृहीत्वा यावन्ति वर्षाणि तावन्तः क्षयाहा इति जातम् । अत्रेदमधिकम् ० । ११ । ३० । ५२ । ३० गृहीतमासी- दिति शोध्यम् । यदेव शोध्यते तदेवास्वमिति व्यवह्रियते । न हि स्वरूपेणाङ्कानामृणत्वं धनत्वं वाऽस्ति किन्तु कार्यान्तरवशात् यथास्थितेषु गृह्यमाणेषु यावत् तेभ्योऽल्पं गृह्यते तदेव धनमिति यावदधिकं गृह्यते तदृणमिति । प्रकृतेऽधिकत्वादृणम् । ततोऽनुपातः । यद्येकेन वर्षेणेदमृणं ० । ११ । ३० । ५२ । ३० तदिष्टवर्षैः किमिति यदायाति तत् क्षयाहेभ्यः शोध्यं "धनर्णयोरन्तरमेव योगः"* इति । इदम- पि खण्डानि कार्याणि धनर्णखण्डानि वा ।

"गुण्यस्त्वधोऽधो गुणखण्डतुल्यस्तैः खण्डकैः संगुणितो युतो वा"।

इति प्रकारस्यैवेष्टोनयुक्तेन गुणेनेति प्रकारोऽन्तर्गत इति "द्विधा- भवेद्रूपविभाग"† इत्युक्तम् । खण्डगुणनस्य द्वैविध्यमुक्तं रूपविभागस्थान- विभागाभ्यां चेति । तस्मादनेन गुणेन ० । ११ । ३० । ५२ । ३० । इष्टवर्षाणि धनगतानि गुणनीयानि यदायाति तच्छोध्यत्वादृणम् । अत एव "स्वर्णघाते क्षयः"‡ इत्युच्यते । वस्तुतस्तु ऋणगुणकानां विष-

* भास्करीयबीजगणिते ।

† भास्क–लीलावत्यां गुणनविधिः ।

‡ भास्करीयबीजगणिते ।

रीतस्य विपरीतापवर्त्तने क्रियमाणे धनगतत्वमेव युक्तम् । अभावाभावस्य भावत्वनियमात् । ऋणयोर्घातो धनम् । ऋणस्य शोध्यत्वे धनत्वमिति स्फुटम् । तत्र शोध्यस्यास्य खण्डद्वयं कृतम् ० । ११ । १५ । द्वितीयम् ० । ० । २२ । ५२ । ३० । प्रथममभ्रभूपैः सवर्णितं जाता दिनस्थाने त्रिंशदत उक्तं खरामाहतैरिति । द्वितीयमपि तैरेवाभ्रभूपैः सवर्णितं जातं दिनस्थाने १ । १ । अत उक्तं स्वषष्ट्यंशयुक्तानि वर्षाणीति । "योगोऽन्तरं तुल्यहरांशकानाम्*" इति पूर्वद्वितीफलयोग एव हरेण हृत इति सर्वं निरवद्यम् ॥४॥

मरीचिः–अथ क्षयाहाख्योपकरणानयनं भुजङ्गप्रयातेनाह स्वषष्ट्यंशयुक्तानीति । वर्षपदेन कल्पगतवर्षाङ्को ग्राह्यः । तानि सिद्धानि । अत्राब्दपकाले मध्यमसौरवर्षादावित्ति यावत् । क्षयाहाः कल्पादिष्टकालपर्यन्तं दिनावमसंख्याखण्डकं मध्यमं भवतीत्यर्थः । शेषं स्पष्टम् ।

अत्रोपपत्तिः । कल्पवर्षैः कल्पावमानि तदेष्टवर्षैः कानीत्यनुपातेन गतदिनक्षयाः सावयवा भवन्तीत्यत्र लाघवार्थमेकवर्षस्य क्षयाहमानं दिनादिकमानीतम् ५ । ४८ । २२ । ७ । ३० । अत्राहर्गणानयने एते दिनक्षयाः सावयवा भवन्तीत्यत्र लाघवार्थमेकवर्षस्य क्षयघटिकादेरावश्यकत्वात् पञ्चोनितैतस्य ० । ४८ । २२ । ७ । ३० क्षयाहसंज्ञाऽऽचार्यैः पूर्वदिनादिसंज्ञावत् कृता । अत एकवर्षे इदं सावयवं तन्मानं तदेष्टवर्षेषु किमित्यनुपातेन गताब्दानां गुणानां पञ्चस्थानेष्विति गौरवं दृष्ट्वा लाघवार्थं क्षयाहाङ्क उपरि सम्पूर्णाङ्क एव धृतः । तेन गुणनेऽविकृतत्वाद्गवर्षाण्येव क्षयाहा इति सिद्धम् । अथ वास्तवज्ञानार्थमिष्टगताब्दानीतान्तरं हीनं कार्यम् । तदानयनार्थमेकवर्षे क्षयाहोनरूपमन्तरम् ० । ११ । ३७ । ५२ । ३० तदेष्टवर्षेषु किमित्यनुपातेनात्रापि गौरवदर्शनादन्तरस्य खण्डत्रयं कृतम् । यथा प्रथमम् ० । ११ । १५ । द्वितीयम् ० । ० । २२ । ३० तृतीयम् ० । ० । ० । २२ । ३० । अत्रापि सुखार्थं षष्ट्या एकीकृतान्येतानि प्रत्येकं हराश्च । यथा $\frac{६७५}{३६००}, \frac{१३५०}{२१६०००}, \frac{१३५०}{१२९६००००}$ ।

अथ लाघवार्थं प्रथमस्थाने गुणहरौ सार्धद्वाविंशत्या २२ । ३०

* भास्क-लीलावत्यां भिन्नयोगवियोगौ ।

ऽपवर्तितौ जातौ गुण–३० हरौ १६०। अपरत्र गुणहरौ गुणेनापवर्त्य हरस्थाने १६०। ९६००। अथैतदानीतानामिष्टकाले योगस्तत्र द्वितीय तृतीयखण्डयोर्योगः स्वषष्ट्यंशयुक्तानि वर्षाणि। तृतीयखण्डे षष्टिहरस्याधिकत्वात्। प्रथमखण्डमपि तुल्यहरत्वाद्योजितं खरामाहतैर्वर्षै संयुतानीति जातम्। सिद्धस्याधः षष्ट्यधिकशतमितहरस्य सत्त्वादभ्रभूपै र्विभक्तानि। फलमिष्टकालेऽन्तरमिति तद्गताब्देषु हीनं कार्यमित्युपपन्नं स्वषष्ट्यंशयुक्तानीत्यादि ॥ ३ ॥

इदानीं प्रकारान्तरेण क्षयाहानाह।

दिनाद्यं त्रिनिघ्नं समाभ्राब्धिवेदां- ४००
शकोनं समात्रिंशदंशेन युग्वा।

वा.भा. यत् प्रागानीतं दिनाद्यं तत् त्रिगुणं वर्षचतुःशतांशोनं वर्षत्रिंशदंशेन युतं वा क्षयाहा भवन्ति।

अत्रोपपत्तिः। अत्रैकवर्षे दिनाद्यम् ०। १५। ३०। २२। ३० तथाऽवमाद्यम् ०। ४८। २२। ७। ३०। दिनाद्ये त्रिगुणितेऽवमाद्ये द्विशोधिते जातं शेषम् ०। १। ५१। इदं त्रिगुणे दिनाद्ये यदि क्षिप्यते तदाऽवमाद्यं भवति। इदं शेषं खखार्क–१२०० गुणितं जातं सप्तत्रिंशत् ३७। अब्दाः सप्तत्रिंशता गुण्याः खखार्कैर्भक्तास्त्रिगुणे दिनाद्ये यदि क्षिप्यन्ते तदा गतावमानि भवन्ति। अत्र गुणके रूपत्रयं प्रक्षिप्य सुखार्थं चत्वारिंशद्गुणकः कृतो रूपत्रयमृणं गुणकश्च। ४०, ३। आभ्यामब्दा गुण्याः खखार्कैर्भाज्याः। तत्र प्रथमगुणकश्चत्वारिंशताऽपवर्तितो जातः १। हरश्च ३०। द्वितीयो गुणकस्त्रिभिरपवर्तितः १। तत्र हरश्चतुःशती ४००। अतो गताब्दाः पृथक् त्रिंशता चतुःशत्या च हृता प्रथमफलं त्रिगुणदिनाद्ये धनं द्वितीयमृणमेवमवमाद्यं भवतीत्युपपन्नम्।

वा.वा.–अत्रापि प्रकारान्तरमाह। दिनाद्यं त्रिनिघ्नमिति दिनाद्यं त्रिगुणितं सत् क्षयाहासन्नं भवतीति दिनाद्यं त्रिनिघ्नमित्युक्तम्। अस्मिन्

क्षयाहादेः शोधिते शेषम् १। ५१। अत्र घटीस्थाने सुखार्थं द्वयमेव धृत्वा समात्रिंशदंशेन युगितिं। इदमेव द्विच्युतं जातम्०। ९। चतुःशत्या सवर्णितं जातं समाभाश्ववेदांशकोनमिति।

अथ प्रकारान्तरेणावमान्याह।

स्वषष्ट्यंशहीनाब्दखाङ्केन्दु-१९० भागः
स्वपञ्चांशहीनाब्दयुग्वा क्षयाहाः॥ ४॥

वा.भा.—अत्रोपपत्तिः। एकस्मिन् रविवर्षेऽवमशेषमष्टचत्वारिंशद्घटिकाः। तत् पञ्चांशोनं दिनम्। अतः पञ्चांशोना अब्दाः कृताः। अथ तदधस्तना अवयवाः ०। ०। २२। ७। ३०। एते खाङ्केन्दुभि-१९० र्गुणिता जाताः ०। ५९। एतत् षष्ठ्यंशोनं रूपमतः स्वषष्ठ्यंशोनाब्दाः खाङ्केन्दुभिर्भक्ताः पञ्चांशोनाब्दयुता अवमाद्यं भवतीत्युपपन्नम्॥ ४॥

वा.वा.—प्रकारान्तरमाह। स्वषष्ठ्यंशहीनाब्देति। अत्राष्टचत्वारिंशद् घटिकास्तत्पञ्चांशोनं दिनम्। शेषम् ०। २२। ७। ३०। खाङ्केन्दुभिः सवर्णितं जातम् ०। ५९। इदं तु स्वषष्ठ्यंशोनदिनम्। अस्य खाङ्केन्दुभाग इति सुगमम्॥ ४॥

मरीचिः—अथ भुजङ्गप्रयातवृत्तनिबद्धलघुभूतप्रकारद्वयेनेदमेवाह दिनाद्यमिति। पूर्वानीताब्दपोपयुक्तदिनाद्यमित्यर्थः। अन्यत् स्पष्टम्।

अत्रोपपत्तिः। एकवर्षे क्षयाहमानम्। ०। ४८। २२। ७। ३०। अनेन गताब्दगुणनेऽस्य खण्डद्वयं कृतम्। एकम् ०। ४६। ३१। ७। ३०। द्वितीयम् ०। १। ५१। अथ प्रथमखण्डस्यैकवर्षजत्रिगुणितदिनाद्यतुल्यत्वादिष्टकालेऽप्यानीतं दिनाद्यं त्रिगुणितं प्रथमखण्डासन्नफलं स्यात्। द्वितीयं सवर्णितम् १११। तदधो हरश्च ३६००। अनेन गुणने 'इष्टोनयुक्तेन गुणेन*' इत्याद्युक्तगुणनप्रकारेण नवमितेष्टयुक्ते गुणे विंशत्यधिकशतम् १२० जातम्। अत्रापि गुणहरौ १२०, ३६०० गुणेनापवर्त्य हरस्थाने त्रिंशत्। तथा च वर्षपत्रिंशदंशो योज्य इति सिद्धम्। अथ गुणकेऽधिककर-

* भास्कर-लीलावत्यां गुणनविधिः।

णादिघ्नगुणितगताब्देभ्यः षट्त्रिंशच्छत-३६०० भक्तफलं हीनं कार्यम्। पूर्वहरेण फलग्रहणात्। अत्रापि गुणहरौ गुणेनापवर्त्य हरस्थाने चतुःशतमिति समाभ्रावेदांशकोनं सिद्धमत उपपन्नं दिनाद्यमित्याद्यर्थम्। एवं द्वितीयप्रकारेऽपि। प्रथमखण्डम्० । ४८। द्वितीयम् ० । ० । २२ । ७ । ३०। प्रथमखण्डस्य लाघवार्थमेकग्रहणेन गताब्दतुल्याः तयाहाः। अथ प्रथमखण्डवास्तवफलार्थमन्तरम्० । १२। इदं सवर्णितं षष्टिर्हरश्च तदधः $\frac{१२}{६०}$। अत्र गुणहरौ गुणेनापवर्त्य हरस्थाने पञ्च। ते वर्षपञ्चांशोनहीनाब्दा इति प्रथमखण्डं सिद्धम्। द्वितीयखण्डमप्येकस्यं तदधो हरश्च $\frac{१८६६०}{१२९६०००००}$। एतौ गुणहरौ स्वेशविश्वै-१३११ रपवर्त्तितौ जातौ ६०, ९६०० अत्रैकमितेष्टकल्पनेन दृष्टयुक्तगुणेन गुणने गुणहरौ हरेणापवर्त्य हरस्थानेऽभ्रभूपाः १६०। अथ गुणनफलसिद्ध्यर्थं गताब्दानां खखाङ्काङ्कां—९६०० शो हीनस्तत्र पूर्वं रूपमितगुणगुणितवर्षाण्येव स्वषष्ट्यंशहीनानि कृतानि। षष्टिमितहरस्य पृथक्करणेनोभयत्र हरसमत्वाच्चातिरत उपपन्नं स्वषष्ट्यंशहीनाब्देत्याद्यर्थम् ॥ ४ ॥

अथ गताधिमासांश्छुद्धिं चाह।

दिनादिक्षयाहादिदिग्घ्नाब्दयोगः
खरामै-३० र्हृतः स्युः प्रयाताधिमासाः।
भवेच्छुद्धिसंज्ञं यदत्रावशिष्टं
तदूनं सदूनाहनाड्यादिकेन ॥ ५ ॥

वा-भा- अनन्तरानीते ये दिनादिक्षयाहाद्ये तयोर्योगो दशघ्नैर्गताब्दैर्युतस्त्रिंशता हृतः फलं गताधिमासा भवन्ति। यदत्रावशिष्टं तच्छुद्धिसंज्ञम्। परं क्षयाहानां नाड्यादिकेन वर्जितं सत्।

अत्रोपपत्तिः। अत्रैकवर्षसावनाना—३६५ । १५ । ३० । २२ । ३० मवमानां च ५ । ४८ । २२ । ७ । ३० योगतुल्या वर्षे चान्द्राहा भवन्ति ३७१ । ३ । ५२ । ३०। तथा वर्षे षष्ट्यधिकशतत्रयं ३६० सौराहाः।

एभिरूनाश्चान्द्राहाः प्रत्यब्दमधिमाससंबन्धिन एकादश भवन्ति घटीत्रयं च सार्धानि द्विपञ्चाशत् पलानि ११ । ३ । ५२ । ३० । एवमेकस्मिन् वर्षे दिनादिक्षयाहादियोगो दशाधिकोऽधिदिनानि भवन्ति । अधिदिनैस्त्रिंशद्भिरधिमासो भवतीत्युपपन्नमधिमासानयनम् । अथाधिशेषदिनान्यहर्गणानयने शोध्यत्वाच्छुद्धिसंज्ञानि । अत्राधिमासशेषतिथिभ्यो यदवमघटिकाः शोधितास्तत्कारणमग्रे कथयिष्यामः ॥ ५ ॥

वा.वा.-अथ गताधिमासाद्यमाह दिनादिक्षयाहादीति । यथा सौरवर्षान्तःपातिसावनचान्द्राणामन्तरं क्षयाहास्तथैव सौरचान्द्राणामन्तरमधिदिनानि । तान्येकस्मिन् वर्षे ११ । ३ । ५२ । ३० । वार्षिकं दिनाद्यम् । ० । १५ । ३० । २२ । ३० सावनमिदम् । वार्षिकक्षयाहाद्यम् ०। ४८। २२। ७। ३०। अनयोर्योगे जातं चान्द्रमिदम् ११ । ३ । ५२ । ३। अत्र चेद्दश योज्यन्ते तदा वार्षिकाधिदिनानि । एवं खण्डत्रयेण साध्यमानेष्वधिदिनेषु दिनादिक्षयाहादिदिग्घ्नाब्दयोग इति लघ्वहर्गणोपयोगित्वेनावमघटीशोधनमिति प्रतिपादयिष्यते ॥ ५ ॥

मरीचिः-अथाधिमासपूर्वकशुद्ध्याख्योपकरणानयनं भुजङ्गप्रयातेनाह दिनादिक्षयाहादिदिग्घ्नाब्दयोग इति । पूर्वानीताब्दपोपयुक्तदिनादि प्रागानीतक्षयाहादि दशगुणितकल्पगतवर्षाणि । एषां योगस्त्रिंशता भक्तः फलं गताधिमासाः । यच्छेषं सावयवं स्थितं तत् तयाहस्य पूर्वानीतस्याधोऽवयवेन घटीपलाद्यात्मकेन यथास्थाने ऊनं न्यूनं कृतं सत् तदेवात्र अब्दपकाले मध्यममेषसंक्रान्तिकाल इत्यर्थः । शुद्धिसंज्ञं वक्ष्यमाणाहर्गणार्थमेतच्छोध्यत इति शुद्धिसंज्ञा युक्ता भवेत् । अत्र शुद्धेः प्रयोजनादपि फलस्याधिमासस्यापि प्रयोजनात् तष्ट इति पदं विहाय हृत इति पदोपादानं युक्तम् ।

अत्रोपपत्तिः । एकवर्षेऽनुपातानीतसौरचन्द्रदिनमानान्तरमधिमासाभावाद्दिनाद्यधिशेषमिदम् । तत्र कल्पवर्षैः कल्पाधिमासदिनानि

तदैकवर्षेण कानीत्यनुपातेन वा जातम् ११ । ३ । ५ । ३० । अनेन चान्द्रवर्षान्तात् सौरवर्षं शुद्धं संपूर्णं भवतीत्यस्य शुद्धिसंज्ञा कृता । अत एकवर्षे इयं शुद्धिस्तदा गतवर्षैः केत्यनुपातेनास्य गुणस्य खण्डद्वयेन गुणनं कृतम् । एकं खण्डं दश । द्वितीयं च १ । ३ । ५ । ३० । अथ द्वितीयस्यापि चान्द्रावयवत्वाद्दिनादितयाहाद्योः सावनावमांशयोर्योगे संभवादिष्टकालेऽप्यानीतदिनादितयाहाद्योर्योगो द्वितीयखण्डसिद्धम् । एकवर्षे सावनदिनमानोर्ध्वादिपञ्चनामधिकत्वात् तयाहे पञ्चानां सत्त्वाच्चेत् योगो दश चान्द्रदिनानि प्रथमखण्डमिति । इष्टकाले दशगुणितवर्षाणि द्वितीयखण्डम् । तद्योगः कल्पादिष्टसौरवर्षादावधिदिनानीति त्रिंशद्भक्तफलमधिमासा गताः शेषं तदवयवम् । चान्द्रवर्षादिरूपचैत्रादितः सौरवर्षान्त एतदन्तरेणायं इति शुद्धिसंज्ञाऽस्य युक्ताऽप्यस्य चान्द्रत्वेनैतद्घटीनामपि तत्त्वादहर्गणानयने एतत्सावनघटीनां प्रयोजनात् तत्सिद्ध्यर्थं तयाहाधोऽवयवेन घट्यादिना हीनस्य शेषस्य शुद्धिसंज्ञा कृता । चान्द्रावमांशान्तरे सावनांशत्वादिति संक्षेपः ॥ ५ ॥

अथ प्रकारान्तरेणाधिमासानयनमाह ।

> **द्विघाब्दा द्विरामैः ३२ खरामै-३० श्च भक्ताः**
> **फलैक्यं शिवघ्नाब्दयुक्तं विभक्तम् ।**
> **खरामैस्तु ते वाऽधिमासाश्च शेषं**
> **भवेच्छुद्धिरूनाहनाडीविहीनम् ॥ ६ ॥**

वा-भा- स्पष्टार्थम् ।

अत्रोपपत्तिः । प्रत्यब्दं यान्यधिमासशेषसम्बन्धिदिनानि ११ । ३ । ५२ । ३० । एभिः किलाब्दा गुण्यास्त्रिंशता ३० हृता अधिमासा भवन्ति तत्र लाघवार्थमेभ्य एकादश विशोध्य शेषम् ० । ३ । ५२ । ३० । खाष्टवेदै-४८० र्गुणितं जातमेकत्रिंशत् ३१ । अनेनाब्दा गुण्याः किल खाष्टवेदै-४८० र्भाज्याः । तत्राचार्येण रूपविभागाद्गुणकस्य खण्डद्वयं कृतम् ।

तत्राद्यं पञ्चदश द्वितीयं षोडश । उभयत्र हरः स एव । ततः खण्डाभ्यां हरे पृथगपवर्त्तिते जात आद्यो हरो द्वात्रिंशत् ३२ । अन्यस्त्रिंशत् ३० । अतो द्वात्रिंशता त्रिंशता च पृथग्गताब्दा भक्ताः फलैक्यमेकादशगुणाब्दयुतं त्रिंशद्भक्तं फलमधिमासाः । शेषं प्राग्वच्छुद्धिरित्युपपन्नम् ॥ ६ ॥

वा.वा.—अत्रापि प्रकारान्तरं द्विधाऽब्दा द्विरामैरिति । अत्राधिदिनानां ११ । ३ । ५२ । ३० खण्डत्रयं कृतम् । एकम् ११ । द्वितीयम् ० । २ । तृतीयम् ० । १ । ५२ । ३० । तत्र प्रथमे शिवघ्नाब्दाः । द्वितीयं त्रिंशत्सवर्णितम् । तृतीयं तु द्वात्रिंशतेति सर्वं निरवद्यम् ॥ ६ ॥

मरीचिः—अथेदमेव भुजङ्गप्रयातवृत्तनिबद्धप्रकारान्तरेण धीवृद्ध्यर्थमाह द्विधाऽब्दा द्विरामैरिति । ते आप्ताः पूर्वागता एव । अन्यत् स्पष्टार्थम् ।

अत्रोपपत्तिः । एकवर्षे शुद्धिः ११ । ३ । ४३ । अस्य गुणनार्थं खण्डद्वयमेकत्रैकादशापरत्रेद— ० । ३ । ५२ । ३० मिदमेकस्यं तदधो हरश्चेति गुणहरौ $\frac{१३९५०}{२१६०००}$ । अत्रापि खण्डगुणनार्थं गुणस्य खण्डद्वयम् । एकं खेष्वद्रिरसमितं द्वितीयं द्विसप्ततिशतम् । प्रत्येकं हरश्च स एवेति । $\frac{६७५०}{२१६०००}+\frac{७२००}{२१६०००}$ । एतौ गुणहरौ स्वगुणेनापवर्त्त्य हरस्थाने सिद्धौ ३२, ३० । तया च द्विधागतवर्षाणि द्वात्रिंशद्भक्तानि त्रिंशद्भक्तानि च । फलयोगे द्वितीयखण्डोत्पन्नफलम् । अस्य प्रथमखण्डफलं योज्यमित्येकादशगुणितगतवर्षाणि योजितानि । शेषं प्रागुपपादितमित्युपपन्नं द्विधाऽब्दा इत्यादि ॥ ६ ॥

इदानीं दिनाद्येन विनाऽप्यब्दाधिपानयनमाह ।

***गताब्दाधिमासान्तरं द्विघ्नमाढ्यं**
त्र्यहैर्गतैः सप्तभक्तावशिष्टम् ।
विशुद्धं च शुद्धेः स वर्षाधिपो वा

* अत्रोपपत्तौ मरीचेर्वासनावार्त्तिकं श्रेय इति निपुणैर्विभाव्यम् ।

भवेत् सप्तभक्तावशिष्टोऽर्कपूर्वः* ॥ ७ ॥

वा.भा.–स्पष्टम् ।

अत्रोपपत्तिः । रव्यब्दान्ते योऽहर्गणस्तत्र यो वारः सोऽब्दाधिपः । प्रत्यब्दं सौरदिनसंख्या षष्ठ्यधिकं शतत्रयम् । तस्मिन् सप्ततष्टे त्रयोऽवशिष्यन्ते मासदिनेषु सप्ततष्टेषु द्वयमवशिष्यते । अतो गताब्दास्त्रिगुणा गताधिमासा द्विगुणास्तदैक्यं सप्ततष्टं यावद्भवति तावदेव चैत्रादेः प्रागतीते तिथिगणे सप्ततष्टेऽवशेषं स्यात् । तत् किल शुद्धितिथिषु योज्यम् । ततः पूर्वलब्धाः तयाहाः शोध्याः । तया प्रत्यब्दं पञ्च पञ्च । अतोऽब्दाः पञ्चगुणाः शोध्याः । पूर्वं त्रिगुणाः क्षेप्याः । अतो द्विगुणाः शोध्या एव । द्विगुणाः किलाधिमासाश्च योज्याः । अतो लाघवार्थमधिमासोना अब्दा द्विगुणास्तैर्लब्धावमैश्च सप्ततष्टैः शुद्धिहीना सप्ततष्टा रव्यब्दान्ते वारो भवति । स एवाब्दप इत्युपपन्नम् ॥ ७ ॥

वा.वा.–इदानीं दिनाद्येन विनाऽप्यब्दपमाह गताब्दाधिमासान्तर-

---

* गताब्दाधिमासान्तरमित्यादिना यदब्दपानयनं तत् पूर्वमेवाचार्यैः "अधोऽधस्त्रिधा" इत्यादिना कृतम् । मध्येऽत्र तदुपयोगि प्रकारान्तरैरवमाद्यमानीय पुनरब्दपानयनं पूर्वप्रकारादन्यथेति 'दिनाद्येन विनाऽपीत्यत्र न कश्चिदन्यो गूढाशयः । प्राचीनसमये गणितगोलयोर्विषयस्य दुर्ज्ञेयत्वेऽपि व्याक्यविरचनव्युत्पत्त्याधिक्याच्च भाष्यवार्त्तिकमरीचिकाराणां तदानीन्तनानामाचार्याणां व्याख्योपपत्तय इदानीन्तनानां प्रायः शाब्दबोधरहितानां पुरतोऽपमानिता न भवेयुरतो नव्योपपत्तिरीतिमाश्रित्य तदुपपत्तिः ।

कल्पादितो गतसौरवर्षाणि = गव, गतसौरमासाः = गसौमा इत्यादिसंकेताक्षराणि संकेतचिह्नान्यपि संप्रति प्रसिद्धानीति ।

अथ गव × १२ = गसौमा,

∴ गचांमा = गसौमा + गअधिमा = गव × १२ + गअधिमा

∴ गचांदि = गव × १२ × ३० + गअधिमा × ३० + चैसिति ।

∴ गसादि = गचांदि – गक्षदि = गव × ३६० + गअधिमा × ३० + चैसिति – (५गव + अवमादि)

मिति । अत्र भाष्यकारः । * सौरवर्षाणि षष्ठ्यधिकशतत्रयगुणितानि सौरदिनानि भवन्ति तेषु गताधिमासास्त्रिंशद्गुणिता योज्यास्ते चान्द्रा भवन्ति । तेषु पूर्वानीतक्षयाहाः पञ्चगुणाब्दयुक्ताः शोध्यास्ते सावनाः सौरवर्षादौ भवन्ति शुद्धिश्च योज्या । ततः सप्ततष्टाः कार्याः स सौरवर्षादौ वारो भवति । तत्रैवं कृतम् । वर्षदिनानि ३६० सप्ततष्टानि जातं त्रयम् ३ । गताधिमासगुणकीभूता त्रिंशदपि सप्ततष्टा शेषं द्वयम् २ । तस्मादयमर्थो निष्पन्नः । द्विगुणगताधिमासेषु त्रिगुणवर्षाणि योज्यानि पञ्चगुणानि वर्षाणि शोध्यानि । तत्र द्विगुणगताधिमासेषु द्विगुणवर्षाण्येव शोध्यानीत्यागतम् । तत्रापि प्रथममेवान्तरं कृत्वा द्विगुणे क्रियमाणे

एवं तिथ्यन्ते सावना अत उदयार्थमवघट्यः शोध्यास्तदा गतवर्षान्ते विद्यमानवर्षादौ वा सावनाहर्गणः

=गव × ३६० + गअधिमा × ३० + चैसिशि−(५ गव + अवमादि)−अवघ

वारगणनार्थं सप्ततष्टोऽतोऽब्दपः

= गव × ३ + गअधिमा × २ + चैसिति − ५गव − अवमादि − अवघ

= चैसिति − अवघ − {२ (गव − गअधिमा) + अवमादि}

= शु − {२ (गव − गअधिमा) + अवमादि}

इह सर्वत्र सप्ताधिके सप्ततष्टः ।

धनर्णार्थं भाष्यवासनामरीचयोऽवलोक्या अत उपपन्नम् ।

अथ प्रकारान्तरेणोपपत्तिः ।

"दिनादिक्षयाहादिदिग्घ्नाब्दयोगः" - इत्यादिना

(दिशा + क्षया + १० गव) / ३० = गअधिमा + शु / ३०

∴ दिशा + क्षया + १० गव = गअधिमा × ३० + शु = (दिशा + गव) + (क्षया + ९ गव)

अत्र दिशा + गव = वप ∴ वप = गअधिमा × ३० + शु − क्षया − ९गव

रव्यादिवारार्थं सप्ततष्टः

वप = गअधिमा × २ − क्षया + शु − २ गव = शु − {२ (गव − गअधिमा) + क्षया}

पुनः सति संभवे सप्ततष्टमित्युपपन्नम् ।

* इतोऽग्रे भाष्यकारस्याभिप्राय एव न त्वानुपूर्वी भाष्यकारस्य तत्पङ्क्तिः ।

तादृशमेव भवतीति गताब्दाधिमासान्तरं द्विघ्नमित्युक्तम्। तत्राब्दानां बहुत्वाद्गताधिमासा एव तेभ्यः शोधिताः। तस्माद्विपरीतशोधनादृणमिदं शोधितम्। स्वपञ्चांशहीनाब्दाखाङ्गेन्दुभाग इत्याद्यानीतक्षयाहा अपि शोध्यत्वेनर्णगताः। अस्वयोर्योग इति गताब्दाधिमासान्तरं द्विघ्नमाढ्यं क्षयाहैर्गतैरित्युक्तम्। पुनः सति संभवे सप्ततष्टम्। द्विगुणगताब्दाः सावयवेषु द्विगुणगताधिमासेषु शोध्या इति शुद्धिर्धनगतैवास्ति। द्विगुणगताधिमासा एव विपरीतशोधनेन परमृणगता जाताः। शुद्धिस्तु धनगतैव। तस्माद् "धनर्णयोरन्तरमेव योगः" इति विशुद्धं च शुद्धेरित्युक्तम्। पुनः सप्तभक्तावशिष्टोऽर्कपूर्वोऽब्दपो भवति। अथ वाऽन्यथोच्यते दिनादिक्षयाहादिदिग्घ्नाब्दयोगे खरामहृते लब्धं गताधिमासा अवशिष्टं शुद्धिसंज्ञं भवतीति प्रागभिहितम्। तत्र दिनादिस्थानेऽब्दपो यदि गृह्यते तदाऽब्दपक्षयाहादिनवघ्नाब्दयोगः खरामैर्हृतो लब्धं गताधिमासा भवन्ति शेषं च शुद्धिरिति। यतो दिनाद्यवारेष्वब्दान्वितमब्दप इति। अतो विलोमेन त्रिंशद्गुणितगताधिमासाः शुद्धियुक्ता विधेयास्तेषु नवगुणगताब्दाः पूर्वानीतक्षयाहाद्यं च शोध्यं सप्ततष्टेऽब्दपो भवति। तत्र गुणकावेव पूर्वं सप्ततष्टौ कृत्वा ताभ्यां गुणने द्विगुणागताधिमासा जाताः। नवसु सप्तोर्वरितेषु द्वयमेव गुणो भवतीति द्विगुणागताब्दाश्च भवन्ति तयोरन्तरे क्रियमाणे पूर्ववत् सर्वमुत्पद्यते। एवं सर्वत्र वासनाभिरनेकाभिः शिष्याणां कौतूहलमुत्पादयन्त्यस्मद्विधाः। अत्रास्माभिर्यन्थविस्तरभयान्न लिख्यन्ते ॥ ७ ॥

मरीचिः-अथ प्रकारान्तराब्दपानयनव्याजेन पूर्वसाधितशुद्धिक्षयाहादीनामुपकरणानां शुद्धत्वज्ञानं भुजङ्गप्रयातेनाह गताब्दाधिमासान्तरमिति। कल्पगतवर्षप्रागानीतशुद्ध्यनावगतगताधिमासयोरन्तरं द्विगुणम्। गतैः। "ये गत्यर्थास्ते ज्ञानार्थाः"-इति। पूर्वसाधनप्रकारेण ज्ञातैरित्यर्थः। क्षयाहैर्युक्तम्। ततः सप्तभक्तं फलस्य त्यागेनावशेषम्। शुद्धेरधिमासप्राप्त्यवसरे शेषादि-

त्यर्थः। अन्यथा पूर्वानीताब्दपतुल्यत्वासिद्धेः। यद्वा गतैः क्षयाहैरित्यागतक्षयाहोर्ध्वाङ्कैरेवेत्यर्थः। ननु तद्द्वयोऽवमवघट्यादिभिरपि। पूर्ववदादिपदाभावात्। तेनावमशेषघटिकोनाधिशेषस्य दिनादेः शुद्धिपदवाच्यत्वेन यथाश्रुतशुद्धेर्ग्रहणेऽपि न क्षतिः। विशुद्धं हीनम्। यदा न शुद्ध्यति तदा सप्तयुतशुद्धिर्ग्राह्येति ज्ञेयम्। वर्षाधिपः स पूर्वागत एव भवेदिति। ननु यदा शेषं सप्ताधिकं तदा पूर्वतुल्यत्वं कथमत आह। सप्तभक्तावशिष्ट इति। अयं सप्तभक्तफलत्यागेन शेषितः कार्य इत्यर्थः। शेषमर्कपूर्वगणनयाऽब्दपः पूर्वागत एव स्यात्। तथा चैतत्प्रकारेण पूर्वसाधिताब्दप आयाति तदा शुद्ध्यादिकमानीतं शुद्धमन्यथा त्वशुद्धम्। एतत्प्रकारस्य तदुपजीव्यत्वादिति भावः।

अत्रोपपत्तिः। सौरवर्षादौ कल्पात् सावनाहर्गणः सावयवः सप्ततष्टोऽब्दप इति प्राक्प्रतिपादनादहर्गणः साध्यस्तदर्थं तत्र चान्द्राहर्गणः साध्यः। तज्ज्ञाने तत्कालीनसावयवावमहीनेनाहर्गणज्ञानसम्भवात्। चान्द्राहर्गणस्तु सौरदिवसस्य सावयवाधिदिनयोगरूप इति। तत्र सौरदिनज्ञानार्थं सौरवर्षाणि षष्ट्यधिकशतत्रयगुणानि। एषां शुद्ध्यानयनावसरप्राप्ताधिमासदिवसचान्द्रशुद्धियोगो योज्यः। तत्राधिमासानां सावयवत्वात्। अतोऽधिदिनार्थमधिमासास्त्रिंशद्गुणाः कार्याः। अथान्ते सप्ततष्टोऽवयवनिमित्तमहर्गणः कार्य इति पूर्वमेव लाघवाद्वर्षगुणा- ३६० धिमास- ३०गुणौ सप्ततष्टौ कृतौ ३, २। तथा च त्रिगुणागतवर्षद्विगुणगताधिमासयोर्योगश्चान्द्रशुद्धियुक्त इति। अत्रावमानि तत्कालोत्पन्नानि हीनानि कार्याणि। तत्र सौरवर्षादौ संपूर्णदिनक्षयज्ञानाभावादेकवर्षक्षयाहोर्ध्वाङ्कुत्यागेन तदेकदेशानयनस्योक्तत्वाच्च पञ्चगुणितवर्षयुक्तानीनि क्षयाहा हीनाः कार्या इति सिद्धम्। अथ त्रिगुणवर्षाणां पूर्वमेव पञ्चगुणितवर्षैः सहान्तरे गुणयोरन्तमेव लाघवाद्वर्षाणां गुणक उत्पन्नः। पञ्चगुणितशोध्यस्य शेषत्वाद्द्विगुणागतवर्षाणि ऋणमवशेषं च द्विघ्नवर्षद्विघ्नाधि-

मासयोरन्तरं कार्यमिति सिद्धेऽपि लाघवाद्गताधिमासगतवर्षयोरन्तरं द्विगुणमिति कृतं फलस्य तुल्यत्वात् । वर्षेभ्योऽधिमासानां न्यूनत्वात् सिद्धमिदमृणमवमावयवम् । अथानीतक्षयाहा अपि तदवयवत्वात् पञ्चगुणितवर्षेषु पूर्वं योजनेनर्णत्वाच्चात्र योजिताः । अथाधिमासावयवत्वात् केवलाधिशेषरूपचान्द्रशुद्धेर्योजने "धनर्णयोरन्तरमेव योगः" इति । धनशेषार्थं तदूनशुद्धिः कार्या सिद्धाब्दपपदार्थस्यानृणत्वेन धनत्वात् । पूर्वसिद्धस्यावमावयवत्वाच्छुद्धेश्चान्द्रावयवत्वाच्चावमोनचन्द्रस्य सावनत्वेन तदूनशुद्धिर्वा कार्या शेषस्याब्दपत्वेन सप्ताधिकत्वेन तष्टमिति पूर्वमेवावमावयवं सिद्धम् । शुद्ध्यधिकं चेत् सप्ततष्टं कार्यमन्यथा तदूनशुद्धिर्न स्यादिति तत् कृतम् । अत एवैतस्य सप्ततष्टेऽपि कदाचिच्छुद्ध्यधिकत्वेऽपि सप्रयोजितशुद्धेर्ग्रहणान्न क्षतिः । अथ सिद्धस्याब्दपस्य सप्ताधिकत्वसंभवेन तत् तष्टं पुनरुक्तमुपपन्नम् । गताब्दाधिमासान्तरमित्यादिश्लोकोक्तमित्यलम् ॥ ७ ॥

इदानीमवमैर्विनाऽप्यवमशेषघटिका आह ।

यत् त्वधिमासकशेषकनाडी-
पूर्वमिदं रहितं विहितं सत् ।
आद्यदिनाद्यघटीभिरथैवं
स्युः क्षयशेषभवा घटिका वा ॥ ८ ॥

वा-भा-यदधिमासशेषं तिथ्यात्मकं तस्याधो या घटिकास्ता आद्यदिनाद्यस्य घटीभिरूनाः सत्यः क्षयघटिका भवन्ति । अत्र "द्विधाऽब्दा द्विरामैः खरामैश्च भक्ताः" इत्यादिना ये दिनाद्ये फले उत्पद्येते तन्निराकरणार्थमाद्यग्रहणम् ।

अत्रोपपत्तिः सुगमा । यतो दिनावमघटिकैक्येनाधिमासशेषस्य घटिकास्ता दिनघटिकोना अवमघटिकाः । यदाऽवमघटिकोनास्तदा दिनघटिकाः स्युरिति भावः ॥ ८ ॥

वा.वा.–अथावमैर्विनाऽवमशेषघटिकानयनमाह यत् त्वधिमासकशेष-केति ॥ ८ ॥

मरीचिः–अथानीतक्षयाहाधोऽवयवस्य घट्यादित्वेन तज्ज्ञानेऽपि अह-र्गणे केवलघट्यादेरुपयोगात् तदानयनप्राधान्येनाह यत् त्वधिमासकशेष-केति। शुद्ध्यानयनेऽधिमासप्राप्तौ यच्छेषं दिनादिकं तदधोऽवयवभूतं घट्यादि यत् स्थितम् । इदमाद्यदिनाद्यघटीभिरब्दपेपयुक्तानीतदिनाद्य-धोऽवयवरूपघट्यादिभिः। ऊनं कृतं सत् । एवमनेन प्रकारेण शेषं क्षयशे-षभवा घटिकाः स्युः । आनीतक्षयाहानामधोऽवयवरूपघट्याद्यवमशेषो-त्पन्नमिति तच्छेषतज्ज्ञं स्यात् । वा प्रकारान्तरेण । आनीतक्षयाहैः पूर्वं तज्ज्ञानात्। अत्र 'द्विधाऽब्दा द्विरामैः खरामैश्च भक्ताः' इत्यनेन ये दिनाद्ये फले आगते तद्ग्रहणार्थमाद्यपदोपादानमिति ध्येयम्। "दोधकवृत्त-मिदं भभभाद्गौ *"–इति लक्षणाद्दोधकमिदं छन्दः ।

अत्रोपपत्तिः । चान्द्रसावनान्तरेऽवमानीति तद्घट्याद्योरन्तरे-ऽवमघटिका एव।अतोऽधिमासप्राप्तावमशेषस्य चान्द्रत्वेन तद्घटीनामपि तथात्वेनाङ्गीकारादब्दपयुक्तदिनाद्यस्य सावनत्वे तद्घटीनामपि तथा-त्वाङ्गीकाराच्च तदूनं तत् क्षयशेषघट्याद्यं भवेत् । अत एव यदा हीनं तदा षष्टियुक्ताधिशेषघटीग्रहणाच्च घट्याद्यानयने क्षतिः ॥ ८ ॥

इदानीं रव्यब्दान्तग्रहानयनमाह ।

कल्पजचक्रहतास्तु गताब्दाः
कल्पसमाविहृता भगणाद्याः ।
स्युर्ध्रुवका दिनकृद्भगणान्ते
पातमृदूच्चचलोच्चखगानाम् ॥ ९ ॥

वा. भा.–स्पष्टार्थमिदम् ।

---

* इदं वृत्तरत्नाकरे ३ अध्याये ।

अत्रोपपत्तिस्त्रैराशिकेन । यदि कल्पवर्षैः कल्पभगणा लभ्यन्ते तदा गतैः किमिति फलं रविमण्डलान्तिका ग्रहा भवन्ति । ये तत्र ग्रहास्ते ध्रुवकाः कल्पिताः । यदत्र पातमृदूच्चग्रहणं तत् तेषामतिमन्दगतित्वाद्वर्षगणेनैवानयनमुचितमिति सूचितम् ॥ ९ ॥

वा.वा.–इदानीं रव्यब्दान्ते ग्रहानयनं कल्पजचक्रहता इति ॥९॥

मरीचिः–अथ ग्रहसाधनार्थमुपयुक्तं ध्रुवकाख्योपकरणानयनं दोधकवृत्तेनाह कल्पजचक्रहता इति । कल्पगताब्दाः कल्पोक्तभगणगुणाः कल्पवर्षमानभक्ताः फलं पातमृदूच्चचलोच्चग्रहाणां यथायोग्यं दिनकृद्गणान्ते सूर्यस्य मेषादिमीनान्तात्मकभगणभोगपरिपूरणकाले 'रवेश्चक्रभोगोऽर्कवर्षम्'–इत्युक्तेर्मध्यमसौरवर्षादावित्यर्थः । भगणाद्या भगणादिविकलान्तावयवात्मका ध्रुवकाः स्युः ।

अत्रोपपत्तिः । कल्पसौरवर्षैः कल्पभगणास्तदेष्टसौरगतवर्षैः के इत्यनुपातेनोपपन्नम् । वर्षस्य सौरत्वात् तदादौ वर्षपर्यन्तग्रहसाधने एतत्फलस्योपयोगेन स्थिरत्वाद्ध्रुवका इति संज्ञा युक्ता ॥ ९ ॥

इदानीं चन्द्रध्रुवकं प्रकारान्तरेणाह ।

> यत् तु दिनाद्यधिशेषमिन १२ घ्नं
> स्याद् ध्रुवकस्त्वथ वा स लवाद्यः ।
> कैरविणीवनिताजनभर्त्तुः
> पीतचकोरमरीचिचयस्य ॥ १० ॥

वा.भा.–यदधिमासशेषं तिथ्यात्मकं तद्द्विगुणं भागात्मको विधुर्भवति ।

अत्रोपपत्तिः सुगमा । यतो द्वादशगुणास्तिथयो रवीन्द्वोरन्तरभागाः स्युः । तत्र रविः पूर्णम् । अतस्तादृगेव शशीत्युपपन्नम् ॥ १० ॥

वा.वा.-प्रकारान्तरेण चन्द्रध्रुवकमाह । यत् तु दिनाद्यधिशेषमिति । यदूनाहनाडीविहीनं न कृतं तदधिशेषमेव । शेषं स्पष्टम् ॥ १० ॥

वा.वा.—प्रकारान्तरेण चन्द्रध्रुवकमाह यदिति । यद्गुनाहनाडीविहीनं न कृतं तदधिशेषमेव शेषं स्पष्टम् ॥ १० ॥

मरीचिः—अथ दोधकवृत्तनिबद्धप्रकारान्तरेण लाघवार्थं चन्द्रध्रुवकान-यनमाह यदिति । अधिमासलब्धौ यदधिशेषं दिनादि तद्द्वादशगुणम् । अथ वा प्रकारान्तरेण । स ध्रुवको लवाद्यो भागाद्यवयवात्मकः स्यात् । अयं कस्यागतोऽत आह कैरविणीत्यादि । "सम्मे कुमुदकैरवे" इत्यभिधानात् । कैरविणी कुमुदिनी सैव वनिता स्त्री । तज्जनानां तज्जातीयानां भर्त्ता स्वामी । तस्य स्वविकासकाले चन्द्रोदयसद्भावाच्च-न्द्रस्येत्यर्थः ।

"घनतरघनवृन्दच्छादिते व्योम्नि लोके
सवितुरथ सुधांशोः शङ्कयैव व्यरंसीत् ।
रजनिदिवसभेदं मन्दवाताः शशंसुः
कुमुदकमलगन्धानाहरन्तः क्रमेण" ॥

इत्यादिकाव्यप्रसिद्धेः । ननु के रौतीति केरवो हंसस्तस्येदं प्रियमिति चीरस्वाम्युक्तव्युत्पत्त्या कैरविणीति पदेन कमलिन्यपि संभवति ।

"हंसी वेत्ति परागपिञ्जरतनुः * कुत्रापि पद्माकरे
प्रेयान् मे बिसकन्दलीकिसलयं भुङ्क्ते स्वयं निर्वृतः ।
नो जानाति मनस्विनी यदधुना जम्बालमालोडयन्
शैवालाङ्कुरमप्यसौ न लभते हंसो विशीर्णच्छदः" ॥

इत्यादिकाव्ये हंसस्य कमलप्रियत्वोक्तेस्तत्पदेन सूर्योपस्थितिरपि संभवत्यतस्तद्वारणार्थमाह पीतेत्यादि । पीता आस्वादिताः । चकोरैरेत दाख्यप्रसिद्धपक्षिभिः । मरीचिचयाः किरणसमूहाः । यस्येत्यर्थोच्चन्द्रस्ये-त्यर्थः ।

---

* 'परागपिङ्गलवपुः'—इति वा पाठः ।

"यस्य क्षोणिपतेर्विहायसि यशोराशौ चमत्कुर्वति
द्राक् कर्पूररजोभ्रमेण वणिजो वीथीमुपस्कुर्वते ।
चञ्चुं चञ्चलयन्ति चन्द्रकिरणभ्रान्त्या चकोराः पयो-
बुद्ध्या व्योम्नि नियोजयन्ति कलशीमाभीरवामभ्रुवः" ॥

इत्यादिकाव्योक्तेः । अथ द्वितीयोक्तावतिप्रसङ्गनिरासात् प्रथमवि-
शेषणस्य वैयर्थ्यमिति चेन्न ।

"चुलकयसि चन्द्रदीधितिमविरलमश्नासि नूनमङ्गारान् ।
अधिकतरमुष्णमनयोः किमिह चकोरावधारयसि" ॥

इत्यादिप्रसिद्धकाव्योक्त्या चकोरैरग्निभक्षणद्वारा तत्किरणाः पीयन्त इति तत्पदेनाग्निरपि सिद्ध्येदिति तन्निवारणार्थं प्रथमविशेषणावश्यकत्वात् । तथा चोभयपदविशेषोपस्थितिश्चन्द्रस्यैव नान्यस्येति भावः ।

अत्रोपपत्तिः । वर्षादौ यश्चन्द्रः स तस्य ध्रुवस्तत्र तत्साधनम् । द्वादशगुणतिथिभागयुतः सूर्य इति । तत्रापि सूर्यस्य राश्याद्यवयवाभावात् तिथयो द्वादशगुणाश्चन्द्रध्रुवकोऽंशाद्यः । तिथयस्तु तत्राधिमासप्राप्तौ पदाधिशेषं सावयवं दिनाद्यम् । अत उपपन्नं यत् तु दिनाद्यधिशेषमि-नद्यमित्यादि ॥ १० ॥

इदानीं कलिगतादाह ।

कलेर्गताब्दैरथ वा दिनाद्यं
पूर्वं यदुक्तं खलु तत् प्रसाध्यम् ।
अब्दाधिपस्तत्र सितादिकः स्याद्-
ध्रुवाश्च युक्ताः कलिवक्त्रखेटैः * ॥ ११ ॥

वा भा—स्पष्टम् ॥ ११ ॥

* वासनावार्त्तिके नृसिंहभट्टश्चर्याऽध्यस्य श्लोकस्य नाकरोदिति ।

मरीचिः–अथोपजातिकया कलिगतवर्षेभ्यः पूर्वोक्तोपकरणसाधनं लाघवादाह कलेरिति । अथ वा लाघवार्थं प्रकारान्तरेण । यद्दिनादिपूर्वपदादब्दपशुद्धित्रयाहग्रहध्रुवकाणां संग्रह उक्तः पश्चात् तत् सर्वमुपकरणजातं कलेर्गताब्दैः कलिसम्बन्धिगतवर्षैः पूर्वप्रकारान्तरेणैव साध्यम् । कल्पगतस्थाने कलिगतग्रहणेन यथोक्तं कार्यमित्यर्थः । अब्दाधिपे विरोधपरीहाररूपविशेषमाह अब्दाधिप इति । तत्र कलिगतसाधितोपकरणमध्येऽब्दपो य आगतः स सितादिकः शुक्रपूर्ववारगणनया स्यात् । तेन कल्पगतसाधिताब्दपेनाविरोधः । कलिगतसाधितग्रहध्रुवाणां कल्पगतसाधितग्रहध्रुवेभ्यो विसंवादादाह ध्रुवा इति । कलिगतसाधितध्रुवग्रहाणां कलिवक्रखेटैः कल्पादिस्थग्रहध्रुवैः प्रागुक्तैर्युक्ताः सन्तः राश्यादिध्रुवाः पूर्वागतसमा भवन्तीति ।

अत्रोपपत्तिः । कल्पादौ शुक्रवासरसत्त्वात् तदादिगणना । अधिशेषावमशेषाभावाल्लाघवाच्च तद्गतादुपकरणसाधनम् । ग्रहास्तु कल्पादशेषिताः । कल्पादौ सर्वेषां भगणपूरणाभावात् । अतः कल्यादिध्रुवैर्युक्ता आनीतध्रुवा राश्यादिका भवन्ति । भगणानां फलाभावेनाप्रयोजकत्वात् तत्त्यागात् । अतः सम्यगुक्तं कलेरित्यादि ॥ ११ ॥

इदानीमहर्गणार्थं क्षेपदिनान्याह ।

स्वीयनखांशयुताः क्षयनाड्यः
क्षेपदिनानि दिवागणसिद्धौ * ।

वा. भा.–पूर्वमानीता ये त्रयाहास्तेषामधो यन्नाडिकाद्यं तत् स्वीयविंशांशयुतं सद्दिनाद्यं कल्प्यम् । या घटिकास्तानि दिनानि या विघटिकास्ता घटिकास्तासामप्यधो ये षष्ट्यंशास्तानि पानीयपलानि कल्प्यानीति । किमर्थम् । दिवागणसिद्धौ अहर्गणसिद्ध्यर्थम् ।

---

* एतत्पद्यार्धस्य वासनावार्त्तिकमरीचिसमाख्ये टीके अथतश्चैत्रसितादिगत इत्यादिलघ्वहर्गणानयनपद्यव्याख्यावसर एव पूर्वं निहिते द्रष्टव्ये ।

अत्रोपपत्तिः । वक्ष्यमाणेऽहर्गणानयने यदवमानयनं तत्र चतुःषष्टि-भागहारः कृतः । ततश्चान्द्राहाणां चतुःषष्ट्यैकमवमं पतति । अतो रव्य-ब्दान्ते यदवमशेषं तच्छुद्धूनासु तिथिषु स्वीयकराभ्रतुरङ्ग-७०२ लवयुतासु सदृशच्छेदं कृत्वा क्षेप्यम् । ततश्चतुःषष्ट्या भागे गृहीते लब्धमवमानी-त्युचितम् । तत्र रव्यब्दान्ते यदवमशेषं घटिकात्मकं पूर्वं गृहीतमस्ति तत् तु षष्टिच्छेदं तच्चतुःषष्टिच्छेदं कार्यम् । अतस्ता घटिकाश्चतुःषष्ट्या किल गुण्याः षष्ट्या भाज्याः । एवं चतुःषष्टिच्छेदमवमशेषं भवति । अथ चतुः-षष्टिस्थाने त्रिषष्टिरेव कृता । किमिति । तत्रोच्यते पूर्वं या अधिमासशे-षतिथय आगतास्ता एव शुद्धित्वेन ग्रहीतुं युज्यन्ते । यतस्ताभिरूनाश्चै-त्राद्यास्तिथयोऽब्दान्तादग्रतो गृहीता भवन्ति । अथ च शुद्धितिथयः कार्यान्तरवशादवमघटीभिरूनाः शुद्धित्वेन परिकल्पिताः । अवमघटिको-नया शुद्ध्या यावच्चैत्राद्यास्तिथय ऊनीकृतास्तावत्क्षेपतिथिष्ववमशेषघटि-का अधिका जाताः । यतः शोध्यमानमृणं धनं स्यादिति । यत एकगुणा युक्ताः । अतस्त्रिषष्टिगुणा योज्याः । तत्रावमघटिकानां त्रिषष्टिर्गुणकारः षष्टिर्भागहारः । तत्र गुणकभागहारौ त्रिभिरपवर्त्तितौ । गुणकस्थाने एक-विंशति २१ भागहारस्थाने विंशतिः २० । फलं दिनानि । अत्र हराद्गुणको विंशांशाधिकोऽतः स्वीयनखांशयुताः क्षयनाङ्यः क्षेपदिनानीत्युपपन्नम् ।

इदानीमहर्गणानयनमाह ।

चैत्रसितादिगतस्तिथिसंघः
शोधितशुद्धिरधस्तु समेतः ॥ १२ ॥
स्वीयकराभ्रतुरङ्ग-७०२ लवेन
क्षेपयुतः कृतषड्भिविभक्तः ।
लब्धदिनक्षयवर्जितशेषो
रव्युदये द्युगणोऽब्दपतेः स्यात् * ॥ १३ ॥

* चैत्रसितादीत्यनेन लब्धहर्गण आनीतः । स च वर्षान्तेष्टाहर्गणयोरन्तरेण सुगम इति तद्व्याख्या ।

वा. भा.—चैत्रादेर्गततिथिसंचयः शुद्धिरहितस्त्विष्टः कार्यः । अन्तिमो द्विखतुरङ्गै-७०२ र्भाज्यः । फलं मध्यस्थे क्षेप्यम् । ततोऽनन्तरानीतानि क्षेपदिनानि तत्र क्षिप्त्वा स राशिश्चतुःषष्ट्या भाज्यः फलमवमानि शेषमवमशेषम् । चन्द्रानयनार्थं तत् पृथगनष्टं स्थाप्यम् । अवमैरूनः प्रथमो राशिरहर्गणः स्यात् । स चाब्दपत्यादिः । यस्मिन् वारे यावतीषु घटिकासु रव्यब्दान्तो जातस्तस्मात् कालात् तदनन्तरार्कोदयं यावत्या घटिकास्ता एवाहर्गणावयवीभूताः । यतस्तासु गतास्वब्दान्तो जातोऽभूत् । तदग्रतो दिनतुल्या वारा इति बुद्धिमता गणनीयम् ।

$$\text{वअंअह} = \text{वअंचां} - \text{वअंक्षादि} - \text{वअंक्षव} \text{ ।}$$

$$\text{इअह} = \text{वअंचां} + \text{इचां} - \text{वअंक्षादि} - \text{अपूअ} \text{ ।} \ (\text{अवमपूर्त्तितोऽवमः} = \text{अपूअ})$$

$$\therefore \text{इअह} - \text{वअंअह} = \text{इचां} - \text{अपूअ} + \text{वअंक्षघ} = \text{लअह}$$

$$\text{अत्र इचां} = \text{चैसितिसं} - \text{वअंअधिशे}$$

$$\therefore \text{लअह} = \text{चैसितिसं} - \text{वअंअधिशे} + \text{वअंक्षघ} - \text{अपूअ}$$

$$= \text{चैसितिसं} - (\text{वअंअधिशे} - \text{वअंक्षघ}) - \text{अपूअ}$$

$$= \text{चैसितिसं} - \text{शु} - \text{अपूअ} = \text{शे} - \text{अपूअ}$$

$$\text{इह, अपूअ} = \frac{\text{वअंक्षघ}}{६०} + \text{इअव} = \frac{\text{वअंक्षघ}}{६०} + \frac{\text{कअव} \times \text{इचां}}{\text{कचां}} \text{ ।}$$

$$\text{अत्र } \frac{\text{कअव} \times \text{इचां}}{\text{कचां}} = \text{इअव} = \frac{\text{इचां}}{६४} \times \frac{\text{कअव} \times ६४}{\text{कचां}} \text{ ।}$$

$$\text{अत्रापि } \frac{\text{कअव} \times ६४}{\text{कचां}} = \frac{२५०८२५५०००० \times ६४}{१६०२९९९०००००००} = \frac{१६७२१७ \times ६४}{१०६८६६६०} = \frac{१०७०१८८८}{१०६८६६६०}$$

$$= १ + \frac{१५२२८}{१०६८६६६०} = १ + \frac{१}{७०१} + \frac{९८८}{१२६९} \text{ ।}$$

$$\text{"अर्धाधिके रूपं ग्राह्यम्"-इत्यतः इअव} = \frac{\text{इचां} + \frac{\text{इचां}}{७०२}}{६४}$$

$$\therefore \text{अपूअ} = \frac{\text{वअंक्षघ}}{६०} + \frac{\text{इचां} + \frac{\text{इचां}}{७०२}}{६४}$$

$$= \frac{६४ \frac{\text{वअंक्षघ}}{६०} + \text{इचां} + \frac{\text{इचां}}{७०२}}{६४} = \frac{६३ \frac{\text{वअंक्षघ}}{६०} + \frac{\text{वअंक्षघ}}{६०} + \text{इचां} + \frac{\text{इचां}}{७०२}}{६४}$$

अत्रोपपत्तिः । अत्र चैत्रादिगततिथयः शुद्ध्याभा अतः कृत यत्नोऽधिमासशेषतिथिभिः सावयवाभिरूनीकृताः सत्यो रव्यब्दान्ताद-यतो गृहीता भवन्ति । रव्यब्दान्तादूर्ध्वमिष्टदिनोदयं यावद्द्युगणः साध्यः । अतोऽब्दान्तानन्तरार्कोदयान्तरघटीतुल्येनाहर्गणाधोऽवयवेन भवितव्यम् । अब्दान्तस्तु दिनाद्यस्य घटिकान्ते । अतः शुद्धितिथिषु सावयवास्ववमघटिका विशोध्य दिनघटिका एव शेषीकृतास्ताभिस्ति-थिभ्यः शोधिताभिरहर्गणावयवघटिका यथोक्ता भवन्ति । एवं कृतेऽव-मानयनं किञ्चित् सान्तरं स्यात् । तत् क्षेपदिनानयनेन निरन्तरीकृतम् । अवमानयनेऽनुपातः । यदि कल्पतिथिभिः कल्पावमानि लभ्यन्ते तदाऽऽभि-किमिति । एवमवमानि गुणश्चन्द्रदिनानि हारः । ततः संचारः । यदि चन्द्रदिनहारेणावमानि गुणस्तदा चतुःषष्ट्या किमिति । चतुःषष्ट्या गुणितानामवमानां चन्द्रदिनहृतानां लब्धं रूपम् । शेषेण शेषमपवर्त्तितं जातं रूपम् ! हारश्चापवर्त्तितो जातो द्विखशैलमितः $\begin{matrix}१\\१\\७०२\end{matrix}$ । अयं गतति-थीनां गुणश्चतुःषष्टिर्हरोऽतः समेतः स्वीयकराभ्रतुरङ्गलवेनेति सर्वं निर-वद्यम् ॥ १२-१३ ॥

$$= \frac{\dfrac{२१\ \text{वअंतघ}}{२०} + \text{चैसितिसं} - \text{वअंअधिशे} + \dfrac{\text{वअंतघ}}{६०} + \dfrac{\text{इचां}}{७०२}}{६४}$$

$$= \frac{\text{चेदि} + \text{चैसितिसं} - \text{शु} + \dfrac{\text{इचां}}{७०२}}{६४} = \frac{\text{चेदि} + \text{शे} + \dfrac{\text{इचां}}{७०२}}{६४}$$

$$\therefore \text{स्वल्पान्तरात् लअ} = \text{शे} - \frac{\left(\text{चेदि} + \text{शे} + \dfrac{\text{शे}}{७०२}\right)}{६४}$$

अतः स्वोनखांशेत्याद्युपपन्नपूर्वके लघ्वहर्गणानयनं साधपद्यं सूपपन्नम् ।

अत्रान्तिमभाज्यखण्डस्येष्टचान्द्रस्थाने श्रीमद्भास्कराचार्यैर्वर्षान्तावमघटीयुक्ते-ष्टचान्द्र एव 'शे'—इत्यभिधो गृहीतः क्रियालाघवात् । कदाचित् सूक्ष्मावयवग्रहणेना-पूर्तिस्थले पूर्णत्वादिष्टावमेस्यैकाधिकत्वेऽपीष्टवारालाभात् सैकनिरेकीकरणेन न काचि-दापत्तिरन्यन्मरीचावयलोक्यम् ।

वा.वा.–इदानीमहर्गणानयनमाह स्वीयनवांशयुता इति चैत्रादेः सकाशाद्रव्यब्दान्तो यावतीभिः सावयवाभिस्तिथिभिः शुद्ध्यति तास्तिथय एव सावयवाः शुद्धिशब्देनोच्यन्ते । रव्यब्दान्तादूर्ध्वमिष्टदिनोदयं यावदहर्गणोऽपेक्षितः । तस्माच्चैत्रसितादिगतस्तिथिसंघः शोधितशुद्धिः कृतः । ननु केवला शुद्धिरेव चैत्रादिगततिथिभ्यो हातुं युज्यते नामवघटिकोना । अवमघटिकोनशुद्धौ शोध्यमानायां "संशोध्यमानं स्वमृणत्वमेति स्वत्वं क्षयः" इत्यनेन केवलशुद्ध्यूनचैत्रादितिथिषु क्षयशेषघटिका योजिता भवन्ति तच्चायुक्तमित्यत आह भाष्यकाराः "अतोऽब्दान्तरार्कोदयान्तरघटीतुल्येनार्गणावयवेन भवितव्यम् । अब्दान्तादिष्टदिनोदयं यावदहर्गणोऽपेक्षितः । अब्दान्तस्तु दिनादिघटिकान्ते" । अत्रायमभिसंधिः । यस्मिन् दिने रव्यब्दान्तस्तस्मिन्नर्कोदय काले कल्याद्यहर्गणः साध्यः । तस्मिन् साध्यमाने लब्धा ये दिनक्षयास्ते तु सौरवर्षाद्यर्कोदयं यावत् प्रागानीतचान्द्राणां सावनानामन्तरे भवन्ति ततस्तु रव्यब्दान्तार्कोदयात इष्टदिनोदयं यावद्यदि द्युगणः साध्यते तदा ये दिनक्षया वर्षाद्यर्कोदयकालीनावमशेषयोगेन निरवयवाः सिद्ध्यन्ति तन्मितमेव चान्द्रसावनानामन्तरं भवति । तयोरहर्गणयोर्यावद्योगः क्रियते तावत् कल्यादेरिष्टदिनोदयं यावत् कल्याद्यहर्गण एव भवति । तत्र रव्यब्दान्ताद्द्युगणानयनं चिकीर्षितमिति तत्कालीन एवाहर्गणः कर्त्तुं युज्यते । यस्मिन् दिने रव्यब्दान्तस्तदर्कोदयाद्रव्यब्दान्तपर्यन्तमब्दपघटिकाः । शुद्धेरवमघटीषु शोधितासु दिनादिघटिका एव भवन्ति । यतो दिनक्षयचान्द्रघटीनामन्तरं सावनघटिकास्तस्मात् प्रागुक्ताहर्गणप्रथमखण्डेऽब्दपघटिका योजिता जातोऽहर्गणः सौरवर्षादौ । द्वितीयखण्डे तु दिनादिघटिकाः शोध्या एव । अन्यथाऽहर्गणखण्डद्वययोगस्य कल्याद्यहर्गणतुल्यत्वं भवेत् । अतो युक्तमुक्तं भगवता भाष्यकारेण यस्मिन् दिने रव्यब्दान्तो यावतीभिर्घटीभिस्तद्दिने तत्कालादनन्तरार्कोदयं यावद्या घटिकास्ता एव लब्धहर्गणस्य शेषभूताः । रव्यब्दान्तानन्तरार्कोदयत

इष्टदिनोदयं यावद्ये वारास्त एव लघ्वहर्गणे दिवसा इति । अथावमानयनं सावनीकरणाय । कल्पचान्द्रैः कल्पावमास्तदाऽनेन सावनशुद्ध्यूनचैत्रसितादिगततिथिसंघेन किमिति दिनक्षयानयनम् । तत्र संचारः । यदि कल्पचान्द्रमिते हरे कल्पावमानि गुणास्तदा चतुःषष्टिमिते हरे को वा गुण इति लब्धो गुणः सावयवः १।०।५।७।४२। हरस्तु चतुःषष्टिरेव । तत्रकखण्डं रूपमितम् १। द्वितीयमिदम् ०।०।५।७।४२। कराभ्रतुरङ्गैः सवर्णितं जातमुपरि* रूपम् । अत उक्तं पृथक् च समेतः स्वीयकराभ्रतुरङ्गलवेनेति । इदं चतुःषष्टिच्छेदम् । पूर्वोक्तखण्डद्वयसाधितावमयोगेन कल्पादेरिष्टदिनोदयावधिसाधितनिरवयवावमतुल्येन भवितव्यमिति ; सौरवर्षादिजा अवमघटिकाः षष्टिभक्ता अस्मिन्नवमाद्ये योज्याः । एवं कृतेऽत्र ये निरवावमाः सिद्ध्यन्ति त एव लघ्वहर्गणे शोध्याः । तत्र सौरवर्षादौ या दिनक्षयघटिकास्ताः षष्ट्या भाज्या दिनानि भवन्ति । एतेषामवमदिनानां यदि चान्द्राः क्रियन्ते चान्द्रद्युगणे चेत् क्षिप्यन्ते ततोऽवमानयनेनापि येऽवमास्ते यथोक्तापेक्षितावमा एव भवन्तीति षष्टिभक्तावमघटिकाः चतुःषष्टिगुणिताश्चान्द्रगणे योज्याः । तत्र त्रिषष्टिगुणिता एव योजिताः । यथाऽवमानयने केवलशुद्ध्यूनचैत्रादिचान्द्रेभ्य एवावमाः साध्यास्तत्र सावनशुद्धिशोधनादवमघटिकाः केवलशुद्ध्यूनचैत्रादिचान्द्रेष्वाधिकाः सन्ति । तस्मात् सौरवर्षादिजावमघटिकास्त्रिषष्ट्या गुणनीयाः षष्ट्या भाज्याः । तत्र गुणहरौ त्रिभिरपवर्त्य गुणस्थाने एकविंशतिः । हरस्थाने विंशतिर्जाता । यस्तु एकविंशत्या गुण्यते विंशत्या ह्रियते स स्वीयनखांशयुक्त एव भवति । अतः क्षेपयुतः कृतषड्विभक्त इत्यादि शोभनमुक्तम् । अत्र चतुःषष्ट्या गुणनं स्थूलमपि क्षेपे स्वीकृतं स्वल्पान्तरत्वात् । न हि चतुःषष्टिचान्द्राणामेकोऽवमो भवति "रुद्रांशकोनाब्धिरसैः क्षयाह"-इति

* द्विखतुरङ्गैर्गुणनेन पुनरन्त्याङ्कतः षष्टिलब्धिग्रहणादादावेकोनषट्त्रिंशच्छलपलाति ततो दिनकरणाद्रूपमिति ।

गोले * प्रतिपादितत्वात् । इतः प्रभृत्यामध्यमाधिकारान्तं भाष्ये सुगमं किन्तु कुत्र चिद्विशेषार्थमुच्यते ॥ १२-१३ ॥

मरीचिः—अथ क्षेपदिनाख्योपकरणपूर्वकं लघ्वहर्गणानयनं दोधकद्वयेनाह स्वीयनखांशयुता इति । क्षयनाड्यः पूर्वज्ञाताः क्षयाहाद्यधोऽवयवरूपाः स्वीयनखांशयुताः स्वविंशत्यंशेन युताः सत्यः । क्षेपदिनानि सावयवानि भवन्ति । एषां प्रयोजनमाह दिवागणसिद्ध्यै इति । अहर्गणज्ञानार्थमेतेषां प्रयोजनम् । इदमुपलक्षणम् । पूर्वानीतोपकरणान्यपि तज्ज्ञानार्थमुपयुक्तानि ।

अथाहर्गणानयनमाह चैत्रेति । स्वेष्टकालेऽव्यवहितचैत्रशुक्लपक्षादिरूपप्रतिपदो गतस्तिथिगणो मासादिपरिभाषया ग्राह्यः । अयम् । शोधिता शुद्धिर्यस्मिन्निति शोधितशुद्धिः । प्राक्साधितावमघट्यूनाधिशेषदिनादिरूपशुद्धिहीनः । अयं सिद्धोऽधः कर्मभूमौ पृथक् स्थाप्यः । "त्वन्त्यादि न पूर्वभाक्" † इत्युक्तेनाधःपदस्योत्तरत्रान्वयादयमधःस्थः स्वीयकराभ्रतुरङ्गलवेन । स्वद्व्यधिकसप्तशतांशेन समेतो युक्तः । अयमधस्थः सिद्धः क्षेपयुतः पूर्वानीतक्षेपदिनयुतः । अयं सिद्धश्चतुःषष्टिभक्तो लब्धदिनक्षयवर्जितशेषः । भागादाप्तावमैर्हीन ऊर्ध्वस्थः । तस्य शेषोऽवशिष्टाङ्क इत्यर्थः । अयं सिद्धोऽङ्को द्युगणोऽहर्गणो मध्यमसूर्योदयासन्नकालेऽभीष्टे भवेत् । अत्रापि चतुःषष्ट्याऽवशेषाद्घट्यादि न ग्राह्यम् । दिनक्षयशेषत इत्याद्युक्तेः । नन्वयमहर्गणः कल्पाद्यहर्गणेन कल्याद्यहर्गणेन वा तुल्यः स्यादत आह । अब्दपतेरिति । पूर्वानीतसावयवाब्दपतेर्ज्ञातकालमवधीकृत्यायमागतः । तथा च यथा कल्पादिकल्याद्यहर्गणयोरतुल्यत्वं तथैव तस्यापि भिन्नत्वमिति भावः । एतेनागताहर्गणे पूर्वनीताब्दपः सावयवो यथायोग्यं योज्यः सिद्धोऽङ्को निरवयवः सप्त-

* गोलाध्याये इति ।

† शब्दानुशासनेऽमरकृतः संकेतस्तद्ग्रन्थस्यैवाक्यार्थमेवेति विवेचनीयम् ।

तष्टः शेषं सूर्यादिगतवारो भवत्युक्तगणनया वर्त्तमानवारज्ञानं स्यादिति सूचितम् ।

अत्रोपपत्तिः । अहर्गणपदवाच्यत्वं सावनदिनगण इति । पूर्वं कल्पादीष्टसूर्योदयसावनदिनगण आनीत इदानीमतिलाघवार्थं वर्षादितो वर्षमध्येऽहर्गणो लघुरानेयः । कल्पाद्यहर्गणवत् । वर्षादिग्रहाणां सिद्धत्वात् । तदग्रे ग्रहज्ञानार्थं तदादितः सावनाहर्गणस्योपयोगात् । तदानयनं तु वर्षादिकालेऽनुपातेन सावयवाहर्गणं कृत्वेष्टसूर्योदयेऽपि उक्तप्रकारेण कल्पाद्यहर्गणं कृत्वा तदन्तरं सावयवोऽहर्गण इति गौरवं विहाय लाघवादन्यथा यतितम् । तत्रेष्टसूर्योदयकाले सौरवर्षादितः सावनदिनानि ज्ञातव्यानि । एतज्ज्ञानं तदादितश्चान्द्रज्ञानेनावमद्वारा सुगममिति । पूर्वप्रतिपादनात् । प्रथमं तदादितश्चान्द्रदिवसा ज्ञेयाः । एतज्ज्ञानस्याप्यभावात् प्रथमं चान्द्रवर्षादिरूपचैत्रप्रारम्भकालान्मासतिथिज्ञानसम्भवात् संपूर्णास्तिथयो गताः । चान्द्राहर्गणः स्वसूर्योदयप्राक्कालीनतिथ्यन्तकाले चैत्रादितो ज्ञातस्तिथिग्रहणात् । अपेक्षितः सौरवर्षादित इति । चैत्रादिसौरवर्षाद्यन्तररूपचान्द्रदिनैरूनः कार्यः । तत्र शुद्धेस्तदन्तरत्वेन पूर्वप्रतिपादनादानीतशुद्ध्योनोऽत उक्तं 'चैत्रसितादिगतस्तिथिसङ्घः शोधितशुद्धिः' इति । ननु चान्द्रवर्षादिसौरवर्षाद्यन्तरचान्द्रदिनानां दिनाधिशेषरूपत्वात् । अवमघट्यूनदिनाद्यधिशेषरूपशुद्धित्वाभावाच्च शोधितशुद्धिरिति कथमुक्तम् । अन्यथा तदादिचान्द्रे तदवमघटीतुल्यमधिकं स्यात् । शोध्ये न्यूनत्वात् । सौरवर्षादित इष्टतिथ्यारम्भकाले वस्तुभूतचान्द्रत्वासिद्धेरिति चेत् । उच्यते । वास्तवचान्द्राणां तदानीतसावयवावमहीनानां तिथ्यन्तकाले तदादिसावनत्वं स्यादिति भवतामप्यभिमतम् । तत्र सूर्योदयकालकरणार्थमवमशेषघट्यादितिथ्यन्तकालीनं योज्यम् । एतत्कालीनावमशेषं तु इष्टचान्द्रानीतावमाधोऽवयवघट्यादियोगः षष्टितष्ट इति रूपम् । तथा च सौरवर्षादितः सावनज्ञानार्थमिष्टचान्द्रानीतावमाधोऽवयवस्य

संपूर्णावमशेषैकदेशस्येष्टचान्द्रे न्यूनत्वं कार्यं सूर्योदयकालीनकरणार्थं संपूर्णावमशेषमुक्तरूपं योज्यमिति सिद्धम् । तत्रेष्टचान्द्रानीतावमानां सावयवानामवास्तवानां वास्तवावमानामधिकानां चान्तरं सौरवर्षावमशेषमधिकं तद्योज्यमिति पूर्वमेवेष्टचान्द्राणां योजितं कृतमित्यवमानयने स्पष्टमिति न क्षतिः । अत एवावमघट्यूनदिनाद्यधिशेषस्य चैत्राद्युत्तरसूर्योदयसौरवर्षाद्यन्तरकालस्य शोध्यत्वेन शुद्धिरिति संज्ञा सम्यगुक्ता । अथ सावनार्थं दिनक्षयाः साध्याः । कल्पचान्द्रैः कल्पदिनक्षयास्तदेष्टैः किमित्यनुपातेन । तत्र कल्पावमरूपगुणस्य खण्डद्वयम् । एकं पञ्चाद्रिरामाङ्केषुगजरमाब्धिखतत्त्वमितम् २५०४३८५९३७५ । अपरं च तत्त्वरसखगोषट्पञ्चराममितम् ३५६९०६२५ । प्रत्येकं कल्पचान्द्रा हरश्च । प्रथमस्थाने गुणहरौ गुणेनापवर्त्य हरस्थाने चतुःषष्टिः । द्वितीयस्थाने गुणहरौ तत्त्वेन्दुगजाश्विमितै—२८१२५ रपवर्तितौ गुणस्थाने नवरससूर्याः १२६९ । हरस्थाने नखपञ्चेषुनवनन्दरसशरमिताः ५६९९५५२० । तथा च चतुःषष्टिभक्तचान्द्राणां द्वितीयस्थानोत्पन्नगुणाः १२६९ । गुणितचान्द्राणां द्वितीयस्थानोत्पन्नहरभागो योज्य इति सिद्धम् । तत्र लाघवार्थं गुणितस्य हरभागस्तदा चतुःषष्टिभक्तस्य को भाग इति लब्धांशः किञ्चिन्न्यूनः ७०१ । ४७ । अत्रान्तराभावदर्शनात् स्वल्पान्तराद्वा द्विमितो धृतस्तेन चतुःषष्टिभक्तचान्द्राः स्वाधिकसप्तशतां—७०२ शेन योज्या दिनक्षयाः स्युरिति सिद्धम् । तत्रापि भाज्य एव स्वद्व्यधिकसप्तशतांशेनाधिके कृते चतुःषष्टिभक्ते फलस्य तुल्यत्वात् तदेव कृतम् । अत उक्तम् । 'अधस्तु समेतः स्वीयकराभ्रतुरङ्गलवेन' इति । न च वास्तवचान्द्रेषु सौरवर्षाद्यवमघट्यादीनामधिकत्वात् तदंशेन योजने घटीनामपि स्वद्व्यधिकसप्तशतांशोऽधिकमन्तरं स्यात् । अवमानयनार्थं शुद्धाश्चान्द्रा एवापेक्षितास्तस्मादहर्गणार्थं शुद्ध्यूनास्तिथयोऽवमानयनार्थमधिशेषदिनाद्यूनास्त एव स्वद्व्यधिकसप्तशतांशेन योज्या इति युक्तमिति वाच्यम् । पृथग्विषयेण गौरवात् तत्त्यागात् । लाघवात् स्वल्पान्त-

राच्च अवमघटीयुतचान्द्राणामवमानयनेऽप्यङ्गीकारात् । अत एव न्यून फलार्थमिवाधिकांशयोजनं स्वल्पान्तरेण कृतम् । किञ्च । अवमाधोऽव यवे प्राणाः षष्ट्यंशादावन्तरपातेनाग्रेऽवमशेषत्यागाच्चाहर्गणमिद्धौ न क्षतिः । न चैवमत्र स्वीयकराभ्रतुरङ्गुलवयोजनं व्यर्थमिति वाच्यम् । अव माधोऽवयवे घट्यादिकेऽन्तरपातेनाग्रेऽवमशेषाच्चन्द्रसाधने चन्द्रस्य बह्वन्त रत्वापत्तेः। अग्रेषां वास्तवत्वाभावेन सौरवर्षाद्यवमघट्यादिहीनम् । तत सिद्धं चतुःषष्टिभक्तं कार्यं फलं सावयवदिनक्षयाः सौरवर्षादित इष्टतिथ्या रम्भकाले । एतैर्वास्तवाश्चान्द्रा हीनास्तिथ्यारम्भकालेऽहर्गणः । अथ सूर्योदयकालीनसाधनार्थं कल्पादितोऽव्यवहितपतितावमान्तकालादव शेषाद्घट्यादि यत् तद्योज्यम् । तिथ्यन्तसूर्योदयान्तरकालस्य संपूर्णवास्त वावमशेषत्वादिति । एतज्ज्ञानं तु अहर्गणोपयुक्तसावयवावमसौरवर्षाद्य वमघटिकायोगस्याधोऽवयवज्ञानेन तस्मादवमान्तादवमानयनार्थमिष्ट चान्द्रा वास्तवाः सौरवर्षादितोऽव्यवहितावमान्तपातकालात् साध्याः । चतुःषष्टिभक्ता दिनक्षयाः सावयवाः पूर्वयोगरूपा भवन्तीति सौरवर्षाद्य मवघटीयुतेष्टचान्द्राणां स्वद्व्यधिकसप्तशतांशाधिकानां क्षेपदिनयोजनेन तादृशाश्चान्द्रा भवन्तीत्यत उक्तं क्षेपयुत इति ।

अथ क्षेपोपपत्तिं विना एतदुक्तस्यानिश्चयात् तदुत्पत्तिं शृणु । सौरवर्षाद्यमवघटिका अहर्गणोपयुक्तावमाधोऽवयवे योज्याः । तत्र चान्द्रे लाघवाद्योजनार्थं समच्छेदं विना तुल्यजातित्वाभावेन योगकरणे-ऽशक्यत्वात् । समच्छेदार्थं चतुःषष्टिगुणोऽवघटिकानां हराभावा-दविकारेणैव रूपहरकल्पनादिति चान्द्रा अविकृता एव । एतेनात्र चतुःषष्ट्या गुणनं स्थूलमपि स्वीकृतं स्वल्पान्तरात् । न हि चतुःषष्टि-चान्द्राणामेकोऽवमो भवति "रुद्रांशकोनाब्धिरसैः क्षयाहः" इत्यु-क्तेरिति निरस्तम् । अवमपूरणचान्द्रत्वेन तद्गणनाप्रसङ्गात् । अव-मघटीनां भिन्नजातित्वेन चान्द्रदिने योगासम्भवाद्दिनस्यानकरणार्थे

षष्टिर्हरस्तासां कल्पितः । अथैतास्तत्र योज्या अवमानयनार्थं शुद्धाश्चान्द्रा अपेक्षिता इति । तत्रावमघट्यादि सौरवर्षादिजमूनं कार्यमतो लाघवात् सौरवर्षाद्यवमघटीनां त्रिषष्टिरेव गुणः कृतः । ननु स्वीयकराभ्रतुरङ्गलवयोजनेनेष्टचान्द्राणां मध्ये स्वद्व्यधिकसप्तशतांशाधिकावमघटीनामधिकत्वादवमघटीकराभ्रतुरङ्गलवाधिक्येन चतुःषष्टिर्गुणो हीनः कार्यः । अतस्तासां त्रिषष्टिर्गुणः कथम् । न च क्षेपयोजनानन्तरमिष्टचान्द्राणामुक्तांशयोजनं व्यस्तव्याख्यानात् । तेनैक एव हीन इति त्रिषष्टिर्गुणो युक्तः । अत एवेष्टचान्द्राणां स्वल्पान्तरेण वास्तवत्वमिति प्रागुक्तमयुक्तम् । मदुक्तव्याख्यानेन तदंशयोजनावसरे वास्तवचान्द्राणां ज्ञानादिति वाच्यम् । एवमपि समच्छेदार्थं किञ्चिदूनचतुःषष्टिगुणत्वापत्तेः । न तु संपूर्णस्य दृष्टचान्द्राणां स्वद्व्यभ्रागांशहीनचतुःषष्टेर्हरत्वात् । तदंशयोजनाभावेन संपूर्णचतुःषष्टेर्हरत्वाभावादिति चेन्न । अवमघट्यादितदंशस्य स्वल्पत्त्वेनाङ्गीकार इत्यादेः पूर्वमेवोक्तत्वात् । तथा चावमघट्यः षष्टिभक्तास्त्रिषष्टिगुणाः कार्यास्तत्र गुणस्य खण्डद्वयम् । एकं षष्टिमितं परं त्रिमितम् । प्रत्येकं षष्टिमितो हरश्च । प्रथमस्थाने गुणहरयोस्तुल्यत्वान्नाशादवमघट्याद्येव फलम् । द्वितीयस्थाने गुणहरौ गुणेनापवर्त्य हरस्थाने विंशतिस्तेन घटीनां विंशत्यंशफलतद्योगः क्षेपदिनसंज्ञः । दृष्टचान्द्रे क्षेप्यत्वादत उक्तं 'स्वीयनखांशयुताः क्षयनाड्यः क्षेपदिनानि दिवागणसिद्धै'-इति । अथैते शुद्धाश्चान्द्राश्चतुःषष्टिभक्ताः सौरवर्षादितोऽव्यवहितपूर्वपतितावमान्तकालाद्दिनक्षयाः सावयवा भवन्ति । एते सौरवर्षाद्यवमघट्यादिभिरूना अहर्गणोपयुक्तसौरवर्षादितिथ्यन्तकालजदिनक्षयाः सावयवा भवन्ति । एत एव चान्द्राहर्गणे हीनास्तिथ्यन्ते सावनाहर्गणो भवति । सूर्योदयासन्नकाले करणार्थं पूर्वानीतावमाधोऽवयवो योज्यः । तत्र यदाऽहर्गणोपयुक्तावमाधोऽवयवात् संपूर्णावमाधोऽवयवोऽधिकस्तदोर्ध्वाङ्कसमत्वेनाधोऽवयवान्तरमेव सौरवर्षा-

द्यवमघट्यादिरूपम् । तद्योज्यमूर्ध्वाङ्कदिनतया हीनास्तथा चेष्टचान्द्रे पूर्वमेव सौरवर्षाद्यवमघट्योऽधिकाः कृताः । इदानीमूर्ध्वाङ्कवियोजनमिति निरग्रदिनतया हीनाः कार्या इति सिद्धम् । यदा चाहर्गणोपयुक्तावमाधोऽवयवात् संपूर्णावमाधोऽवयवो न्यूनस्तदाऽधोऽवयवान्तरं षष्टिशुद्धसौरवर्षाद्यवमघटीतुल्यं हीनं कार्यम् । अहर्गणोपयुक्तावमोर्ध्वाङ्कात् संपूर्णावमोर्ध्वाङ्को रूपेणाधिक इति रूपोनः कार्यः । तादृशश्चान्द्रे हीनः कार्यः । अहर्गणार्थं तादृशस्य हीनकरणोत्पत्तेः । तत्र लाघवात् संपूर्णावमोर्ध्वाङ्को हीनः कृतः । एवं सति सौरवर्षाद्यवमघट्योऽधिका न्यूनाः कृता इति ता योज्या अतस्ता इष्टचान्द्रे पूर्वमेव योजिताः । अत एव सौरवर्षाद्यवमघट्याद्यूनाधिशेषदिनरूपशुद्धिः शोधितेति पूर्वं प्रतिपादितम् । तथा च क्षेपयोजनेन ये शुद्धाश्चान्द्रास्तेषां चतुःषष्टिभागेन निरवयवेनोर्ध्वंन्या अवमघटीयुतेष्टचान्द्रा हीनाः सूर्योदयासन्नकाले पूर्वरीत्याऽहर्गणः स्यात् । अवमशेषं च चन्द्रसाधनार्थमनष्टं स्थाप्यम् । न तस्माद्घट्यादिफलं ग्राह्यं प्रयोजनाभावात् । अयमहर्गणः सौरवर्षादित इष्टसूर्योदयासन्नकाले जात इत्यब्दपघट्यादिकाले न तदादिज्ञानादब्दपतेरित्युक्तम् । अत एवाहर्गणाधोऽवयवः सौरवर्षाद्यनन्तरसूर्योदयासन्नकालान्तरमावनघट्यात्मकाब्दपभोग्यघटीरूपः सिद्धः । अतः सावयवाब्दपयोजनेन निरवयवोऽयं सप्ततष्टः शेषं सूर्याद्गतवारो भवतीति सर्वं समञ्जसम् । एकदेशिनस्तु अवमानयनार्थमधिशेषदिनाद्यूनचैत्रादितिथिगणरूपः शुद्धश्चान्द्राहर्गणो ग्राह्यस्तेनांशयोजनेऽप्यन्तराभावादयुक्तम् । अथ सौरवर्षाद्यवमघटीनां चतुःषष्टिरेव गुणो न त्रिषष्टिः । पूर्वमवमानयनार्थमिष्टचान्द्राणां वास्तवत्वेन सौरवर्षाद्यवमघट्यादेस्तत्राभावात् । तेनोक्तरीत्याऽवमघट्यः स्वपञ्चदशांशयुताः क्षेपदिनानीति सिद्धमतो नखांशेत्यत्र दिनांशेति युक्तः पाठस्ततो निरग्रदिनतयाः सौरवर्षाद्यवमघटीयुतेष्टचान्द्रेषु हीना इति युक्तम् ।

तस्माच्छुद्धूनचैत्रादितिथिगणं कृत्वाऽधः सौरवर्षाद्यवमघटीभिर्हीनमिति ज्ञेयस्त्वर्थ इति वदन्ति तन्न स्वीयकराभ्रतुरङ्गलवयोजनान्तरं सौरवर्षाद्य-वमघटीतदंशेन हीनमित्येव त्वर्थसिद्धेः पाठकल्पनस्यान्याय्यत्वात् ॥ १३ ॥

इदानीं विशेषमाह ।

यावत् तिथिभ्योऽभ्यधिकाऽत्र शुद्धिः
प्राक्चैत्रतस्तावदहर्गणः स्यात् ।
प्राक्शुद्धिपूर्वेण तथैव खेटाः
प्राग्वर्षजातैर्ध्रुवकैः समेताः ॥ १४ ॥

वा. भा.—अत्र यावच्चैत्रादितिथिभ्यः शुद्धिर्न शुध्यति तावत् पाश्चात्यचैत्रादेराभ्य तिथीर्गणयित्वा पूर्ववर्षभवैः शुद्ध्यब्दपत्रैर्पदिनैरह-र्गणः साध्यः । तस्मादागता ग्रहाः पूर्ववर्षध्रुवकैश्च युताः कार्याः । यतो ह्यब्दादेरहर्गणस्यान्यथाब्दान्तं यावदुपचय इयमेवात्र वासना ॥ १४ ॥

मरीचिः-ननु चैत्रादितिथिगणे शुद्धिरूना न स्यात् तदा लघ्वहर्गणः कथं साध्य इत्यतो विशेषमिन्द्रवज्रयाऽऽह यावदिति । अत्र लघ्वहर्गणानयने तिथिभ्यश्चैत्रादितिथिभ्यः शुद्धिरधिका यावत् यत्कालपर्यन्तं स्यात् तावत् तत्कालपर्यन्तम् । इष्टकाले ज्ञातचैत्रादितिथिषु शुद्धेर्हीनत्वेनाह-र्गणासिद्धेः । प्राक्चैत्रतः पूर्ववर्षाद्यासन्नचैत्रशुक्लादित इष्टकालपर्यन्त तिथि गणं गृहीत्वा प्राक्शुद्धिपूर्वेण पूर्ववर्षोत्पन्नशुद्ध्याद्युपकरणैरित्यर्थः । उक्त-रीत्याऽहर्गणः स्यादिति नार्मसिद्धिः । नन्वस्माद्ग्रहानयने स्वासन्नवर्षादि-संभूतग्रहध्रुवकयोजनेन च सिद्धत्वग्रहस्य तदहर्गणानीतग्रहेण विसंवा-दादतो ग्रहानयने विशेषमाह तथेति । यथा पूर्वचैत्रात् पूर्वशुद्ध्या दिभि-रहर्गणः साधितस्तथेत्यर्थः । खेटा एतदहर्गणोत्पन्नाः सूर्योदये वक्ष्यमाणा-नयनात् प्राग्वर्षजातैः पूर्वसौरवर्षादिकाले 'कल्पजचक्र' इत्याद्युक्तप्रकारेण सिद्धैर्ध्रुवकैः । एवकार इष्टकालासन्नवर्षादिग्रहध्रुवकानिवारणार्थो युक्तः । तथा च संवाद इति न क्षतिः ।

अत्रोपपत्तिः । अयमहर्गणः सौरवर्षादितदन्तरूपद्वितीयसौरवर्षयोरन्तरकालावच्छिन्नेष्टकाले साधित इति प्रतिपादनाद्यदा चैत्रादितिथिगणे शुद्धेर्हीनत्वं तदा चैत्रादितिथीनां शुद्धिकालान्तर्गतत्वेन चैत्रप्रारम्भेऽपि पूर्वसौरवर्षसमाप्त्यभावाच्चैत्रादितः शुद्धिदिनैरग्रे सौरवर्षसमाप्तेः सिद्धत्वाच्च । पूर्वचैत्रात् पूर्वशुद्ध्यादिनाऽहर्गणानयनं युक्तम् । अन्यथोक्तरूपाहर्गणस्यासिद्धत्वापत्तेः । अत एव तत्राहर्गणानीतग्रहाः पूर्वध्रुवैर्युक्ताः पूर्वध्रुवसम्बन्धिकालादहर्गणस्यागतत्वादत उक्तमुपपन्नं यावदित्यादि । ननु "यत्र क्वचिच्छुद्धिविधौ यदेह"—इत्यादित्रिप्रश्नाधिकारोक्तविधिना तदा शुद्धिरेव तिथिगणोना । शेषमधः स्वकराभ्रतुरङ्गलवयुतम् । सौरवर्षाद्यवमघट्यादितदंशेन युतम् । ततः क्षेपदिनेभ्यः शोध्यम् । यदा न शुद्ध्यति तदा चतुःषष्टियुतक्षेपदिनेभ्यः शोध्यम् । ततश्चतुःषष्टिभक्तं फलेन निरवयवेनाधःस्थशेषं हीनमभीष्टदिनसूर्योदये सौरवर्षान्ताद्विपरीताहर्गणो भवतीति पूर्वक्रियातोऽत्र विपरीतत्वात् । एतदुत्पन्नो ग्रहः स्वध्रुवेषु शोध्यः पूर्वागतमध्यग्रहो भवतीति प्रकारस्योक्तप्रायत्वादुक्तविशेषाभिधानं गौरवम् । एतत्प्रकारानीतगणान्मूलोक्तप्रकारानीतगणस्यातिमहत्त्वेन गौरवाच्च । अत एव

"यावन्न मेषं व्रजति प्रभाकरस्तावच्च पूर्वध्रुवकान् परित्यजेत् ।
चैत्रे प्रविष्टेऽपि विलोमकर्म वा शुद्धा द्विजह्यादगते क्रियं रवौ ॥
भास्वानृणाहर्गणतश्च सिद्धः पात्यो भचक्रात् स्वफलानि चैवम् ।
स्वस्वध्रुवादप्यथ खेचराणां शोध्यानि यत्नात् प्रवदन्ति सन्तः" ॥

इत्यनेन स्पष्टं पूर्वप्रकारस्य गौरवं लल्लेनाभिहितम् । तस्मात् पूर्ववर्षीयोपकरणात् पूर्वचैत्रानपेक्षेण लाघवादानीतोपकरणे तच्चैत्रादितिथिगणद्वारा सिद्धेराचार्योक्तं व्यर्थमिति चेन्न । विपरीतकर्मणि योगेतरत्वप्रतिपादनेन क्षेपयुत इत्यत्रैव विपरीतकर्मान्तसिद्धेरहर्गणोत्पन्नग्रहो ध्रुवेषु हीन इत्याद्यनुपपत्तेश्चतुःषष्टियुतक्षेपदिनविशेषकथनापत्तेश्चेति

तदनपेक्षणादुक्तप्रकारेणैव सिद्धिरिति लाघवदर्शनात् स्वरूपनिर्वाहात् स्वेच्छयैव वा तदङ्गीकारात् ॥ १४ ॥

इदानीं रव्यानयनमाह ।

दिनगणो निजषष्टिलवोनितो
भवति तिग्मरुचिः स लवादिकः ।
गुणगुणाद् द्युगणादथ भाजिताद्
यमयमैः २२ कलिकादिफलान्वितः ॥ १५ ॥

वा. भा.—अत्रोपपत्तिः । अत्र बालावबोधार्थं रूपमहर्गणं कृत्वा ग्रहाणां दिनगतयः साधिताः ।

र	चं	मं	बु	गु	शु	श	उ	पा
०	१३	०	४	०	१	०	०	०
५९	१०	३१	५	४	३६	२	६	३
८	३४	२६	३२	५९	७	०	४०	१०
१०	५३	२८	१८	९	४४	२२	५३	४८
२१	०	७	२८	९	३५	५१	५६	२०

दिनगणः स्वषष्ट्यंशोनो भागा इति प्रत्यहमेकोनषष्टिः कला गृहीताः । शेषावयवेन सत्रिभागैः सप्तभिर्दिनैरेका कला भवति । एतो गुणगुणाद् द्युगणाद्यमयमैर्भाजितादित्युपपन्नम् ॥ १५ ॥

मरीचिः—अथातो ग्रहानयनं विवक्षुः प्रथमं सूर्यानयनं द्रुतविलम्बितेनाह दिनगण इति । तिग्मरुचिरित्युपलक्षणेन भौमगुरुशनीनां शीघ्रोच्चसूर्यबुधशुक्राश्च भवन्तीत्यर्थः । अन्यत् सर्वं स्पष्टार्थम् ।

अत्रोपपत्तिः । यदि कल्पकुदिनैः सूर्यभगणांशा-१५५५२०००००००० तदेष्टाहर्गणेन क इत्यनुपातेन गुण—१५५५२०००००००० हरौ १५७७९१६४५०००० अयुतघ्नशराभ्राब्धिमितौ—४०५०००० रपवर्तितौ जाता-

वहर्गणस्य सूर्यांशादिज्ञानार्थं गुण-३८४००० हरौ ३८९६०९ । तत्र गुणनार्थं गुणस्य सहस्रघ्नवेदाष्टराममितस्य खण्डद्वयम् । एकमधोऽवयवैकत्रिंशद्युतपञ्चेशरामाष्टराममितम् ३८३११५ । ३१ । द्वितीयमेकोनत्रिंशदधोऽवयवयुतवेदाष्टाष्टमितम् ८८४ । २९ । प्रत्येकं तदधो हरश्च गोखरसनवाष्टराममितः ३८९६९ । तत्रापि प्रथमस्थाने गुण-३८३११५।३१ हरौ ३८९६०९ । एकोनत्रिंशदधोऽवयवयुतत्रिनन्दवेदाङ्कमितै ६४९३ । २९ रपवर्तितौ जातावेकोनषष्टिमितगुण–५९ षष्टिमितहरौ ६० । तथा चात्रोक्तरीत्याऽहर्गणः स्वषष्ट्यंशहीन इति सिद्धम् । द्वितीयस्थाने तु लाघवात् कलात्मकफलानयनार्थं गुणोऽय–८८४।२९ मेकस्थः ५३०६९ । एतादृशगुण–५३०६९ पूर्वसिद्धहरौ–३८९६०९ चत्वारिंशदधोऽवयवयुतनवाष्टाङ्कात्यष्टिभि-१७६८९।४० रपवर्तितौ गुणस्थाने त्रयो हरस्थाने द्वाविंशतिः किञ्चिदधोऽवयवयुता । तत्र लाघवार्थं वर्षान्तःपात्यहर्गणद्वारा ग्रहसाधनेन विकलान्तावयवेतराभावदर्शनाच्च हरस्थानेऽधोऽवयवत्यागाद्द्वाविंशतिरेव गृहीताऽतोऽहर्गणस्त्रिगुणो द्वाविंशतिभक्तः फलं कलासु खण्डत्वाद्द्वयोर्ज्यम् । सूर्यतुल्याविव बुधशुक्रौ भगणैक्यत्वात् । अयं सूर्यो वर्षादित इष्टकाले इति तत्सिद्धध्रुवकयुतः कार्योऽपि तत्र सूर्यध्रुवकानयने भगणपूर्त्तिदर्शनेन राश्यादिध्रुवकाभावेन शून्यमितयोजने न विकार इति यथागतमेव फलं सूर्य इति सम्यक् । अत उपपन्नं दिनगण इत्यादिपद्योक्तम् ॥ १५ ॥

अथ चन्द्रानयनमाह ।

रविगुणैस्तिथिभिः पृथगुष्णगु-
र्लवगतः सहितः स हिमद्युतिः ।
स्वनगभागयुतेन दशाहत-
क्षयदिनोर्वरितेन कलान्वितः ॥ १६ ॥

वा. भा.-स रविः पृथक् । रविगुणतिथितुल्यैर्भागैः सहितो हिमद्युतिर्भवतीति प्रसिद्धा वासना । परमेवं लिख्यन्ते । अथ चैाद

यिकः कार्यः । तिथ्यान्तार्कोदययोर्मध्येऽवमशेषम् । तत् सावनम् । तस्य चान्द्रीकरणायानुपातः । यदि त्रिषष्ट्या सावनैश्चतुःषष्टितिथय-स्तदाऽवमशेषान्तःपातिभिः सावनावयवैः किमिति । पूर्वमवमशेषस्य चतुःषष्टिश्छेद इदानीं गुणस्तुल्यत्वात् तयोर्नाशे कृते त्रिषष्टिरेव हरः । फलं तिथ्यात्मकम् । तद्द्वादशगुणं किल भागाः । पुनः षष्टिगुणं कलाः । एवं द्विसप्ततिर्दशगुणाऽवमशेषस्य गुणस्त्रिषष्टिर्हरः । हरगुणौ नवभिरपवर्त्तितौ । हरस्थाने जाताः सप्त ७ गुणस्थानेऽष्टौ दशगुणाः ८० । यो राशिरष्टभिर्गुणितः सप्तभिर्ह्रियते स स्वसप्तमांशेनाधिकः कृतो भवति । अत उक्तं स्वनगभागयुतेन दशाहततयदिनोर्वरितेन कलान्वित इति । एवं ताभिः कलाभिश्च युत औदयिकः शशी स्यादि-त्युपपन्नम् ॥ १६ ॥

वा.वा.—रविगुणैस्तिथिभिरिति। अत्रैवं साध्यमानश्चन्द्रस्तिथ्यन्ते भवति। तस्यौदयिकत्वादहर्गणसाधितावमशेषस्य चान्द्रीकरणं क्रियते। अवमशेषस्य चतुःषष्टिश्छेदः । यदि त्रिषष्टिसावनैश्चतुःषष्टिश्चान्द्रा लभ्यन्ते तदाऽव-मशेषान्तःसावनेन किमिति चतुःषष्टितुल्ययोर्गुणहरयोर्नाशे त्रिषष्टिरेव हरः । द्वादशगुणनमंशकरणाय । पुनः षष्टिगुणं कलीकरणायेति गुण-घातो गुणः कृतोऽवमशेषस्य ७२० । गुणहरौ नवभिरपवर्त्य गुणस्थाने-ऽशीतिः सप्तमांशस्तु स्वसप्तमांशाधिका दशैव भवन्ति तस्मादुक्तं 'स्वन-गभागयुतेन दशाहततयदिनोर्वरितेन कलान्वितः'—इति । अहारराशे रूपं हरः कल्प्यः । दशानामधो रूपं हरस्तदधः सप्तमांशो धनगतः स्थाप्यः । ततः सूत्रेण—

"स्वांशाधिकोनः खलु यत्र तत्र भागानुबन्धे च लवापवाहे ।
तलस्थहारेण हरं निहन्यात् स्वांशाधिकोनेन तु तेन भागान्"॥

इति खवसूनां सप्तमांश इति स्पष्टम् ॥ १६ ॥

इति वासनावार्त्तिके प्रत्यब्दशुद्धिः।

मरीचिः—अथ लाघवादेतदहर्गणानयद्वारा ज्ञातावमशेषरूपभाज्याका-च्चन्द्रसाधनं लघ्वहर्गणनिरपेक्षं द्रुतविलम्बितेनाह रविगुणैरिति । तिथिभिरिष्टकालाव्यवहितपूर्वचान्द्रमासान्ताद्गणितागततिथिभिरित्यर्थः । द्वादशगुणितैर्लवगतो भागादिकः सूर्यः प्रागानीतो युतः । योजनानन्तरं सूर्यराश्याद्यवयवज्ञानासंभव इति पुनः सूर्यानयनं कार्यमिति गौरवभयात् पृथगित्युक्तम् । वस्तुतोऽत्र कार्यकाले प्रमादात् पृथगित्यायातम् । स सिद्धः । अहर्गणानयने चतुःषष्टिभक्तेन फले दिनचये आगते सति यदुर्वरितं शेषं केवलं ग्राह्यम् । तद्दशगुणितं तेन स्वसप्तांशयुतेन कलास्थाने युतः कार्यश्चन्द्रः स्यात् ।

अत्रोपपत्तिः । सूर्यचन्द्रान्तरद्वादशभागैरेका तिथिर्भवतीति पूर्वं बहुधा प्रतिपादनाद्गततिथयो द्वादशगुणाः सूर्यचन्द्रान्तरांशा भवन्ति-तत्र राश्याद्यवयवात्मकचन्द्रस्य प्रयोजनाद्दर्शान्ते तयोः समत्वाच्च भगणज्ञाननिरपेक्षेण च लाघवान्मासादेर्गततिथयो गृहीताः । परमेते तिथ्यन्तकाले । अपेक्षिताः सूर्योदयासन्नकाले तत्रैव सूर्यज्ञानात् । अत एषां तदन्तरकालजसूर्यचन्द्रान्तरभागा योज्याः । तज्ज्ञानार्थं तु प्रथमतोऽवमशेषस्य चतुःषष्टिहरस्य सावनस्य तदन्तरकालात्मकस्य कल्पकुदिनैः कल्पचान्द्रास्तदाऽवमशेषमितसावनैः किमित्यनुपातेन चान्द्रीकरणे शेषस्य कल्पचान्द्रदिवसाः१६०२९९९०००००० गुणाः। हरघातो हर इति चतुःषष्टिगुणितकल्पदिवसा हर एतन्मितः। १०००९८६६५२८००००० सिद्धः ।

तत इदं चान्द्रांशत्वाद् द्वादशगुणमन्तरांशास्तदन्तरकाले भवन्ति तत्राचार्यैः कलानयनार्थं षष्टिगुणः कृत इति गुणघातो गुण इति विंशत्यधिकसप्तशत-७२० गुणितकल्पचान्द्रदिवसाः ११५४१५९२८००००००० गुणः सिद्धः । अत्र गुणहरौ प्रयुतघ्नभूनवनवरसद्विवेदवेदचन्द्रमितै-१४४२६९९१०००००० रपवर्त्तितौ गुणस्थानेऽशीतिः ८० हरस्थाने किञ्चिन्न्यूनाः सप्त ६।५९।५५ ते लाघवाद्विकलाधोऽवयवेष्वन्तरादर्शनाच्च संपूर्णा

एव धृताः सप्त ७ । अत्रापि लाघवार्थं गुणस्य खण्डद्वयमेकं सप्ततिमितम् ७० । परं दशमितम् १० । प्रत्येकं हरश्च । प्रथमस्थाने गुणहरौ हरेणापवर्त्य गुणस्थाने दश । अतोऽवमशेषं दशगुणम् । तत्स्वसप्तभागयुतं खण्डत्वादिति सिद्धमुक्तम् । इदं द्वादशगुणतिथिष्वधो योज्यं सूर्योदयासन्नकाले सूर्यचन्द्रान्तरभागज्ञानार्थम् । ततोऽन्तरभागाः सूर्ये योज्याश्चन्द्रः स्यादित्याचार्यैर्द्वादशगुणगततिथिभिरवमशेषोत्थफलेन च सूर्यः पृथग्योजितः । अत्र चन्द्रध्रुवको न योज्यः । सूर्यस्य वास्तवस्य ग्रहणात् । ध्रुवकस्तु प्रकारान्तरेण चन्द्रसाधने उपयुक्त इत्यत उक्तं रविगुणैरित्याद्युपपन्नम् ॥ १६ ॥

इदानीं भौमानयनमाह ।

दिनगणार्धमधो गुणसंगुणं
द्युगणसप्तदशांशविवर्जितम् ।
लवकलादिफलद्वयसंयुतः
क्षितिसुतध्रुवकः क्षितिजो भवेत् ॥ १७ ॥

वा. भा.—स्पष्टार्थमिदम् ।

अत्रोपपत्तिः । दिनगणार्धे भागा इति प्रत्यहं त्रिंशत् कला गृहीताः $\frac{0}{30}$ । तत् पृथक् त्रिगुणं जातम् $\frac{1}{30}$ । एताः कलाः पूर्वकलाभिर्मिश्रीकृता जाताः $\frac{31}{30}$ । एतत् कुजगतेरधिकमतोऽतः कुजगतिं विशोध्य शेषम् । ० । ३ । ३१ । ५३ । अनेन सप्तदशगुणेनैका कला भवति । अत उक्तं द्युगणसप्तदशांशविवर्जितमिति । पूर्वफलेन भागादिनाऽनेन च कलादिना भौमध्रुवको युक्तः कुजो भवति । यतोऽयमहर्गणोऽर्काब्दान्तादूर्ध्वमतस्तत्तुल्यं फलं रविमण्डलान्तिके योज्यमित्युपपन्नम् ॥ १७ ॥

मरीचिः—अथ भौमानयनं द्रुतविलम्बितेनाह दिनगणार्धमिति । ऊर्ध्वाधःक्रमेण लवादिकलादिफलद्वयं सिद्धम् । ताभ्यां वर्षादौ साधितमङ्गलध्रु-

वर्को युतो यथायोग्यम् । अहर्गणकाले मङ्गलो भगणादिकः स्यात् । पूर्वार्धं स्पष्टम् ।

अत्रोपपत्तिः । कल्पकुदिनैर्भौमभगणभागा नखनवाद्रिरसद्विगजेषुगजरसद्व्यष्टमिता-८२६८५८२६७९२० स्तदाऽहर्गणेन क इत्यनुपातेन गुणस्य लाघवार्थं खण्डद्वयम् । एकं सहस्रघ्नतत्त्वाश्विगजेषुगोष्टाष्टाद्रिमितम् ७८८९५८२२५०००।नखनवद्विवेदखाभ्राभ्रनवसप्तराममितम् ३७९०००४२९२० अपरम् । प्रत्येकं हरश्च । प्रथमस्थाने गुणहरौ गुणेनापवर्त्य हरस्थाने द्वयमतोऽहर्गणार्धमंशा इति सिद्धम् । द्वितीयस्थाने कलाविकलानयनार्थं लाघवाद्गुणः षष्टिगुणः २२७४००२५७५२०० अनेनाहर्गणे च गुण्यमाने इष्टोनयुक्तेनेति विधिना खखाष्टगोगोनखाद्रिगजद्व्यङ्कमितेष्टेन ९२८७२०९९८०० युतो गुणीकृतः २३६६८७४६७५००० । अत्र पूर्वापर्त्ताङ्केन ७८८९५८२२५०० गुणहरावपवर्त्तितौ जातौ गुण३हरौ २ । अतोऽंशादिफलमेव त्रिगुणं कलात्मम् । ६६८७४६७४६७५०० । अत्र पूर्वापवर्त्ताङ्केन ७८८९५०२२ द्वितीयखण्डमिदं पूर्वकल्पितेष्ट—९२८७२०९९८०० गुणिताहर्गणस्य कल्पकुदिनांशेन हीनं कार्यम् । पूर्वमधिकग्रहणात् । अत्रापि गुणहरौ गुणेनापवर्त्तितौ हरस्थाने किञ्चिन्न्यूनाः सप्तदश ते पूर्णा एव गृहीता अन्तराभावदर्शनात् । अतोऽधोंऽशादिफलं त्रिगुणमहर्गणसप्तदशांशेन हीनं कलात्मकं द्वितीयखण्डफलमुक्तम् । अतोऽनयोर्योगो वर्षादितो मङ्गलभोगो भवतीति । संपूर्णभोगज्ञानार्थं भौमध्रुवोऽस्य योज्यस्तत्र ध्रुवे एव फले यथायोग्यं योजिते कृतेऽत उपपन्नं दिनगणार्धमित्यादि ॥ १७ ॥

इदानीं बुधचलानयनमाह ।

दिनगणः कृतसंगुणितः पृथग्-
गुणगुणः खगुणेन्दुभिरुद्धृतः ।
फलयुतः खलु तेन लवादिना
बुधचलं भवति ध्रुवकोऽन्वितः ॥१८॥

वा. भा.—अत्रोपपत्तिः । अहर्गणश्चतुर्गुणो भागा भवन्तीति प्रसिद्धम् । अथ च्चलस्य कल्पभगणानां भागान् कृत्वा तेभ्यश्चतुर्गुणान् कुहान् विशोध्य शेषस्यास्य १४५६५३८३४२४० द्वादशांशेनानेन १२१३०८१९५२० शेषं कुहाश्चापवर्त्तिता जाताः शेषस्थाने द्वादश १२ कुहस्थाने खगुणेन्दवः १३० । अतः पृथगहर्गणो द्वादशभिर्गुण्यः । पूर्वं चात्र चतुर्गुणोऽहर्गण आसीत् । स एव त्रिगुणो द्वादशगुणो भवतीति गुणगुण उक्तः । पृथक् स्थितो यश्चतुर्गुणितः स एव त्रिगुणीकृतस्तेन द्वादशगुणितो जातः । खगुणेन्दुभिर्भक्तः फलभागैः पृथक् स्थितश्चतुर्गुणोऽहर्गणो युतः कार्यः । एवं ते भागाः प्राग्वद् ध्रुवके क्षेप्या इत्युपपन्नम् ॥१८॥

मरीचिः—अथ बुधशीघ्रोच्चानयनं द्रुतविलम्बितेनाह दिनगण इति । फलेन युतः पृथगानीतफलेन चतुर्गुणाहर्गणो युत इत्यर्थः । तेन योगसिद्धेन भागादिना ध्रुवकः स्वस्य युतः । बुधशीघ्रोच्चं भवति । शेषं स्पष्टम् ।

अत्रोपपत्तिः । अत्रापि बुधशीघ्रोच्चभगणांशस्य खसिद्धवेदाग्निषडङ्कभूत्रिसप्तेषुवेदाङ्कमितस्य गुणस्य ६४५७३१९६३४२४० खण्डद्वयमेकं लवघ्नगजेषुबाणनृपभूरामाङ्कमितम् ६३११६६५८००००० । परं खसिद्धवेदाग्निगजरामेषुषडिषुशक्रमितम् १४५६५८३४२४० । प्रत्येकं हरश्च तत्र प्रथमस्थाने गुणहरौ हरेण १५७७९१६४५०००० अपवर्त्तितौ गुणस्थाने चत्वारः । द्वितीयस्थाने गुणहरौ नखेषुगोभूरामगजाद्रिविश्वार्कमितैः १२१३७८३१९५२० रपवर्त्तितौ गुणस्थाने द्वादश हरस्थाने किञ्चिन्न्यूनं त्रिंशदधिकशतम् । ते संपूर्णा एव गृहीताः । अत्रापि द्वाभ्यामपवर्त्तेऽप्याचार्यैश्चतुरैरपवर्त्तो न कृतो गणितक्रियागौरवात् । तथा च चतुर्गुणोऽहर्गणः प्रथमखण्डफलम् । द्वादशगुणिताहर्गणस्य खत्रीन्दुलवो द्वितीयखण्डफलम् । अत्र लाघवार्थं चतुर्गुणित एव त्रिगुणितः कृत आचार्यैः । तयोर्योगोऽंशाद्यं बुधशीघ्रोच्च वर्षादित इति ध्रुवयोजितं कार्यमत उपपन्नं दिनगण इत्यादि ॥ १८ ॥

इदानीं गुरोरानयनमाह ।

द्युमणिभिः कुनगैर्द्युगणो हृतो

लवकलाः स्वमृणं ध्रुवके गुरुः ।

वा. भा.—अत्रोपपत्तिः । किञ्चिन्न्यूनाः पञ्च कला गुरोर्गतिरिति द्वादशभिर्दिनैरेको भागः । यन्न्यूनं तेन रूपे हृते एकसप्ततिर्लभ्यते । अत एकसप्तत्या दिनैरेका कलेत्युपपन्नम् ।

अथ शुक्रचलानयनमाह ।

ऋतुभिरक्षदिगैर्दशसंगुणात्

फललवाः स्वमृणं ध्रुवके सितः ॥ १९ ॥

वा. भा.—अत्रोपपत्तिः । अत्र सुखार्थमहर्गणं दशगुणं कृत्वा भागहारद्वयेन फले साधिते । तत्र दशभ्यः षड्भिर्भागे हृते लब्धमेको भागश्चत्वारिंशत् कलाः १ । ४० । इदं दिनगतेराधिकं जातम् । अस्माद् गतिं विशोध्य शेषम् ० । ३ । ५२ । १५ । २५ । अनेन दशभ्यो भागे हृते लब्धाः पञ्चपञ्चेन्दवः १५५ । अतोऽहर्गणाद्दशघ्नात् पृथक् षड्भिः पञ्चतिथिभिश्च हृताल्लब्धे भागाद्ये धनर्णरूपे फले इत्युपपन्नम् ॥१९॥

मरीचिः—अथ द्रुतविलम्बितेन गुर्वानयनं शुक्रशीघ्रोच्चानयनं चाह । द्युमणिभिरिति । अहर्गणो द्वादशभक्तः फलमंशादि तद्गुरुध्रुवके संयुतम् । अहर्गण एकसप्ततिभक्तः फलं कलादि तत् तस्मिन्नेव ऋणं हीनं गुरुः स्यात् । दशगुणिताहर्गणात् षड्भक्तात् फलं भागादि तत् शुक्रशीघ्रोच्चध्रुवके युतं पुनर्दशगुणाहर्गणात् पञ्चपञ्चाशदधिकशत—१५५ भक्तात् फलमंशादि तत् तस्मिन्नेव हीनं सितः शुक्रशीघ्रोच्चं स्यादिति तात्पर्यार्थः ।

अत्रोपपत्तिः । खखाष्टविकृततिथ्यर्कभूविश्वमित-१३११२१५२३८०० गुरुभगणांशरूपगुणेन गुण्यमाने "इष्टोनयुक्तेन"—इति विधिना खखाद्रिविश्वतिथ्यद्रिरामामितेष्टेन ३०१५१३८०० युतो गुणो जातः खाभ्रबाणगिरि-

रामखत्रिगोशक्रत्रिशवमितः १३१४९३०३७५०० । अनेनाहर्गणो गुण्यः कल्पकुदिनैर्भाज्य इति । गुण-१३१४९३०३७५००हरौ १५७७९१६४५०००० गुणेनापवर्त्य हरस्थाने द्वादशातोऽहर्गणो द्वादशभक्त इति सिद्धम् । अत्राधिकत्वात् कल्पितेष्टगुणिताहर्गणस्य कल्पकुदिनांशो हीन इत्यत्रापि गुण-३७५१३७०० हरौ १५७७९१६४५०००० गुणेनापवर्त्य हरस्थाने किञ्चिन्न्यूनाः षष्टिद्विवेदाः * । अत्रान्तरादर्शनेन लाघवाच्च सम्पूर्णा एव धृताः ४२६० । अनेनाहर्गणे भक्ते फलमंशाद्यमित्याचार्यैः कलादिनिमित्तं षष्टिर्गुणः कल्पितस्तेन गुण-६०हरौ-४२६० गुणेना-६०पवर्त्य हरस्थाने७१। तथा चाहर्गण एक सप्ततिभक्तः फलं कलाद्यम् । द्वादशभक्ताहर्गणांशादिफले हीनं ध्रुवयुतं कार्यम् । तत्र ध्रुव एव फले क्रमेण धनर्णे कृते धने धनर्णयोर्योगान्तरप्रसिद्धिः सर्वजनसिद्धत्वादत उपपन्नं द्युमणिभिरित्याद्यर्धम् ।

अथैवमेव खार्कात्यष्टिद्विपञ्चशीतिद्वितत्त्वमित-२५२८०६०२०१७१२० शुक्रशीघ्रोच्चभगणांशरूपगुणस्याशीत्यष्टदन्तेषुखखधृतिदिङ्मितेष्टयोजनेऽयुतघ्नपञ्चाद्रिषष्टिगजगोद्विरसयममिते गुणे जातः २६२९८६०७५००००। अत्र गुणहरौ सहस्रघ्नपञ्चाद्रिषष्टिगजगोद्विपञ्चममिते—२६२९८६०७५००० रपवर्त्तितौ दशमितगुणपर्णमितहरावुपपन्नौ ।

अथाभीष्टगुण-१०१८००५३२८८०हरौ १५७७९१६४५०००० गजाष्टदन्तेषुखखधृतिदिङ्कृते १०१८०५३२८८रपवर्त्तितौ जातौ गुणहरौ १० । १५५ । तेन दशगुणाहर्गणः पञ्चपञ्चाशदधिकशतभक्तः फलं भागा हीनं कार्यम् । तत्र ध्रुव एव फले भागाद्ये क्रमेण युतहीने कृते इत्युपपन्नमृतुभिरित्यादि ॥ १९ ॥

* वस्तुतो हरस्थाने ४२४७ । १५... इत्यादि फलमागच्छति तत्र लाघवादाचार्यप्रकारोपचार्ये "किञ्चिच्न्यूनाः षष्टिद्विवेदाः"-इति गणितज्ञैर्ध्येयम् ।

इदानीं शनेरानयनमाह ।

द्विघ्नो दिनौघः पृथगत्तभक्तो
लिप्ता विलिप्ता ध्रुवके स्वमार्किः ।

वा. भा—अत्रोपपत्तिः । गतिः कलाद्वयम् । अधोऽवयवात् पञ्चभिर्दिनैर्द्वे विकले च भवत इत्युपपन्नं द्विघ्नो दिनौघ इत्यादि ।

इदानीं विधूच्चानयनमाह ।

दिग्भिर्गजेभैश्च हृतो दिनौघः
क्षेप्यो ध्रुवांशेषु भवेद्विधूच्चम् ॥ २० ॥

वा. भा.—अत्रोपपत्तिः । कलाषट्कं गतिरिति दशभिर्दिनैर्भागः । भागादिगतेः कलाषट्कं विशोध्य शेषेणानेन ० । ० । ४० । ५३ । ५६ रूपे हृते लब्धा गजेभाः ८८ । अतो दिग्भिर्गजेभैरित्याद्युपपन्नम् ॥ २० ॥

मरीचिः—अथ शनेश्चन्द्रोच्चस्य चानयनमिन्द्रवज्रयाऽऽह द्विघ्न इति स्पष्टार्थम् ।

अत्रोपपत्तिः । खखाष्टषड्रामरसाग्निपञ्चाष्टपञ्चभूपराममितशनिभगणकलारूपगुणस्य ३१५८५३६३६८०० खण्डद्वयम् । एकं लक्षघ्नगोदन्तगजेषुदिनराममितम् ३१५५८३२९००००० । परं तु विकलात्मकं सहस्रघ्नाष्टनखवेदसिद्धभूखरसमितम् ६०१२४४२०८००० । अत्र प्रथमस्थाने गुण-३१५५८३२९००००० हरौ १५८००९१६४५०००० हरेणापवर्त्य गुणस्थाने द्वयम् । द्वितीयस्थाने गुण-६०१२४४२०८००० हरौ १५८००९१६४५०००० सहस्रघ्नाब्धिखस्वर्गरसखखदन्तमितैरपवर्तितौ । गुणस्थाने द्वयम् । हरस्थाने किञ्चिन्न्यूनाः पञ्च ४ । ५५ एतेऽन्तराभावदर्शनात् संपूर्णाः पञ्च धृताः ; अत उक्तदिशा पूर्वार्धमुपपन्नम् ।

अथैवमेवाशीत्यष्टाष्टदिग्धृतिसप्तेषुसप्तेन्दुमितचन्द्रोच्चभगणांशरूपगुणस्य २०५७१८१०८८८० खण्डद्वयम् । एकं सहस्रघ्नशरवेदभूपगोसप्तसप्ततिथिप्रमितम् १५७७९१६४५००० । परमशीत्यष्टाग्निषड्वेदात्यष्ट्यत्यष्टिमि-

तम् १७९२६४६३९८० । तत्र प्रथमस्थाने गुणहरौ गुणेनापवर्त्त्य हरस्थाने दश द्वितीयस्थानेऽपि गुणेनापवर्त्त्य हरस्थाने किञ्चिदधिकाष्टाशीतिः ८८ । १ । परमविकारदर्शनात् पूर्णा गृहीता अत उपपन्नमुत्तरार्धम् । इतरमन्दोच्चानां सौरैकवर्षे संपूर्णैकविकलाभोगाभावाद्वर्षादित्तद्ध्रुवतुल्यत्वेनाहर्गणात् पृथगानयनं न कृतमाचार्यैर्व्यर्थप्रयासादिति ध्येयम् ॥२०॥

अथ पातानयनमाह ।

ताडितः खदहनैर्दिनसङ्घः
षट्कषट्कशरहृत् फलमंशाः ।
स्वं ध्रुवे कुमुदिनीपतिपातो
राहुमाहुरिह केऽपि तमेव ॥ २१ ॥

वा. भा.—अत्रोपपत्तिः । कल्पराहुभगणानां राशिभिः कुदिनेषु भक्तेषु लब्धं षट्कषट्कशराः ५६६ । एभिर्द्युगणे भक्ते राश्यादि फलम् । तद्भागादिकं कर्त्तुं ताडितः खदहनैरित्युपपन्नम् ॥ २१ ॥

मरीचिः—अथ चन्द्रपातानयनं "स्वागतेति रनभाद्गुरुयुग्मम्" इत्युक्तया स्वागतयाऽऽह ताडित इति । कुमुदिनीपतिपातश्चन्द्रपातः । अस्य पश्चिमगत्या भगणक्रमनान्मेषमीनकुम्भेत्यादिविपरीतगणनयाऽऽगतराश्याद्यवयवानुसारेण ज्ञेयम् । अत एव—

"विलोमगतयः पातास्तद्वच्चक्राद्विशोधिताः"* ।

इति सूर्यसिद्धान्तोक्तेर्द्वादशराशिभ्यः शोधितस्यान्ययहवन्मेषवृषादिक्रमेण नायुक्तेति ध्येयम् ।

ननु वशिष्ठसिद्धान्ते—

"राहोर्वेदाङ्गनागाश्विशैलबाणखकुञ्जराः"—इत्यनेन ।

आर्यसिद्धान्तेऽपि—

* द्रष्टव्यो मुद्रितसूर्यसिद्धान्ते मध्यमाधिकारे ५४ श्लो. ।

"स्वर्भानोर्वेदतर्काष्टद्विशैलाम्बरवकुञ्जराः" ।

इत्यनेन राह्वानयनमुक्तं युक्तं चैतत् ।

"राहुश्चतुष्टयस्थो निधनाय निरीक्षितो भवति पापैः" * ।

इत्यादौ "अजवृषभकर्कलग्ने रक्षति राहुः समस्तपीडाभ्यः" ।

इत्यादौ जातकसंहितासु चान्यग्रहलग्नवद्राहुधिष्ठितस्थानोपयोगात् । अन्यथाऽर्कादीनां साधनकथनस्य व्यर्थत्वापत्तेः । अत एव गणितस्कन्ध इति स्कन्धोपयुक्तत्वेन मुख्य इत्यभिज्ञानामुक्तं युक्तम् । अतस्तदानयनं न कृतमित्यत आह राहुमिति । इह गणितस्कन्धे केऽपि वशिष्ठादयस्तं चन्द्रपातम् । एवकारोऽन्ययोगव्यवच्छेदार्थः । राहुसंज्ञमाहुः । तथा च तैश्चन्द्रपातो नोक्तस्तत्स्थाने राहुरुक्त इति । राहोरेव चन्द्रपातत्वमुक्तं भवतीति दर्शनाच्चन्द्रपातराहुपर्यायशब्दो घटकलशवदिति नोक्तदोष इति भावः ।

"दक्षिणोत्तरतोऽप्येवं पातो राहुः स्वरंहसा" † ।

इति सूर्यसिद्धान्तोक्तेश्च ।

अत एव विवाहवृन्दावने—

"किञ्च गोलगणितेषु जिष्णुजः सोमरोमकमयादयोऽपि च ।
पर्ययेण ननु राहुपातयोर्नामनी विदधुरेव तान्त्रिकाः" ॥ इत्युक्तम् ।

अत्रोपपत्तिः । नृपाश्वाब्धिरामाद्रिसप्ताष्टभमितचन्द्रपातभगणराशिरूपगुण—२३८७७३४०१६ कुदिनमितहरौ १५७७९१६४५०००० । गुणोनापवर्त्त्यं हरस्थाने किञ्चिदधिका अपि पूर्वरीत्या संपूर्णाः षड्रसेषुमिता-५६६ गृहीतास्तेनाहर्गणो हरभक्तः फलं राश्याद्यमित्यंशादिग्रहणार्थं त्रिंशद्गुणाहर्गणः कृतः । अत्र गुणहरयोर्द्व्यपवर्त्तनसम्भवेऽपि गुणनक्रियागौरवाच्च कृतमाचार्यैः । एतेन "तिथिगुणस्त्रिगजाश्विहृनस्तमः" इति "करणकु-

* वराहमिहिरकृते बृहज्जातके स्वल्पजातके चारिष्टभङ्गाध्याये इत्यादि पद्यम् ।

† द्रष्टव्यो मुद्रितसूर्यसिद्धान्ते स्पष्टाधिकारे ६ श्लो. ।

गठीरवो*"-क्तं निरस्तं गौरवात् । अयं पातो वर्षादित इति ध्रुवेषु योज्यः । कल्पादित इष्टकालपर्यन्तं भचक्रभोगसंख्या पश्चिमगत्या स्यादत उपपन्नं ताडित इत्यादि पात इत्यन्तम् । शेषोपपत्तिस्तु क्रान्तिवृत्तचन्द्रविक्षेपवृत्त-सम्पातस्य पातत्वेन प्रतिपादनात् तदासन्ने चन्द्रे राहुग्रस्तनिशाकररूप-ग्रहणसम्भवात् पातस्थाने राहुर्वसतीति तैर्ज्ञातम् ।

"सर्वे भूमिसमं दानं सर्वे ब्रह्मसमा द्विजाः ।
सर्वं गङ्गासमं तोयं राहुग्रस्ते निशाकरे" ॥

इति स्मृत्या राहोर्ग्रहणे कारणत्वाच्च । किं च विष्णुनाऽमृतपा-नकाले राहोर्वधोपक्रमात् तस्यामृतांशलालसस्यामृतरूपचन्द्रभक्षणार्थं पातस्थाने वसतिर्युक्ता चन्द्रस्य निकटत्वात् । तेन चन्द्रपातराह्वोरभेदा-द्युक्तमुक्तं राहुमाहुरिह केऽपि तमेवेति ।

एतदभिप्रायनिबन्धनं विवाहवृन्दावनेऽपि व्यक्तम् ।

"वेश्म चास्य शशभृद्विमण्डलक्रान्तिमण्डलमिथश्चतुष्पथम् ।
वृत्तयोः पतनमेव पात इत्याहुरत्र किल राहुरीत्यते ॥
आपतन्तममृतद्युतिं सुधास्नानदानहवनांशलालसः"—इति ।

केचित् भगणानुपातेनानीतः पातः स द्वादशशुद्धो राहुरिति तावनुलोमविलोमगतिक्रमेण भिन्नावित्याहुः । भौमादिपातानां ध्रुवतु-ल्यत्वेन ज्ञानादहर्गणद्वारा पृथगानयनं न कृतमाचार्यैः ॥ २१ ॥

इदानीं प्रकारान्तरेण ग्रहानयनमाह ।

लब्धाहताद्दिनगणाच्छशिषट्कशक्र-
दिग्भिर्नगाष्टनगभूतिथिभिः क्रमेण ।
देवाष्टखाङ्कशशिभिश्च रसाग्निवेद-
सिद्धैः खखाब्धिदहनाभ्रयमेन्दुभिश्च ॥ २२ ॥

* नायं ग्रन्थः संप्रत्युपलभ्यते ।

भूपाङ्घ्रिलोचनरसैः खखखाभ्रनन्द-
नन्दाश्विभिर्गगनखाभ्रगजाङ्कनागैः ।
खाभ्राष्टृषड्गजधृतिप्रमितैश्च भक्ताद्-
भागादिकानि हि फलानि रवेः सकाशात् ॥२३॥
विधोः फलं खाश्विगुणं विधेयं
ग्रहध्रुवाः स्वस्वफलैः समेताः ।
ते वा भवन्ति द्युचराः क्रमेण
भागादिकः स्यात् फलमेव भानुः ॥ २४ ॥

वा. भा.–स्पष्टम् ।

अत्रोपपत्तिः । यदि कल्पकुदिनैः कल्पभगणभागा लभ्यन्ते तदाऽहर्गणेन किमिति । एवं त्रैराशिके कृते पश्चात् संचारः* । यदि भगणभागमिते गुणके कुदिनानि हारस्तदा लक्षमिते किमिति । एवं लक्षगुणकुदिनेभ्यः पृथग् भगणभागहृतेभ्यो यानि फलानि तानि लक्षाहतस्य दनगणस्य भागहारा भवन्ति विधोस्तु लक्षेण विंशत्या च गुणितेभ्यः कुदिनेभ्यो हारः साध्यते । गतेर्बहुत्वादित्युपपन्नम् ॥ २२–२४ ॥

मरीचिः-ननु पूर्वानीतचन्द्रे चन्द्रध्रुवकयोजनाभावाच्चन्द्रध्रुवानयनस्य व्यर्थत्वापत्तेरित्यस्वरसात् । प्रकारान्तरेण ग्रहानयनं लाघवात् सिंहोद्वृत्ताभ्याम् ।

"आख्यानकी स्यात् प्रकटीकृतार्थे यदीन्द्रवज्राचरणः पुरस्तात् ।
उपेन्द्रवज्राचरणास्ततोऽन्ये विपर्ययोक्ता विपरीतपूर्वा" ॥

इत्युक्तलक्षणादाख्यायिकया चाह लक्षाहतादिति । सकाशात् तमारभ्य क्रमेण उक्तग्रहक्रमेण भागादिकानि फलानि भवन्ति ।

---

* यदि कल्प्यते $\frac{\text{भगणांशाः}}{\text{कुदिनानि}} = \frac{100000}{\text{या}}$ तथा विलोमतः $\frac{\text{कुदिनानि}}{\text{भगणांशाः}} = \frac{\text{या}}{100000}$

$\therefore \text{या} = \frac{\text{कुदिनानि} \times 100000}{\text{भगणांशाः}}$ । अयमेव प्राचीनैः संचारः कथ्यते ।

तत्र चन्द्रस्य फलं विंशतिगुणं कार्यम् । वर्षादिग्रहध्रुवाः स्वस्वफलैरंशादिभिर्युक्ताः सन्तस्ते पूर्वानीता एव ग्रहा भवन्ति । क्रमेण । ननु सौरवर्षादौ रवे राश्यादिध्रुवकाभावात् । तद्योजने सूर्यफलस्यान्यग्रहवद्विकाराभावेन किं योज्यमत आह भागादिक इति । आनीतफलं केवलम् । एवकारेण किञ्चिद्योजनेऽस्य व्यवच्छेदः । भागादिकः सूर्यः स्यात् । तथा च विकाराभावेऽपि सूर्यसिद्धौ न क्षतिरिति भावः ।

अत्रोपपत्तिः । कल्पकुदिनैः १५७७९१६४५०००० कल्पभगणभागा उक्तक्रमेण सू० १५५५२०००००००० । चं० २०७९११८८०००००० । मं० ८२६८५८२६७९२० । बु· शी· उ० ६४५७३१९६३४२४० । बृ० १३११२१५२३८०० । शु·शी·उ० २५२८०६०२१७१२० । श· ५२७६४२२७८८० । चं·उ० १७५७१८१०८८८० चं· पा० ८३६३२०२०४८० लभ्यन्ते तदेष्टाहर्गणेन क इत्यनुपातेन भगणांशमितगुणकुदिनमितहरौ क्रमेणैतैरङ्कैः—

सू १५५५२००० ।

चं· २०७९११८८० ।

मं. ८२६८५८२ । ४० । ४५ । ७ । १२ ।

बु· शी· उ· ६४६७३१९६ । २० । ३२ । ३८ । २४ ।

बृ· १३११२१५ । १४ । १६ । ४८ ।

शु. शी· उ· २५२८०६०२ । १० । १८ । १९ । १२ ।

श· ५२७६४२ । १६ । २२ । ४ ४८ ।

चं· उ· १७५७१८१ । ५ । १९ । ४० । ४८ ।

चं· पा· ८३६३२० । १२ । १७ । १६ । ४८ ।

अपवर्त्तितौ गुणस्थाने सर्वेषां लक्षसंख्योत्पन्ना १००००० । हरस्थाने सावयवा उत्पन्ना अपि लघ्वहर्गणाद्ग्रहानयने निरन्तरदर्शनादेकत्रैव हरा लाघवात् कृतास्ते उक्ताङ्कमिता उत्पन्नाः । तत्र चन्द्रहरेऽपवर्त्तनेन सिद्धः सावयवः ७५८८ । २१ । अनेनाधोऽवयवहीनेन भक्ते चन्द्रस्य बहुगतिमत्त्वाद्-

बहून्तरमिति चन्द्रहरः सावयवः । एकत्र करणार्थे विंशतिगुणितः सिद्धो नगाष्टनगभूतिथिमितः १५१७८७ । अत एव हरोपचयात् फलापचय इति विंशतिगुणहरोपचयाद्विंशतिगुणितफलापचयः सिद्धोऽतः फलं विंशतिगुणं कृतम् । एतेंऽशाद्या ग्रहा वर्षादित इति संपूर्णभोगज्ञानार्थं ध्रुवयुताः कार्याः । तत्र सूर्यस्य राश्यादिध्रुवाभावात् फलमेव वास्तवः सूर्यः। अत उपपन्नं लक्षाहतादित्यादि भानुरित्यन्तं पद्यत्रयोक्तम् ॥ २२–२४ ॥

इदानीं दिनगतिसाधनमाह ।

महीमिताद्हर्गणात् फलानि यानि तत्कलाः ।
भवन्ति मध्यमाः क्रमान्नभःसदां द्युभुक्तयः ॥२५॥
समा गतिस्तु योजनैर्नभःसदां सदा भवेत् ।
कलादिकल्पनावशान्मृदुर्द्रुता च सा स्मृता ॥ २६ ॥

वा. भा.–अत्रोपपत्तिस्त्रैराशिकेन । पूर्वं गतिर्योजनात्मिका ग्रहाणां तुल्यैवोक्ता । इदानीमतुल्या । सा कलादिकल्पनावशात् ॥ २५–२६ ॥

मरीचिः–नन्वेते ग्रहभोगाः प्रतिदिननियतभोगगणनया भवन्तीति प्रतिदिनग्रहभोगरूपा मध्यमा गतिः कथं ज्ञेयाऽतः प्रमाणिकयाऽऽह महीमितादिति । महीमितादेकमितादहर्गणाद्यानि पूर्वोक्तप्रकारेण ग्रहफलानि तेषां कला ग्रहाणां क्रमान्मध्यमा द्युभुक्तयो दिनगतयो भवन्ति । अत्र फलानीत्युक्तेन ध्रुवयोजनं कार्यं नेति ध्येयम् । यथाऽहर्गणः १, लक्षगुणः १००००० सूर्यहर-१०१४६१ भक्तः फलमंशादि ० । ५९ । ८ । ९ । एतत्कलाः ५९ । ८ । ९ । सूर्यस्य कलात्मिका गतिरेकदिने । एवं सर्वेषां स्वहरभक्तस्य कल्पगतय आनेयाः । अस्य प्रकारस्य स्थूलत्वात् स्थूलगतिरित्येकाहर्गणात् "द्युचरचक्र"–त्यादिनाऽऽनीता भगणादिफलकलाः सूक्ष्मगतयो भवन्तीति सूचनार्थं साधारण्येन फलानीत्युक्तम् । एता अवयवानवधित्वान्न सिद्धाः पठिताः । एतेन ज्ञातग्रहस्य स्वमध्यमभुक्तिरेकादिगु

णिता योजिता अहर्गणसाधनं विनाऽपि ग्रहज्ञानं भवतीति ग्रहसाधन लाघवं दर्शितम् ।

अत्रोपपत्तिः । कल्पकुदिनैः कल्पभगणकलास्तदैकमिताहर्गणेन का इत्यनुपातेनैकदिनभोगो मध्यमगतिः । उपचयापचययोरनुपातेऽनापहात् । अत एव यत्प्रकारेण मध्यमानयनमुक्तं तत्प्रकारेणैकदिनमिताहर्गणात् फलं मध्यमगतिः स्यादिति तस्याः स्थूलत्वसूक्ष्मत्वं प्रकारस्थूलत्वसूक्ष्मत्वानुसारेणेत्यलम् ॥ २५ ॥

ननु कक्षाध्याये "पादोनगोवर्धृतिभूमितयोजनानी"त्यादिना ग्रहाणां तुल्यगतिरुक्ता तत् कथं महीमितादित्यानीतग्रहगतिर्भिन्ना । न ह्येककाले तुल्याऽतुल्या च गतिः संभवति । असम्भवात् । अतः प्रमाणिकयाऽऽह समा गतिस्त्विति । ग्रहाणां गतिर्नित्यं योजनैः समा तुल्या भवेत्। यथा कलादिका कदाचित् तुल्या तथा कदाचिद्योजनगतिरतुल्या न स्यादिति सूचनार्थं नित्यपदोपादानं ध्येयम् । सा गतिस्तुल्या योजनात्मका । कलादिकल्पनावशात् कलाविकलाकल्पनावशात् ।

"भुक्तियोजनकक्षा या सेन्दोर्भगण-३२४००० संगुणा ।
स्वकक्षाप्ता तु सा तस्य तिथ्याप्ता गतिलिप्तिका" * ॥

इति सूर्यसिद्धान्तोक्तकल्पनावशादित्यर्थः । कस्य चिद्बहवः कलाः कस्यचित् स्वल्पाः कला गतिर्भवतीति । मृदुर्मन्दा । द्रुता शीघ्रा । गतिः स्मृता च पूर्वाचार्यैः परस्परम् ।

तथा च श्रीपतिः-

"तुल्या गतिर्योजनवर्त्मनैषां लिप्ताप्रकृत्या मृदुशीघ्रभावः"†-इति । एवं च तुल्यगत्यामपि तत्र कलादिकाऽतुल्या गतिः प्राचीनैः प्रोक्तेति न क्षतिः ।

---

* सूर्यसिद्धान्ते भूगोलाध्याये ८३तमः श्लोको द्रष्टव्यः ।

† नेदानीं श्रीपतिकृतः सिद्धान्तग्रन्थ उपलभ्यते ।

अत्रोपपत्तिः । स्वकक्षायां परिवर्त्तमाना ग्रहास्तुल्ययोजनप्रदेशरूपगतौ कलाभेदस्य प्रत्यक्षसिद्धेनातुल्याश्चलन्तीति युक्तम् । अन्यथा कक्षाभेदभगणभोगभेदयोरनुपपत्तेः ॥ २६ ॥

इदानीमतुल्यत्वे कारणमाह ।

कक्षाः सर्वा अपि दिविषदां चक्रलिप्ताङ्किताास्ता
वृत्ते लघ्व्यो लघुनि महति स्युर्महत्यश्च लिप्ताः ।
तस्मादेते शशिजभृगुजादित्यभौमेज्यमन्दा
मन्दाक्रान्ता इव शशधराद्भान्ति यान्तः क्रमेण ॥ २७ ॥

वा. भा.—यतः सर्वा अपि कक्षाश्चक्रलिप्ताभिरेवाङ्किताः । अतो महति वृत्ते महत्यो लिप्ताः स्युः । लघुनि लघ्व्यः । तद्यथा चन्द्रकक्षा सर्वाधःस्था लघुः । तस्यामेका कला पञ्चदशभिर्योजनैर्भवति । शनेः कक्षा सर्वोपरिस्था सा महती । तस्यामेका कला योजनानां षड्भिः सहस्रैरेकसप्तत्या चैः ५९२९ भवति । योजनं चतुःक्रोशमेव । अतश्चन्द्रात् सकाशादूर्ध्वोर्ध्वस्था बुधशुक्रादयः क्रमेण मन्दाक्रान्ता मन्दगतय इव भान्ति । मन्दाक्रान्ताच्छन्दोऽपि सूचितम् ॥ २७ ॥

इति सिद्धान्तशिरोमणिवासनाभाष्ये प्रत्यब्दशुद्धिः ।

मरीचिः—ननु कक्षासु योजनगतिप्रदेशे कलासमत्वमेवास्तु लाघवात् । न चैवं चक्रकलाङ्कितत्वं स्यात् कक्षास्विति वाच्यम् । स्वस्वकक्षायामतुल्यकलाङ्कितत्वे तत्तत्कक्षापरिवर्त्तकलाभोगेन भगणभोगकल्पनादिष्टापत्तेरित्यतस्तदुत्पत्तिकथनव्याजेनोक्तार्थं दृढयति कक्षाः सर्वा इति । ग्रहाणां सर्वाः कक्षाः । सर्वपदेन प्रतिवृत्तादीनि । ग्रहभ्रमवृत्तरूपकक्षाणां चलकर्णवशादनेकत्वाद्वा सर्वा इत्युक्तम् । चक्रलिप्ताङ्किताः । चक्रं द्वादशराश्यात्मकम् । तस्य कलाभिः । "तत्र समाद्यने"-ति परिभाषया षट्शतयुतैकविंशतिसहस्रमिताभिरङ्किताश्चिह्निताः सन्ति । अपिरेवकारार्थः । तेन न्यूनाधिककलाङ्कितनिरासः । अन्यथा कक्षापरिवर्त्तेन ग्रहाणां भग-

णभोगानुपपत्तेः । न च तत्तद्वृत्ते० तत्तत्कलाभोगेन भगणभोगस्याङ्गीकारान्न क्षतिरित्युक्तं प्रागिति वाच्यम् । तत्तद्वृत्तानामनेकत्वेन द्वादशराशिकलानां पृथगनन्तभेदेन गौरवात् । क्वचित् पूर्वशास्त्रे सूर्यादिभिस्तादृशस्यानुक्तत्वान्मानाभावाच्च । लाघवात् परिभाषया चक्रकलानां सूर्याद्युक्तेन च सर्वकक्षास्वङ्कनं युक्तम् । तासां वृत्ते विनिगमनाविरहात् समप्रदेशाङ्कनाद्गतियोजनप्रदेशे कलातुल्यत्वाभावः प्रत्येकं सिद्धः । इदमेव स्पष्टयति ता इति । ताः समप्रदेशाङ्किताः कलाः । लघुनि वृत्ते कक्षायां लघ्व्यः स्वल्पप्रदेशमिताः । महति महत्यो बहुप्रदेशमिताः परस्परं भवन्ति । तद्यथा । चक्रकलाभिः खखरसस्वर्ग-२१६००मिताभिः कक्षायोजनानि तदैककलया कानीत्यनुपातेन चन्द्रकक्षायां पञ्चदशयोजनानां बुधकक्षायामष्टचत्वारिंशद्योजनैः शुक्रस्य त्रयोविंशत्यधिकशतेन रवेः शतद्वयेन भौमस्य सप्तसप्तत्यधिकशतत्रयेण गुरोश्चतुर्विंशतिशतेन शनेर्दशाधिकैकोनषष्टिशतयोजनैः कला भवति । नक्षत्रकक्षायां तु एकत्रिंशदधिकशतत्रययुतद्वादशसहस्रयोजनैरेका कला स्यात् । योजनमानं सर्वत्र नियतमेव । एतेन यस्य कक्षा लघ्वी तस्याधो यस्य महती तस्य तदूर्ध्वे कक्षेति सूचितम् । उपसंहरति तस्मादिति । तस्मात् । यतो लघुवृत्ते महद्वृत्ते यथायोग्यं लघ्व्यो महत्यः कलाः । तद्धेतोरित्यर्थः । चन्द्रात् एते दृश्यमानबिम्बाः प्रसिद्धा बुधशुक्ररविभौमगुरुशनैश्चराः । यान्तः स्वकक्षावृत्ते तुल्ययोजनानि गच्छन्तो मन्दाक्रान्ता मन्दं स्वल्पमाक्रमणं गमनमेषां ते मन्दगतयः । इव सादृश्ये । वस्तुतस्तुल्यगमनात् । क्रमेण यथोक्तक्रमेणोत्तरोत्तरं परस्परमपि । चन्द्रापेक्षया बुधो मन्दगतिस्तदधिकः शुक्रस्तदधिकमन्दगतिः सूर्य इत्यादिक्रमेण बुधापेक्षया शुक्रस्तदपेक्षया रविस्तदपेक्षया भौम इत्यादिक्रमेणापि । अत एव सप्तमग्रहस्य शनैश्चरत्वं युक्तम् । तदूर्ध्वं ग्रहकक्षाभावात् । यद्यपि बुधशुक्रसूर्याणां मध्यगत्यभेदात् परस्परं मन्दगतित्वं न सम्भवति तथाऽपि बुधशीघ्रोच्चशुक्रशीघ्रोच्चगत्योर्भेदात् तत्कक्षायामेव तयोरवस्थानात् । चन्द्रान्मन्दगतित्व-

स्योक्तेश्च । भान्ति मनसि प्रतिभान्ति । तुल्ययोजनगमनेन मन्दत्वमसम्भवतीति भान्तीत्युक्तं वस्तुतो न सन्तीत्यर्थः । तथा च स्वस्वकक्षायां तुल्ययोजनप्रदेशे कलानां तुल्यसंख्याभावात् तत्र याः कलास्ता गच्छन्ति प्रतिदिनमतो गतेर्मन्दत्वं शीघ्रत्वं च सिद्धमिति भावः ।

"मन्दाक्रान्ता जलधिषडगैर्म्भौ नतौ ताद्गुरू चेत्"—इति ।

इत्युक्तत्वान्मदाक्रान्ता इत्यनेन तदाख्यं पद्यमपि सूचितम् ।

तद्व्याख्या तु याः कलाश्चरणव्यक्तयः सर्वाश्चतस्रो लघुनि वृत्ते छन्दसि लघ्व्योऽल्पाक्षराः । महति वृत्ते महत्यो बह्वक्षराः । ताः पादव्यक्तयः । दिविषदां चक्रलिप्ताङ्किताः । ग्रहाणां चक्रं सर्वसंख्या । चक्रस्य समूहवाचकत्वात् । सा त्वष्टौ । राहोर्ग्रहपदे ब्रह्मणा स्थापितत्वात् । केतोश्च राहूतिरिक्तत्वाच्चाष्टसंख्यया युक्ता लिप्ताः षष्टिः । कलानां तन्मितत्वात् । तत्संख्याक्षरैरष्टषष्ट्यक्षरैरङ्किता युक्ता अष्टषष्ट्यक्षरघटितं पद्यमित्यर्थः । पादाक्षरमितिस्तु प्रत्येकं सप्तदशेत्यर्थसिद्धा । तस्माद्धेतोः । एते चरणवर्णाः । शशिजभृगुजादित्यभौमेज्यमन्दाः । शशिजो बुधः । तत्संख्या त्वादित्यवाराच्चतुर्मिता । भृगुजः शुक्रस्तत्संख्या षण्मिता, सूर्याद्भूमिसम्बन्धिप्राणिभिः पूज्यो मन्दः शनैश्चरः । वारक्रमेण तत्संख्यासप्त । तथा चैतत्संख्याभिश्चतुःषट्सप्तभिरुत्तरोत्तरमुन्मिता मन्दाक्रान्ता मन्द उच्चारणमार्गो येषां ते । एते वर्णा अवसानास्पदीभूता इवेत्यनेन वस्तुतोऽवसानाभावात् । अन्यथाऽऽनुपूर्व्यापद्यपठनानुपपत्तेः । तस्मात् तेषु यतिर्भवतीत्यर्थः । च पुनरेते शशधरात् चन्द्रोन्मितादृगणात् मगणात् । तमारभ्य । भान्तियान्तः क्रमेण । भो भगणः । अन्ति । "नामैकदेशे नामग्रहणात्" अन्तिमो नगणः । ययोर्गणयोर्मध्यस्था आद्यन्तवर्णलोपाच्चत्वारो वर्णा गुरुद्वयैकलघुगुरवः ऽऽ।ऽ। क्रमेण यगणक्रमेण । अग्रे रगणस्योक्ते रगण इत्यर्थः । तत्र क्रमेण तगणगुरुलघुभिर्लिप्ता अङ्किता इत्यर्थः । तर्हि मन्दाक्रान्ता आवृत्त्या तद्वृत्तसम्बन्धिनः स्युः । तद्वर्णोच्चारणानुपूर्व्या पद्यं मन्दाक्रान्तसंज्ञं स्यादित्यर्थः । न च वृत्तरत्नाकरोक्त-

लक्षणाच्चरणान्तिमाक्षरस्य लघुत्वेऽपि गुरुत्वसिद्धावक्षतेरिति महत्त्वमत्र कथमुपेक्षितमिति वाच्यम् । "पादान्तस्थं विकल्पेन"—इत्युक्त्याऽन्तिमाक्षरस्य लघुत्वेऽपि गुरुत्वसिद्धावक्षतेरिति मदुक्ता ।

अत्रोपपत्तिः । क्रान्तिवृत्ते वस्तुतो द्वादशराशीनां सत्त्वात् । परिभाषया कलाः खखषट्स्वर्गमिताः । तदनुरोधाद्ग्रहकक्षाणां सत्त्वात् तत्रापि द्वादशराशिकलास्तत्तुल्या एव कल्पिताः । अन्यथा ग्रहकक्षायाः क्रान्तिवृत्तस्य च महदन्तरेण स्थितत्वाद्ग्रहाधिष्ठितराश्यादिस्थानासिद्धेः । अत एव राश्यंशकलाकल्पनाद्ग्रहकक्षायां क्रान्तिवृत्तप्रदेशसमसूत्रेणेत्युक्तं प्राक् । ततश्चोक्तमुपपन्नम् ।

"उपरिस्थस्य महती कक्षाऽल्पाऽधःस्थितस्य च ।
महत्या कक्षया भागा महान्तोऽल्पास्तथाऽल्पया ॥
कालेनाल्पेन भगणं भुङ्क्तेऽल्पभगणाश्रितः ।
ग्रहः कालेन महता मण्डले महति भ्रमन् ॥
स्वल्पया तु बहून् भुङ्क्ते भगणान् शीतदीधितिः ।
महत्या कक्षया गच्छन् स्वल्पान् भुङ्क्ते शनैश्चरः* ॥"
इति सूर्योक्तमित्यलं पल्लवितेन ॥ २७ ॥

मरीचिः—अथाग्रिमग्रन्थस्यासंगतोक्तपरिहारमध्यायसमाप्तिं सूचयन् फक्किकयाऽऽह इति प्रत्यब्दशुद्धिरिति । अब्दमब्दं प्रतीति प्रत्यब्दं वर्षे वर्षे शुद्धिर्ग्रहाणां शोधनकरणम् । ग्रहसाधने शुद्धेरेव मूलभूतात् । तथा चोक्तविषयस्य समाप्तत्वात् तदग्रिमस्य भिन्नप्रकरणत्वात् संगतमेवेति भावः ।

* मुद्रितसूर्यसिद्धान्ते भूगोलाध्याये ७५-७८ श्लोका द्रष्टव्याः ।

अथाधिमासनिर्णयः ।

इदानीमहर्गणादौ विशेषमाह ।

> अभीष्टवारार्थमहर्गणश्चेत्
> सैको निरेकस्तिथयोऽपि तद्वत् ।
> तदाऽधिमासावमशेषके च
> कल्पाधिमासावमयुक्तहीने ॥ १ ॥

वा. भा.—इह किल न्यूनतिथ्यानयने यस्यां तिथौ यो वार आगतः स चेदहर्गणे नागच्छति तदाऽहर्गणं सैकं निरेकं कृत्वा ग्रहाः साध्या इति ज्योतिर्विदां संप्रदायो युक्तियुक्त एव । यतोऽहर्गणस्य वारो नियामकः । एवं कृते यो विशेषः सोऽभिधीयते । तिथयोऽपि तद्वदित्यादि । अत्रैतदुक्तं भवति । यदा वारार्थं सैकोऽहर्गणः कृतस्तदाऽधिमासावमशेषाभ्यां चन्द्रार्कानयने कोट्याहतैरङ्कृतेन्दुविश्वैरित्यादौ द्वादशगुणास्तिथयोऽर्कभागेषु याः क्षेप्यास्ताः सैकाः कृत्वा द्वादशगुणाः क्षेप्याः । यदा निरेकोऽहर्गणः कृतस्तदा निरेकाः कृत्वा । तथा यदि सैकोऽहर्गणस्तदाधिमासशेषं कल्पाधिमासैर्युतं कार्यम् । अवमैरवमशेषं च । यतः सैकासु तिथिषु सैकोऽहर्गणो निरेकासु निरेकः । तथा प्रतिदिनमधिमासशेषस्याधिमासैरुपचयोऽवमैरवमशेषस्यातो युक्तमुक्तम् * ॥ १ ॥

मरीचिः-अथात्राधिकारे विशेषसंग्रहं विवक्षुः प्रथमं बृहदहर्गणादौ विशेषमुपजातिकयाऽऽह अभीष्टवारार्थमिति । यद्दिनमभीष्टमधिकृत्याहर्गणः साधितस्तस्मात् सप्ततष्टाद्दिनीयवारो नायाति । किन्तु तस्मात् पूर्वोऽपरो वा वार आयाति तदाऽभीष्टवारीयाहर्गणसिद्ध्यर्थमहर्गण आनीतः ।

---

* इतोऽग्रे वासनावार्त्तिकटीकया भवितव्यं किन्तु तट्टीकाकारेण नृसिंहाचार्येणोतः प्रभृति बीजसंस्कारपर्यन्तमामध्यमाधिकारमेकत्रैव सम्मिलिता निर्गलितार्थाः संरचिता अतो यथावत् प्रत्येकश्लोकान्ते संरक्षणमसंगतमवगम्याधिमासनिर्णयान्ते सा न्यासितेति विज्ञैर्विवेचनीयम् ।

सैक एकयुक्तो निरेक एकहीन इति प्राचीनगणनासम्प्रदायो 'द्युचर-चक्रहतो दिनसंचयः''–इत्यादिप्रकारेण ग्रहसाधनार्थे कृतश्चेत् तदा सूर्यचन्द्रसाधनार्थे च तिथ्योऽर्हर्गणानयनार्थे या योजिताः शुक्ला-दिगतास्तिथयश्चैत्रादिगततिथयश्चाहर्गणवत् सैका निरेकाः कार्याः । एताभ्यः ''कोट्याहते''-रित्यादिना श्लोकत्रयेण यथायोग्यं सूर्यचन्द्रौ साध्यौ । अत्राधिशेषावमशेषयोरावश्यकत्वादहर्गणात् तद्वारीयाधिशेषज्ञानार्थमाह तदेति । तदा यदा तिथयः सैका निरेका इत्यर्थः । अधिशेषावमशेषके अहर्गणानयने ज्ञाते कल्पाधिमासावमयुक्ते हीने कार्ये । क्रमेण कल्पो-क्ताधमाभ्यां युतहीने । तिथिवशतः सैकतिथिनिरेकतिथिक्रमेणेत्यर्थः । ते सिद्धे शेषे सर्वत्र ग्राह्ये न पूर्वागते । पूर्वागताहर्गणस्य तद्दिने तत्त्वाभावात् । अत्र कल्पाधिमासयुतमधिशेषं कल्पसौरदिनाधिकं चेत् तैस्तष्टं कार्यम् । तथाऽवमशेषं कल्पावमयुतं कल्पचान्द्रदिनाधिकं चेत्तैस्तष्टम् । तत्र वास्तवमध्यममानेन गताधिमासावमज्ञानार्थमागताधिमासाः सैका गता-वमानि च सैकानि । न त्वहर्गणसिद्ध्यर्थम् । तस्य सैकनिरेकत्वाभ्यां सिद्धेः । यदा त्वधिशेषमवमशेषं च कल्पाधिमासावमाभ्यां क्रमेण हीनं न तदा-तच्छेषं क्रमेण कल्पोक्तसूर्यचान्द्रदिनाभ्यां युतं कृत्वा कल्पाधिमासावमाभ्यां हीनं क्रमेण कार्यम् । अत्राप्यागताधिमासा अवमानि च वास्तव-ज्ञानार्थं निरेकाः कार्याः । न त्वहर्गणसिद्ध्यर्थमिति ध्येयम् । यदि तु इष्टदिनमधिकृत्याहर्गण आनीतस्तस्मात् सप्ततष्टात् तद्दिनीयवारे नायाति पूर्वोऽपरो वार आयाति तदाऽपि इष्टदिनमुपेत्याहर्गणानी-तवारे ग्रहानयनमभीष्टं स्यात् । तदाऽहर्गणादौ सैकनिरेकत्वादिविशेषो न कार्यः । किन्तु यथास्थिताहर्गणागततिथ्यधिशेषावमशेषेभ्यो ग्रहान-यनं कार्यमिति सूचनार्थं चेदित्युक्तमिति ध्येयम् ।

अत्रोपपत्तिः । ननूपपत्तिसिद्धाहर्गणादभीष्टदिनमधिकृत्य साधि-तादपि अभीष्टवारः कथं नायाति । तन्निमित्तं सैकनिरेकतादिकं कुतः कार्यमिति चेत् । उच्यते । अभीष्टवारेऽहर्गणसाधनार्थं त्रिंशद्गुणस्य

मासगणस्य तद्वारीयमध्यमगततिथयो योज्याः । अहर्गणस्योक्तप्रकारेण मध्यमत्वात् । स्पष्टमानस्यानियतत्वादनुपातद्वारा तदभिप्रायेण तत्साधनस्याशक्यत्वाच्च । न हि मध्यममानेनाहर्गणसाधनार्थं स्पष्टगततिथियोजनं युक्तं विसदृशत्वादिति स्थितिः । तत्र मध्यमगतितिथीनामज्ञानात् तद्वारे स्पष्टमानसिद्धतिथिपत्रदर्शनेन स्पष्टगततिथिरेव मध्यत्वेन योजिता । अस्या यदि पूर्ववारे मध्यममानेनाप्यन्तिमकालस्तदा स्पष्टगततिथियोजनमेव मध्यमगततिथियोजनं भवतीति यथागताहर्गणाद्वार आयात्यतः स एवाहर्गणोऽभीष्टदिनग्रहसाधनार्थमुपयुक्तो भवति । अथ यदि स्पष्टगततिथेर्मध्यममाने न ततोऽपि पूर्ववारेऽन्तिमकालस्तदा स्पष्टगततिथियोजनं पूर्ववारे मध्यमगततिथियोजनं भवतीति । साधिताहर्गणाद्वारः पूर्वो यात्यतोऽभीष्टवारेऽहर्गणसिद्ध्यर्थं सैकत्वमहर्गणे । एकदिनान्तरत्वात् । अत एवाभीष्टवारे स्पष्टगततिथयः सैका मध्यममानेन गततिथयो भवन्ति । यदा तु स्पष्टगततिथेर्मध्यममानेनाभीष्टवारेऽन्तिमकालस्तदा स्पष्टगततिथियोजनमभीष्टदिनोत्तरवारे मध्यमगततिथियोजनं भवतीति साधिताहर्गणोऽभीष्टदिनान्तिमवारे भवत्यतोऽभीष्टवारेऽहर्गणसिद्ध्यर्थं साधिताहर्गणो निरेकः । अत एवाभीष्टवारे स्पष्टगततिथयो निरेका मध्यममानेन गततिथयो भवन्ति । अत एव यदाऽभीष्टवारमधिकृत्य साधिताहर्गणः पूर्वापरवारे भवत्यपि तत्रैवेष्टस्तदा स्पष्टगततिथयोऽहर्गणश्च यथास्थिता एव तत्र तेषां वस्तुतस्तादृशत्वात् । अतः सुष्टूक्तमभीष्टवारार्थमहर्गणश्चेत् सैको निरेकस्तिथयोऽपि तद्वदिति । अत एवाभीष्टवारे मध्यममानसिद्धतिथिपत्रदर्शनेन गततिथयो योज्यास्तदा नायं विशेष इति ध्येयम् । अथाहर्गणानयनार्थं यथास्थिताः स्पष्टगततिथयो योजिता न तु सैका निरेकाः । अन्यथाऽहर्गणे सैकत्वनिरेकत्वानुपपत्तेरित्यहर्गणगणितसाधने यदधिशेषं यच्चावमशेषं तयोर्यथास्थितयोजिततिथ्यन्तकालीनत्वात् । ताभ्यां 'कोट्याहते'रित्यादिश्लोकत्रयसाधनं सूर्य-

चन्द्रयोः कथं सिद्धेदिति । स्वाभीष्टसैकनिरेकतिथ्यन्तीयसाधनार्थमेकचान्द्रदिनरूपतिथेर्यदधिशेषं यच्चावमशेषं तेनाहर्गणानयनसिद्धं तत् क्रमेण यथायोग्यं हीनं युतं च कार्यम् । तत्र कल्पचान्द्रैः कल्पाधिमासास्तदैकचान्द्रदिनेन के इत्यनुपातेनैकतिथेरधिशेषं सौरं चान्द्रात् साधनात् । एतदहर्गणानयनसिद्धाधिशेषस्य चान्द्रस्य भिन्नजातित्वेन योजनवियोजनकरणाशक्यात्वात् सजातीयम् । कल्पसौरदिनैः कल्पचान्द्रास्तदैकतितिसिद्धसौराधिशेषेण के इत्यनुपातेन कल्पचान्द्रस्य गुणहरत्वात् तुल्यत्वेन नाशादेकतिथेश्चान्द्रमधिशेषं कल्पसौरदिनभक्तकल्याधिमासरूपं हीनं युतं च कार्यमतोऽहर्गणानयनसिद्धाधिशेषस्य मासात्मकस्य कल्पसौरदिनहरत्वाच्चाधिमासाः कल्पोक्ता एव युतहीनाः कृता इति सिद्धम् । एवं कल्पचान्द्रदिनैः कल्पावमानि तदैकतिथिरूपचान्द्रदिनेन किमित्यनुपातेन सावनमवमशेषं कल्पचान्द्रदिनभक्तकल्पावमरूपमहर्गणानयनसिद्धावमशेषस्य सावनस्य कल्पचान्द्रहरस्य हीनं युतं कार्यमिति कल्पावमैर्युतं हीनं वाऽवमशेषं कार्यमिति सिद्धम् । अतः सुष्ठूक्तं तदेत्याद्युत्तरार्धम् । केचित् तु यतः सृष्ट्यादौ पूर्णेऽहर्गणे रविवारस्ततो रूपेऽहर्गणे चान्द्रवारः । एवमनुदिनमेकैको वारो वर्धते । एवमत्र वाराः सावनास्तिथयः पुनश्चान्द्रास्तदन्तरमवमानि । अत्र स्पष्टेऽवमे पतिते मध्यमकर्मण्यगृहीते सैकता घटते । अपतिते गृहीते निरेकतेति युक्तियुक्तमेव सैकत्वं निरेकत्वं च । तदुपलब्धिरभीष्टवारेण भवति । अहर्गणस्य सावनत्वेन वारनियामकत्वादित्याहुः ॥ १ ॥

इदानीं लघुदिनौघविषयमाह ।

अथैवमेवाल्पदिवागणेऽपि
सैकं निरेकं च तदाऽवमाग्रम् ।
तथाऽधिमासस्य तिथीगृंहीत्वा
लघुर्दिनौघः सुधिया प्रसाध्यः ॥ २ ॥

वा. भा.—लघ्वहर्गणे सैके निरेके तिथयोऽपि सैका निरेकाः । तत्राव-मशेषमपि सैकं निरेकं कार्यम् । यतस्तत्रावमानयने रूपगुणा एव तिथय-श्चतुःषष्ट्या हृताः । अथ लघ्वहर्गणे साध्यमानेऽभीष्टाहचैत्राद्यन्तरे यद्य-धिमासोऽस्ति तदा तस्यापि तिथीर्गृहीत्वा लघुर्दिनौघः साध्यः । अत्र लघुरिति विशेषणाद्बृहदहर्गणे न ग्राह्यः । यतस्तत्राधिमासानयने लब्धाधिमासास्ता युक्ता भविष्यन्ति । लघ्वहर्गणानयने त्वब्दान्ताद्गूर्ध्वम-धिमासानयनस्याभावात् तत्रावश्यं योज्याः ॥ २ ॥

मरीचिः—अथोक्तरीत्या लघ्वहर्गणे विशेषमुपजातिकयाऽऽह अथेति । लघ्वहर्गणे सौरवर्षान्तःपात्यहर्गणे अपिशब्दात् करणात् साधिताहर्गण इत्यर्थः । एवमभीष्टवारार्थमहर्गणश्चेत् सैको निरेकस्तदा 'रविगुणैस्ति-थिभि'-रित्यादिना चन्द्रसाधने याः शुक्लादिगततिथयस्ताः सैका निरेकाः कार्या इत्यर्थः । एतादृशाश्चन्द्रसाधने तिथय उपयुक्ताः । बृहदहर्गणे एका-न्तरं तदा लघ्वहर्गणे किमित्यनुपातेन बृहदहर्गणभक्तलघ्वहर्गणफलमेव वारसंवादार्थम् । लघ्वहर्गणे हीनं युतं कार्यमिति निरासायैवकारः । अह-र्गणस्यैकान्तरस्यात्रापि सिद्धत्वादिति ध्येयम् । न तु लघ्वहर्गणानयनज्ञा-तमवमशेषं स्वेष्टदिनकरणार्थं कल्पावमयुतहीनं कार्यम् । तत्र तस्या-वश्यं चतुःषष्ट्यल्पत्वात् कल्पावमहीनमवमशेषं कथं स्यादत आह सैक-मित्यादि । तदा यदा चन्द्रसाधनार्थं तिथयः सैका निरेकास्तदेत्यर्थः । अवमाद्यम् । लघ्वहर्गणानयने चतुःषष्टिभक्तं यद्दिनाद्यवमशेषं क्रमेण सैकं निरेकं कार्यम् । चः समुच्चये । तेन लघ्वहर्गणास्तिथयोऽवमशेषं त्रितयमपि सैकं निरेकं कार्यम् । न त्ववमशेषं बृहदर्गणोक्तविशेषेण कल्पावमयुत-हीनं कार्यं विशेषस्य बलवत्त्वात् । अत्र यदि त्ववमशेषं सैकं चतुःष-ष्टेरन्यूनं तदा चतुःषष्टितष्टं कार्यम् । गतावमफलमेकयुतं वास्तवगताव-मज्ञानार्थं न त्वहर्गणसाधनार्थम् । एवमवमशेषमेकेन हीनं न तदाऽवमशेषे चतुःषष्टिर्योज्या ततो निरेकम् । गतावमफलं च तद्वास्त-

वज्ञानार्थमेकहीनं न त्वहर्गणसिद्ध्यर्थमित्यप्युक्तप्रायं ध्येयम्। एतादृशावमशेषेण "स्वनगभागयुतेन" इत्याद्युक्तं चन्द्रफलमानेयम्। ननु यदाऽधिमासश्चैत्रादीष्टकालमध्ये स्यात् तदा यदाख्योऽधिमासस्तन्मासस्य षष्टिदिनात्मकत्वेनैकमासत्वादिष्टकाले पूर्वरीत्याऽहर्गणसाधितग्रहास्तत्काले बृहदहर्गणसाधितग्रहैर्न तुल्या भवन्ति। बृहदहर्गणेऽधिमासगणनाभावेन षष्टिदिनात्मकैकमासस्याङ्गीकारादेकत्र निर्णीतः शास्त्रार्थोऽपरत्र भवतीति न्यायान्मासद्वयाग्रहाच्च। किञ्च षष्टिदिनात्मकमासकाले उत्तरार्धपूर्वागताहर्गणानामेव सिद्धिरित्युत्तरोत्तरमहर्गणव्याघातोऽत आह तथेति। यथा लघ्वहर्गणे बृहदहर्गणोक्तकल्पावमयुतहीनावमशेषरूपविशेषं विहाय सैकं निरेकमवमशेषमिति विशेषोऽङ्गीकृतस्तथेत्यर्थः। चैत्रादीष्टकालयोर्मध्ये वक्ष्यमाणलक्षणाक्रान्ताधिमासपातश्चेत् तदा तस्य तिथीस्त्रिंशदनधिका अधिका गृहीत्वोक्तप्रकारेण लघुः सौरवर्षैकावधिरहर्गणः सुधिया गणकेन कार्यः। एवं च नोक्तदोष इति भावः। अत्र सुधियेति हेतुगर्भः। यत उक्तन्यायेनापि बृहदहर्गणानयनेऽधिमासो गतमासयोजनेन ग्राह्यः। लघुरिति पदोपादानादिति स्पष्टमुक्तमिति ध्येयम्।

अत्रोपपत्तिः। सैकनिरेकत्वरूपविशेषस्याहर्गणसामान्येन सिद्धत्वात् लघ्वहर्गणेऽपि सैकत्वं निरेकत्वं तद्वशाच्चन्द्रसाधने तिथिष्वपीति युक्तम्। अथ तद्द्वितीयावमशेषं चतुःषष्टिचान्द्रैरेकोऽवमस्तदैकचान्द्रेण किमित्यनुपातेन समच्छेदत्वाच्चैकयुतमेकहीनं कार्यमिति सिद्धम्। अत्र यद्यप्यवमानयनानुरोधात् स्वीयकराभ्रतुरङ्गलवयुतैको युतो हीनश्च कार्यः। चतुःषष्टिचान्द्रैः संपूर्णावमपातात् तथाऽऽप्याचार्यैरेकस्य चान्द्रदिनस्य कराभ्रसप्तांशः स्वल्पान्तरेणोपेक्षित इति मन्तव्यम्। लघ्वहर्गणस्य सौरैकवर्षान्तःपातित्वात् तदानयने सौरवर्षादेरूर्ध्वमधिमासानयनाभावेन मध्येऽधिकमासपातेऽपि तद्ग्रहणेऽहर्गणस्य त्रिंशद्दिना-

न्तरत्वं स्यादतो लघ्वहर्गणानयने चैत्रादिगततिथिगणे पतिताधिमासतिथयोऽपि ग्राह्याः । किञ्च अधिमासस्य चान्द्रत्वेनान्तःस्थत्वादिष्टकाले चैत्रादितः संपूर्णाश्चान्द्रदिवसा ग्राह्या इति तं विना तज्ज्ञानाभावात् तिथयो ग्राह्या एवेति बालैरपि बुध्यत इति किं चित्रमत एव बृहदहर्गणे तदानयनेन तत्काले एकाधिकाधिकमासरूपलब्धेः सिद्धत्वाच्च गतमासयोजनेन तद्योजनम् । अधिमासयोजनेन तद्योजनस्य सिद्धत्वाच्चिरवद्यम् ॥ २॥

इदानीमन्यदाह ।

स्पष्टाऽधिमासः पतितोऽप्यलब्धो
यदा यदा वाऽपतितोऽपि लब्धः ।
सैकैर्निरेकैः क्रमशोऽधिमासै-
स्तदा दिनौघः सुधिया प्रसाध्यः ॥ ३ ॥
कृत्वा युतोनं क्रमशोऽधिशेषं
दिनीकृतैः कल्पभवाधिमासैः ।
सैकान्निरेकान्मधुयातमासाँ-
स्ततः प्रसाध्यौ खलु पुष्पवन्तौ ॥ ४ ॥

वा. भा.—अथाहर्गणानयने योऽधिमास आगच्छति स मध्यममानेन यदा स्पष्टोऽधिमासः पतितः । अथ चाहर्गणानयने न लब्धस्तदा लब्धाधिमासान् सैकान् कृत्वाऽहर्गणः साध्यः । तदा यदधिमासशेषमागतं तच्च युतं कार्यम् । कैः । दिनीकृतैः कल्पभवाधिमासैः । तथा चैत्रादिमासान् सैकान् कृत्वा चन्द्रार्कौ साध्यौ । यदा वाऽपतितोऽपि लब्धस्तदाऽस्माद्विपरीतम् । एतदुक्तं भवति । यदा स्पष्टोऽधिमासः पतितस्तदाऽलब्धोऽपि ग्राह्यः । यदा न पतितस्तदा लब्धोऽपि न ग्राह्यः । तदाऽधिमासशेषं कल्पाधिमासैर्दिनीकृतैर्यथाक्रमं युतोनं कार्यम् । यतस्त्रिंशता दिनैर्दिनगणोऽन्तरितः । तस्मादधिमासशेषाच्चन्द्रार्कौ साध्यौ । तदा चैत्रादयो मासाः सैका निरेकाश्च ग्राह्याश्चन्द्रार्कसाधने ॥ ३–४ ॥

मरीचिः—ननु यदाधिमासपातकालानन्तरकाले निकट एवाहर्गणानयने रविदिनैर्भागैः पतिताधिमासो लब्ध एकाधिकत्वेन लभ्यते। यदा च पतिताधिमासकालात् पूर्वनिकटकालेऽहर्गणानयने कल्परविदिनभागेनैकाधिका लब्धिर्लभ्यते तदोक्तप्रकारेण साधितावहर्गणौ क्रमेण त्रिंशदूनत्रिंशद्धीनाधिकौ भवतः। तत्र क्रमेणाधिमासतदभावयोर्वस्तुतः सत्त्वादित्यत उपजातिकया तत्र विशेषमाह **स्पष्ट** इति। तिथ्यादिपत्रस्य स्पष्टत्वेन सत्त्वात् तत्राधिमासः स्पष्टमानेन भवति । तथा च यदाऽधिमासः स्पष्ट उक्तलक्षणः पतितः। यत्कालेऽहर्गणः साध्यते तत्पूर्वनिकटे भवति तदाऽहर्गणसाधनेऽलब्धः। यथाऽधिमासपातकालात् पूर्वं फलं तदेवाधिमासपातकालानन्तरं फलं न त्वेकाधिकमिति कदाचित्। यदा वाऽधिमासपातकालात् पूर्वं निकटकालेऽहर्गणसाधनेऽपतितः स्पष्टमानेनोक्तलक्षणः पूर्वं न जातोऽपि लब्धोऽधिमासानयने पूर्वागताधिमासफलमेकाधिकं कदाचित् तदा तत्र क्रमशोऽधिमासानयनेऽप्राप्तः प्राप्तैकाधिमासक्रमेणेत्यर्थः। सैकैरेकहीनैरधिमासैः कल्पसौरदिनभक्ताप्तगताधिमासैर्दिनौघो बृहदहर्गण उक्तरीत्या सुधिया गणकेन प्रसाध्यः। न तु मया गताधिमासैः। सुधियेति हेतुगर्भः। यतस्तत्रैकमासान्तरस्य प्रत्यक्षसिद्धत्वेन यथागताधिमासैरहर्गणानयनद्वारा ग्रहस्तिथ्यादिपत्रं च कथं संचरेत्। एकमासान्तरेणेष्टकालात् पूर्वापरकाले च संवदेदित्यवश्यमयं विशेषः कार्यः। अन्यथाऽभीप्सितकाले ग्रहादिसिद्धिर्न स्यादिति ध्येयम्।

अत्रोपपत्तिः। ग्रहाः खलु स्पष्टगत्या भ्रमन्ति । न वस्तुतो मध्यममानमस्ति । यन्मध्यममानं तद्गणनाव्यवहारोपयिकतया गौणं कल्पितम् । स्पष्टमानस्यैकरूपत्वाभावेन तदनुरोधाद्ग्रहसाधनस्य नियतमानं विनाऽसाध्यत्वात् । तथा च कल्पितमध्यममानेन प्रत्यक्षसंवादाभावेन पर्यवसानत्वाभावादनियतस्पष्टमाने प्रत्यक्षसंवादेन पर्यवसानं

युक्तम् । अन्यथा संहिताजातकादौ सूर्यबुधशुक्राणां भिन्नराशिस्थोक्ते-रप्रसिद्धेः ।

"दृष्टे चन्द्रे सिनीवाली नष्टे चन्द्रे कुहूः स्मृता" ।

इति वचनस्य मध्यमामावास्याकाले दर्शनादर्शनयोरसत्त्वादप्रामाण्यापत्तेश्च । एवं सत्यभीष्टकाले पूर्वस्पष्टमानेनाधिमासपातेऽप्यहर्गणानयनेऽनुपातेन मध्यममानाभिप्रायेणाधिमासपाताभावान्मध्यममानेनोक्तरीत्या सिद्धोऽप्यहर्गणोऽभीष्टकालमधिकृत्य साधितोऽपि पूर्वमासो जातः । स्पष्टमानेनैकमासस्याधिकत्वदर्शनादतोऽभीष्टकाले मध्यममानेनाहर्गणसिद्ध्यर्थमनुपातसिद्धगताधिमासा एकयुताः कार्याः । एकाधिकमासग्रहणेनाभीष्टदैवसिकाहर्गणसिद्धेः स्वतः सिद्धत्वात् । न चैवं बृहदहर्गणसाधनेऽप्यधिकमासयोजनस्य युक्तिसिद्धत्वेन लघुर्दिनौघ इत्यनेन पूर्वमत्र निषेधः कथं कृत इति वाच्यम् । निषेधस्यैतत्स्थलभिन्ने सावकाशत्वात् । अत एव सुधियेति पूर्वमुक्तम् । निषेधस्य गतमासयोजनत्वेनोक्तत्वाच्च क्षतिः । एवमभीष्टकालादग्रे स्पष्टमानेनाधिमासपातात् पूर्वमधिमासपाताभावेऽप्यनुपातसिद्धगताधिमासा एकहीनाः कार्याः । एतेन मध्यममानमदूरं विप्रकर्षेण स्पष्टकालमनुमापयति । न तु तत्स्वतः कार्यक्षममित्यपि सूचितमत उपपन्नं स्पष्ट इत्यादि ॥ ३ ॥

मरीचिः—ननु यदाऽधिमासस्यैकान्तरं तदाऽधिशेषस्य त्वागताधिमासशेषत्वात् स्पष्टाधिमासवशाद्धिशेषाभावाच्च 'कोट्याहतैर्यद्भवै'-रित्यादिश्लोकद्वयेनार्कचन्द्रौ कथं साध्यावित्यतस्तद्विशेषं तत्साधने चैत्रादिगतमासग्रहणविशेषं चोपजातिकयाऽऽह कृत्वा इति । ततो हेतोः । यत आगताधिमासाः सैका निरेका अत इत्यर्थः । अधिमासानयने यज्ज्ञातमधिशेषं तत् तु कल्पोक्ताधिमासैः "लब्धाहता देवनवेषुचन्द्राः"-इत्युक्तैर्दिनौघैस्त्रिंशद्गुणैः क्रमशः सैकनिरेकलब्धाधिमासक्रमेणेत्यर्थः । युतोनं कृत्वा । सिद्धमधिशेषं ग्राह्यम् । अत्र योजनेनाधिशेषं

कल्पसौरदिनाधिकं चेत् तत् तष्टम् । अधिशेषं तदूनं तु भवति चेत् सौरा दिवसाः कल्पोक्ता योज्यास्ततो दिनीकृत्याधिमासा हीना इति स्वत उक्तरीत्या ध्येयम् । ननु तथाऽपि 'कोट्याहतैर्यद्गवभै'-रित्यादिना सूर्यचन्द्रसाधनं तत्र व्यभिचरति । तथा हि षट्त्रिंशदधिकपञ्चदशशतमितशालिवाहनशके १५३६ शुक्लादिमासगणनया वैशाखकृष्णषष्ठ्यां भौमे सूर्यचन्द्रज्ञानार्थं प्रथमं कल्पहर्गणः साध्यते । कलिवर्षाणि ४७१५ लब्धाधिमासाः १७३९ शेषम् ५४२८५000000 । अत्र पूर्वमधिमासपाताभावादहर्गणार्थमुक्तरीत्या गताधिमासा निरेकाः १७३८ । अन्यथा तदयाधिकज्येष्ठकृष्णषष्ठ्यां गुरावहर्गणः स्यात् । चन्द्राहर्गणः १७४९५९0। गतावमानि २७३७६ । शेषम् ४७८0३0५00000 । कल्पहर्गण इन्द्राकृतियमात्यष्टिमितः १७२२२१४ । अस्मादनुपातेन भगणाद्यौ सूर्यचन्द्रौ । सूर्यः ४७१५ । २0 । १0 । २१ । चन्द्रः ६३0३४ । ८ । २३ । ४८ । २५ । अथ प्रकारान्तरेणानयोः साधनार्थमधिशेषं प्रयुतघ्नशरगजयमवेदेषुमितम् ५४२८५000000 । अधिदिनै–४0७९९000000 रूनं जातं प्रयुतघ्नषड्गजवेदाङ्गमितम् ६४८६00000000 अधिशेषं तदुपयुक्तम् । अथ चैत्रादियातास्तिथयः पञ्चाशत् ५0 । एतदंशाः सूर्यस्य विश्वगुणाश्चन्द्रस्यांशाः ६५0 । एतावधिशेषाच्छशिमासभक्ते फलेनांशादिना ७ । २७ हीनौ । सू ४९ । ५२ । ४३ चं ६४९ । ५२ । ४३ । अवमशेषात् सूर्यस्य धनफलं कलाद्यम् । १७ । ३८ चन्द्रस्य २३५ । ४७ । स्वफलयुतौ सूर्यचन्द्रौ राश्याद्यौ सू १ । २0 । १0 । २१ । चं ९ । २३ । ४८ । ३0 । अनयोरहर्गणमाधितयोरेकराश्यन्तरमिति स्पष्टो व्यभिचारः । एवमधिमासपातोत्तरकाले यदा गणितेनैकाधिकमासो न लभ्यते तत्रापि व्यभिचारो बोध्यः । तत् स्थलं त्वेकोनपञ्चाशद्युतपञ्चदशशतशके १५४९ श्रावणशुक्लाष्टम्यां गुरौ प्रसिद्धम् । अहर्गणानीतसूर्यस्य ४ । १0 । १२ । २0 । तत्प्रकारेणानीतस्य चन्द्रस्य च ३ । १0 । १२ । २0 । विसंवादादत

आह सैकाविरैकानित्यादि । अहर्गणार्थं चैत्रादिगतमासा ये गृहीता-स्तानधिमासवत् सैकान् निरेकान् कृत्वा चैत्रादियातास्तिथयो ग्राह्या न त्वहर्गणवद्ययागताः । आभ्यां पुष्पवन्तौ ।

"एकयोक्त्या पुष्पवन्तौ दिवाकरनिशाकरौ" ।

इत्यभिधानात् सूर्यचन्द्रौ खल्वसंशयं कोट्याहतैरित्यादिश्लोकद्वयोक्तप्रकारेण प्रसाध्यौ । पूर्वाहर्गणसाधिताभ्यां संवादेन व्यभिचाराभावादिति भावः । यथोक्तस्थले चैत्रादियातास्तिथयो विंशतिमिताः २० । त्रयोदशगुणाः । पृथक् २६० । अधिशेषफलेन ० । १० हीनौ । सू १९ । ५२ । ४३ । चं २५९ । ५२ । ४३ स्वफलेन धनेन सू १० । ३८ । चं २३५ । ४७ । युतौ राश्यादिकौ सूर्य—० । २० । १० । २१ चन्द्रौ ८ । २३ । ४८ । ३० । अहर्गणानीताविव । एवं द्वितीयस्थलेऽपि चैत्रादिगततिथयः सप्तपञ्चाशदधिकशतमिताः २५७ । आभ्यः सूर्योऽहर्गणानीत एव धूलीकर्मणा साधितः ४ । १० । १२ । १० ।

अत्रोपपत्तिः । अधिमासस्य यदैकमासान्तरं तदा सिद्धाधिशेषं स्वाभीष्टकालमधिकृत्य साधितमपि स्वाभीष्टकालात् तदनुरोधेनैकचन्द्रमासान्तरेण पूर्वमासेऽपरमासे वा सिद्धमतः स्वेष्टकालीनकरणार्थमधिशेषं कल्पचान्द्रदिनैः कल्पाधिमासास्तदा त्रिंशच्चान्द्रदिनैः किमित्यनुपातेनानीतैकचान्द्रमासाधिशेषं सौरम् । कल्पसौरदिनैः कल्पचन्द्रास्तदाऽनेन सौरेण किमित्यनुपातेन चान्द्रं कृत्वा क्रमेणाधिशेषे युतोनं कार्यम् । तत्र गुणहरयोः कल्पचान्द्रदिनयोर्नाशे त्रिंशगुणस्य दिनत्वपर्यवसानात् समच्छेदत्वाच्च कृत्वेत्याद्यर्धमुपपन्नम् । अथात्र सूर्यचन्द्रसाधनार्थं चैत्रादितिथयोऽहर्गणानयनोपयुक्ता गृह्यन्ते तदा यथा सैकनिरेकागताधिमासग्रहणं विनाऽहर्गणस्त्रिंशद्दिनान्तरितः स्वाभीष्टकालात् तथा सूर्यचन्द्रावपि तद्दिने भवतो न स्वेष्टकालकरणार्थम् । चैत्रादितिथयोऽहर्गणानयनाङ्गीकृता एव त्रिंशद्दिनैर्युतोनाः सन्तः क्रमेण

स्वेष्टकाले सूर्यचन्द्रसाधनार्थं चैत्रादितिथयो गृहीता भवन्ति एकमा-
मासान्तरत्वात् । अत उपपन्नं सैकाश्चिरेका नित्यादि । अहर्गणसाध-
नेऽप्यधिमासानां सैकनिरेकत्वेन चैत्रादिगतमासा एव सैका निरेकाः
कृता इत्येव भवतीति न विपरीतिः । अत एव यदाऽधिमासः पतितो
गणितेन च प्राप्तस्तदा स्वतः सिद्धोऽहर्गणोऽभीष्टकाल इति तत्र सूर्यच-
न्द्रसाधनार्थमधिमासत्वेऽपि चैत्रादिगतमासा न सैका इति सुगमम् ॥४॥

इदानीं शुद्धौ विशेषमाह ।

शुद्ध्यागमे त्वपतितोऽपि स लभ्यते चे-
च्छुद्ध्या तदा खदहनैर्युतया दिनौघः ।
एतद्विदन्ति सुधियः स्वयमेव किन्तु
बालावबोधविधये मयका निरुक्तम् ॥ ५ ॥

वा. भा.—शुद्ध्यानयने स स्पष्टोऽधिमासोऽपतितोऽपि यदि लभ्यते तदा
सोऽपि न ग्राह्यः । तस्मिन्नगृहीते त्रिंशदधिका शुद्धिर्भवति । तयाऽहर्ग-
णस्तदा कर्तुं युज्यते । स्पष्टमासस्य ग्रहणात् ॥ ५ ॥

मरीचिः—ननु यदा शुद्ध्यानयनेन चैत्रेऽधिमासः पतितः स्पष्ट-
मानेनापतितस्तदा प्रत्यब्दशुद्ध्या ग्रहानयनेऽनया रीत्या व्यभिचारः ।
तथा हि नवाधिकपञ्चदशशतमितशके १५०९ अब्दपः ३ । ३३ ।
१८ । शुद्धिः ० । ३३ । १८ । अवमघटिकाः १२ । ४२ । क्षेपदिनानि
१३ । २० । ६ । कार्त्तिकशुक्लपौर्णमास्यां रवौ चैत्रादिगततिथयश्चतुष्पञ्चा-
शद्युतशतद्वयम् २५४ । तथाऽधिमासस्य तिथीर्गृहीत्वेत्यनेन वैशाखप-
तिताधिमासस्यापि ग्रहणात् । तत उक्तप्रकारेणाहर्गणः २४८ । २६ ।
४२ । अस्मादुक्तप्रकारेणार्कः ८ । ४ । ५२ । ८ बृहदहर्गणानीतसूर्येणा-
नेन ७ । ६ । २ । २६ न सम इति स्फुटो व्यभिचारः । न चाधिमा-
सग्रहणेन सहजमेवैकराश्यन्तरमिति । तदवधे सूर्यस्य ७ । ५ । १८ । २ ।
आगतत्वाच्च दोष इति वाच्यम् । एवमपि वैशाखाधिमासशुक्लप्रतिपदि

बुधे लब्धहर्गणात् २९ । २६ । ४२ साधितसूर्यस्य ० । २९ । ३ । १६ । बृहदहर्गणानीतसूर्येण ११ । २८ । १३ । २० विसंवादात् तत्र स्फुटो व्यभिचारः । तथाऽधिमासस्य तिथौघे हीत्वेति विशेषणस्य व्यर्थत्वापत्तेश्चेत्यतः सिंहोद्धृतयाऽऽह शुद्ध्यागमे इति । शुद्ध्यानयने खरामैर्भक्ते स्पष्टमानेनापतिताधिमासोऽपि सोऽधिमासश्चेद्यदि लभ्यते । अपतितोऽपि न लब्धः पतितो वा लब्धस्तन्निवारणार्थं चेदित्युक्तम् । तदा तदूर्ध्वं यथागतशुद्ध्या त्रिंशद्युतया 'चैत्रसितादिगतः' इत्याद्यनेनाहर्गणः साध्यो न तु यथागतया । तथा चोक्तस्थले न व्यभिचार इति भावः । यथा प्रथमस्थले तिथिगणः २५४ त्रिंशद्युतशुद्ध्या ३० । ३३ । १८ ऊनः २२३ । २६ । ४२ । अतोऽहर्गणः २२० । २६ । ४२ । अस्मात् सूर्योऽयं ७ । ७ । ५६ । १९ । बृहदहर्गणानीतसम इति । द्वितीये तु 'यावत् तिथय' इत्युक्तेन पूर्ववर्षसमाप्तेरेतादृशशुद्ध्या ३० । ३३ । १८ ग्रहानयनाप्रसक्तु इति न क्षतिः । ननु यथेदमुक्तं तथा यदा स्पष्टाधिमासः पतितोऽपि शुद्ध्यानयने नागतस्तदा यथागतशुद्धिस्त्रिंशद्युतचैत्रादितिथिगणे ऊना कार्या ततोऽहर्गणः साध्योऽन्यथोक्तरीत्या व्यभिचारापत्तेरित्ययं विशेषः कथं नोक्तः । न चास्योक्तवैपरीत्येनोक्तप्रायत्वादिति वाच्यं विपरीतस्यापि सुवचत्वात् । त्रिंशदूनशुद्धिसंभवेनैतद्विशेषकथनस्योक्तविशेषापेक्षयाऽऽवश्यकत्वाच्चेति चेत् । न । अव्यवहितगतत्रेतायुगस्य सहस्रनृपयम–२१६०००मितगतवर्षकालमारभ्यागामित्रेतायुगचरणस्य सहस्रपतवाग्नि–३९६०००मितगतवर्षकालपर्यन्तं तादृशस्थलाप्रसक्तेः । ननु तथाऽपि कल्पावच्छिन्नकाले तस्य प्रसिद्धत्वात् तदुक्तस्यावश्यकत्वात् । अन्यथा ब्रह्मगतायुर्विचारश्लोकस्य व्यर्थत्वापत्तेरत आह एतदिति । एतत् । यदा स्पष्टमानेनाधिमासः पतितोऽपि शुद्ध्यानयने न लभ्यते तदा त्रिंशता ऊनया शुद्ध्याऽहर्गणः साध्य इति विशेषरूपं प्रमेयम् । सुधियस्तीक्ष्णबुद्धयः स्वयमेव मत्कथनं

विना स्वबुद्ध्या विदन्ति जानन्ति। उक्तविशेषवैपरीत्येनाल्पबुद्धीनामपि स्वतस्तज्ज्ञेयत्वादिति भावः। एवं तर्ह्यभीष्टेत्यादि शुद्ध्यागमे इत्याद्यन्त-ग्रन्थोक्तविशेषस्यापि तेषां स्वतो ज्ञेयत्वात् तत्कथनं व्यर्थमत आह किन्त्विति। मयका। "अव्ययसर्वनाम्नामकच् प्राक् टेः" इति सूत्रेण मये-त्यस्य सुबन्तस्याकच्प्रत्यय इति मयैवोक्तं न पूर्वाचार्यैरिति स्वप्राधान्य-द्योतनार्थं मयकेत्युक्तम्। बालावबोधविधये बालानां स्वत उपपत्त्य-ज्ञानामेतद्विशेषस्यावबोधो भवतु तदर्थम्। निरुक्तं प्रोक्तम्। अन्यथ तेषां वासनानभिज्ञतयोक्तस्थले ग्रहगणितासंवादादतिव्याकुलत्वं स्यात्। यद्वा नन्वभीष्टवारार्थमित्यादिविशेषाः ब्रह्मगुप्तश्रीपतिलल्लादिभिः प्राचीनैरनुक्तत्वात् त्वदुक्ता अप्रमाणा भवन्त्यत आह एतदिति। अभी-ष्टवारार्थमित्याद्युक्तविशेषप्रमेयम्। तथा चैतद्विशेषाणां स्पष्टत्वेन स्वतः सुधीज्ञेयत्वात्। पूर्वाचार्यैर्नोक्ता न तु वासनाशून्यत्वेनोपेक्षिताः। एवं चेत्। त्वया किमर्थमुक्ता अत आह किन्त्वित्यादि। वस्तुतस्तु नन्वेते विशेषाः प्राचीनग्रन्थानुक्तत्वेन किमर्थमुक्ता अत आह किन्त्वित्यादि। किन्तु एतत् प्रमेयं मयैवोक्तम्। तथा चैतत् कथनं व्यर्थं नेति भावः। ननु प्राचीनानुक्तत्वेन न त्वदुक्तमप्यप्रमाणमत आह एतदिति। एतत्। मदु-क्तविशेषप्रामाण्यं सुधियः स्वयमेव बुद्ध्या मनसि जानन्ति। तथा च मया वासनाभिज्ञतयैतद्विशेषाणामुक्तत्वान्मदुक्तप्रामाण्ये सुधियः स्वतः प्रमाणमिति न क्षतिरिति भावः।

अत्रोपपत्तिः। यदा स्पष्टमानेन स्पष्टचैत्रे नाधिमासः पतितः शुद्ध्यानयनेऽधिकः फले लब्धश्चेत् तदा स्पष्टचैत्रस्य मध्यममानेनाधिक-त्वम्। स्पष्टचैत्रात् स्पष्टाग्रिममासस्य वैशाखाधिकाख्यस्य वैशाखा-ख्यस्य वा मध्यममानेन चैत्रत्वमतो गणितागता शुद्धिः प्रसिद्धचैत्राग्रिम-मासस्योक्ताख्यस्य मध्यममाने य आरम्भकालस्तस्मान्मध्यममेषसंक्रमणका-लपर्यन्तमन्तरं रूपम्। तस्माच्छुद्ध्यादिकालरूपमध्यमचैत्रादितो गतमास-

ज्ञानार्थं प्रसिद्धस्पष्टचैत्रादिगणनागृहीतगतमासा निरेकाः कार्यास्तत्र यथागतशुद्धिरेवैकमासदिनात्मकसंख्यया त्रिंशन्मितया लाघवार्थं योजिता। तादृशशुद्ध्या प्रसिद्धचैत्रादितिथिगणो हीनश्चेन्मध्यमसौरवर्षान्तात् तिथिगणो गृहीतः स्यात्। अत एव "गताब्दाधिमासान्तरम्" इत्यादिना ऽब्दपसाधने मध्यममानेन गताधिमाससंख्याप्रयोजनम् । त्रिंशदूनत्वेनोक्तरूपशुद्धेराक्ष्यकत्वाच्च दिनौघ इत्युक्तम् । तेन वास्तवपतिताधिमाससंख्याज्ञानार्थमागताधिमासा निरेकाः कार्याः । ननु गणितार्थमिति द्योतितम् । एतद्विषयः स्पष्टशुद्ध्यानयने लब्धाधिमाससंख्या मध्यमशुद्ध्यानयनागताधिमाससंख्याया निरेका भवति तदैव एतदर्थं स्पष्टचैत्रादिस्पष्टमेषसंक्रमरूपसौरवर्षाद्योरन्तरकालरूपा स्पष्टशुद्धिर्ज्ञेया । तत्राव्यवहितगतत्रेतायुगचरणस्य सहस्रघ्ननृपयम-२१६०००मितगतवर्षकालमारभ्यागामित्रेतायुगचरणस्य सहस्रघ्नषण्णवराममितम्३९६००० गतवर्षकालपर्यन्तं सौरवर्षादौ सूर्यस्य तुलादिकेन्द्रत्वेन मन्दफलस्य धनत्वान्मध्यमसौरवर्षादितः स्पष्टसौरवर्षादेर्मन्दफलकालेन पूर्वं सम्भवः । अतोऽनुपातेन ज्ञातरविमन्दोच्चतः केन्द्रद्वारा स्पष्टाधिकारोक्तप्रकारेणानीतमन्दफलाद्यदि कल्पसौरांशैः कल्पचान्द्रदिनानि तदा मन्दफलांशैः कानीत्यनुपातेन ज्ञातदिनादिना षष्ट्यधिकशतत्रयसौरांशैरेकवर्षीयावमघटिका—४८ । २२ । ७ । ३० स्तदा मन्दफलांशैः किमित्यनुपातेन ज्ञातावमघटीभिश्चागतशुद्धिः क्रमेणोना युक्ता च स्पष्टमेषादिसंक्रमणरूपस्पष्टवर्षादौ शुद्धिः । तत्र यदा शुद्धिरूना न भवति तदा लब्धाधिमासेभ्य एकाधिमासग्रहणेन तत्त्रिंशद्दिनयुतशुद्धिरूना भवतीति स्पष्टशुद्ध्यभिप्रायेण मध्यमानीताधिमासा निरेका भवन्तीति सिद्धम् । तथा च यथा सांप्रतमीदृशार्कमन्दोच्चा-२ । १८ । ० । ० नीतमन्दफला-२ । ८ । ३० नीतचन्द्रदिना-२ । १२ । २७ अवमघटी-५।७संस्कारोत्पन्नदशपलाधिकद्वादशघटीयुतदिनद्वय-२ । १२ । १० रूपदिनादेरानीतमध्यमशुद्धिरूना

तदा स्पष्टशुद्धया त्रिंशदूनया स्पष्टाधिमासपाताभावेऽपि मध्यशुद्धया मध्यमाधिमासपात इति विषयः सिद्धः। अत एव यदा मध्यमानीतशुद्धया नाधिमासपातस्तदा स्पष्टशुद्धया तदूनया सुतरां मध्यसौरवर्षादितः पूर्वं स्पष्टसौरवर्षादेः सिद्धत्वायुक्तकाले स्पष्टाधिमासः पतितः शुद्ध्यानयने नागत इत्यस्यासिद्धिः। यदा तु अग्रिमत्रेतायुगचरणगतसहस्रद्वयपञ्चशराममितवर्षकालमारभ्य लक्षद्वयशरवेदवर्ष ४५००००० मध्ये मेषादिकेन्द्रत्वेनर्णमन्दफलद्वारा मध्यवर्षादितः स्पष्टसौरवर्षकालस्यापि सत्त्वान्मध्यममानेनालब्धोऽधिमासः स्पष्टमानेन कदाचित् पतितः स्यात् तदा चैत्राधिमासस्य मध्यमत्वेन शुद्धचैत्रत्वात्। तदादितो गततिथिगणनार्थं प्रसिद्धाधिमासोत्तरचैत्रादिगणनागृहीतगततिथयस्त्रिंशत्तिथियुताः कार्या इति सिद्धम्। वास्तवगताधिमाससंख्याज्ञानार्थं शुद्ध्यानयनानीताधिमासाः सैका इदमाचार्यैः कालान्तरीयत्वेनोपेक्षितं सुधीज्ञेयत्वाच्चेत्यलं विस्तरेण॥ ५॥

इदानीमधिमासस्य क्षयमासस्य च लक्षणमाह।

असंक्रान्तिमासोऽधिमासः स्फुटं स्याद्-
द्विसंक्रान्तिमासः क्षयाख्यः कदा चित्।
क्षयः कार्त्तिकादित्रये नान्यतः स्यात्
तदा वर्षमध्येऽधिमासद्वयं च॥ ६॥

वा. भा–यस्मिन् शशिमासेऽर्कसंक्रान्तिर्नास्ति सोऽधिमास इति प्रसिद्धम्। तथा यत्र मासे संक्रान्तिद्वयं भवति स क्षयमासो ज्ञेयः। यतः संक्रान्त्युपलक्षिता मासाः। अत एकस्मिन् मासे संक्रान्तिद्वये जाते सति मासयुगलं जातम्। स क्षयमासः कदाचित् कालान्तरे भवति। यदा भवति तदा कार्त्तिकादित्रय एव। तदा क्षयमासात् पूर्वं मासत्रयान्तर एकोऽधिमासोऽपरश्च मासत्रयान्तरितोऽन्यश्चासंक्रान्तिमासः स्यात्।

अत्रोपपत्तिः। चन्द्रमासप्रमाणमेकोनत्रिंशत् सावनदिनान्येकत्रिं-

शुद्धघटिकाः पञ्चाशत् पलानि २९ । ३१ । ५० । तथाऽर्कमासस्त्रिंशद्दि-नानि षड्विंशतिर्घटिकाः सप्तदश पलानि ३० । २६ । १७ । एतावद्भि-र्दिवसै रविर्मध्यमगत्या राशिं गच्छति । यदाऽर्कोऽतिरेकपष्टिः कलास्तदा सार्धैकोनत्रिंशता दिनै २९ । ३० राशिं गच्छति । अतश्चान्द्रमासादल्पो-ऽर्कमासस्तदा स्यात् । एवं रविमासस्य परमाल्पता २९ । २० । ४० । मा चैकषष्टिर्गतिर्वृश्चिकादित्रयेऽर्कस्य । स ईदृशोऽल्पोऽर्कमासो यदा चान्द्र-मासस्यानल्पस्यान्तःपाती भवति तदैकस्मिन् मासे संक्रमणद्वयमुपपद्यते । अत उक्तं त्रयः कार्तिकादित्रय इति । पूर्वं किल भाद्रपदोऽसंक्रान्तिर्जा-तस्ततोऽर्कगतेरधिकत्वान्मार्गशीर्षो द्विसंक्रान्तिस्ततः पुनर्गतेरल्पत्वाच्चै-त्रोऽप्यसंक्रान्तिर्भवति । ततो वर्षमध्येऽधिमासद्वयमित्युपपन्नम् ॥ ६ ॥

मरीचिः—ननु स्फुटमानेनाधिमासः पतितोऽपतितो वा कथं ज्ञेय इत्य-तोऽधिमासलक्षणं तत्प्रसङ्गात् । क्षयमासलक्षणं सविशेषं भुजङ्गप्रयातेनाह असंक्रान्तिमास इति । स्फुटोऽसंक्रान्तिमासोऽधिमासः स्यात् । तिथ्यादि-पत्रस्य स्पष्टमानेन सत्त्वात् । स्पष्टशुक्लादिप्रतिपत्पूर्वक्षणमारभ्याव्यवहि-ततदुत्तरस्पष्टामावास्यान्तिमक्षणपर्यन्तं कालविशेषः स्पष्टचान्द्रमासः । अत्र सूर्यस्य स्पष्टमानेनैकमेव स्वाधिष्ठितराश्यव्यवहिताग्रिमराश्यादिस्थानसं-चाररूपसंक्रमणं भवति । तदा चैत्रादिमाससंज्ञाक्रमेणोक्तसंज्ञको मासः शुद्धः । यदि तत्र तद्रूपसंक्रमणाभावस्तदाऽयमशुद्धोऽधिकसंज्ञाव्यवहार्यः । तस्य चैत्रादिद्वादशराशिभ्योऽतिरिक्तत्वात् । एवं स्फुटो द्विसंक्रान्तिमासः । तत्र यदि तद्रूपसंक्रमणद्वयं तदाऽपि शुद्धमासलक्षणाभावादशुद्धः क्षयसं-ज्ञाव्यवहार्यः ।

> "यस्मिन् मासे न संक्रान्तिः संक्रान्तिद्वयमेव वा ।
> मलमासः स विज्ञेयः.......................... ।"

इति काठकगृह्यवचनेन मलत्वाभ्युपगमात् । तत्रासंक्रान्तिमास-स्याधिकत्वम् ।

"यस्मिन् दर्शस्यान्तादर्वागेकापरं दर्शम् ।
उल्लङ्घ्य भवति भानोः संक्रान्तिः सोऽधिमासः स्यात् ॥"

इति भुजबलभीमपराक्रमवचनेन—

"अमावास्यामहोरात्रे यदा संक्रमते रविः ।
स तु मासः पवित्रः स्यादतीते त्वधिको भवेत् ॥"

इत्यादिपुण्यवचनेन च युक्तम् । अत्रादिपुण्यवचने प्रथमपादस्य शुक्लादिदर्शान्तमास इत्यर्थः । अतीते मासेऽतीत इत्यर्थ इति ध्येयम् । द्विसंक्रान्तिमासस्य क्षयत्वम् ।

"तिथ्यर्धे प्रथमे पूर्वो द्वितीयेऽर्धे तदुत्तरः ।
मासाविति बुधैश्चिन्त्यौ क्षयमासस्य मध्यगौ ॥"

इति वचनेनैकमासद्विमासाभिधेयत्वाद्युक्तम् । ननु वर्षत्रयमध्येऽधिमासस्यावश्यं पतनं दृश्यते तथोक्तरूपक्षयस्य दर्शनाभावेन खपुष्पायितक्षयमासकथनं न युक्तमत आह कदा चिदिति । तथा चाधिमासवन्नियतकालाभावात् कालान्तरे तत्सम्भवप्रसिद्ध्योक्त इति भावः । ननु तथापि चैत्रादिसप्तस्वधिमासस्य यथा पातस्तथा क्षयमाससम्भवः केषु मासेषु भवत्यत आह क्षय इति । संक्रान्तिद्वययुक्तचान्द्रमासः कार्त्तिकादित्रये कार्त्तिकमार्गशीर्षपौषान्यतममासे । शुद्धमासाख्यरहिताधिमसंज्ञासम्भावनया कार्त्तिकाद्युक्तम् । अन्यथा स्वरूपासिद्धेरिति ध्येयम् । अन्यतस्तद्रहितमासेषु न स्यात् । यद्वा ननु चैत्रादिसप्तस्वधिमासपातदर्शनेऽप्यधिमासपतनविषयमासानामनुक्तत्वात् सर्वमासेष्वधिकसम्भवः । "सर्वेषु मासेष्वधिमाएकः स्यात्" इति वसिष्ठोक्तेश्च । तथा क्षयस्यापीति कथं कार्त्तिकादित्रये इत्युक्तमत आह नेत्यादि । अन्यतः पारिभाषिकवर्त्तमानकालान्यकाले कार्त्तिकादित्रये इत्युक्तं न सम्भवति । तथा च वर्त्तमानकालानुरोधेन मासनिर्णयः कृतः । न तु कालत्वावच्छेदेनेति न क्षतिः । ननु

"मासद्वयेऽब्दमध्ये तु संक्रान्तिर्न यदा भवेत् ।
"प्राकृतस्तत्र पूर्वः स्यादधिमासस्तथोत्तरः ॥"

इति धर्मशास्त्रवचनम् । एकवर्षेऽधिमासद्वयान्तरं परमन्यूनाष्टाविंशतिमासासम्भवेनाधिमासद्वयाप्रसिद्धेः कथमुपपन्नं भवत्यत आह तदेति । यदा क्षयमासपातस्तदेत्यर्थः । वर्षमध्ये क्षयमाससम्बन्धिसौरवर्षावच्छिन्नकाले उक्तरूपमधिमासद्वयम् । च समुच्चये भवति । तथा चाधिमासान्तरनियमस्य क्षयमासमुक्तवर्षान्यकालविषयत्वात् । क्षयमासपातवर्षेऽधिमासद्वयपातप्रसिद्धेर्वचनमुपपन्नमिति भावः । कालनिर्णयदीपिकाविवरणकारास्तु "अधिमासद्वयं नान्यतः स्यात् ।" अन्यतोऽन्यतरस्मिन् एकतरस्मिन्निति यावत् । तथा च क्षयमासकालात् पूर्वकाले उत्तरकाले वा न स्यात् किन्तु तत्प्रागुत्तरकालयोरधिमासद्वयं स्यादित्यर्थयुक्तं प्राहुः ।

अत्रोपपत्तिः । ननु 'द्वादश मासाः संवत्सरः" इति श्रुतेः । सौरचान्द्रसावनवर्षेषु द्वादशाधिकमासाभावादप्रसिद्धेोऽधिकमास इति चेत् । सत्यम् । 'अस्ति त्रयोदशो मासः "·इति द्वितीयश्रुतेः । सौरवर्षे त्रयोदशचान्द्रमासानां कदा चित् संभवात् पारतन्त्र्येणाधिकमाससिद्धेर्मानयोरतुल्यत्वेन परस्परं तन्न्यूनाधिकत्वावश्यंभावात् । वर्षमासयोः सौरचान्द्रत्वेन व्यवहारे गृहीतत्वादितरमानेभ्यस्तदसिद्धेः । अन्यथा श्रुतेर्वैयर्थ्यापत्तेः । अत एव वेदबाह्यानां मते मानानां स्वतन्त्रत्वेनाधिकमासः खपुष्पायितः । एतेन कल्पादौ युगपत् प्रवृत्तयोः सौरचान्द्रमासयोरधिकन्यूनमानयोरिष्टकाले तत्संख्ययोर्न्यूनाधिकयोरन्तरं गताधिमासा गणितेनैकरूपेण भवन्तीति सूचितम् । तथा चानुपातेनैकसौरमासे चान्द्रदिनानि ३० । ५५ । १९ । २२ । ३० । एकचान्द्रमासे चान्द्रदिनानि ३० । अनयोरन्तरेण चान्द्रमाससमाप्त्यनन्तरं सौरमाससमाप्तिरधिकचान्द्रैतद्दिनादिना ०।५५ । १९ । २२ । ३० । जाताऽतोऽनेनाधिकेन सौर एकोऽधिमासः । एतदधिकचान्द्रैकमासो वा तदा त्रिंशच्चान्द्रदिनात्मकैकाधिकमासेन के

इत्यनुपातेन प्राप्तैः सावयवैः सौरमासैः ३२ । १६ । ५ । १४ । ३१ । चान्द्रमासैर्वा ३३ । १६ । ५ । १४ । ३१ । (अतोऽधोऽवयवज्ञानार्थं भाज्यहरौ =११९/५३११) एकश्चान्द्रोऽधिकमासः । यद्वा अनुपातेनैकचान्द्रमासे सौरदिनानि २९ । ६ । १९ । सौरमासे सौरदिनानि ३० । अनयोरन्तरेण पूर्वानुपातरीत्या चान्द्रमाससौरदिनेभ्यो लब्धं तदेव सौरसावनचान्द्रसावनाभ्यामेतदानयनं गोले मध्यमवासनायामाचार्यैरेव स्पष्टमुक्तम् । तत्रैव सविशेषं व्याख्यास्यामः । अत एव कल्पाधिकमासैः कल्पसौरमासाः कल्पचान्द्रमासा वा तदैकाधिकमासेन क इत्यनुपातेनापि तदेवेत्यतिस्पष्टम् ॥

उक्तं च वशिष्ठसिद्धान्ते ।

"द्वात्रिंशद्भिर्गतैर्मासैर्दिनैः षोडशभिस्तथा ।
घटिकानां चतुष्केण पतत्यधिकमासकः"-इति ॥

एतज्ज्ञानं चाहर्गणानयनेऽधिशेषं क्षेपोपचितं यद्दिने पूर्वाधिशेषाद्धीनं शून्यं वा तदा पूर्वमासः षष्टिदिनात्मकश्चान्द्र इष्टतिथ्यन्तावधिरिति ।

तथा च ब्रह्मसिद्धान्ते ।

"यन्मासान्ताधिशेषं स्याच्चतुर्युग्यधिमासतः ।
हीनं स षष्टिदिवसो मासः प्रायः शुभार्थभाक्"-इति ॥
"अधिशेषात् फलं पूर्वं यद्युगाधिकमासकैः ।
दिनषष्ट्यात्मको मासः परमासात् पुरः स्वकः"-इति ॥

अधिमासस्येष्टकाले गतैष्यदिनाद्यानयनं त्वधिशेषमहर्गणानयनज्ञातं गतार्थमेष्यार्थं चाधिशेषोनकल्पसौरदिनमानम् । कल्पाधिमासैः कल्पसौरदिनानि तदा कल्पसौरहृततद्रूपाधिशेषतुल्याधिमासेन कानीत्यनुपातेन कल्पसौरदिनयोर्गुणहरयोर्नाशात् । कल्पाधिमासभक्तं फलेन सौरदिनेष्टकालादधिमासस्य पूर्वं पश्चाच्चान्तः । अत एवैष्यपरिज्ञानम् ।

"महायुगार्कमासाधिशेषयोरन्तरात् फलम् ।
यद्युगाधिकमासेन सैकशेषाद्दिनादिकम् ॥
तावन्मासो वर्त्तमानो दिनषष्ट्यात्मकः स तु ।"

इति ब्रह्मसिद्धान्ते उक्तमिति सुगमम् । एवमधिमासपातचिह्नं ज्ञात्वाऽधिमासपातमध्यमकालासन्नपूर्वापरमासयोश्चान्द्राहर्गणे साध्यमाने चान्द्राहर्गणयोः षष्टिदिनात्मकमन्तरं भवतीति सिद्धम् । तथा च मासक्रमेण प्रत्येकसिद्धानीतचान्द्राहर्गणयोर्यन्मासीययोरन्तरं षष्टिदिनात्मकं भवति यदैव तदैव तन्मासाभ्यन्तरे मध्यममानेन त्रिंशद्दिनात्मकश्चान्द्रोऽधिमासः । यदा नान्तरं तत्तुल्यं तदा नाधिमास इति । तज्ज्ञानं यथा एकोनपञ्चाशदुत्तरपञ्चदशशतशके १५४९ आश्विनशुक्लनवम्यां ब्रह्मतुल्यादहर्गणः १६२३६७ । कार्त्तिकशुक्लनवम्यामहर्गणः १६२४२७ । अत्राधिमासो मध्यममासे मध्यममानेन पतितः । एतत्प्रवृत्तिनिवृत्तिकालावुक्तदिशा ज्ञेयौ ।

नन्वयम्—

"सौरेणाब्दस्तु मानेन यदा भवति भार्गव ।
सावने तु तदा माने दिनषट्कं न पूर्यते ॥
दिनरात्राश्च ते रामप्रोक्ताः संवत्सरेण षट् ।
सौरसंवत्सरस्यान्ते मानेन शशिजेन तु ॥
एकादशातिरिच्यन्ते दिनानि भृगुनन्दन ।
समाद्वये साष्टमासे तस्मान्मासोऽतिरिच्यते ॥
स चाधिमासकः प्रोक्तः काम्यकर्मसु गर्हितः" ।

इति विष्णुधर्मोत्तरवचनेन निषिद्धोऽप्यधिमासस्त्रिंशच्चान्द्रदिनात्मकोऽपीष्टकालानुरोधेन सत्त्वाद्गौणश्चान्द्रो न युक्त इष्टतिथ्यवधिकमासस्यानुक्तत्वात् । शास्त्रे दर्शान्तपूर्णिमान्तमासयोरुक्तत्वात् । तदेकतराभिप्रायेणाधिमासो युक्तः । अन्यथा मेषसंक्रान्त्यादिमीनान्तभोगकाले

सौरवर्षे त्रयोदशचान्द्रमाससम्भवेनाधिकमाससमर्थनं भवदुक्तं व्याहन्येतेति चेत् उच्यते । यत्पूर्णिमान्तश्चित्रानक्षत्रेण युज्यते स चैत्रो मासः । एवं विशाखाज्येष्ठापूर्वाषाढाश्रवणपूर्वाभाद्रपदाश्विनीकृत्तिकामृगपुष्यमघापूर्वाफाल्गुनीयुक्तपूर्णिमान्तमासः शुक्लादिः कृष्णादिर्वा विशाखादिसंज्ञः । अत्र क्वचिच्चित्रादिप्रत्यासन्नत्वात्यनुराधादियोगेऽपि चैत्रवैशाखादिसंज्ञा न विरुध्यते ।

"द्वे द्वे चित्रादितारानां परिपूर्णेन्दुसङ्गमे ।
मासाश्चैत्रादिका ज्ञेयास्त्रिकैः षष्ठान्त्यसप्तमाः" ॥

इति संकर्षणकाण्डोक्तेः । तत्र ज्योतिःशास्त्रे शुक्लादिदर्शान्ता एव चैत्रादिमासा उक्ताः ।

सृष्ट्यादिकाले प्रथमं शुक्लपक्षोत्पत्तेः । अत एव "रवीन्द्वोर्युतेः"-इत्यादिना दर्शान्ता एवोक्ताः ।

"इन्द्राग्नी यत्र हूयेते मासादिः स प्रकीर्त्तितः ।
अग्नीषोमौ स्थितौ मध्ये समाप्तौ पितृसोमकौ" ॥

इति हारीतवचनाच्च । तत एतन्मासाभिप्रायेणैव प्रतिपादिताधिमासस्य पर्यवसानात् । तथा हि कल्पादौ सौराश्चान्द्राश्च मासाः प्रवृत्ताः । ततस्त्रिंशच्चान्द्रदिनैर्दर्शान्तश्चान्द्रमासान्तरूपः । सौरमासान्तस्तु तत एवैभिश्चान्द्रदिनैः ३०।५५।१९।२२।३० वृषसंक्रमणरूपो जात इति । द्वितीयचान्द्रमासादित एतच्चान्द्रात्मकदिनादिना-०।५५।१९।२२।३० वृषसङ्क्रान्तिर्जाता । अत एव 'दर्शायतः सङ्क्रमकालतः प्राक्" अधिशेषसिक्रमासोत्पन्नमिदमेव ०।५५।१९।२२ । ३० । ततो मिथुनसङ्क्रान्तिस्तृतीयचान्द्रमासादितः पूर्वोक्तैर्द्विगुणैश्चान्द्रदिनै-१ । ५० । ३८ । ४५ भवति । एवं त्रयोदशचान्द्रमासादिरूपद्वितीयचान्द्रवर्षादेर्द्वितीयसौरवर्षादेरेभिश्चान्द्रदिनैर्जातः ११ । ३ । ५२ । ३० । तथा तृतीयचान्द्रवर्षादेस्तृतीयसौरवर्षादेरेभिश्चान्द्रदिनैः २२ । ७ । ४५ । तथा च तद्रूपे सौरे प्रथमदर्शा-

न्ताद्वृषसङ्क्रमणमेभिश्चान्द्रैः २३ । ३ । ४ । २२ । ३० । द्वितीयादिद-र्शान्तान्मिथुनादिमकरान्तं सङ्क्रान्तयश्च । मिथुनार्कः२३ । ५८ । २३ । ४५ । कर्कार्कः २४ । ५३ । ४३ । ७ । ३० । सिंहार्कः २५ । ४९ । २ । ३० कन्यार्कः २६ । ४४ । २१ । ५२ । ३० । तुलार्कः २७ । ३९ । ४१ । १५ । वृश्चिकार्कः २८ । ३५ । ० । ३७ । ३० । धनुरर्कः २९ । ३० । २० । मकरार्कः ३० । १५ । ३९ । २२ । ३० । अत्र धनुःसङ्क्रान्तिरमावास्यायां तद्गतघटिकासु ३० । २० । ततोऽमावास्यान्तान्मकरसङ्क्रान्तिस्त्रिंशच्चान्द्रदिनाधिकैरिति द्वितीयामावास्यान्ताद्गतघटिकासु १५ । ३९ । २२ । ३० । मकरसङ्क्रान्तिर्जातेति सिद्धम् । एवं यत्र कन्यादित एतन्मकरसंक्रान्तिकालपर्यन्तं सौरमासास्त्रयस्त्रिंशत् । चान्द्रमासास्तु चतुस्त्रिंशत् सावयवाः ३४।०।२५ ३९।२२।३०। अत्र चान्द्रे सौरापेक्षया एकश्चान्द्रो मासः । एतच्चान्द्रदिनादिकं च ० । २५ । ३९ । २२ । ३० अधिकम् । तथा चास्मिन् सौरवर्षे द्वादशमासात्मके त्रयोदशचान्द्रमासाल्ला जाताः । अत्र तृतीयचान्द्रवर्षेऽपि पूर्ववर्षरीत्योक्तलक्षणं चैत्रादिमासा मेषादिसंक्रान्तियुक्ताः क्रमेण जाताः परं धनुर्मकरसंक्रान्त्यन्तर्गतचान्द्रमासि संक्रान्त्यभावात् तच्चान्द्रमासस्याधिकत्वं तद्वर्षे । अत एव

"मेषादिस्थे सवितरि यो यो मासः प्रपूर्यते चान्द्रः ।
चैत्राद्यः स ज्ञेयः पूर्तिद्वित्वेऽधिमासोऽन्त्यः ॥"

इति ब्रह्मसिद्धान्ते मासलक्षणानि प्रतिपादितानि । अत्र यस्मिंश्चान्द्रमासि शुक्लादिदर्शान्तरूपे मेषादिसंक्रमणसंबन्धेन (चैत्रादिद्वादशान्यतरसंज्ञाव्यवहार्यत्वम्) एकराशिस्थे सूर्ये दर्शान्तद्वयसमाप्तिस्तदाऽन्त्यामावास्यान्तावधिश्चान्द्रमासोऽधिमासो न तत्पूर्वदर्शान्तावसानक इत्यर्थः । यदागिष्टसौरवर्षादौ चान्द्री शुद्धिः सार्धसप्तपलाधिकपट्पञ्चाशद्घटीयुताष्टादशदिनेभ्योऽधिका शुद्धिस्तदा तद्वर्षेऽप्युक्तरीत्याऽसंक्रान्तिमासो भवति । एतत्पूर्वपतितत्रैराशिकानगताधिमास एव व्यवहारार्थं

शुक्लादिदर्शान्तचान्द्रमासरूपेण परिणमति । अनुशतावगताधिमासान्तकालेऽधिशेषाभावेनाग्रेऽसंक्रान्तिमासान्तेऽधिशेषस्य संभवात् । अत एव तस्य प्राधान्याभावादनिर्दिष्टत्वम् । एतदुक्ताधिमाससंभवकालज्ञानार्थं नियतमानेनोक्तासंक्रान्तिमासात् पूर्वं तस्यावश्यं पतनात् ।

अत एव च—

"मलं वदन्ति कालस्य मासं कालविदोऽधिकम्" ।

इति गृह्यपरिशिष्टवचनेन पूर्वप्रतिपादिताधिमासस्य मलत्वोक्तावपि

"असंक्रान्तो हि यो मासः कदाचित् तिथिवृद्धितः ।
कालान्तरात् समायाति स नपुंसक इष्यते ।"

इति वचने नपुंसकत्वेन मलत्वाङ्गीकराच्च क्षतिः ।

"चान्द्रो मासो ह्यसंक्रान्तो मलमासः प्रकीर्तितः ।"

इति ब्रह्मसिद्धान्तोक्तेश्च । एतच्चपुंसकत्वं तु पुरुषस्य सूर्यस्याभावात् ।

तथा च ब्रह्मसिद्धान्ते ।

"अरुणः सूर्यो भानुस्तपनश्चण्डो रविर्गभस्तिश्च ।
अर्यमा हिरण्यरेतो दिवाकरो मित्रविष्णू च ॥
एते द्वादश सूर्या माघाद्युपूदयन्ति मासेषु ।
निःसूर्योऽधिकमासो मलिम्लुचाख्यस्ततः पापः ॥
मासेषु द्वादशादित्यास्तपन्ते हि यथाक्रमम् ।
नपुंसकेऽधिके मासि मण्डलं तपते रविः"—इति ॥

मलिम्लुचत्वं तु—

"वत्सरान्तर्गतः पापो यज्ञानां फलनाशकृत् ।
नैर्ऋतैर्यातुधानाद्यैः समाक्रान्तो विनाशकैः ॥
मलिम्लुचैः समाक्रान्तं सूर्यसंक्रान्तिवर्जितम् ।
मलिम्लुचं विजानीयात् सर्वकर्मसु गर्हितम्"-इति शातातपोक्तेः ॥

नन्वयं चान्द्रोऽधिमासो मध्यममानेन प्रतिपादितोऽपि न युक्तः । मध्यममानस्य वस्तुतोऽसत्त्वेनासम्बन्धेन च काल्पनिकत्वात् । स्पष्टमानस्य वस्तुतः सत्त्वात् तदभिप्रायेणाधिमासस्य युक्तत्वादिति चेदुच्यते । स्पष्टमानेनासंक्रान्तिरूपाधिमासज्ञानार्थमेवासम्बन्धतया मध्यममानेन तस्य निरूपणात् तथा च मध्यममानाभिप्रायिकोऽधिमास एव वस्तुभूतस्पष्टमानेन परिणमति । अत एव स्फुट इति मूलोक्तेन मध्याधिमासनिरासो व्यक्त एव । तथा च स्पष्टचान्द्रमासे स्पष्टमेषादिसंक्रमणसंबन्धेन चैत्राद्यन्यतराभिधेयत्वाद्यन्मासि न संक्रान्तिः स एवाधिकः संज्ञाभावात् । संज्ञायां संक्रान्तिसंबन्धस्य हेतुत्वात् । अत एव स्पष्टमानस्यानियतत्वेन न्यूनाधिकसंभवाद्यदा कदाचित् स्पष्टचान्द्रमासि संक्रान्तिद्वयं तच्चान्द्रमासस्य संज्ञाद्वयमर्थात् सिद्धम् । अतस्तत्रैकमासस्यापलापेन क्षयत्वं युक्तम् । स त्वसंक्रान्तिमासो यदा स्पष्टचान्द्रमासमसावनात् सौरमाससावनमधिकं भवति तदैव । अथैतदर्थं गतिकलाभिरेकं सावनदिनं तदैकराशिकलाभिः किमिति गत्यन्तरकलाभिरेकं सावनं दिनं लभ्यते तदा भगणांशकलाभिः २१६०० किमित्यनुपाताभ्यां स्पष्टगतेर्वैलक्षण्येन सौरचान्द्रमाससावनयोर्ज्ञानासंभवात् प्रकारान्तरेण तज्ज्ञानमुच्यते । तत्रादौ सौरसावनज्ञानार्थं स्पष्टमेषादिद्वादशसंक्रान्तिकालेषु स्पष्टसूर्याणां सहजज्ञानात् तेभ्यः "स्फुटग्रहम्"—इत्यादिस्पष्टाधिकारोक्तविलोमविधिना तत्काल एव मध्यार्काः साध्याः । ततस्तेषु द्वयोर्द्वयोः प्रत्येकं सूर्ययोरन्तरम् । तदंशाः कार्याः । एभ्यः कल्पसौरदिनैः कल्पसौरसावनानि तदैतैः कानीत्यनुपातेन प्रत्येकसंक्रान्त्यन्तररूपसावनदिनानि स्पष्टसौरमासो भवति । एतानि यत्र गतेः परमाल्पत्वं तत्र बहूनि यत्र परमत्वं तत्राल्पानीति सुबोधम् । यथा वर्त्तमानकाले स्वल्पान्तरेणाङ्गीकृताष्टाद्रिभागमितसूर्यमन्दोच्चद्वादशमध्यार्काः संक्रान्तिकालीनाः ।

मे	वृ	मि	क	सिं	क	तु	वृ	ध	म	कु	मी
११	०	१	३	४	५	६	७	८	८	९	१०
२७	२८	२९	०	१	२	२	४	०	२९	२८	२७
५१	२०	१८	२८	२९	५	८	३९	४१	३१	३०	५२
२८	२०	८	२१	४५	४८	३२	४०	५२	३९	१५	१२

एभ्यः सावनानि संक्रान्त्यन्तररूपाणि। एतन्निबन्धनश्लोकाश्च ।

"त्रिंशत् पञ्चशरा देवा मेषेऽर्के दिवसादिकम् ।

वृषे धराग्नयः सिद्धाः षट्शरा मिथुने क्रमात् ॥

धराग्नयः सप्तरामा रदाः कर्के धराग्नयः ।

गजाश्विनोऽतरामाश्च सिंहे भूवह्नयो द्वयम् ॥

द्विशराश्च स्त्रियां त्रिंशद्गोश्विनः श्रुतयस्तुले ।

गोश्विनोऽद्रिशराः पत्यै गोश्विनो भानि गोग्नयः ।

कौर्प्ये धनुषि गोदस्राऽस्त्रियो वह्नयो मृगे ।

गोश्विनोऽब्धियमाः कुम्भे गोदस्रा गोब्धयस्तथा ॥

रामाब्धयो झषे त्रिंशद्रामदस्रा धराग्नयः ॥"

मे	वृ	मि	क	सिं	क	तु	वृ	ध	म	कुं	मी
३०	३१	३१	३१	३२	३०	२९	२९	२९	२९	२९	३०
१५	२४	३७	२८	२	२९	५७	२७	१५	२४	४९	२३
३३	५६	३२	३५	५२	४	२	३९	३	०	४३	३१

अथ स्पष्टचान्द्रमाससावनार्थं मासान्तग्रहणसंभूतमासगणः कार्यः । ततः कल्पचान्द्रमासैः कल्पचन्द्रसूर्यतत्केन्द्रभगणास्तदेष्टमासगणे के इत्यनुपातेन गतभगणाँस्त्यक्त्वा राश्यादिकौ सूर्यचन्द्रौ मध्यमौ तत्केन्द्रे अपि ग्राह्ये । केन्द्राभ्यां यथोक्तप्रकारानीतफलसंस्कारद्वारा स्पष्टौ सूर्यचन्द्रौ मध्यममासान्ते साध्यौ । ततस्तयोरन्तरमंशाद्यं ग्राह्यम् । तस्मात् कल्पसूर्यचन्द्रभगणान्तररूपचान्द्रमासैर्भगणांशगुणैः सूर्यभगणांशा लभ्यन्ते तदाऽनेनांशाद्येन के इत्यनुपातेनानीतांशाद्येन फलेन मध्यमसूर्यः स्पष्टसूर्यात्

स्पष्टचन्द्रोऽधिकश्चेद्धीन ऊनश्चेद्युतः स स्पष्टचान्द्रमासान्ते मध्यमसूर्यो भवति। एवं प्रतिमासान्तं मध्यार्काः साध्यास्तेभ्यः सौरसावनरीत्या स्पष्टं-चान्द्रमाससावनदिवसादिकं दर्शान्तयोर्मध्यस्थं साध्यं तत् तु नैकरूपम् । चन्द्रोच्चस्य प्रतिदिनं भिन्नत्वात् । परन्तु दशपलाधिकैकादशघटिकाधि-कत्रिंशद्दिनानधिकं भवति । ननु प्रतिवर्षं सौरमाससावनादिनेभ्यश्चान्द्र-माससावनदिनानामवश्यमेकदा न्यूनत्वसंभवात् कथं नाधिमासः पततीति चेन्न । सौरारम्भसमाप्तिरूपसंक्रमद्वयकालान्तररूपसावनदिनेषु दर्शान्ता-वधिचान्द्रसावनदिनानां तन्न्यूनानां वर्त्तमानत्वमिति विवक्षणात् । एतत् तु यत्संक्रान्तौ चान्द्रमधिशेषं वर्षान्तःपात्यधिकं तदूनत्रिंशद्दिनमिताधिक-स्पष्टशुद्ध्या स्पष्टाधिमासपातस्तत्संक्रान्त्यवधिकालेनाधिमकाले इति सुबो-धम् । तत्र वर्षान्तःपातिचान्द्राधिशेषस्य संक्रान्तिकालीनस्य ज्ञानम् । यद्वर्षे चान्द्राधिशेषमधिकं ११ । ३ । ५२ । ३० । तत्सौरवर्षाधिकसावनदिना-५ । १५ । ३० । २२ । ३० वमदिन-५ । ४८ । २२ । ७ । ३० योगेन भवति । सावनावमयोगे चान्द्रत्वात् । अतो मेषादिसंक्रान्तौ यत् स्पष्टसौ-रसावनं तस्य त्रिंशतश्चान्तरं त्रिंशद्दिनेभ्योऽधिके स्पष्टसावने धनाख्यं तन्न्यूने ऋणाख्यम् । तेषां प्रतिसंक्रमणं यथोक्तं प्रत्येकं योगोऽधिकसावन-दिनानि भवन्ति । एषामेकवर्षीयावमदिनद्वादशांशेन ०।२९।१।५०।३०।३०। प्रतिसंक्रमणमेकादिगुणेन योजितेन चान्द्रं स्वस्वसंक्रान्तौ भवति । यथेदृश-मन्दोच्चे २ । १८ संक्रान्तौ चान्द्रदिनाधिकम् । अत्र वृश्चिकसंक्रान्त्य-

मे	वृ	मि	क	सिं	क	तु	वृ	ध	म	कु	मी
११	१	३	५	७	८	९	१०	१०	९	९	१०
३	२४	१८	२५	२२	५४	५२	१८	१५	५९	५२	११
५२	३५	३३	६	४३	३७	४३	४७	२८	३३	३४	१९

धिदिनस्याधिकत्वात् संप्रति त्रयोदशपलाधिकैकचत्वारिंशद्घटीयुतै-कोनविंशतिदिनाधिकस्पष्टशुद्ध्या मेषसंक्रान्तिवृश्चिकसंक्रान्त्यन्तरकाले

ऽवश्यमधिमासपातः । अत्र सौरसावनाच्चान्द्रसावनस्य न्यूनत्वात् । तत्र स्पष्टशुद्धिर्यत्सङ्क्रान्त्यधिदिने युता त्रिंशदधिका तत्सङ्क्रान्तिमध्येऽधिमासश्चान्द्रो भवति । स्पष्टशुद्धिस्तु सम्प्रति मध्यमचान्द्री शुद्धिर्मन्दफलचान्द्रदिनोना भवतीति प्रतिपादितम् । अतो मध्यमचान्द्री शुद्धिश्चत्वारिंशत्पलाधिकत्रिपञ्चाशद्घट्यधिकैकविंशतिदिनाधिका तदोक्तकालेऽधिमासः स्पष्टो भवतीति फलितम् । अत एव मेषसङ्क्रान्त्याद्यधिकदिनस्योक्तरीत्याऽऽधिक्याद्यदा स्पष्टा शुद्धिरष्टपलाधिकषट्पञ्चघटीयुताष्टादशदिनाधिका पञ्चत्रिंशत्पलाधिकाष्टघटीयुतैकविंशतिदिनाधिका मध्यमा शुद्धिर्वा तदा संप्रति मीनमेषसङ्क्रान्तिमध्येऽप्यधिमासः पततीति न क्षतिः। एवं द्विसङ्क्रान्तिमासोऽपि यदा स्पष्टचान्द्रमाससावनदिनेभ्यः स्पष्टसौरमाससावनदिनानि न्यूनानि तदैव । न्यूनसौरमाससावनदिसम्भवस्तु सूर्यपरमगताविति ।

संप्रति २ । १८ । एतावन्मन्दोच्चेन• वृश्चिकादित्रये परमन्यूनसौरदिवसात् 'क्षयः कार्त्तिकादित्रये' इत्युक्तम् । न च चान्द्रमाससावनं यदा कदाचिन्न्यूनं संप्रति कार्त्तिकादिषु भवत्येव कथं न क्षयमास इति वाच्यम् । दर्शान्तारम्भसावनात् सौरमाससावनं यदा कदाचिन्न्यूनारम्भसमाप्तिकसौरैकमाससावनदिनानां तन्न्यूनानां वर्त्तमानत्वमिति विवक्षणात् । एतादृशं तु सम्प्रति यदा कन्यासङ्क्रान्तिः प्रतिपदि भवति तदानीं तुलावृश्चिकसङ्क्रान्ती द्वितीयायां भवतः। ततोऽग्रे धनुःसङ्क्रान्ति-२९ । २७ । ३९ एभिर्दिनैरित्येभ्यो यदा चन्द्रसावनमधिकं स्यात् तदा कदाचिदमायां धनुःसङ्क्रान्तिरतोऽयं चान्द्रो मासो द्विसङ्क्रान्तिः । अथ चान्द्रो मासो धनुःस्थसूर्येण समाप्त इति "मेषादिस्थे सवितरि"—इति वचनेन मार्गशीर्षसंज्ञः। पूर्वचान्द्रमासस्तु तुलास्थेन सूर्येण समाप्त इत्याश्विनः । अतः कार्त्तिकाख्यो लुप्तः । यदाऽमायां न संक्रान्तिः किन्तु प्रतिपदि तदा वृश्चिकार्केण माससमाप्तिः कार्त्तिकः शुद्धस्ततोऽग्रे मकरसंक्रान्ति—२९ । १५ । ३ एभिः सावनदिनैरित्येभ्यश्चान्द्रसावनमधिकं

यदा तदा मकरसंक्रान्तिरमायामत उक्तरीत्या मार्गशीर्षो लुप्तः । यदाऽत्रापि न्यूनचान्द्रसावनेन प्रतिपदि मकरसंक्रान्तिस्तदा मार्गशीर्षो व्यक्त एव न लुप्तस्ततोऽग्रे कुम्भसंक्रान्ति—२९ । २४ रेभिर्दिनैरित्येभ्यो यदा चन्द्रसावनमधिकं तदाऽमायां कुम्भसंक्रान्तिरत उक्तरीत्या पौषो लुप्तः । यदाऽत्रापि न्यूनचान्द्रसावनेन लुप्तस्तदा मीनसंक्रान्ति-२९ । ४९ । ४३ रेभिर्दिनै-रित्येभ्यश्चान्द्रसावनमधिकं चेत् तदा मीनसंक्रान्तिरमायामित्युक्तरीत्या माघो लुप्तः । यदाऽत्रापि न क्षयस्तदाऽग्रे मेषसंक्रान्ति-३० । २३ । ३१ रेभिर्दिनैरित्येभ्यश्चान्द्रसावनदिनानामधिकत्वाभावाच्च द्विसंक्रान्तिमाससम्भवः । एवं कार्त्तिकादिचतुष्टयान्यतरः क्षयमासः सम्भवति । अनयैव रीत्या तुलावृश्चिकसंक्रान्तौ प्रतिपदि-भवतस्तदाऽप्येषु मासेष्वन्यतमः क्षयः संभवति न निर्णीतः पतति । चान्द्रसावनस्यानियतत्वेन न्यूनत्वस्यापि सम्भवादतः कदाचिदित्युक्तम् । न च कार्त्तिकादिचतुर्मासेषूक्तरीत्या क्षयमाससम्भवात् कार्त्तिकादित्रये इत्यसंगतमिति वाच्यं स्पष्टस्यानियतत्वात् । आचार्यैरागतौ मध्यमचान्द्रसावनदिनानामधिकानामङ्गीकारात् । न हि कुम्भसंक्रान्तितो मीनसंक्रान्तिर्मध्यमचान्द्रसावनदिनेभ्यो २९ । ३१ । ५० न्यूनदिनैः संभवति । येन माघः क्षयः स्यात् । यद्वा कार्त्तिकादित्रयं चेत्यत्राव्यवहितत्वेन कार्त्तिकादित्रयम् । कार्त्तिक आदिः पूर्वं स्वारम्भात् पूर्वकाले यस्य तच्च तत् त्रयं च आदित्रयमित्यनेनैव "मासानां मार्गशीर्षोऽहम्"-इति भगवदुक्तेन वा मार्गशीर्षत्रयमित्यर्थस्तेन कार्त्तिकचतुष्टये इति पर्यवसानात् । अन्यथा कार्त्तिकत्रये इत्यनेनैवादिग्रहणमनुपपन्नं स्यात् । अत एवास्य क्षयमासस्यैकमासपासित्वादंहसः पापस्य पतिरिति माधवाचार्योक्तव्युत्पत्त्याऽहस्पतित्वमुक्तम् ।

"शुद्धेन्दुमासे शुद्धार्कसंक्रमद्वयमस्ति चेत् ।
शून्यमासः स विज्ञेयो न तत्र शुभमाचरेत् ॥

"अंहो नाम महापापं शून्यमासे शुभे कृते।
जायतेऽहस्पतिः प्रोक्तः संज्ञाभेदेन चेति सः"॥

इति ब्रह्मसिद्धान्तोक्तेश्च।

अथ कन्यातुलावृश्चिकान्यतमसंक्रान्तिः प्रतिपद्यधिमासं विना न भवतीति क्षयमासात् पूर्वमधिमासः पतत्यसंशयमिति त्र्यंशोनविंशत्याविद्धाविंशत्यवसानान्तर्गतस्पष्टशुद्ध्या द्वाविंशत्या चतुर्विंशमित्यवसानान्तर्गतमध्यमशुद्ध्या वा क्षयमाससम्भव इति फलितम् २। १८ ईदृशे रविमन्दोच्चे।

अथ यदा क्षयमासस्तदा कुम्भमीनस्थेऽर्के गत्यपचयेन सौरसावनस्य चन्द्रसावनाधिक्यावश्यंसम्भवेन मीनसंक्रान्तिर्मेषसंक्रान्तिर्वा पूर्वामास्यसंक्रमात् स्वसावनदिवसैः प्रतिपदि भवत्यवश्यमिति मीनान्तभोगावधि तत्सौरवर्षे क्षयमासोत्तरं द्वितीयोऽप्यसंक्रान्तिमासोऽधिमासो भवत्यत उक्तं तदा वर्षमध्येऽधिमासद्वयं चेति।

अत्र यथा—
"तिथ्यर्धे प्रथमे पूर्वो द्वितीयेऽर्धे तदुत्तरः।
मासाविति बुधैश्चिन्त्यौ क्षयमासस्य मध्यगौ"॥

इति वचनेन क्षयमासोत्पन्नमृतानां जन्ममासफलश्राद्धाधिकस्य निर्णयः कृतः। जातकशास्त्रे चैत्रादिद्वादशमासानां फलश्रवणात्। तथाऽसंक्रान्तिचान्द्रमासाधिमासे तादृशानां कथं निर्णयः। चैत्राद्यन्यतमसंज्ञाभावात्। न चास्य पूर्वशेषत्वेन संज्ञाभावाभासेऽपि पूर्वमासान्तर्गतत्वात् संज्ञा युक्ता। तथा हि। यदा शुद्धाषाढस्य कृष्णचतुर्दश्यां दर्शे वाऽर्कसंक्रान्तिर्भवति। शुद्धश्रावणमासस्य शुक्लपक्षे प्रतिपदि द्वितीयायां वा सिंहसंक्रान्तिस्तदा कर्कसंक्रान्तियुक्तस्य शुद्धाषाढत्वं युक्तम्। तदीयस्य दर्शस्य कर्कस्थे रवाववसितत्वात् सिंहसंक्रान्तियुक्तस्यापि श्रावणत्वमुचितम्। तदीयदर्शस्य सिंहस्थे रवाववसितत्वात् तेनैव न्यायेन

तयोर्मध्यवर्त्तिनः संक्रान्तिरहितमासस्य दर्शः कर्कस्थ एव रवौ पूर्यत इति पूर्वोपाठवदेतस्याप्यापाठत्वं युक्तम् । "मेषादिस्थे"-इत्यादिवचनात् ।

"तावन्मासो वर्त्तमानो दिनषष्ट्यात्मकः स तु ।
निःशेषजः फाल्गुनश्चेच्छुद्धः पापार्धयुक् क्रमात्"इति ॥
ब्रह्मसिद्धान्तोक्तिश्चेति वाच्यम् ।

तथा शिष्टव्यवहारादर्शनादिति चेत् । उच्यते । मेषादिसंक्रान्तीनामेव शुद्धमाससंज्ञा प्रयोजकत्वादसंक्रान्तिमासस्यासंज्ञस्य ।

"षष्ट्या तु दिवसैर्मासः कथितो बादरायणैः ।
पूर्वार्धं तु परित्यज्य कर्त्तव्या उत्तरे क्रिया ॥
आद्यो मलिम्लुचो ज्ञेयो द्वितीयः प्राकृतः स्मृतः ।
एवं षष्टिदिनो मासस्तदर्धं तु मलिम्लुचः" ॥
"षष्ट्या हि दिवसैर्मासः कथितो बादरायणैः ।
पूर्वार्धं तु परित्यज्य उत्तरार्धं प्रशस्यते ॥"

इत्यादिज्योतिःपितामहादिवचनैरधिमासस्यायिममासंज्ञत्वप्रतिपादनेन तदन्तर्गतत्वाच्च चरितः । ननु स्पष्टमानपतितासंक्रान्तिमासस्याधिकत्वं न युक्तम् ।

"शुद्धेन्दुमासे शुद्धार्कसंक्रमो नास्ति यत्र तम् ।
संसर्पमासं सत्कर्मनाशनं विद्धि नारद ॥"
इति ब्रह्मसिद्धान्तवचनेन तस्य संसर्पसंज्ञत्वात् ।

किन्तु

"मध्ये चान्द्रमसे नास्ति मध्यमार्कस्य संक्रमः ।
यत्रासावधिकः पापी सर्वकर्मविनाशनः"-इति ॥

तद्वचनेन पूर्वप्रतिपादितमध्यममानपतितासंक्रान्तिमासस्याधिकत्वं युक्तम् । तस्मान्मध्यममानेनासंक्रान्तिमासस्याधिकत्वे सिद्धेऽधिमासज्ञा-

नार्थे स्फुट इति स्थाने मध्यमपदापेक्षा युक्ता । अन्यथाऽधिमास इति पद्य-स्थाने संसर्प इत्युक्तं स्यात् । न च वचनेन मध्यासंक्रान्तिमासरूपाधिकस्य मध्यमपदं विनाऽपि सिद्धत्वात् तस्य तादृग्रूपत्वाच्च मध्यमपदापेक्षा । स्फुट इति पदं तु क्षयमासार्थमेव दत्तम् । अन्यथाऽधिकमासस्य मध्यममानेन सत्त्वात् । तदनुरोधेन मध्यमानवशात् क्षयमासानुत्पत्त्यापत्तेः । मध्यमसौरसावनान्मध्यमचान्द्रस्य न्यूनत्वात् । तथा च मूले मध्यमानाभिप्रायेणाधिमास उक्त इति नोक्तदोषः । एवं यदधिमासवचनेषु संक्रान्तिपदं मासपदं च तद्विशेषवचनानुरोधेन मध्यमपरं व्याख्येयं न स्फुटपरम् । युक्तं चैतत् । अहर्गणानयनेन मध्यममानानीताधिशेषदिनानां मध्यामान्तमध्यमसंक्रान्त्यन्तर्वर्त्तिनां गतमासयोजनेऽधिकत्वेनाधिकमासयोजने त्याग इत्यस्य "गोले दर्शयतः"-इत्यादिश्लोकाभ्यां मध्यममानेन प्रतिपादनात् । स्पष्टमानेन मार्गशीर्षत्रयेऽधिमासाभावनिश्चयात् । "सर्वेषु मासेष्वधिमासकः स्यात्"-इति विरोधाच्च । अस्य "द्वात्रिंशद्भिर्गतैर्मासैः"-इत्युक्तावधिनाऽवश्यं सम्भवश्च । एतज्ज्ञानं तु मध्यामावास्यां मध्यमसंक्रान्तिं च प्रसाध्योक्तलक्षणेन कार्यमतः सर्वं सुन्दरमिति वाच्यम् । स्पष्टमानेनाधिमासाभावे 'स्पष्टोऽधिमासः पतितोऽप्यलभ्यः'-इति विशेषस्यासङ्गतत्वापत्तेरिति चेत् । स्पष्टाधिमासज्ञानार्थमेवास्य लक्षणस्य प्रवृत्तेः । मध्यसंक्रान्तिमासस्याधिकत्वेऽपि स्पष्टासंक्रान्तिमासस्योक्तलक्षणेनाधिकत्वे बाधकाभावाच्च वस्तुतः स्पष्टमानस्य पारमार्थिकत्वेन तदनुरोधात् पतितासंक्रान्तिमासस्याधिकत्वं मुख्यं वस्तुभूतार्थत्वात् । मध्यमस्य काल्पनिकत्वेन वचनबलादमुख्यम् । अन्यथा—

"एकस्मिन्नपि वर्षे चेद्द्वौ मासावधिमासकौ ।
पूर्वो मासः प्रशस्तः स्यादपरस्त्वधिमासकः ॥"
"एकस्मिन्नपि वर्षे यत्रेदं लक्ष्म दृश्यते उभयोः ।
तत्रोत्तरोऽधिमासः स्फुटगत्या चायमर्केन्द्वोः" ॥

इति जाबालिवचनमनुपपन्नं स्यात् ।

अत एव

"सिनीवालीमतिक्रम्य यदा संक्रमते रविः ।

रविणा लङ्घितो मासो ह्यनर्हः सर्वकर्मसु" ॥

इति वचनेन क्षयमासात् पूर्वोत्तराधिमासयोर्निषिद्धयोर्मध्ये

"मासद्वयेऽब्दमध्ये तु संक्रान्तिर्न यदा भवेत् ।

प्राकृतस्तत्र पूर्वः स्यादधिमासस्तथोत्तरः" ॥

इत्याद्युक्तवचनैः पूर्वाधिमासस्य कर्मार्हत्वेनाधिमासवत्र निषिद्ध-त्वमिति प्रतिपादनात् । सम्यक् सर्पतीति संसर्प इति "शुद्धेन्दुमासे"-इत्यादिवचनेन क्षयमासात् पूर्वाधिमासः'संसर्प इति युक्तम् ।

यथा—

'माधवाद्येषु षट्स्वेकमासे दर्शद्वयं यदा ।

द्विराषाढः स विज्ञेय .... ॥"

इति वृद्धमिहिरवचनेन द्विराषाढसंज्ञा ।

केचित् तु पूर्वपतिताधिमासस्य कर्मानर्हत्वमितराधिमासजा-तीयत्वात् । क्षयोत्तराधिमासस्तु क्षयानुरोधाच्च निषिद्धस्तादृश इति कर्मार्हत्वेन संसर्पः ।

"कार्त्तिकादिषु मासेषु यदि स्यातां मलिम्लुचौ ।

सर्वकर्महरः प्रोक्तः पूर्वस्तत्र मलिम्लुचः" ॥

इति वचनाच्चेत्याहुस्तच्च समूलबहुवचनविरोधात् । यत्तु दर्शान्ते सूर्यचन्द्रयोः पूर्वापरान्तराभावेन योगो भूगर्भस्थानां दृग्योग्य इति केवलदर्शान्तमासान्तस्तु भूगर्भगाणाम् । भूपृष्ठस्थानां तु यदा सूर्यचन्द्रयोर्योगो दृग्योग्यस्तदा मासान्त इति । लम्बनघटीसंस्कृतगणिता-

गतप्रसिद्धदर्शान्तो मासान्तः सिद्धः । सूर्यग्रहे सूर्यचन्द्रयोरेकदृक्सूत्रस्थत्वसम्भावनार्थं लम्बनस्य साधितत्वादतस्तादृशदर्शान्तमासाभ्यन्तरे सूर्यसंक्रमस्तदा शुद्धोऽन्यथाऽशुद्धोऽधिक इति पर्यवसन्नं न केवलदर्शान्ताभिप्रायेण युक्तम् ।

तथा च सद्वाक्यम् ।

"इदं यदुक्तं तिथिगर्भगाणां कुपृष्ठगानामथ संप्रवक्ष्ये ।
यः साधितो दर्शविरामकालः स्फुटो भवेल्लम्बनसंस्कृतोऽत्र ॥
यतः स्फुटे दर्शविरामकाले दृक्सूत्रसंस्थौ रविशीतरश्मी ।
कुपृष्ठगानामथ निश्चयेन स्यातां हि तद्गोलविदो वदन्ति ॥

इति तल्पितं तत्र ।

"भवन्ति शशिनो मासाः सूर्येन्दुभगणान्तरम् ।"

इति सूर्यसिद्धान्तोक्तेन । लौकिके च पूर्णभगणान्तरेण सूर्यचन्द्रयोश्चान्द्रमासप्रतिपादनात् केवलदर्शान्त एव मासान्तः । नान्यत्र तयोः पूर्णभगणान्तराभावात् । न हि मासान्ते दृश्ययोग्ययुतिर्हेतुर्येन तदावश्यकता स्यात् । अत एव सूर्यग्रहे स्वैकदृक्सूत्रे सूर्यचन्द्रौ तदा स्वस्य सूर्यदर्शने चन्द्रः प्रतिबन्धको नान्यथेति लम्बनदानमावश्यकम् । किञ्च चैत्रादिमासात्मककालः सर्वत्रैकरूपः । भवदुक्तौ त्वेकस्मिन् क्षणे कुत्रचिच्चैत्रः क्वचिद्वैशाखः । एवमधिमासोऽपि सर्वदेशे एककाले न भवतीति दिक् ।

यदपि अधिमासनिर्णये दर्शान्तमासं प्रसिद्धं विहाय मण्डलान्तमासोऽङ्गीकृतः । तथा हि दर्शान्तकाले मण्डलकेन्द्रयोरिव प्रागपरान्तराभावो न मण्डलयोः । तथा च "रवीन्द्वोर्युतिः संयुतिर्योऽवन्त्या"-इत्यादिवाक्येन मासस्य रविचन्द्रसंयोगकालावधिकत्वमेव प्रति-

पाद्यते । एवं च चन्द्रबिम्बापरभागस्य यदाऽर्कबिम्बप्राङ्नेमिदेशाद्विः-सरणं तदैव तयोरसंयोग इति तदवधिकमास एव मास इति वक्तुं युक्तम् । स च विधोरर्कमण्डलभोगकालेनाधिक एव सम्पद्यते तन्मानं तु गत्यन्तरकलाभिः षष्टिर्घटिकास्तदा मानैक्यखण्डकलाभिः का इत्यनुपातेन । अत एवागतफलं द्विगुणमासन्नतया

"चन्द्रार्कयोस्तु बिम्बैक्यं प्रतिपद्दर्शसन्धिषु ।
अमान्तादुभयत्रापि रमनाड्याऽर्कमण्डलम्" ॥

इत्युक्तं स्वग्रन्थे । तथा च प्रागमान्तादर्वागेव प्रथमसंक्रमेऽनन्त-रमव्यवहितद्वितीयामान्तान्मण्डलभोगकालाधिकायावत एव द्वितीय-संक्रमस्तदा स मासस्त्वसंक्रान्तिकत्वादधिक इति ।

"सवितृमण्डलमेति यदा शशी तदनु संक्रमणं कुरुते रविः ।
मखमहोत्सवनाशकरस्तदा मुनिवरैः कथितोऽधिकमासकः" ॥

इत्यत्र मण्डलपदोपादानात् ।

'स्फुटगत्या यदा चन्द्रो रविमण्डलनेमिगः ।
तदूर्ध्वं संक्रमे भानोर्मासः स स्यान्मलिम्लुचः ॥"
" अमां संत्यज्य घटिकास्तिस्रः किंस्तुघ्नसंज्ञके ।
संक्रान्तिं कुरुते भानुः पूर्वमासोऽधिकः स्मृतः ॥"

इति पैलिशवशिष्ठोक्तेश्च । एवं पूर्वदर्शान्ताद्घटीत्रयादनन्तरं पूर्वसंक्रमे सत्येव क्षयमासः । अन्यथा शुद्ध इति उक्तन्यायात् ।

तथा च तद्वाक्यम् ।
"दर्शावतो मण्डलनाडिकान्तं मासः स सूर्येन्दुसमागमान्तः ।
तदन्तरे चेद्रविसंक्रमः स्यात् तदा स शुद्धस्त्वधिकोऽन्यथाऽसौ ॥"

इति सिद्धान्तसुन्दरकारेण जल्पितं तदप्यसत् । भगणा-

न्तरेण चान्द्रमासोक्तौ मण्डलकेन्द्रयोरेव पूर्वापरान्तराभावेन योगस्य विचलितत्वादधिकमासार्थमपि दर्शान्तमास एवास्तु लाघवात्। 'सवितृमण्डलम्'—इत्यादिवचनेऽपि मण्डलपदस्य केन्द्रपरत्वाद्यथाभूतोऽर्थः। वचनानां काल्पनिकत्वेन ऋषिभिर्मण्डलान्तमासस्यानुक्तत्वाच्च। अन्यथा सूर्यस्य मण्डलपश्चिमनेमिराश्यादिसंयोगस्य संक्रमणाङ्गीकारेष्वतिप्रसङ्गापत्तेः। किञ्च मण्डलान्ताभिप्रायिकाधिमासस्य निषेधार्थमुपयोगाद्ग्रहचारस्य मण्डलकेन्द्रमधिकृत्य सर्वाभ्युपगमाद्ग्रहगणितार्थे दर्शान्ताभिप्रायिकाधिमासकथनस्योचितत्वेन गणितविशेषकथनावसरे विनोपयुक्ताधिमासं मण्डलान्ताभिप्रायिकाधिमासकथनं ज्ञानराजगणकानामुपहासपदमित्यलं परोक्तदोषगवेषणापल्लवितेन ॥ ६ ॥

इदानीं गणकानां प्रतीत्यर्थं क्षयमासकालान् गतागतान् कतिचिद्दर्शयतिस्म।

गतोऽब्ध्यद्रिनन्दै-९७४ र्मिते शाककाले
तिथीशै-१११५ र्भविष्यत्यथाङ्गाक्षसूर्यैः १२५६।
गजाद्यग्निभू-१३७८ भिस्तथा प्रायशोऽयं
कुवेदेन्दु-१४१ वर्षैः क्वचिद्गोकु-१९ भिश्च ॥ ७ ॥

वा. भा.—स्पष्टम्।

अत्रोपपत्तिः। यदा किलैकविंशतिः शुद्धिस्तदा भाद्रपदोऽधिमासः। तस्मिन् जाते कार्त्तिकादित्रये क्षयमासः संभाव्यते। सा च तथाविधा शुद्धिः कुवेदेन्दु-१४१ वर्षान्तरे काले पुनर्भवति। किन्तु सत्रिभागाभिः षड्भिर्घटिकाभिरधिका भवति। कदाचिदेकोनविंशत्या वर्षैस्तादृशी भवति। तत्र त्रिभागोनाभिश्चतुर्दशघटिकाभिरधिका भवति। कुवेदेन्दुवर्षेभ्यस्तथैकोनविंशतिवर्षेभ्यो 'द्विधाब्दा द्विरामैः खरामैश्च भक्ताः'-इत्यादिना लब्धेष्वधिमासेषु शेषतिथिषु शून्यं प्रथमस्थाने सत्र्यंशाः षड्-

घटिकाः स्युः ६ । २० । द्वितीये विघ्यंशाश्चतुर्दश १४ । ४० । अत उक्तं प्रायशोऽयं कुवेदेन्दुवर्षैः क्वचिद्गोकुभिश्चेति । प्रागयतश्चेत्यर्थादुक्तं * स्यात् ॥७॥

* विशेषशरणः—"गतोऽब्ध्यद्रिनन्दैर्मिते" इत्यादिश्लोके क्षयमासपतितवर्षान्तरज्ञानं वस्तुतस्तदाऽऽसन्नमानस्याज्ञानान्मुनीश्वरस्य नासीदिव । यादृग्वर्षान्तकालिकाधिशेषे क्षयमासपातः पुनस्तादृगेव वर्षान्तकालिकाधिशेषो यस्मिन् वर्षे तत्र क्षयमासः संभाव्यते । तदधिशेषज्ञानार्थमनुपातः । कल्पसौरवर्षैः कल्पाधिमासास्तदैकेन क इति, तद्रूपम् $= \frac{१५९३३००००००}{४३२००००००००} = \frac{१५९३३}{४३२००} = \frac{५३११}{१४४००}$ अत्र "परस्परं भाजितयोः"—इत्यादिपाट्युक्तगणितात्—

$$\text{रूपम्} = \frac{५३११}{१४४००} = \cfrac{१}{\cfrac{१४४००}{५३११}} = \cfrac{१}{२ + \cfrac{३७७८}{५३११}} = \cfrac{१}{२ + \cfrac{१}{\cfrac{५३११}{३७७८}}} = \cfrac{१}{२ + \cfrac{१}{१ + \cfrac{१५३३}{३७७८}}}$$

$$= \cfrac{१}{२ + \cfrac{१}{१ + \cfrac{१}{\cfrac{३७७८}{१५३३}}}} = \cfrac{१}{२ + \cfrac{१}{१ + \cfrac{१}{२ + \cfrac{७१२}{१५३३}}}} = \cfrac{१}{२ + \cfrac{१}{१ + \cfrac{१}{२ + \cfrac{१}{\cfrac{१५३३}{७१२}}}}}$$

$$= \cfrac{१}{२ + \cfrac{१}{१ + \cfrac{१}{२ + \cfrac{१}{२ + \cfrac{१०९}{७१२}}}}} = \cfrac{१}{२ + \cfrac{१}{१ + \cfrac{१}{२ + \cfrac{१}{२ + \cfrac{१}{\cfrac{७१२}{१०९}}}}}}$$

$$= \cfrac{१}{२ + \cfrac{१}{१ + \cfrac{१}{२ + \cfrac{१}{२ + \cfrac{१}{६ + \cfrac{५८}{१०९}}}}}} = \cfrac{१}{२ + \cfrac{१}{१ + \cfrac{१}{२ + \cfrac{१}{२ + \cfrac{१}{६ + \cfrac{१}{\cfrac{१०९}{५८}}}}}}}$$

$$=\cfrac{\text{१}}{\text{२}+\cfrac{\text{१}}{\text{१}+\cfrac{\text{१}}{\text{२}+\cfrac{\text{१}}{\text{२}+\cfrac{\text{१}}{\text{६}+\cfrac{\text{१}}{\text{१}+\cfrac{\text{५१}}{\text{५८}}}}}}}}$$

$$=\cfrac{\text{१}}{\text{२}+\cfrac{\text{१}}{\text{१}+\cfrac{\text{१}}{\text{२}+\cfrac{\text{१}}{\text{२}+\cfrac{\text{१}}{\text{६}+\cfrac{\text{१}}{\text{१}+\cfrac{\text{१}}{\cfrac{\text{५८}}{\text{५१}}}}}}}}}$$

$$=\cfrac{\text{१}}{\text{२}+\cfrac{\text{१}}{\text{१}+\cfrac{\text{१}}{\text{२}+\cfrac{\text{१}}{\text{२}+\cfrac{\text{१}}{\text{६}+\cfrac{\text{१}}{\text{१}+\cfrac{\text{१}}{\text{१}+\cfrac{\text{७}}{\text{५१}}}}}}}}}$$

$$=\cfrac{\text{१}}{\text{२}+\cfrac{\text{१}}{\text{१}+\cfrac{\text{१}}{\text{२}+\cfrac{\text{१}}{\text{२}+\cfrac{\text{१}}{\text{६}+\cfrac{\text{१}}{\text{१}+\cfrac{\text{१}}{\text{१}+\cfrac{\text{१}}{\cfrac{\text{५१}}{\text{७}}}}}}}}}}$$

$$=\cfrac{\text{१}}{\text{२}+\cfrac{\text{१}}{\text{१}+\cfrac{\text{१}}{\text{२}+\cfrac{\text{१}}{\text{२}+\cfrac{\text{१}}{\text{६}+\cfrac{\text{१}}{\text{१}+\cfrac{\text{१}}{\text{१}+\cfrac{\text{१}}{\text{७}+\cfrac{\text{२}}{\text{७}}}}}}}}}}$$

$$=\cfrac{\text{१}}{\text{२}+\cfrac{\text{१}}{\text{१}+\cfrac{\text{१}}{\text{२}+\cfrac{\text{१}}{\text{२}+\cfrac{\text{१}}{\text{६}+\cfrac{\text{१}}{\text{१}+\cfrac{\text{१}}{\text{१}+\cfrac{\text{१}}{\text{७}+\cfrac{\text{१}}{\cfrac{\text{७}}{\text{२}}}}}}}}}}}$$

$$=\cfrac{१}{२+\cfrac{१}{१+\cfrac{१}{२+\cfrac{१}{२+\cfrac{१}{६+\cfrac{१}{१+\cfrac{१}{१+\cfrac{१}{७+\cfrac{१}{३+\cfrac{१}{२}}}}}}}}}}$$

अत्र भिन्नरूपे प्रथमद्वितीयादिलब्धिग्रहणात "अछेदघरूपेषु लवा"-इत्यादिनाऽऽसन्नमानानि सुखेनैव ज्ञायन्ते यथा— $\frac{१}{२}, \frac{१}{३}, \frac{३}{८}, \frac{७}{१९}, \frac{४५}{१२२}, \frac{५२}{१४१}, \frac{९७}{२६३}, \frac{७३३}{१९८२}$ । इह भास्कराचार्येणादितस्तृतीयमानपर्यन्तमतिस्थूलत्वेनाग्राह्यत्वाच्चतुर्थपञ्चमषष्ठमानानि स्वीकृतानि सप्तमं न स्वीकृतमित्यत्र न किमपि कारणमिति पूज्यचरणो विशेषः—

"कुवेदेन्दुवर्षैः क्वचिद्गोकुवर्षैर्नवेन्द्वाद्यहीनैः कुवेदेन्दुवर्षैः ।
क्षयाख्यस्तिथिर्भास्कराद्यैर्निरुक्ता न रामारिनेत्रैः किमर्थं न वेद्मि ॥"

एतस्मिन् विशेषप्रचारे प्रचरिते सिद्धान्तशिरोमणेर्द्विधा मुद्रणे पण्डित-'म. देवेन व्यर्थं साडम्बरमसुखबोधं टिप्पणमक्षेपीति विज्ञेर्ध्येयम् ।' अथ विशेषोक्तपद्ये चतुर्थचरणे "न रामारिनेत्रैः किमर्थं न वेद्मि"-एतस्मिन् निषेधार्थक-न-द्वयस्य व्यर्थत्वात् 'रामारिनेत्रैः किमर्थं, वेद्मि" इत्यर्थं स्वीकृत्य पञ्चमषष्ठासन्नमानहरयोर्योग एव रामारिनेत्रमितवर्षाणि, तानि तु भास्करेण "तिथीशैर्गजाद्यग्निभूभिः" एतयोः शकयोः कथनेनैव तच्छकान्तरस्य तुल्यान्येव "रामारिनेत्रमितवर्षाणि ज्ञातानीति गुरुचरणे पुष्पाञ्जलिः ।

मरीचिः—अथायं क्षयमास उपपत्तिसिद्धोऽपि वर्त्तमानकाले कुत्रापि न दृष्ट इत्ययुक्तमेतन्निरूपणमाचार्याणामप्रसिद्धत्वात् सांशयिकत्वाद्देति मन्दाशङ्कां परिहरन् भुजङ्गप्रयातेनाह गत इति । षड्विंशत्यूनसहस्र-९७४ मितशकवर्षे गतेऽयं क्षयमासो गतो भूत्वा गत इत्यर्थः । ग्रन्थस्य तच्छकोत्तरं प्रवृत्तेः । ग्रन्थसमाप्त्यवसरे—

"रसगुणपूर्णमही—१०३६समशकनृपसमयेऽभवन्ममोत्पत्तिः" ।

इत्युक्तत्वात् । तथा चास्य प्रसिद्धत्वेन निश्चयत्वेन तन्निरूपणं युक्तमिति भावः । ननु तत्रास्माद्दृशामभावात् पतित इत्यत्र किं मानम् । युक्तेरप्रयोजकत्वात् । "आरोपे सति निमित्तानुसरणम् । न तु निमित्तमस्तीत्यारोपः"—इति न्यायाच्चेति मन्दाशङ्कां परिहरति । तिथीशैरिति । पञ्चदशाधिकैकादश-१११५ शके भविष्यति क्षयमासः । तथा चोक्तकालस्यासन्ने भविष्यत्वादस्मादृशां सत्त्वेन तत्र निर्णयः सुखेन भविष्यतीति न क्षतिः । अथ प्रसङ्गात् तदग्रिमतत्पतितकालमाह अथेति । षट्पञ्चाशद्युतद्वादशशत-१२५६मितशालिवाहनशके तथा क्षयमासो भविष्यतीत्यर्थः । विशेषज्ञानार्थं तदग्रिमकालमप्याह । गजाद्रयग्निभूभिरिति । द्व्यविंशत्यूनचतुर्दशशत-१३७८ मितशके भविष्यति । ननु तथाऽङ्गाक्षसूर्यमितः शकः पतितकालः कथं ज्ञात इत्यतोऽनेकभविष्यशककथने ग्रन्थविस्तरभयेनोपसंहारं वदँस्तदुत्तरमाह प्रायश इति । अयं क्षयमास उक्तलक्षणः कुवेदेन्दुवर्षैरेकचत्वारिंशद्युतशत—१४१मितवर्षैः क्षयमासपतितकालात् पुनः क्षयमासः प्रायशो बाहुल्येन किञ्चिन्न्यूनपूर्णनिश्चयेन भवति । कदा चिच्च भवत्यपि सांशयिकत्वात् । अतो ग्रन्थोत्तरपूर्वतत्पतितशककालयोरेतन्मितोक्तयो-९७४, १११५ रन्तरमेकचत्वारिंशदधिकशतम् । ततो भविष्यशकज्ञानं सुलभमिति तथाऽङ्गाक्षसूर्यमितशको गतशकः कथमुक्तः पूर्वशकेनोक्तान्तराभावादत आह क्वचिद्गोकुभिश्चेति । पूर्वोक्तसम्भववर्षेष्वनियमात् क्वचित् कस्मिन्नपि काले कदाचिदिति यावत् । एकोनविंशतिवर्षैस्तत्सम्भवसम्भावना । तथा च संभववर्षयो-१४१, १९ र्विकल्पाद्गजाद्रयग्निभूमितः शकः साधूक्तः । तथा हि अङ्गाक्षार्क-१२५६मितशकानन्तरमुक्तदिशाऽयं शकस्त्र्यूनचतुर्दशशतमितः । एकोनविंशतिवर्षाणामपि क्षयमाससम्भवकालान्तरत्वात् तच्छकात् पूर्वमप्येकोनविंशतितमे वर्षे क्षयमाससम्भवः । अतः क्षयमासान्तरवर्षाणि

द्वाविंशत्यधिकशतमपि सम्भवति । एवं तद्योगमित-१६०वर्षान्तराणामपि सम्भवः । एवमनेकधा सम्भववर्षाणीति विशेषज्ञानं तच्छकमकथनेन सूचितम् ।

अत्रोपपत्तिः । यदा द्वाविंशत्यादिशुद्धिस्तदा क्षयमाससम्भव इत्युक्तं प्राक् । अतोऽब्ध्यद्रिनन्दमिते शके तादृशगतशुद्धेः सत्त्वाद्भवत्येव क्षयमासः । तथा हि तथोक्तप्रकारेण शुद्धिश्चान्द्री २१ । १२ । ५२ । ३० । न चास्यास्तन्मितत्वाभावात् कथं क्षयमास इति वाच्यम् । सौरवर्षादौ मध्यमसूर्यस्य शून्यत्वेन तस्य वक्ष्यमाणबीजफलेन संस्कारात् । काले मध्यममानेन मेषादौ न यात्यतो बीजफलस्यर्णत्वादवगतमध्यमसौरवर्षादिकालादग्रे बीजफलोत्पन्नकालेन मध्यमसौरवर्षादिसम्भवात् तत्संस्कारेण द्वाविंशत्यादिशुद्धेः सत्त्वात् । यथा तत्र सूर्यबीजं 'खाभ्रखार्कैः"—इत्याद्युक्तप्रकारेणानीतं कलाद्यम् ६२ । १७ । ४२ । अस्मान्मन्दफलवत्साधितचान्द्रकालेन दिनादिना १ । ४ । १४ युता शुद्धिः २२ । १७ । ६ । न च तथाऽपि निर्णयाभावः शुद्धेः सम्भवद्योतकत्वप्रतिपादनादिति वाच्यम् । तत्र शके क्षयमासपतनस्य निश्चयात् । तथा हि मन्दफलचान्द्रदिनो-२ । १२ । २७ ना स्पष्टसौरवर्षादौ शुद्धिः १९ । ० । २५ । एवमुक्तरीत्या स्पष्टोऽब्दपः ० । ७ । ३३ । आभ्यां मेषादिसंक्रान्तयस्तत्र तिथ्यन्तद्वारे-तत्सूर्योदयगतघटीषु साधितास्ता लिख्यन्ते । अत्रोक्तरीत्याऽमास्यतुलासंक्रान्तितो वृश्चिकसंक्रान्तिः प्रतिपद्यतः कार्त्तिकोऽधिमासः । एवं प्रतिपत्सङ्गजातमकरसङ्क्रान्तितः कुम्भसङ्क्रान्तिरमायामत उक्तरीत्या माघो द्विसंक्रान्तिमासोऽतः पौषस्य क्षयः । ततो मीनसंक्रान्तिः प्रतिपद्यतः फाल्गुनोऽधिमासः । एवं धूलीकर्मणा भविष्यच्छकेऽपि निश्चयोऽवगन्तव्यः । एवं यदा शुद्धिस्तदा क्षयमास इत्येकवर्षशुद्धिर्यद्गुणा खरामतष्टा शून्यं तद्वर्षान्तरेण क्षयमासात् पुनस्तत्सम्भव इति सुलभम् । शुद्धिः ११ । ३ । ५२ । ३० । एकचत्वारिंशदधिकशतगुणा खाग्नितष्टा-६ । २२ । ३० । एकोनविंशतिभिश्च-० । १३ । ३७ । ३० । अत्र निरग्रा नेत्यतः प्रायश इत्युक्तम् । एवं

तद्योगान्तरवर्षाभ्यामपि संभवसंभावना युक्ता । यद्यपि खार्कवर्ग-१४४००० वर्षैरेकवर्षीयशुद्धि-११ । ३ । ५२ । ३० र्गुणिता-१५९३३० स्त्रिंशत्तष्टा शुद्ध्यतीति तद्वर्षैः क्षयमाससंभावनं सूक्ष्मं वक्तुमुचितं तथाऽपि निर्णयाभावाद्बहुकालान्तरत्वाच्चाचार्यैरुपेक्षितम् । अग्रेऽप्येतच्छकयोः १९०३, १७४४ क्षयमासो गणितेन मार्गशीर्षेऽवश्यं पततीति नात्रसिद्धिस्तथा च मत्पद्यम् ।

'गुणपूर्णनृपै १९०३ र्युगाब्धिमेघैः १७४४
समयोः शाकजयोः समैः क्षयौ स्तः ।
अधिकाविषमासि चैत्रमासे
क्षयतः प्रागपरौ भविष्यतोऽतः''—इति ।

न च क्षयमासस्य ग्रहगणिते प्रयोजनाभावात् प्रसङ्गतो निरूपणमपि नोचितमिति वाच्यम् । अहर्गणानयने मासग्रहे तदावश्यकत्वात् । तथा हि बृहदहर्गणार्थं क्षयमासस्य द्विसंक्रान्तिकस्य द्वितीयसंक्रान्तिप्रयुक्तसंज्ञस्य सत्त्वात् तत्र निरेका गतमासा एकमासस्याभावात् । यावदधिमासान्तस्तदग्रे तदधिमासस्याहर्गणानयनागताधिमासाभावादेकोऽधिकमासो ग्राह्यः । क्षयमासो न्यूनश्चेति यथागतकेवलगताधिमासा ग्राह्याः । लघ्वहर्गणार्थमपि क्षयमासोनगतमासाः । अग्रे 'तथाऽधिमासस्य तिथीर्गृहीत्वा'-इत्याद्युक्तत्वादसंदिग्धमिदमाचार्यैरिति सुगमत्वेन स्वतो ज्ञेयत्वादुपेक्षितं क्षयमासकथनेनैव वा द्योतितमिति सर्वमवदातम् ॥ ७ ॥

इदानीमस्य प्रश्नमाह ।

यत् प्रोक्तं फलकीर्त्तनाय मुनिभिर्वर्षेऽधिमासद्वयं
तत् प्रब्रूहि कथं कदा कतिषु वा वर्षेषु तत्संभवः ।
एवं प्रश्नविदां वरेण गणकः पृष्टो विजानाति य-
स्तं मन्ये गणकाब्जकुड्मलवनप्रोद्बोधने भास्करम् ॥ ८ ॥

वा. भा.—स्पष्टम् ॥ ८ ॥

मरीचिः—ननु क्षयमासनिरूपणं त्वदुक्तमिदं पूर्वग्रन्थोक्तत्वाभावादप्रमाणमित्यतोऽस्य प्रश्नकथनव्याजेन स्वप्रागल्भ्यं सूचयंस्तदुत्तरं शार्दूलविक्रीडितेनाह यदिति । मुनिभिर्वसिष्ठादिभिर्यल्लक्षणाक्रान्तमधिमासद्वयमेकवर्षे तद्‌द्वयमित्यर्थः । फलकीर्त्तनाय—

"प्रायशो न शुभः प्रोक्तो ज्येष्ठश्चाषाढ एव च ।
मध्यमौ चैत्रवैशाखावधिकोऽन्यः सुभिक्षकृत् ॥
प्रायः कार्त्तिकमासस्य वृद्धिर्नेष्टेह तादृशी ।
आत्यन्तिकी यदा सा स्याज्जगदौत्पातिकं तदा ॥"
"द्वेव कार्त्तिकमासोऽयं वर्धते नापि हीयते ।
मासानामितरेषां वै वर्धनं प्राह नारदः" ॥

"सर्वेषु मासेष्वधिमासकः स्यात् तुलादिषट्केऽपि च शून्यमासः ।
संसर्पकः सर्वभवो हि मासः सर्वेऽपि चैते खलु निन्द्यमासाः" ॥

"एतच्च मासत्रितयं सर्वकर्मसु निन्दितम् ।"
"यां तिथिं समनुप्राप्य तुलां गच्छति भास्करः ।
तयैव सर्वसङ्क्रान्तिर्यावन्मेषं न गच्छति ॥"
"यदा वक्रातिचाराभ्यां तदतिक्रमणं भवेत् ।
क्षत्रियाणामसृग्धारास्तदा पिबति मेदिनी" ॥

इत्यादिफलादेशाय ।

"एकस्मिन्नपि वर्षे यत्रेदं दृश्यते उभयोः ।
तत्रोत्तरोऽधिमासः ... ..."

इत्यादिवचनैरधिमासद्वयम् । एतदुपलक्षितक्षयमासरूपं च प्रोक्तं निःसंशयेनोक्तम् । तत् कथं कया युक्त्या संभवति । अधिमासान्तरकालस्य द्वादशमासाधिकत्वेनासंभवात् । संभवेऽपि कदा केषु मासेषु भवति । एकदा जातेऽपि पुनस्तस्मात् कतिषु कियत्संख्यापरिमितेषु वर्षेषु तत्सम्भवेऽधिमासद्वयोपलक्षितक्षयमासस्य संभावना वा भवति इति प्रब्रूहि

भस्योत्तरं देहीत्यर्थः। एवमनया रीत्या। प्रश्नविदां सामानाधिकरण्येन पूर्वपक्षकर्त्तॄणां सुबुद्धीनां मध्ये वरेणोत्कृष्टेन महापण्डितेन। अन्यथा स्वल्पबुद्धिभिः पृष्टे यथाकथंचिदुत्तरेणोपेतया वा चरितार्थस्स्यात्। यो गणको ग्रहगणितगोलज्ञः पृष्टः सन् स चेद्विजानाति ज्ञात्वा सामानाधिकरण्येनोत्तरं ददाति तदाऽहं तं गणकं गणकाब्जकुड्मलवनप्रोद्बोधने गणकरूपकमलानां मुकुलभावस्तत्समूहस्य विकासने भास्करं प्रमिद्धसूर्यं मन्ये तथा चाद्यावधि केनापि तदुत्तरं नोक्तं पूर्वग्रन्थेऽनुक्तत्वात् तत् स्वस्य भास्करसमं व्यवस्थापयितुं मयैव स्वबुद्धिवैभवेन प्रोक्तमित्यत्र सुबुद्धिरेव प्रमाणमिति भावः॥ ८॥

वा. भा.–इत्यधिमासादिनिर्णयः।

मरीचिः–अधिमग्रन्थस्यासंगतत्वं परिहरिति फक्किकया इत्यधिमासादिनिर्णय इति। आदिपदादभीष्टेत्यादिविशेषक्षयमासयोः संग्रहः स्वबुद्ध्या यथार्थतस्स्वस्योक्तत्वान्निर्णय इति। तथा च प्रकरणसमाप्तेरधिमग्रन्थस्य भिन्नविषयत्वेन सङ्गतत्वमिति भावः।

इदानीं भूपरिधिमाह।

प्रोक्तो योजनसंख्यया कुपरिधिः सप्ताङ्गनन्दाब्धय-४९६७
स्तद्व्यासः कुभुजङ्गसायकभुवो-१५८१ ऽथ प्रोच्यते योजनम्।
याम्योदक्पुरयोः पलान्तरहतं भूवेष्टनं भांश ३६० हृत्
तद्भक्तस्य पुरान्तराध्वन इह ज्ञेयं समं योजनम्॥ १॥

वा. भा.–भूपरिधेरुपपत्तिर्गोले कथ्यते *। योजनलक्षणं गणिते कथितमस्ति तथाऽप्यत्र यदुच्यते तत्रेदं कारणम्। भूरेकैव किन्तु यत् त्वार्यभटादिभिराचार्यैः सत्यपि नियामके पलांशदर्शनेऽन्यथाऽन्यथा तत्प्रमाणमभिहितं तत्र षट्सप्ताष्टयवमङ्गुलं कनिष्ठिकादिभेदेन शास्त्रेपूच्यते। तेनाभिप्रा-

* विशेषप्रकरणः–कथिता इत्यत्र कथ्यत इति पाठः कथं संगच्छत इति विचारणीयं धीरैः।

येणान्येन वा यत् तैरुक्तं तदनेन स्पष्टीक्रियते । याम्योत्तरयोः पुरयोः पलांशान् वक्ष्यमाणप्रकारैर्ज्ञात्वा तेषामन्तरेणानुपातः । यदि भांशपरिधौ दक्षिणोत्तरमण्डल एतावत् पलान्तरं तदा भूपरिधौ पुरान्तरे किमिति । यल्लब्धं तावन्तो विभागाः पुरान्तरस्य क्रियन्ते । यावानेको विभागस्तावद्योजनं ज्ञेयम् । तादृशैर्योजनैर्देशान्तरं कर्त्तव्यमित्यर्थः ॥ १ ॥

वा. वा.–अभीष्टवारार्थमहर्गणश्चेत् सैको निरेक इति । अत्राहर्गणानयने यो वारः समायाति स तु मध्यमवर्त्तमानतिथ्यावुदये । अपेक्षितस्तु स्पष्टतिथिसूर्योदये । यतोऽयं लोकव्यवहारः स्पष्टेनैव प्रवर्त्तते स्पष्टस्यैव मुख्यत्वात् । यत्रोदयात् पञ्चचत्वारिंशद्घटिका वर्त्तमानतिथिः पञ्चमी मध्यममानेन तस्यां मन्दफलघटिकास्त्रिंशन्मिता धनं क्रियन्ते तदा द्वितीयसूर्योदयाद्वर्त्तमाना स्पष्टा पञ्चमी तिथिः पञ्चदशघटिका भवति तत्र मध्यस्पष्टतिथ्योः सूर्योदयभिन्नत्वादहर्गणः सैको विधेय इत्यादि शोभनमुक्तम् । एवं स्पष्टाधिमासवशेनाहर्गणोऽपेक्षितो जातस्तु मध्यममानेनातो युक्तं सैकनिरेकत्वमधिमासानामपि तथैव शुद्धावपि शेषं भाष्ये स्पष्टमुक्तम् ।

अथाधिमासक्षयमासलक्षणमाह असंक्राधिमासोऽधिमास इति । अत्र गणितशास्त्रे दर्शावधिं मासं चान्द्रमुशन्ति तत्र यस्मिन् दर्शावधिके मासि मेषार्कसंक्रमणं स चैत्रो यस्मिन् वृषसंक्रमणं स वैशाख इति । एवमन्यत्रापि । यस्मिन् मासि क्रमप्राप्तं संक्रमणं न भवति स चाधिकमास इति ।

उक्तं च

"मेषादिस्थे सवितरि यो यो मासः प्रपूर्यते चान्द्रः ।
चैत्राद्यः स ज्ञेयः पूर्त्तिद्वित्वेऽधिमासोऽन्त्यः"–इति ॥

अयमधिमासः स्फुटः स्पष्टमानेनैव स्यान्न मध्यममानेन । अनेन वासनानभिज्ञतया स्वच्छन्दप्रवर्त्तमानस्य स्वपक्षस्थापनाय च संप्रति वाक्यानि कल्पयतश्चोलभट्टस्य मध्यममानेनाधिक इति मतं निरस्तम् ।

"द्वात्रिंशद्भिर्गतैर्मासैर्दिनैः षोडशभिस्तथा ।
घटिकानां चतुष्केण पततीत्यधिमासकः" ॥

इति नियमोऽनर्थकः स्यादिति मध्यमः स्वीक्रियतामिति यदि ब्रूयात् प्रतिब्रूयादेनम् । किं भवता कृष्णद्वितीयायां घटिकाचतुष्टये गतेऽधिकमासारम्भः स्वीकृतः । तथा सति शिष्टसमाचारभङ्गो दूषणम् ।

किं च—

"यस्मिन् मासे न संक्रान्तिः संक्रान्तिद्वयमेव वा ।
मलमासः स विज्ञेयो मासे त्रिंशत्तमे भवेत्" ॥

इति काठकवचनं भवन्मते विरुध्येत ।

"पञ्चमे पञ्चमे वर्षे द्वौ मासावधिमासकौ ।
तेषां कालातिचारेण ग्रहाणामतिचारतः ॥
इन्द्राग्नी यत्र हूयेते मासादिः परिकीर्त्तितः ।
अग्नीषोमौ स्थितौ मध्ये समाप्तौ पितृसोमकौ ॥
तमतिक्रम्य तु यदा रविर्गच्छेत् कदाचन ।
आद्यो मलिम्लुचो ज्ञेयो द्वितीयः प्राकृतो बुधैः ॥
असंक्रान्तिर्द्विसंक्रान्तिः संसर्पांहस्पती उभौ ।
क्रमो च वत्सरश्चाब्दे त्वधिमासः परः स्मृतः" ॥

इति महाभारतलघुहारीतज्योतिर्नारदादिवाक्यानि च विरुध्येरन् । इह गणितशास्त्रे श्रौतस्मार्त्तकर्मानुष्ठानार्थं फलादेशोपयोगाय वा शृङ्गोन्नतिग्रहयुतिग्रहणादिग्रहगणितजातमुच्यते । तच्च फलादेशशास्त्रेषु नारदोक्तसंहितादिषु स्मृतिषु च स्पष्टत्वेनैव व्यवहारः । यत्तु गणिते मध्यमानयनं कृतं तत्स्पष्टत्वसाधनार्थमेव । अहर्गणेऽपि स्पष्टाधिमासवशेनैव सैको निरेकः प्राक् साधितः । किं च "यज्ञादिकालार्थसिद्धये गणितशास्त्रं वदामः" इति वदतामृषीणां यादृशो ग्रहगणितप्रबन्धस्तादृश एव कर्मानुष्ठानोपयुक्तो भवति । यस्मिन् मुनिकृतशास्त्रे ग्रहयुतिमहापातादिगणितकर्म स्वल्पं दृश्यते तत् सकाममिति ज्ञेयम् ।

तस्याकाङ्क्षापूरणमन्यमुनिशास्त्राद्विशेषगणितप्रतिपादकात् कार्यम् । "सर्वशाखाप्रत्ययमेकं कर्म"-इतिवत् । यथा च सूर्यसिद्धान्ते महापातसाधने* गत्यन्तरं हर उक्तः स च साकाङ्क्ष एव शाकल्ये क्रान्तिगत्यन्तरस्यैव हरत्वाभिधानादिति । तस्मात् स्पष्टत्वेनासङ्क्रान्तिमास एवाधिकमासः । "द्वात्रिंशद्भिर्गतैर्मासैः"—इति वाक्यं मध्यममानाभिप्रायेणोक्तम् । "मासे त्रिंशत्तमे भवेत्"-इति वाक्यमुपलक्षणत्वेनाङ्गीकार्यमिति न कोऽपि दोषः । द्विसङ्क्रान्तिमासः क्षयाख्य उक्तः । द्विसंक्रान्तित्वं तदा भवति यदा चान्द्रमासमानात् सौरमासमानं न्यूनं भवति । सौरमासमानं च तदा न्यूनं भवति यदा सूर्यगतेराधिक्यं भवति । रविगतेराधिक्यं च संप्रतीदृशे रविमन्दोच्चे २ । १८ । ० । ० वृश्चिकादिस्थिते भवतीति ज्ञेयम् । कार्त्तिकादित्रय एव संप्रति स्यादिति भाष्यं व्याख्येयम् । वृश्चिकादित्रयस्येऽपि तदा स्याद्यद्यधिशेषं तात्कालिकमतिस्वल्पं स्यात् । तत् स्वल्पत्वमधिकमासे पूर्वनिकटपतिते भवेदिति क्षयमासात् पूर्वमधिमासो नियतः । क्षयमासादूर्ध्वं यदैव सौरमासस्योपचयस्तदैवाधिकमास इति वर्षेऽधिमासद्वयमुत्पन्नम् । मासत्रयाभ्यन्तरेऽधिकमासो भवतीति भाष्यकृदभिप्रायः । न च पूर्वोऽधिमासः क्षयमासान्मासत्रयमित एवान्तरे भवतीति युक्तं क्षयमाससंलग्नोऽप्यधिमासः श्रूयते ।

"तत्प्राक्संग्यधिमासको यदि भवेत् तत्रत्यसांवत्सरं
तस्मिन् शुद्धतया क्षयेऽपि वचनात् कुर्याद्द्वयोः कोविदः" ।

इति निर्णयश्रवणात् । मासत्रयोक्तिरुपलक्षणम् । भाद्रपदोऽधिमास उदाहरणार्थत्वेनेति । इदमधिमासद्वयं क्षयश्च स्पष्टमानेनैव । मध्यममानेन क्षयमासो नोत्पद्यते । मध्यमसौरमासमानस्य मध्यमचान्द्रमासमानादधिकत्वात् ।

क्षयमासोदाहरणं सकलागमाचार्यगणेशदैवज्ञैः कृतं तत् प्रदर्श्यते । शकातीतकाले १४६२सौरपक्षे दर्शान्तसंक्रान्तयश्च । अत्र मासाः शुक्लादिकाः

* सूर्यसिद्धान्ते पाताधिकारे १४ श्लोको द्रष्टव्यः ।

वेद्याः । भाद्रकृष्णपक्षेऽमातिथिर्भौमे घटिकाः ४७ रव्युदयात् । तच्चोदयात् कन्यार्को जात एतासु घटीषु । एवं सर्वत्र वेद्यम् । आश्विने ३० गुरौ घ-१४ । तत्र तुलार्कः घ-२४ अधिमासोऽयम् । कार्त्तिके ३० शनौ घ ४८ वृश्चिकेऽर्कः घ-४९ । मार्गशीर्षवदि ३० रवौ घ ३० धनुष्यर्कः घ-४७ । पौषकृष्णा ३० भौमे घ-१६ मकरेऽर्कः घ ६ क्षयमासोऽयम् । माघवदि-३० गुरौ घ-३ चतुर्दश्यां घ-१४ बुधे कुम्भेऽर्कः घ-३३ ।

शाके १४६३ वैशाखोऽधिमासः ।

एवं च शके १६०३ सौरपक्षे भाद्रवदि-१४गुरौ घ-३ तत्र कन्यार्कः । भाद्रवदि-३० शुक्रे घ-३ । तत्र आश्विनवदि-३० शनौ घ-३५ तुलार्कः घ-५३ । अधिमासोऽयं । कार्त्तिकवदि-३० घ-१५ चन्द्रे वृश्चिकेऽर्कः घ-४७ । मार्गशीर्षवदि ३० बुधे घ-० धनुष्यर्कः घ-१६ । पौषवदि ३० गुरौ घ-४८ मकरेऽर्कः घ-३५ । क्षयमासोऽयम् ।

ततः शके-१७४४ भाद्रवदि १४ शनौ घ-२४ कन्यार्कः घ- ५६ । भाद्रवदि ३० रवौ घ-२४ । आश्विनवदि ३० भौमे घ-१ तुलार्क घ-२०, अधिमासः । कार्त्तिके ३० बुधे घ-४४ । मार्गशीर्षशुक्ल १ गुरौ वृश्चिकेऽर्कः घ-१६ । मार्गशीर्षवदि ३० शुक्रे घ-३२ धनुष्यर्कः घ-४५ । पौषवदि ३० रवौ घ २० मकरेऽर्कः घ-४ क्षयमासोऽयम् ।

एवं सौरपक्षे शके १८८५ आश्विनोऽधिमासः पौषः क्षयमासः ।

ततः शके २०२६ भाद्रपदोऽधिमासः पौषः क्षयः ।

ततः शके २०४५ भाद्रपदोऽधिमासः । माघः क्षयमासः । अत्रैकवार्षिकी शुद्धिर्यावद्गोकुभिः कुवेदेन्दुवर्षैर्वा गण्यते तदा तिथिस्थाने शून्यं भवतीति तैर्वर्षैः क्षयमाससंभव उक्तः ।

केचित्तु—

"सवितृमण्डलमेति यदा शशी तदनुसंक्रमणं कुरुते रविः ।
मखमहोत्सवनाशकरस्तदा मुनिवरैः कथितोऽधिकमासकः ॥"

इत्यादिवाक्यैर्योऽयमीदृशोऽधिकमासः स एव मलमहोत्सवादौ निषिद्ध इत्याहुः । अयमर्थः । योऽयं गणिते दर्शान्तः समायाति स किल रविचन्द्रबिम्बकेन्द्रयोगकालः । तस्मात् कालाद्रविचन्द्रबिम्बप्रान्तयोगो मानैक्यखण्डकलाकालेन पूर्वमासीद् भविष्यति च तदयत इति स कालः साध्योऽनुपातेन । यदि गत्यन्तरकलाभिः षष्टिघटिकास्तदा मानैक्यखण्डकलाभिः किमिति स कालो भवति । अनेन कालेन दर्शान्त ऊनितो युक्तश्च कार्यः स तु बिम्बस्पर्शमुक्तिकालयोरन्तरमिव रविचन्द्रबिम्बकालो भवति । अमुमेव मण्डलान्तमासमित्याहुः । मण्डलान्तमासानन्तरं चेद्रविसंक्रमणं तदाऽधिमासः सर्वकर्मसु निषिद्धो नान्यथाऽधिके निषिद्ध इति कर्मानुष्ठानोपयोगिकालप्रतिपादकग्रहगणितशास्त्रप्रवर्तकैर्मुनिभिरयं मण्डलान्तमासोऽधिकमासनिर्णयायादृतश्चेत् तदा को न न स्वीकुर्यात् । वेद एव धर्मे प्रमाणं नान्यदिति वादिनामृषीणां श्रुतिस्मृतिकर्मानुष्ठानोपयुक्तं यदेव स्मरणं तदपि वेदमूलकमेव । तस्मान्मण्डलान्तमास आर्षमूलकश्चेत् तदा प्रामाणिक एव किं बहुनोक्तेन । किं च ग्रहयुतौ ध्रुवाचीयमानसूत्रस्थयोरेव ग्रहयोर्योगो विवक्षितः । भेदयोगे च भूपृष्ठस्थदृक्सूत्रस्थयोरेव ग्रहयोर्योगो विवक्षितः । अत एव शाकल्ये भेदयोगे न दृक्कर्मदानं किं तु ग्रहयुतिकाले लम्बनदानमन्ययोगे च न लम्बनदानं किन्तु दृक्कर्मसंस्करणमुक्तम् ।

> "दृक्कर्मणैव तत्सिद्धेर्भग्रहग्रहसंयुतौ ।
> लम्बनावनती स्यातामपि सत्यन्तरद्वये ॥
> इष्टं लम्बनमन्यच्च यदिष्टाऽवनतिर्भवेत्"—इति ।

अमा सार्धे वसतः सूर्याचन्द्रमसौ यस्यां साऽमावास्येति शब्देन दर्शान्त उच्यते । अत्र दर्शान्तकाले भूगर्भाचीयमानमर्कोपरियत् सूत्रं तत्सूत्रस्थयोरेव रविचन्द्रयोर्योगः स्वीकृतः । तनोति विस्तारयति वर्धमानां क्षीयमाणां वा चन्द्रकलां यः कालविशेषः स तिथिश्

च्छेनोच्यत इत्यत्रापि भूगर्भाच्चीयमानमर्कं प्रति यत् सूत्रं यच्च भूगर्भाच्चन्द्रं प्रति नीयमानं तत्सूत्रयोरन्तरं यदा द्वादशभागमितं तदैकैका तिथिरिति मुनिभिः स्वीकृतम् । यत्र तेषां मुनीनां यादृशी गणितरचना तत्र स्थले तादृशोऽर्थस्तेषां संमतो विवक्षित इति गम्यते । यद्यन्यमुनिग्रन्थे विशेषो दृश्यते तदेदं मुनिकृतं सामान्यशास्त्रमिति गम्यत इति प्रागुक्तमेव । "पदे जुहोति"—इत्यनेनाहवनीये जुहोतीतिवत् । यथा च भेदयोगे दृक्कर्मसंस्कारो न कर्त्तव्य इत्यर्थप्रतिपादके न ग्रहणादन्ययोग इति शाकल्यवाक्येन नक्षत्रग्रहयोगेष्विति सर्वत्र प्राप्यमाणं सूर्यसिद्धान्तवाक्यमिव । एतेनाधिकमासनिर्णयाय दर्शान्ते लम्बनसंस्कृतिं स्वकपोलकल्पितां वदन्तश्चन्द्रग्रहणे च तिथौ दृक्कर्मसंस्कारं च वदन्तो निरस्ताः । अथ वा मुनिमतविरुद्धं वदन्तु नाम किं ममानेन तथाऽपि ।

"शाकल्यसंज्ञमुनिना निखिलं निबद्धं
 यद्वैस्तदेव विवृणोमि सवासनं स्वैः" ।

इति तेषां प्रतिज्ञाभङ्गो मम चित्तं चोभयति ।

"यद्यपि न भवति हानिः परकीयां चरति रासभे द्राक्षाम् ।
असमञ्जसमिति मत्वा तथाऽपि खलु खिद्यते चेतः ॥"

इति न्यायेन । किञ्च शीघ्रोच्चमन्दोच्चपाताख्यदेवताविशेषाः सौराविशास्त्रेपूक्तास्त्वया च नीचदेवताऽप्यधिका स्वीकृता ।

"ग्रहात् प्राग्भगणार्धस्थः प्राङ्मुखं कर्षति ग्रहम् ।
उच्चसंज्ञोऽपरार्धस्थस्तद्वत् पश्चान्मुखं ग्रहम् * ॥"

इत्यनेन किं न विरुध्यते ।

"दूरस्थितः स्वशीघ्रोच्चाद्ग्रहः शिथिलरश्मिभिः ॥
सव्येतराकृष्टतनुर्भवेद्वक्रगतिर्ग्रहः † ॥"

इत्यनेनापि नीचदेवतास्वीकरणं विरुध्यते । यथोच्चदेवतया ग्रह

* सूर्यसिद्धान्ते स्पष्टाधिकारे ४ श्लो. ।

† सूर्यसिद्धान्ते स्पष्टाधिकारे ५२ श्लो. ।

माकर्ष्यते तथा नीचेनाप्याकर्ष्यत इति त्वयोच्यते । तथा सति नीचमांनिध्ये न वक्रा गतिर्धनर्णवासनाप्रतिपादनं यन्मुनिभिरुच्यते तत्सर्वं त्वदुक्तनीचदेवतास्वीकारेण विरुध्यते । उच्चनीचदैवतयोस्तुल्यगतित्वेन विरुद्धदिग्जनितसमाकर्षणाद्ग्रहबिम्बस्वरूपमुन्मथ्येत निष्क्रियं वा प्रसज्जेत । किञ्चोच्चदेवतावशेनैवोपपद्यमानं ग्रहोर्ध्वाधरगमनं न स्वार्थे देवताद्वयं कल्पयति याम्योत्तरगतौ विक्षेपात्मिकायामेकस्य पातस्यैव कारणत्वेन कल्पितत्वात् । तस्मादिदमप्यसत् । किञ्च शनिकक्षोर्ध्वस्थस्य भचक्रस्य

"सममुडुभिरदृश्यैराङ्कितं दस्रभाद्यैः—"

इत्यनेनाभानप्रतिपादनं दृश्यमानानामश्विन्यादिनक्षत्राणां च चन्द्रकक्षास्थितत्वापादनं मुनिमतविरुद्धत्वादयुक्तत्वाच्चासत् । किञ्च भूमेराधाराकल्पनास्वीकरणं गणितशास्त्रप्रणेतृविरुद्धत्वादयुक्तम् । किञ्च गतेर्मन्दफलसाधने टीकाकारेण धनर्णव्यत्यास उक्तस्तत्र च मन्दकर्णवृद्धिह्रासयोः कारणत्वाभिधानं कृतं तदप्यसत् । किञ्च यष्टिसाधने शङ्कोच्चतौ च यद्दूषणं दत्तं तद्युक्तिशून्यत्वादसत् । उच्छास्त्रं स्वच्छन्दं प्रवर्त्तमानानामेवमादीनि दूषणान्येव भूषणानि भवन्तीति गुणा एव तेषां वक्तव्यास्त एव दूषणाय प्रभविष्यन्ति । यथा सौरचान्द्रान्तरेऽधिकमासाः पूर्वैः स्वीकृतास्तथा त्वया सौरसावनान्तरे चान्द्रसावनान्तरे वा न स्वीकृता इति तवायं गुणः । उक्तयुक्तेस्तुल्यत्वादिति । नक्षत्रानयनं स्थूलसूक्ष्मभेदेन धर्मशास्त्रफलादेशशास्त्रोपयुक्तत्वाद्द्विविधमादृतम् । तत् तु तथैव त्वयाऽप्यादृतमिति महान् गुणो वैषम्यस्वीकारात् । रविचन्द्रयोगाद्योगः साधितस्तदाऽन्यग्रहयोगाद्योगाः कुतो न भवन्तीति नोक्तमिति गुणः । ग्रहाणां स्पष्टीकरणे वैषम्याङ्गीकरणमपि भवतो गुणगणनार्थं प्रभवति । अथ यथा मुनिशास्त्रं तथैव मया स्वीक्रियत इति यदि ब्रूयात् प्रतिब्रूयादेनम् । किमर्थं तर्हि लम्बनदृक्कर्मा-व्यक्तमिति । ननु मुनिभिरनुक्तं बीजमपि भवद्भिः स्वीक्रियते तद्वन्मदुक्तलम्बनसंस्करणमधिमासार्थं स्वीक्रियतामिति चेत् । उच्यते । अस्मिन्

काले बीजमेतावत् तस्मिन् काले चेदर्मिति नोक्तं तथाऽपि बीजं संस्कार्यं ग्रहेष्वित्युक्तं मुनिभिः ।

"ध्यानग्रहोपदेशाद्बीजं ज्ञात्वा सुदैवज्ञैः ।
तत्संस्कृतग्रहेभ्यः कर्त्तव्यौ निर्णयादेशौ"—इति ॥

अत एव बीजं त्वयाऽपि स्वीकृतम् ।

"मुनिप्रणीते मनुजैर्दृश्यते क्वचिदन्तरम् ।
तदा तदेव संसाध्यं न कार्यं सर्वमन्यथा"—इति ॥

तथा सौरे—

"तत्तद्गतिवशान्नित्यं यथा दृक्तुल्यतां ग्रहाः ।
प्रयान्ति तत् प्रवक्ष्यामि स्फुटीकरणमादरात्"*—इति ॥

अत्र नित्यमिति स्फुटीकरणविशेषणं तेन नित्यं स्फुटीकरणं वक्ष्यामीति । तत्र स्फुटीकरणं द्विविधम् । एकं नित्यमन्यन्नैमित्तिकं च । तत्र नियतनिमित्तोपाधिना तुङ्गव्यवधानादिना क्रियमाणं नित्यमित्युच्यते । अनियतनिमित्तोपाधिना बीजवशेन क्रियमाणं नैमित्तिकम् । बीजाख्योऽपि कश्चन वायुविशेषोऽस्तीति कल्प्यते तत्संस्कारस्य दृष्टत्वात् उच्चपातादिदेवतावत् । स तु स्वच्छन्दगतिश्चन्द्रकक्षाप्रभृतिष्वष्टास्वपि कक्षासु भिन्नभिन्नजवेन कदाचिद्वाति कदाचिदेकस्यामेव कक्षायां वाति द्व्यादिकक्षायां वा कदाचित् कक्षाष्टकेऽपि न वाति । यन्मते मुनीनामतीन्द्रियार्थविज्ञाने शक्तिरस्ति तन्मते बीजजवस्य त्रैविध्यं स्वीकार्यम् । कल्पकाले या वास्तवा ग्रहशीघ्रमन्दोच्चपातानां भगणाद्या गतिस्तस्याः संख्याया एकरूपत्वमेवापेक्षितं वस्तुनि द्वैरूप्यासंभवात् । तस्याः कल्पगतेरनुपातसिद्धा यैकदिनजा गतिः साऽप्येकरूपैव । मुनिभिः कस्मिँश्चित् कालविशेषे योपलब्धा मध्यमा गतिः सा वास्तवगतेर्न्यूनाधिका दृष्टा । कल्पादितो वास्तवगत्या साधितग्रहेषु कल्पादित एव वास्तवोपलब्धगत्यन्तरानुपात-

* सूर्यसिद्धान्ते स्पष्टाधिकारे १४ श्लो० ।

सिद्धान्तरसंस्कारेण दृक्समत्वं बहुकालं दृष्टमिति प्रत्यक्षोपलब्धमध्यगत्यैव नूतनाः कल्पभगणाः शिष्याणां क्लेशो माभूदिति कल्पिताः । एवं बीजज-वशेनैव भगणानां भेदो जातः । इयं बीजगतिर्नियतोपाधावेवान्तर्गता ।

अत एव

"युगे युगे महर्षीणां स्वयमेव विवस्वता" * ॥

इति सूर्यसिद्धान्ते उक्तम् । किञ्च यन्मतेऽतीन्द्रियार्थविज्ञानं श्रुतित एव भवति तत्र तु ग्रहपातोच्चभगणानां संख्यानानात्वं वेदमूल-कमिति वेदितव्यम् । श्रुतावपि कथमनेकधा पाठ इति तत्रापीदमेवोत्तरं तत्तत्कालविशेषावच्छिन्नमध्यमगतिभिन्नत्वाभिप्रायेण वेदे नोक्तम् । किमि-ति वास्तवा एकविधा एव भगणा नोक्ताः कथमेवंविधा उक्ता इति वेदं कः पर्यनुयुज्यात् । तस्मादियं बीजगतिर्नियतोपाधावन्तर्गतेत्ययमेको भेदः । अत एव स्मर्यते यस्मिन् काले येन पक्षेण दृग्गणितैक्यं दृश्यते तस्मिन् काले स एव पक्षोऽङ्गीकार्य इति विषयव्यवस्था । अयं बीजगति-भेदो मनुष्यैः पार्थक्येन विवेक्तुं न पार्यते । कल्पादिकालादन्यस्माद्वा कालादुपचयापचयात्मकः कतिपयकाले नियतगतिर्द्वितीयो भेदः । यथा चाचार्यो वक्ष्यति "खाभ्रखार्कैर्हृताः कल्पयाताः समाः"—इति । अयं पार-म्पर्येणोपदेशान् मनुष्यैरपि ज्ञातुं शक्यते । संप्रति नवकलोनश्चन्द्रो दृक्सम इति तृतीयो भेदः । यथा च गणेशदैवज्ञैरुक्तम्—"अङ्कक्लिकोनाब्ज"†—इति । अयं च मनुष्यलक्ष्यः । "ध्यानग्रहोपदेशात्" इति पूर्वं यदुक्तं तदन-योर्भेदयोर्विषयः । वेधस्य चित्तैकाग्र्येण यन्त्रद्वारा ग्रहज्ञानं ध्यानग्रहशब्दे-नोच्यते । तस्मात् पारम्पर्योपदेशाच्चेत्यर्थः । तस्मादयं बीजाख्यवायु-विशेषः समस्तैर्व्यस्तैर्वा गतिभेदैर्ग्रहमुच्चं पातं वा नक्षत्रं बहून् सर्वान् वा चालयति । नक्षत्रध्रुवकस्यापि दृक्समत्वमिष्टम् ।

---

* सूर्यसिद्धान्ते मध्यमाधिकारे ८ श्लो० ।

† ग्रहलाघवे मध्यमाधिकारे १६ श्लो० ।

"गोलं बध्वा परीक्षेत विक्षेपं ध्रुवकं स्फुटम्" * ।

इति सूर्यसिद्धान्तोक्तेः । तस्माद्बीजसंस्करणमार्षशास्त्रमूलं लम्बनसंस्करणमधिमासनिर्णयार्थं दर्शान्ते न कार्यमार्षशास्त्रविरुद्धत्वादयुक्तत्वाद्द्य यावत्प्रामाणिकैरकृतत्वाच्चेत्यलमनया प्रसङ्गागततन्त्रान्तरदूषणकथाप्रस्तावनया ।

श्रीमत्कौण्डिण्यवासिकेशवसुतप्राप्तावबोधाद्बुधाद्-
भट्टाचार्यसुताद्दिवाकर इति ख्याताज्जनिं प्राप्तवान् ।
यः कृष्णस्तनयेन तस्य रचिते सद्वासनावार्त्तिके
सत्सिद्धान्तशिरोमणेः सुविषमो मध्यमाधिकारो गतः ॥

इति गणिताचार्यनृसिंहकृतौ मध्यमाधिकारः ।

मरीचिः—अथाहर्गणोत्पन्नग्रहाणां लङ्काभूगर्भमध्यार्कोदयासन्नकालीनानां स्वनिरक्षदेशभूगर्भमध्यार्कोदयासन्नकालीनकरणार्थं देशान्तरफलं विवक्षुस्तत्र तदानयनोपजीव्यं भूपरिधिं सविशेषं शार्दूलविक्रीडितेनाह प्रोक्त इति । भूगोलवृत्तपरिधिस्त्रयस्त्रिंशदूनपञ्चसहस्रयोजनमितः ४९६७ प्रोक्तः प्राचीनैर्मुनिभिर्न मयैव तु । ननु सिद्धान्तशेखरे ।

"योजनैः खखखबाणसंमितैर्भूमिगोलपरिधिः प्रकीर्त्तितः" ।

इत्यनेन ब्रह्मगुप्तादिभिश्च पञ्चसहस्रमितः संपूर्ण उक्तस्तत् कथमित्यतस्तदुत्तरं व्यासकथनव्याजेनाह तदित्यादि । तस्य भूगोलस्य वृत्तपरिधेर्व्यासो मध्यविस्तार एकोनविंशत्यूनषोडशशतयोजनमितः ।

तथा च सिद्धान्तशेखरे ।

"तस्य योजनमया च विस्तृतिर्भूभुजङ्गविषयामृतांशवः" ॥

इत्यनेन व्यासाद्विप्रतिपत्त्याऽतुल्या † ।

---

* सूर्यसिद्धान्ते नक्षत्रग्रहयुत्यधिकारे १२ श्लो॰ ।

† विशेषशरणः–विस्तृतिर्व्यास इति सिद्धान्तशेखरस्यमूर्ध्वंशाक्यमवलोक्यम् ।

"व्यासे भनन्दाग्निहते विभक्ते खबाणसूर्यैः परिधिस्तु सूक्ष्मः" ।

इति पाटीस्थप्रकारेण तदुक्तपरिध्यानयनप्रकारादतिसूक्ष्मेण यः परिधिः स एवेति निर्विवादः । एतदानयनस्य सूक्ष्मत्वं गणेशदैवज्ञैर्लीलावतीटीकायां दर्शितम् । एवं च ।

"भूनागतिथयः कर्णो भुवः खखरसाहतः ।
शशाङ्कनवचन्द्राप्तो भूवृत्त ... ..." ॥

इत्यादिलघुवशिष्टसिद्धान्तेऽङ्गीकाराच्च मदुक्त एव प्रमाणमत एव प्रोक्त इत्युक्तमिति भावः । योजनमानं तु पाटीपरिभाषोक्तमेव । ननु भुव एकत्वात् ।

"योजनानि शतान्यष्टौ भूकर्णो द्विगुणानि तु ।
तद्वर्गतो * दशगुणात् पदं भूपरिधिर्भवेत्" ।

इति सूर्यसिद्धान्ते ।

"तयैवाङ्गुलमानेन क्षितिपरिधिर्भवति योजनैर्मध्यः ।
चेतरवैः ६६२५ पूर्वापर उत्तरयाम्योऽथ वा तावान्" ॥

इतित्यार्यभटः ।

"खबामरा योजनवेष्टनं भुवो नभःशराभ्रक्षितयोऽस्य विस्तृतिः" ।

इति धीवृद्धिदे कथं परस्परं भूमाने भेद इत्यतो योजनं प्रतिजानीते अथेति । अत इत्यर्थः । भूमानाभेदार्थमिति यावत् । योजनमेकजातीययोजनप्रमाणेनान्यमतयोजनप्रमाणं प्रोच्यते । अभेदकर्त्तृरूपप्रकर्षद्वारा मयोच्यते नान्यैरुक्तमिति भावः । तदेवाह याम्योदगिति । भूवेष्टनं भूगोलवृत्तपरिधियोजनमानं प्रागुक्तम् । दक्षिणोत्तरेण वर्त्तमानयोः पुरयोः पलान्तरेण त्रिप्रश्नाधिकारोक्तप्रकारेण ज्ञातयोस्तद्देशीयाक्षांशयोर्यदन्तरं तेनेत्यर्थः । गुणितम् । द्वादशराश्यंशैः षष्ठ्यधिकशतत्रयेण भक्तम् । तद्भक्तस्य फलभक्तस्य । पुरान्तराध्वनोऽक्षांशान्तरेणोक्तदिशा स्वस्वभूपरिध्याश्रयेण

* विशेषवरणाः—अत्राकारच्छेदेन 'अदशगुणात्' किञ्चिच्चूनदशगुणादिति पूज्यचरणाः । एतदर्थं द्रष्टव्यः सुधावर्षिणीटीकोपेतः सूर्यसिद्धान्ते मध्यमाधिकारे ५९ श्लोकः ।

तयोरेव पुरयोरन्तराध्वनः केवलदक्षिणोत्तरभावेनान्तरयोजनमानस्य फलेन तुल्यं योजनम् । एकयोजनमानमिह चतुःक्रोशात्मकपाठ्युक्तयोजनमितं भूप्रदेशे ज्ञेयम् । तथा च मदुक्तयोजनमानात् तत्तदुक्तयोजनमानस्य न्यूनाधिकत्वाद्विसदृशं भूमानं भवत्यपि स्वयोजनेन तत्तन्मतेन योजनमानस्य स्पष्टरूपस्यासंपूर्णाङ्कस्य एकयोजनत्वाङ्गीकारेण सर्वसंमतं मदुक्तं भूपरिधिमानमित्यभेदः सुबोधः । अत एवार्यभटे पञ्चत्रोदशाङ्गुलमानेन क्रोशादिगणने भूमानाधिक्यं स्पष्टमिति नोक्तदोष इति भावः । एतेन तत्तद्देशे स्वसंकेतितमहल्लघुयोजनप्रमाणेन देशान्तरयोजनप्रमाणयोरभेदोऽपि सूचितः ।

अत्रोपपत्तिः । कश्चिद्गणितशास्त्रज्ञः कुतश्चिन्नगरात् पृथ्वीमानज्ञानार्थं सूर्यबिम्बकेन्द्रोदयकाले पूर्वां दिशं गन्तुं प्रवृत्तः । स यावद्योजनदशकं गतः सन् वालुकायन्त्रेणाहोरात्रषष्टिघटिकापरिपूर्णेन कालं गणयतिस्म तावत् तत्र सूर्योदयदर्शनकाले पूर्वसूर्योदयात् किञ्चिन्न्यूनषष्टिघटिका वृत्ताः । ततस्तेनेदं ज्ञातम् । यथा यथा यद्देशात् प्रागगच्छति तथा तथा तद्देशसूर्योदयकालात् पूर्वमेव सूर्योदयं पश्यतीति । पूर्णषष्टिघटिकास्तु यद्देशाच्चलितस्तद्देशसूर्योदयकाले भवन्तीति किञ्चिन्न्यूनषष्टिषट्न्यूनषष्टिघटिकाः पलात्मकाः ग्राह्याः । संपूर्णभूपरिधिभ्रमणं विना पुनः सूर्योदयासंभवात् सावनषष्टिघटीभिर्भूपरिधियोजनानि भवन्त्यतः पलात्मकैतदन्तरेण दश योजनानि तदा षष्टिघटीपल—३६००मितेन कानीति भूपरिधिः स्पष्टः । ततो लम्बज्ययाऽयं परिधिस्तदा त्रिज्यतुल्यलम्बज्यया क इति निरक्षदेशभूवृत्तपरिधिरुक्त उपपन्नः । पूर्वप्रकारेण निरक्षदेश एव भूपरिधिमानं साध्यमिति न लम्बज्याऽनुपातप्रयासो वेत्येकदेशिनः । परिधेः पाठ्युक्तप्रकारेण भूव्यास उक्तप्रमाणः सिद्धः । याम्योत्तरवृत्तेऽक्षांशानां सत्त्वादक्षांशान्तरं याम्योत्तरान्तरिततत्तद्देशयोर्याम्योत्तरवृत्ताकाशेऽन्तरांशा वृत्तांशभागेन परिधियोजनानां भूमौ सत्त्वात् । द्वादशराशिभागै-३६०-भूपरिधियोजनानि तदाऽक्षांशान्तरैः कानीत्यनुपातेन तदक्षां-

शीयदेशयोरन्तरयोजनानि स्वस्वभूपरिधिमानेन भवन्ति । एतानि केवलदक्षिणोत्तरान्तरेण भवन्तीति । पूर्वापरदक्षिणोत्तरान्तरस्थितयोरन्तरं कर्णरूपमक्षांशान्तरेण न भवतीति याम्योदक्पुरयोरिति पूर्वापरान्तराभावदेशयोर्ग्रहार्थमुपपन्नम् । अत एवाक्षांशतुल्यदेशयोरन्तरं दक्षिणोत्तरं शून्यमुक्तप्रकारेणोपलभ्यते । अन्यथा समाक्षांशदेशयोरन्तरस्य प्रत्यक्षत्वेनोक्तप्रकारस्य व्यभिचारापत्तेः । स्वाभिमतान्तरयोजनप्रमाणेन मानं भवति । अतः पुरान्तराध्वन इत्यनेन पराभिमततद्देशान्तरयोजनमानसंख्यायां संकेतात् सम्यगुक्तमभेदकर्त्तृयोजनमानम् । यद्यपीदं स्वभूपरिधिना परोक्तपरिधियोजनानि तदैकस्वयोजनेन कानीत्यनुपातेन लाघवात् सिद्ध्यति तथाऽपि लौकिके तद्देशविशेषेण महल्लघुयोजनमानस्य भिन्नत्वेन व्यवहारात् । तदभिप्रायेणाप्येकवाक्यतासंग्रहार्थमनया रीत्या प्रामाणिकगौरवस्यानुसरणं युक्तमेव । ननु तथाऽप्युक्तरीत्या पराभिमतभूपरिधिरपि युक्तः । तन्मतैकयोजने स्वाभिमतयोजनप्रमाणेन योजनमानस्य स्वतः सिद्धत्वात् । तथा च मुख्यः परिधिर्गणितार्थक उपयुक्त इति चेन्न ।

'वेश्मान्तः पतितेषु भास्करकरे चालोक्यते यद्रजः
स प्रोक्तः परिमाणुरष्टगुणितैस्तैरेव रेणुर्भवेत् ।
तैर्बालाग्रमथाष्टभिः कचमुखैर्लिक्षा च यूकाष्टभिः
स्यात् ताभिश्च तदष्टकेन च यवोऽष्टाभिश्च तैरङ्गुलम् ॥
तैः स्याद्द्वादशभिर्वितस्तिरुदितो हस्तश्च ताभ्यां पुन-
श्चापं हस्तचतुष्टयेन धनुषां क्रोशः सहस्रद्वयम् ।
एवं क्रोशचतुष्टयेन गदितं सांवत्सरैर्योजनं
कक्षा तद्ग्रहधिष्ण्यभूपरिधिना व्यासादिसंसिद्धये" ॥

इत्यादिप्रसिद्धपरिभाषायाः सर्वाभ्युपगमात् गोलाध्याये प्रत्यक्षप्रमाणेन गृहीत इति स्फुटमाचार्योक्तेश्चास्यैवोपयोगादिति संक्षेपः ॥ १ ॥

इदानीं भूपरिधिस्फुटीकरणं मध्यरेखां चाह ।

लम्बज्यागुणितो भवेत् कुपरिधिः स्पष्टस्त्रिभज्याहृतो

यद्वा द्वादशसंगुणः स विषुवत्कर्णेन भक्तः स्फुटः ।
यल्लङ्कोज्जयिनीपुरोपरि कुरुक्षेत्रादिदेशान् स्पृशत्
सूत्रं मेरुगतं बुधैर्निगदिता सा मध्यरेखा भुवः ॥ २ ॥

वा. भा.–अत्रोपपत्तिर्गोले ।

मरीचि–अथ भूपरिधेः स्पष्टत्वं देशान्तरफलसाधनहेतुभूतां मध्यरेखां च शार्दूलविक्रीडितेनाह लम्बज्यागुणित इति । प्रागुक्तो भूपरिधिः । अक्षांशोनन्नत्यंशानां वक्ष्यमाणप्रकारेण साधितज्यया गुणित इत्यर्थः । त्रिराशिज्यया परमज्यासंख्यया भक्तः स्पष्टो देशान्तरफलसाधनप्रयोजकः स्यात् । लम्बांशज्यासाधने श्रमाधिक्येन गौरवाल्लघुभूतं तत्साधनप्रकारान्तरमाह यद्वेति । सः पूर्वोक्तपरिधिर्विषुवत्कर्णेन विषुवद्दिनीयमध्याह्नच्छायायाः कर्णेन वक्ष्यमाणप्रकारज्ञातपलभावर्गयुतवेन्द्रेन्द्र–१४४ मूलेनेत्यर्थः । फलं स्फुटः प्रागानीत एव भवति । यत् लङ्कात उज्जयिनीपुरोपरिस्थितं कुरुक्षेत्रादिदेशान् स्पृशत् तत्तद्देशसंलग्नं मेरुगतं मेरुपर्वतमवधीकृत्य विद्यमानं सूत्रम् । लङ्कामेर्वोः पूर्वापरान्तराभावेन विद्यमानं समसूत्रम् । बुधैः सूर्यादिभिः ।

"राक्षसालयदेवौकःशैलयोर्मध्यसूत्रगाः" * ।

इति वचनेन भुवो लङ्कामेर्वन्तरावच्छिन्नभूगोलचतुर्थांशस्य सा सूत्रोपलक्षिता रेखा मध्यरेखा तच्छकलद्वयस्य सन्धिरित्यर्थः । निगदिता । तथा च लङ्कातो मेरुपर्यन्तं ये भूमिप्रदेशाः पूर्वापरान्तराभावेन सन्ति ते मध्यरेखादेशा देशान्तरफलोपयुक्ता इति पर्यवसन्नम् ।

तथा च श्रीपतिः ।

"लङ्का कुमारी नगरी च काञ्ची पानाटमद्रिश्च सितः षडास्यः ।
श्रीवत्सगुल्मं च पुरी ततश्च माहिष्मती चोज्जयिनी प्रसिद्धा ॥
स्यादाश्रमोऽस्मान्नगरं सुरम्यं ततः पुरं पट्टशिवाभिधानम् ।

* सूर्यसिद्धान्ते मध्यमाधिकारे ६२ श्लो. ।

श्रीगर्गराटं च सरोहितार्कस्थानेश्वरं शीतगिरिः सुमेरुः ॥

इतीव याम्योत्तरगां धराया रेखामिमां गोलविदो वदन्ति ।

अन्यानि रेखास्थितिभाञ्जि लोकैर्ज्ञेयानि तज्ज्ञैः पुटभेदनानि" इति ॥

अत्रोपपत्तिः । प्रागुक्तः सप्ताङ्गाङ्काब्धिमितः परिधिर्निरक्षदेशे । स्वदेशसम्बन्धी यः परिधिः स देशान्तरफलोपजीव्यत्वात् स्फुटः । ननु भुवः कन्दुकाकारत्वेन सर्वत्र तुल्यपरिधेः संभवाद्ध्रुवदभिमतो निरक्षदेशपरिधिः स्वदेशस्य न भवतीत्यपूर्वं त्वन्मुखाद्विगतं कथं युक्तमिति चेन्न । कन्दुकाकारत्वेऽप्येकप्रदेशस्य मध्यत्वकल्पनेन तत्स्थपरिधेरुक्तमानमितत्वसम्भवात् । तदितरभूप्रदेशे पूर्ववृत्तानुरोधेन कृतवृत्तस्य भिन्नत्वसम्भवायुक्तमेव । तथा हि लङ्कातो मेरोर्भूपरिधियोजनचतुर्थांशान्तरेण सत्त्वान्मेरुभूगर्भे मध्यं प्रकल्प्य भूव्यासार्धेन यद्वृत्तमुत्पद्यते तन्निरक्षदेशोपरीति तद्देशानामुक्त एव परिधिः । अत एव भूपृष्ठे भूपरिधिचतुर्थांशसूत्रस्य वृत्तकारणत्वं युक्तम् । अनयैव रीत्या स्वदेशमेर्वन्तरयोजनैर्मेरुमध्यं प्रकल्प्य भूपृष्ठे यद्वृत्तमुत्पद्यतेत्त तत्संलग्नभूप्रदेशस्येति स्वपरिधिस्ततो न्यून एवेति । एवं निरक्षदेशाद्वडवासन्नदेशे वडवामध्यकल्पने परिधिर्ज्ञेयः । तत्र निरक्षदेशाद्दक्षिणगोलार्धे वडवामध्ये मनुष्यसंचाराभावात् परिधिर्न कृतः । उत्तरभूगोलार्धे मेरुमध्येऽस्मदादीनां सञ्चारात् स्वपरिधिः साधितस्तदनुरोधेन उक्तरीत्या परमपरिधिः । परिध्यभावस्थाने निरक्षमेरू । तत्र क्रमेण लम्बांशपरत्वाभावत्वे वक्ष्यमाणयुक्त्या स्वतः सिद्धेऽतोऽशानुपातस्य वक्ष्यमाणयुक्त्याऽयुक्तत्वात् । त्रिज्यातुल्यलम्बज्ययोक्तः परिधिस्तदा स्वदेशलम्बज्यया क इत्यनुपातेनोपपन्नं लम्बज्येत्यादिप्रथमसाधनम् । द्वितीयोपपत्तिस्तु वक्ष्यमाणरीत्याऽक्षकर्णे द्वादशशङ्कुः कोटिस्तदा त्रिज्याकर्णे का कोटिरित्यनुपातसिद्धलम्बज्यास्वरूपेण पूर्वोक्तप्रकारे क्रियमाणे त्रिज्यातुल्यगुणहरयोर्नाशाद्द्वादशगुणोऽक्षकर्णभक्त इति सिद्धम् । निरक्षे द्वादशमिताक्षकर्णे यद्युक्तः परिधिस्तदेष्टदेशे तदधिकाक्षकर्णे क इति त्रैराशिकादुक्त-

प्रकारेणानीततदधिकपरिधेरसम्भवात् "इच्छावृद्धौ फले ह्रासः"-इत्युक्तेन व्यस्तत्रैराशिकेन वोपपद्यम् । निरक्षपरिधिना यथा भूगोलस्य दक्षिणोत्तर-शकले कृते तथा लङ्कामेरुवडवाग्निस्पृष्टवृत्तरूपतादृशपरिधिना भूगोलस्य पूर्वपश्चिमशकले स्तः । अयं याम्योत्तरवृत्ते परिधिर्भूगोलस्य मध्ये रेखारूपः सिद्धोऽपि लङ्कामेर्वन्तरावच्छिन्नभूप्रदेशे मनुष्यसञ्चारात् परिधि-चतुर्थांशरूपैव मध्यरेखोक्ता । अत एव निगदितेत्यनेनागम एवात्र प्रमाण-मित्यपि सूचितम् ॥ २ ॥

इदानीं देशान्तरमाह ।

यत्र रेखापुरे स्वाक्षतुल्यः पल-
स्तन्निजस्थानमध्यस्थितैर्योजनैः ।
खेटभुक्तिर्हता स्पष्टभूवेष्टने-
नोद्धृता प्राग्ऋणं स्वं तु पश्चाद्ग्रहे ॥ ३ ॥

वा. भा.-अत्रोपपत्तिस्त्रैराशिकेन गोलेऽभिहिता च ॥ ३ ॥

मरीचिः-अथ यदर्थमयमुद्योगस्तदेव स्रग्विण्याऽऽह यत्रेति । लङ्कातो मेरुपर्यन्तगतरेखयाऽवच्छिन्नं च यत् पुरं भूप्रदेशस्तत्र जात्यभिप्रायेणैकवच-नम् । तेन रेखीयभूप्रदेशेष्वित्यर्थः । यत्र यस्मिन् भूप्रदेशे विद्यमानः पलो विषुवद्दिनमध्याह्ने खस्वस्तिकात् सूर्यस्य याम्योत्तरवृत्ते यैरंशैर्नतस्तन्मान-रूपः स्वाक्षतुल्यः स्वदेशीयाक्षांशतुल्यो भवति । तत् तादृशरेखाभूप्रदेशो निजस्थानतत्पूर्वापरविभागस्थिततादृशस्वेष्टभूप्रदेशः । तयोर्मध्येऽन्तरे स्थितैर्विद्यमानैर्योजनैरुक्तमानगणितज्ञातयोजनसंख्याभिर्ग्रहगतिः प्रागुक्ता गुणिता साधितस्पष्टभूपरिधियोजनमानेन भक्ता । फलं यदाद्या गति-स्तदादिकं देशान्तराख्यं ग्रहेऽहर्गणानीते प्रागुक्ते । प्राक् रेखातः पूर्वविभागे देशे हीनं पश्चिमविभागे युतं कार्यम् ।

अत्रोपपत्तिः । अहर्गणोत्पन्नग्रहाणां लङ्कामध्यमार्कोदयकालासन्न-कालिकानां स्वनिरक्षभूगर्भतात्कालिकत्वार्थं यत् फलं तद्देशान्तरं पूर्वा-

परमित्युच्यते । स्वेष्टदेशस्य लङ्कादिनिरक्षदेशेषु यन्निरक्षभूप्रदेशेन लङ्कारेखादेशयोरिव पूर्वापरान्तराभावः स स्वनिरक्षदेशश्च । तत्र तत्फलज्ञानार्थं लङ्कास्वदेशनिरक्षयोरन्तरयोजनानि निरक्षदेशपरिधिस्थानि ग्राह्याणि । अस्मादृशां तत्र संचाराभावादेषां ज्ञानार्थं लङ्कातः पूर्वापरान्तराभावावच्छिन्नस्वस्पष्टपरिधिसंलग्नरेखाभूप्रदेशात् स्वदेशपर्यन्तं स्पष्टपरिधिस्थान्यन्तरयोजनानि ज्ञातव्यानि । तत्रैतादृशरेखाभूप्रदेशज्ञानं स्वक्षांशसमत्वेन विषुवद्दिनमध्याह्ने सूर्यस्य स्वमध्याद्याम्योत्तरवृत्ते तुल्यांशैस्तद्देशयोर्नतत्वात् । लङ्कातद्रेखाप्रदेशान्तरयोजनानामेव स्वनिरक्षस्वदेशयोरन्तरत्वान्निरक्षभूपरिधितुल्यतद्याम्योत्तरभूवृत्तपरिधियोजनैर्भगणांशास्तदाऽन्तरयोजनैः केंऽशा इत्यनुपातेनागताक्षांशतुल्यल्यत्वाच्च । अन्यथा स्पष्टपरिधिस्थत्वं रेखास्वदेशयोर्न स्यात् । अत एवाक्षांशतुल्यमात्रोक्तेनातिप्रसङ्गभयाद्रेखापुरमित्युक्तम् । सिद्धान्तशेखरे तु पञ्चसहस्रमितभूपरिध्यङ्गीकारेण ।

"तिर्यक्स्थितं स्वपुटभेदनतोऽध्वमित्या
  रेखास्वपत्तनमवेत्य जनप्रसिद्ध्या ।
स्वस्थानतत्फलवियोगलवाः शरार्कैः
  क्षुण्णा हृता नवभिराप्तकृतिर्विशोध्या ॥
विज्ञातयोजनकृतिः पदमात्मधाम-
  रेखान्तरालतनुयोजनकर्णमाहुः" ॥

इत्यनेन देशान्तरयोजनज्ञानं युक्तियुक्तमुक्तम् । अथैभ्यः स्पष्टपरिधिप्रमाणेनैतानि तद्रेखादेशस्वदेशान्तरयोजनानि तदा निरक्षदेसपरिधिप्रमाणेन कानीत्यनुपातेन लङ्कास्वनिरक्षदेशान्तरयोजनानि भवन्ति । ततो निरक्षभूवृत्तपरिधिप्रमाणेनोदयसंभवादेकसावनदिनीयतद्योजनैर्गतिकलास्तदा लङ्कास्वनिरक्षदेशान्तरपूर्वसिद्धयोजनैः का इत्यनुपातेन निरक्षदेशपरिधेस्तुल्यगुणहरत्वेन नाशात् तादृग्रेखादेशस्वदेशान्तरयोजनसंख्यागुणिता गतिः स्पष्टभूपरिधिमानभक्तेति सिद्धम् । अथेदं

लङ्कादेशात् स्वनिरक्षदेशस्य पूर्वभागे स्थितत्वेन पश्चिमाभिमुखप्रवहा-
निलसंचलितसूर्यस्योदयो लङ्कोदयात् पूर्वकाल इति तत्कालीनकरणागतं
फलं ग्रहे हीनम् । एवं पश्चिमविभागेऽग्रिमकाल इति सुलम् ।
अहर्गणोत्पन्नग्रहाणां तदुदयासन्नकालिकत्वात् स्वनिरक्षदेशोदयासन्नकाल
एव सिद्ध्यन्ति । यथा मद्रूपरेखादेशात् स्वदेशस्य पूर्वपश्चिमविभा-
गयोः स्थितत्वं तथा स्वनिरक्षदेशस्य लङ्कात इति सर्वमुपप-
न्नम् ॥ ३ ॥

इदानीं देशान्तरघटिका आह ।

प्राग्भूविभागे गणितोत्थकाला-
दनन्तरं प्रग्रहणं विधोः स्यात् ।
आदौ हि पश्चाद्विवरे तयोर्या
भवन्ति देशान्तरनाडिकास्ताः ॥ ४ ॥
तद्घ्नं स्फुटं षष्टिहृतं कुवृत्तं
भवन्ति देशान्तरयोजनानि ।
घटीगुणा षष्टिहृता द्युभुक्तिः
स्वर्णं ग्रहे चोक्तवदेव कार्यम् ॥ ५ ॥
अर्कोदयादूर्ध्वमधश्च ताभिः
प्राच्यां प्रतीच्यां दिनपप्रवृत्तिः ।
ऊर्ध्वं तथाऽधश्चरनाडिकाभी
रवावुदग्दक्षिणगोलयाते ॥ ६ ॥

वा.भा.—यः किल मध्यरेखाया अपरिज्ञानात् ततः प्राक् पश्चाद्वा
स्थितोऽस्मीति न वेत्ति तेनैवं ज्ञातव्यम् । विधुग्रहणदिने घटिकायन्त्रेण
स्पर्शकाले रात्रिगतं ज्ञेयम् । अथ च गणितेन स्पर्शकालो ज्ञेयः । गणितो-
त्थकालादनन्तरं प्रग्रहणं यदि दृष्टं तदा द्रष्टा रेखातः प्राग्भूविभागे । यतो
द्रष्टा यथा यथा रेखातः प्राग्व्रजति तथा तथा रेखोदयात् प्रागेवार्कोदयं

पश्यति । इतोऽन्यथा चेत् तदा पश्चाद् दृष्टा । दृग्ग्रहणप्रग्रहणकालयोरन्तरं देशान्तरघटिकास्ताभिर्गुणितं षष्ट्या हृतं स्पष्टभूवेष्टनम् । एवमनुपाताद्देशान्तरयोजनानि । अथ वा किं योजनैः । यदि घटीषष्ट्या गतिर्लभ्यते तदा देशान्तरघटीभिः किमित्येवं यत् फलमुत्पद्यते तत् प्रागृणं पश्चाद्धनमिति युक्तमुक्तम् । तथा प्राच्यां ताभिर्घटीभिर्दिनवारप्रवृत्तिरर्कोदयादूर्ध्वं भवति । प्रतीच्यां तु तस्मादधः । यतो लङ्कोदये वारादिः । अत एव च रवावुत्तरगोलस्थे चरार्धघटिकाभिरूर्ध्वम् । यतस्तदोन्मण्डलं क्षितिजादूर्ध्वम् । दक्षिणे त्वधोऽतस्तत्रोदयादधो वारप्रवृत्तिरिति सर्वं निरवद्यम् ॥ ४ ॥

मरीचिः—ननूच्चावचभूमौ तादृशयोजनानां सूक्ष्मत्वेन ज्ञानासंभवादस्मादृशां देशान्तरगणनाया अशक्यत्वाच्च कथं तदुपजीव्यफलज्ञानं तत्संस्कारार्थं च रेखापूर्वापरयोः स्वदेशे स्पष्टत्वं च कथं ज्ञेयमत उपजातिकाभ्यामाह प्रागभूविभाग इति । गणितोत्थकालात् देशान्तरयोजनफलसंस्कारं विना वक्ष्यमाणप्रक्रियानीतस्पर्शमध्यमोक्षकालीनभूपृष्ठरात्रिगतघटिकामितेश्चन्द्रस्य प्रग्रहणं स्पर्शमध्यमोक्षरूपं यथायोग्यमुत्तरकाले स्यात् । दृष्टं चेत् स्यात् तदा स्वदेशो रेखातः पूर्वभूमिप्रदेशेऽस्तीति ज्ञेयम् । इत्यसंशयम् । आदौ पूर्वकाले चेद्दृष्टं तदा स्वदेशः पश्चिमप्रदेशे । ननु रेखापूर्वापरयोरवस्थितिज्ञानेऽपि योजनज्ञानाभावात् तत्फलज्ञानं न स्यादत आह विवर इति । तयोर्गणितागतभूपृष्ठरात्रिस्पर्शादिघटिकास्वसूर्यास्तगणितप्रत्यक्षस्पर्शादिघटिकयोरित्यर्थः । अन्तरे मध्ये या यत्संख्याकाः । ता घट्यो देशान्तरघटिकाः प्रत्येकं समा भवन्ति । ननु तथाऽप्युपजीव्याज्ञानमत आह तद्घ्नमिति । कुवृत्तं भूपरिधियोजनमानं पूर्वानीतं स्पष्टम् । तद्घ्नं देशान्तरघटीभिर्गुणितं षष्टिभक्तं फलं स्वरेखास्वदेशयोर्मध्यस्थानि योजनानि भवन्ति । अथ लाघवाद् देशान्तरफलस्य तद्व्यतिरेकेणैव सिद्धत्वाद्योजनैरपि किं प्रयोजनमित्याह घटीत्यादि स्पष्टम् । ननु योज-

नानीतफलस्य ग्रहे उक्तरीत्या संस्कारस्योचितत्वाद्देशान्तरघटीसाधितफलं कथं ग्रहे संस्कार्यम् । प्रकारभेदेन भिन्नत्वादत आह स्वर्णमित्यादि । चो वाऽर्थे । उक्तयद्योजनानीतफलसंस्काररीत्या । एवकारस्तदन्यरीतिव्यवच्छेदार्थः । उभयप्रकारेण फलमानस्य तुल्यत्वादभेद इति भावः ।

अत्रोपपत्तिः । देशान्तरसंस्कारं विना चरसंस्कारेण ग्रहस्य वक्ष्यमाणयुक्त्या स्वरेखादेशे सिद्धत्वेन तत्साधितस्पर्शादिघटिका रेखादेशे भवन्ति । प्रत्यक्षस्पर्शादिकाले स्वार्कास्तकालाद्घट्यादियन्त्रेण ज्ञातघटिकाः स्वदेशे प्रत्यक्षसिद्धाः । चन्द्रस्पर्शादिग्रहणस्य सर्वदेशे एककालीनत्वाद्रेखातः पूर्वदेशे प्रथममुदयास्तयोः प्रतिपादनात् । स्पर्शादिकाले गणितस्वरेखादेशघटिकाभ्यः स्वदेशघटिका अधिका एव भवन्ति । एवं पश्चिमदेशे तदुत्तरकाले उदयास्तयोः सिद्धत्वेन गणितागतस्वरेखाघटीभ्यो न्यूनाः स्वदेशघटिका भवन्ति । तद्घट्योरन्तरं प्रत्येकं तदुदयास्तयोरन्तरघटिका इति देशान्तरघटिकाः सिद्धाः । सूर्यस्पर्शादिरूपग्रहणस्य सर्वदेशे एककालीनत्वाभावादनियमाच्च विधोरिति सूर्योदयद्वयान्तररूपसावनषष्टिघटीभिः स्पष्टभूपरिधियोजनानि तदा देशान्तरघटीभिः कानीत्यनुपातेन रेखास्वदेशयोरन्तरयोजनानि । एतद्रीत्यैव षष्टिघटीभिरेकदिनीयगतिभोगस्तदा देशान्तरघटीभिः क इत्यनुपातेन योजनानुपजीव्येन देशान्तरफलानयनं युक्तम् । अस्य पूर्वानीतफलरूपत्वादभेदेनोक्तवत् संस्कारः । अतः प्राग्भूविभाग इत्यादिश्लोकद्वयमुपपन्नम् ॥ ४·५ ॥

मरीचिः—ननु देशान्तरफलसंस्कारेण ग्रहाणां स्वनिरक्षोदयासन्नकालीनानां संभवात् तत्कालान्तरघटिका देशान्तरघटिका भवन्तु युक्ताः परन्तु तयोर्या भवन्ति देशान्तरनाडिकास्ता इत्यनेन कथं युक्ता इत्युपपत्तिज्ञानहीनानां शङ्कापरिहारमुपजातिकया धारप्रवृत्तिनिरूपणव्याजेनाह अर्कोदयादिति । ताभिर्विवरे तयोर्या भवन्तीत्यनेन ज्ञातघटिकाभिः । अर्कोदयात् सूर्यमण्डलकेन्द्रस्वक्षितिजप्राक्प्रदेशसंयोगकालादूर्ध्वमधि-

मकालेऽधः पूर्वकाले । क्रमेण प्राच्यां प्रतीच्यां रेखादेशात् पूर्वपश्चिमविभागस्थितदेशयोर्दिनप्रवृत्तिर्वारस्यादिर्भवति न तु दिनारम्भरूपस्वसूर्योदये । विशेषान्तरमाह ऊर्ध्वमिति । तथा यथा प्राक्पश्चिमयोर्देशान्तरघटीभिः स्वसूर्योदयाद्वारप्रवृत्तिस्तथेत्यर्थः । उदग्दक्षिणगोलयाते "*स सौम्यगोलो भदलं यदाद्यं याम्योऽपरम्"-इति वक्ष्यमाणमेषादिषड्भतुलादिषड्भरूपोत्तरदक्षिणगोलयोर्याते गते प्राप्ते रवौ सायनादेव गोलप्रवृत्तेः सायनसूर्ये उत्तरदक्षिणगोलयोरित्यर्थः । चरनाडिकाभिर्वक्ष्यमाणचरघटीभिः क्रमेण । स्वसूर्योदयादूर्ध्वमधश्च वारप्रवृत्तिः । तथा च स्वदेशे पूर्वस्थे देशान्तरघटीभिरूर्ध्वं वारप्रवृत्तिरिति सिद्धेऽपि तच्चोत्तरगोले चरघटीभिरप्यूर्ध्वमिति चरदेशान्तरघटीयोगघटीभिरूर्ध्वं वारप्रवृत्तिः स्वसूर्योदयादये वारप्रवृत्तिः सिद्धा । दक्षिणगोले चरघटीभिरध इति तदन्तरेणोर्ध्वाधः शेषवशात् स्वार्कोदयादग्रिमपूर्वकालयोः । एवं स्वदेशे पश्चिमस्थे दक्षिणगोले चरदेशान्तरघटीयोगतुल्येन स्वसूर्योदयात् पूर्वम् । उत्तरगोले तदन्तरेणोर्ध्वाधः शेषवशादग्रिमपूर्वकालयोः स्वसूर्योदयादिति निर्गलितार्थः ।

"लङ्कोदग्याम्यसूत्रात् प्रथममपरतः पूर्वदेशे च पश्चा-
दूर्ध्वस्थाभिर्घटीभिः सवितुरुदयतो वासरेशप्रवृत्तिः ।
ज्ञेया सूर्योदयात् प्राक् चरशकलभवैश्चासुभिर्याम्यगोले
पश्चात् तैः सौम्यगोले युतिवियुतिवशाच्चोभयोः स्पष्टकालः" ॥
इति सिद्धान्तशेखरोक्तेश्च ।

-एवं च निरक्षदेशे चराभावात् पूर्वार्धेनैव वारप्रवृत्तिज्ञानाद्देशान्तरघटीनां वक्ष्यमाणयुक्त्या स्वनिरक्षलङ्कादेशयोः सूर्योदयकालान्तरत्वप्रतिपादनात् तद्व्यवहाराधिकरणकालान्तरत्वमर्थसिद्धमिति देशान्तरघटीनां तद्रूपत्वमेवेति न क्षतिरिति भावः ।

* ग्रहगणिते त्रिप्रश्नाधिकारे ३१ श्लो० ।

अत्रोपपत्तिः । सृष्ट्यादौ लङ्कासूर्योदयादेव सर्वत्र प्रथमं वारप्रवृत्तेः "लङ्कानगर्यामुदयाच्च"इत्यनेन प्रतिपादनात् तदनुरोधेन प्रतिदिनमपि सर्वत्र लङ्कासूर्योदयकाले वारप्रवृत्तिः ।

तथा च ब्रह्मगुप्तः ।

"जगति तमोभूतेऽस्मिन् सृष्ट्यादौ भास्करादिभिः सृष्टैः ।
यस्माद्दिनप्रवृत्तिर्दिनवारोऽर्कोदयात् तस्मात्"–इति ॥

इति ।

सिद्धान्तशेखरेऽपि ।

"सृष्टेर्मुखे ध्वान्तमये हि विश्वे ग्रहेषु सृष्टेष्विनपूर्वकेषु ।
दिनप्रवृत्तिस्तदधीश्वरस्य वारस्य तस्मादुदयात् प्रवृत्तिः"-इति ॥

नन्वेवम् ।

"केचिद्वारं सवितुरुदयात् प्राहुरन्ये दिनार्धाद्
भानोरर्धास्तमयसमयाद्रूचिरे केचिदेवम् ।
वारस्यादिं यवननृपतिर्दिङ्मुहूर्ते निशायां
लाटाचार्यः कथयति पुनश्चार्धरात्रे स्वतन्त्रे" ॥

इत्युक्तेन वारप्रवृत्तेरनेककालप्रतिपादनाल्लङ्कासूर्योदयकाल एव कथमुक्त इति चेन्न । लङ्कासूर्योदयकालं विना मध्याह्नादिषु वारप्रवृत्तिः । व्यवहारस्य लोकेऽभावादेतद्वचनस्यार्षमूलकत्वाभावेनोपेक्षणीयत्वाल्लङ्का-सूर्योदयकाले यद्देशेषु मध्याह्नाद्युक्तकाला भवन्ति तद्देशपरत्वेन तस्यो-क्तत्वाद्वा । अथ यद्यपि मध्याह्नास्तमनरात्रिदिङ्मुहूर्तकालानामार्षमूलक-त्वाभावेन भवदभिमतार्थसिद्धिस्तथाऽपि लङ्कार्धरात्रस्य वारप्रवृत्तिरूपस्य समूलत्वाद्विरोधः ।

"वारप्रवृत्तिः प्राग्देशे क्षपार्धेऽभ्यधिके भवेत् ।
तद्देशान्तरनाडीभिः पश्चादूने विनिर्दिशेत्* ॥"

---

* सूर्यसिद्धान्ते मध्यमाधिकारे ६६ श्लो॰ ।

"वारप्रवृत्तिर्लङ्कायां मध्यरात्रे भवेत् ततः ।
ऊर्ध्वमर्वाक् प्राक् प्रतीचो तद्देशान्तरसंज्ञकैः" ॥

इति सूर्यरोमशवचनयोः प्रसिद्धत्वात् ।

अत एव—

"सूर्याद्यो वासराधीशो लङ्कायामार्धरात्रिकः ॥
सिद्धपूर्यां तु मध्याह्ने यमकोट्यामिनोदये ।
वारप्रवृत्तिः संध्यायां रोमकायामिति स्थितिः" ॥

इति सोमसिद्धान्तोक्तं युक्तम् । लङ्कार्धरात्रकाले सिद्धपुरयमकोटि-रोमकदेशेषु मध्याह्नसूर्योदयास्तकालानां क्रमेण संभवादिति चेन्न । एत-न्मते लङ्कार्धरात्रे वारप्रवृत्ते"लङ्कायामार्धरात्रिकः सावनो द्युगणः"-इत्य-नेनाङ्गीकारादहर्गणस्य शुद्धाशुद्धज्ञानार्थं मध्यरात्रादेव वारप्रवृत्तेरुपजी-व्यत्वेनाभिधानात् ।

"सप्तभिः क्षयितः शेषः सूर्याद्यो वासरेश्वरः"* ।
इति स्फुटमुक्तेश्च ।
"सावनो द्युगणः सूर्यादित्यं योऽसौ नगैर्हृतः" ।

इति सोमसिद्धान्ताच्च । यथा मूलकारेणाहर्गणानीतग्रहाधिकारणा कालो वारप्रवृत्तिकथनेन स्वदेशे उक्तस्तथा सूर्यादिभिरपि स्वाभिमतार्ध-रात्रिकालः पूर्वापरदेशान्तरपलैरेव साधयित्वा वारप्रवृत्तिसंज्ञ उक्तो न तु वस्तुभूतवारप्रवृत्तिरूपेण । तत्र तदभिज्ञानामपि तथाविधव्यव-हाराभावादबहुसंमतत्वाच्च । न च लङ्कासूर्योदयकालोऽप्युक्तरीत्या तथेति वाच्यम् ।

"वारप्रवृत्तिः सर्वेषां लङ्कायां भास्करोदयः" ।
"प्रभाकरस्योद्गमनात् पुरे स्याद्वारप्रवृत्तिर्दशकन्धरस्य" ।

---

* सूर्यसिद्धान्ते मध्यमाधिकारे ५१ श्लो० ।

इति कश्यपवशिष्ठवचनाभ्यां लङ्कासूर्योदयकालस्य वस्तुभूतस्यैव वारप्रवृत्तिरूपत्वात् । न चानयोः सर्वेषां मते लङ्कायां सूर्योदयो लङ्कायां वारप्रवृत्तिकालस्तेन स्वसूर्योदयः स्वदेशे वारप्रवृत्तिकालः । "वारः स्वदेशार्कोदयादितः"—इति लघुवसिष्ठोक्तेरित्यर्थ इति वाच्यम् ।

"वारप्रवृत्तिविज्ञानं सर्ववारार्थमेव हि ।
अखिलेष्वन्यकार्येषु दिनादिरुदयो भवेत्" ॥

इति वसिष्ठसंहितावचनोक्तविषयव्यवस्थ्याऽनुपपत्तेः । भास्करोदयो वारप्रवृत्तिरित्यनेन स्वसूर्योदयः स्ववारप्रवृत्तिरित्यर्थलाभाल्लङ्कायामित्यस्य व्यर्थतापत्तेश्च । तस्माल्लङ्कायां यः स काल एव वारप्रवृत्तिः सर्वेषां लोकानां भवतीति तदर्थो युक्तः । अत एव लघुवसिष्ठसिद्धान्ते-

"... ... ... द्विजागणाः ।
लङ्कायां यमकोट्यां च सिद्धपुर्यां च रोमके ॥
अर्धरात्रोदयौ तद्वद्दिनार्धास्तमयौ तथा" ।

इति यहोपजीव्यत्वेनाहर्गणसाधनोत्तरं सूर्यसिद्धान्तानुसारेण सोमसिद्धान्तवदुक्त्या "स्वदेशार्कोदयादितः"—इत्यस्यार्थे स्पष्टगत्यध्याये

'देशान्तरचरग्राह्यैः स्वदेशार्कोदयः स्फुटः" ।

इति वारप्रवृत्तिरूपं विवरणमुक्तम् । अन्यथा वृद्धवसिष्ठसिद्धान्ते देशान्तरचरसंस्कारफलैः स्वदेशे लङ्कासूर्योदयकालस्य वारप्रवृत्तिरूपस्य साधनं व्यर्थं स्यात् । यत् तु लङ्कारसूर्योदयादेव वारवारादिप्रवृत्तेस्तत्सूर्योदयकालादेव वारप्रवृत्तिरित्येव युक्तम् । कश्यपवचनस्य सर्वेषां मतेन लङ्कायां यः सूर्योदयः स कालो वारप्रवृत्तिर्देशस्यानुद्दिष्टत्वात् सर्वेषां तदैव वारप्रवृत्तिरित्यर्थाच्च । एवं चोदयकाले वारप्रवृत्तिवाक्यानि लङ्कोदयाभिप्रायिकाणि मध्याह्ने यानि यमकोट्यभिप्रायेणास्ते यानि तानि सिद्धपुराभिप्रायेणार्धरात्रे तानि रोमकाभिप्रायेणोदये । लङ्कोदयकाले हि यमकोटिसिद्धपुररोमकेषु क्रमेण मध्याह्ना-

स्समनार्धरात्राः संभवन्ति । पूर्वापरसूत्रवृत्ते परिधिचतुर्थांशान्तरेण स्थितत्वात् ।

अत एव शाकल्यसंहितायाम् ।

"यमकोटी च लङ्का च रोमकं सिद्धपूर्यपि" ।

इति प्रथममुक्त्वाऽपे—

"मध्योदयार्धरात्र्यस्तकाले वारः प्रजायते" ।

इत्युक्तम् । सूर्यसिद्धान्तोक्तस्यापि लङ्कासूर्योदयकाले वारप्रवृत्तिरित्यर्थसिद्धेः ।

तथाहि—"तत् ततः स्वीयार्धरात्रस्य मिश्रसंज्ञस्य"-परामर्शादर्धरात्रादये संबन्धः । तपार्धशब्देन निरक्षदेशीयार्धरात्रमानं पञ्चदशघटिकात्मकम् । तथा च रेखातः पूर्वदेशे देशान्तरघटीभिर्युक्ते पञ्चदशघट्यात्मके पश्चिमदेशे हीने । तस्मात् स्वीयार्धरात्रसंज्ञमिश्रकालादये वारप्रवृत्तिः । एवं च स्वीयार्धरात्रपञ्चदशघटिकायोगो देशान्तरसंस्कृतः कार्य इति सिद्धमतो न विशेषः । एवं सोमसिद्धान्तोक्तस्याप्यर्धरात्रिको रोमकदेशीयार्धरात्रिको लङ्कासूर्योदय इत्यर्थाल्लङ्कायां वारप्रवृत्तिः । सिद्धपुरे यमकोटिमध्याह्ने यमकोट्यां लङ्कासूर्योदये रोमके सिद्धपुर्यस्तकाले । न च रोमकोक्तवचनस्यैतादृशार्थेऽपि चासंस्कारानुक्तत्वेनासंगतमिति वाच्यं विपुवद्दिनविषयत्वात् । तस्माल्लङ्कासूर्योदयकाले वारप्रवृत्तिरिति निर्विवादमिति । तत्र लङ्कार्धरात्र एव चारवारादिप्रवृत्तिस्तत्रैव वारप्रवृत्तिर्युक्ता । तेन सूर्यसिद्धान्तोक्तयथाश्रुतार्थस्य साधुत्वात् । सोमसिद्धान्तोक्तं यथाश्रुतं युक्तम् । कश्यपवसिष्ठशाकल्यवचनेन लङ्कासूर्योदयबोधकानां यथासंभवमर्थो भवेदुक्तरीत्या ज्ञेयस्तेन लङ्कार्धरात्रकालस्यैव वारप्रवृत्तित्वमिति विपरीतस्यापि सुवचत्वात् । स कालः स्वदेशे साध्यः । तत्र स्वनिरक्षदेशे प्रथमं तज्ज्ञानम् । चन्द्रग्रहणोक्तदिशाऽऽनीतस्वदेशस्वरेखार्कोदयान्तररूपदेशान्तरफलेनाहर्गणोत्पन्नग्रहाणां संस्काराद-

पि स्वनिरक्षदेशे संभवाद्देशान्तरघटीतुल्यमेव लङ्कास्वनिरक्षदेशार्कोदययोरन्तरम्। तत्र लङ्कातः प्राच्यां स्वनिरक्षदेशे लङ्काक्षितिजात् पूर्वभागे स्वक्षितिजमधः पश्चिमभागे उपरि ध्रुवद्वये लङ्कास्वनिरक्षदेशक्षितिजयोस्तुल्यवृत्तयोः संयोगात् । अतः प्राच्यां स्वनिरक्षदेशे तत्सूर्योदयाद्देशान्तरघटीभिरग्रिमकाले लङ्कासूर्योदयः । एवं पश्चिमदेशे लङ्काक्षितिजात् पूर्वभागे स्वनिरक्षक्षितिजमूर्ध्वं पश्चिमभागे त्वध इति स्वनिरक्षदेशसूर्योदयाद्देशान्तरघटीभिः पूर्वकाले लङ्कासूर्योदयः। अथ स्वदेशे स्वनिरक्षदेशक्षितिजादुन्मण्डलाख्यात् स्वक्षितिजमुत्तरगोले त्वधः दक्षिणगोले तूर्ध्वम् । अतस्तदवधीभूतस्वनिरक्षदेशार्कोदय उक्तः। दक्षिणगोलयोः स्वार्कोदयादूर्ध्वमधश्च क्रमेणेत्युपपन्नमर्कोदयादित्यादि यथोक्तम् । तथा च स्वदेशे पूर्वभागे उत्तरगोले स्वसूर्योदयाद्देशान्तरचरयोगघटीभिरूर्ध्वं लङ्कासूर्योदयो दक्षिणगोले तदन्तरघटीभिर्देशान्तरचरशेषवशादूर्ध्वमधः । पश्चिमभागे उत्तरगोलेऽन्तरघटीभिर्देशान्तरचरशेषवशादध ऊर्ध्वं पश्चिमदेशे दक्षिणगोले देशान्तरचरयोगघटीभिः पूर्वकाले लङ्कासूर्योदय इत्युपपन्नम्। अत एव ।

"उत्तरदक्षिणचरदलहीनयुता नाडिका रवेरुदयात् ।
प्राक्पश्चाद्देशान्तरयोजनखाष्टांशकेनापि" ॥

इति सप्तर्षिसंहितायां युक्तमुक्तम् ।

एतेन ।

"वारप्रवृत्तिं मुनयो वदन्ति सूर्योदयाद्रावणराजधान्याम् ।
ऊर्ध्वं तथाऽधोऽप्यपरत्र तस्माच्चरार्धदेशान्तरनाडिकाभिः ॥
चरार्धदेशान्तरयोर्वियोगयोगात् समानीय फलैश्च सम्यक् ।
सूर्योदयादूर्ध्वमृणे धनेऽधो वारप्रवृत्तिं मुनयो वदन्ति ॥"

इति श्रीपत्युक्तं श्लोकद्वयं व्याख्यातम् ।

अत एव च

"चरार्धदेशान्तरयुग्वियोगौ क्रमेण याम्योत्तरगोलगेऽर्के ।

योगे पुरा रव्युदयाद्वियोगे पश्चात् प्रवृत्तिर्दिनवारकर्त्तुः" ॥

इति विधाहवृन्दावने केशवार्कोक्तस्यायं मदुक्तोऽर्थः । तथा हि, अत्र चरपुरस्कारेणैव संस्कारदर्शनाद्देशान्तरं रेखातः पूर्वभागे ऋणं पश्चिमभागे धनमिति स्थिरत्वात् स्वतः सिद्धं ग्राह्यम् । वारप्रवृत्त्यर्थं ग्रहसंस्कारवत् तयोः संस्कारस्य युक्तिसिद्धत्वेन प्राच्यामृणं पश्चिमतो धनमित्युक्तत्वात् । ततो याम्योत्तरगोलगेऽर्के क्रमेण चरार्धदेशान्तरयुग्वियोगौ कार्यौ । अर्धस्यांशपरत्वाच्चरमेव न तु चरस्यार्धमर्थः । तेन देशान्तरस्य युग्वियोगौ । चरेण देशान्तरं युतं हीनं गोलक्रमेण कार्यमित्यर्थः । अतो रेखातः पूर्वभागे दक्षिणगोले देशान्तरस्य चरयोगे "धनर्णयोरन्तरमेव योगः"-इति रीत्या देशान्तरचरान्तरमेव निष्पन्नम् । चरदेशान्तरं तु शेषवशाद्धनमृणम् । पश्चिमभागे देशान्तरस्य धनस्य चरयोगे "योगे युतिः स्यात् क्षययोः स्वयोर्वा"—इति तद्योगो धनम् । उत्तरगोले पूर्वभागे च देशान्तरस्यर्णस्य चरवियोगे ।

"संशोध्यमानं स्वमृणत्वमेति स्वत्वं क्षयस्तद्युतिरुक्तवच्च" ।

इत्युक्तेन चरस्य संशोध्यमानत्वाद्देशान्तरचरयोग ऋणम् । पश्चिमभागे तु देशान्तरस्य धनस्य चरोने क्रियमाणे उक्तरीत्या देशान्तरचरान्तरं देशान्तरचरशेषवशाद्धनमृणमिति सिद्धम् । ततो वारप्रवृत्तिज्ञानं सुलभमित्याह योग इत्यादि । योगे धनशेषस्यार्कोदयात् पूर्वं वियोगे ऋणसंस्कारे पश्चात् अग्रिमकाले । दिनवारकर्त्तुर्वारस्य प्रवृत्तिरादिर्भवतीत्यर्थः । ननु यथाश्रुतोऽर्थो मुनिभिरनुक्तत्वेन सदाऽमुकदेशार्कोदयो वारप्रवृत्तिकाल इत्याद्यनियमात्? न च । पश्चिमभागे देशान्तरस्य धनत्वेन दक्षिणगोले तद्योगस्योत्तरगोले तदन्तरस्य युक्तत्वेन रेखातः पश्चिमाभिप्रायेणोक्तमिति यथाश्रुतेऽर्थे न क्षतिरिति वाच्यम् । उत्तरगोले देशान्तराद्धूने चरे उक्तरीत्या तदन्तरेण स्वसूर्योदयात् पूर्वं वारप्रवृत्तिरिति युक्तिसिद्धार्थस्य वियोगे पश्चादित्यनेनासिद्धेरित्यलं पल्लवितेन ॥६॥

इदानीं ग्रहाणां बीजकमाह ।

खाभ्रखार्कैर्हृताः कल्पयाताः समाः
शेषकं भागहारात् पृथक् पातयेत् ।
यत् तयोरल्पकं तद् द्विशत्या भजे-
ल्लिप्तिकाद्यं फलं तत् त्रिभिः सायकैः ॥ ७ ॥
पञ्चभिः पञ्चभूभिः कराभ्यां हतं
भानुचन्द्रेज्यशुक्रेन्दुतुङ्गेष्वृणम् ।
इन्दुना दस्रबाणैः कराभ्यां कृतै-
र्भौमसौम्येन्दुपातार्किषु स्वं क्रमात् ॥ ८ ॥

वा.भा.–स्पष्टम् ।

अत्रोपलब्धिरेव वासना । यद्वर्षसहस्रषट्कं यावदुपचयस्ततोऽपचय इत्यत्रागम एव प्रमाणं नान्यत् कारणं वक्तुं शक्यत इत्यर्थः ॥ ७–८ ॥

मरीचिः–ननु चन्द्रग्रहणाज्ज्ञातयोजनानि स्वरेखास्वदेशमध्यस्थगणितयोजनेभ्यो विशदानीत्ययुक्तं चन्द्रग्रहणाद्देशान्तरफलज्ञानमतो बीजसंस्कारकथनव्याजेन स्रग्विणीभ्यामुत्तरमाह । खाभ्रखार्कैरिति स्पष्टार्थम् । तथा च ग्रहाणामेतत्संस्कारस्यावश्यकत्वात् तदन्तर्गतं चन्द्रग्रहणहेतुभूतसूर्यचन्द्रोच्चपातानामेतदसंस्कारेण स्वतः सिद्धो योजनविसंवाद इत्येतत्संस्कृतानीतेभ्य उक्तप्रकारेणानीतयोजनानामन्तर्गणितयोजनतुल्यत्वमेव भवतीति भावः ।

अत्रोपपत्तिः । परम्परागतगुरुसंप्रदायानुमितागम एव । स यथा । अतीन्द्रियदृग्भिर्मुनिभिः कल्पादितः षट्सहस्रवर्षे क्रमेणोपचितमन्तरमेतद्गणितानीतग्रहाणामाकाशस्थग्रहासंवादेन परमं दृष्टम् । एतद्गणितानीतग्रहाणामाकाशे संवादार्थं सूर्यचन्द्रगुरुशुक्रशीघ्रोच्चचन्द्रोच्चेषु ऋणम् । मङ्गलबुधशनिराहुषु धनमिति च दृष्टम् । तत्र सूर्यस्य नवतिकलाः ९०, चन्द्रस्य पञ्चाशदधिकशतम् १५०, भौमस्य त्रिंशत् ३०, बुधशीघ्रोच्चस्य

षष्ट्युतसार्धसहस्रम् १५६०, गुरोः सार्धशतम् १५०, शुक्रशीघ्रोच्चस्य सार्धचतुःशतम् ४५०, शनेर्विंशत्यधिकं शतम् १२०, चन्द्रोच्चस्य षष्टिः ६०, चन्द्रपातस्य षष्टिः ६० । ततः षट्सहस्रवर्षे क्रमेणापचितेनान्तराभावश्च । एवं पुनः पुनरिति द्वादशसहस्रवर्षेषु क्रमेणोपचितमन्तरमपचितान्तराभावश्चेत्युभयं दृष्टम् । अत इष्टकाले कल्पगवर्षाणि अव्यवहितपूर्वान्तराभाववत् तत्कालाद्गतवर्षज्ञानार्थं द्वादशसहस्रतष्टानि । शेषं यदि षट्सहस्रान्न्यूनं तदाऽन्तरोपचयकालत एव फलानयनम् । यदि तदधिकं तदाऽन्तरापचयकालादिष्टकालाग्रिमान्तराभावकालयोरन्तःस्थवर्षाणि फलानयनार्थं ग्राह्याणि । अत उक्तं यत् तयोरल्पकमिति । षट्सहस्रवर्षैः परमान्तरं तदाऽल्पवर्षैः किमिति गुणहरौ त्रिशदपवर्त्तितौ हरस्थाने शतद्वयं गुणस्थाने उक्ताङ्का इत्युपपन्नम् । एतस्य युक्त्यसंभवदोषादिकं नाशङ्कनीयं पारम्पर्यागतत्वात् । अत एव सिद्धान्तशेखरे—

"ब्रह्मवासरगताब्दसंचयात् पूर्णखाभ्ररविभिर्विभाजितात् ।
शेषके हरविशोधितेऽल्पके यत् तयोः खखयमैर्विभाजिते ॥
लब्धरामरशरघातलिप्तिकाः सूर्यशीतकरयोः परित्यजेत् ।
चन्द्रवत् सुरगुरोर्विधूच्चतः शुक्रतो द्वितियिताडितस्तथा ॥
चन्द्रपातकुजमन्दगामिनां द्वीन्दुवेदगुणितं क्रमाद्धनम् ।
ज्ञस्य च द्विशरसंगुणं अगुः कर्म दृग्गणितसाम्यकारकम्" ३ ॥

इत्यस्य ।

"युगानां परिवर्त्तेन कालभेदोऽत्र केवलः" ।

इति सूर्यसिद्धान्तादिवचनैः स्वकाले यत्संस्कारेण गणितागतग्रह आकाशे प्रमाणीभूतो भवति तद्बीजमित्यभ्युपगमाद्बीजत्वम् । देशान्तरघट्यानयने ग्रहसंवादे हेतुत्वाच्च । अत एव बीजं स्वस्वकालेऽनियतस्थितिकं भिन्नमेवेत्युक्तप्रायमित्यलम् ॥ ८ ॥

अथाधिकारोपसंहारे श्लोकद्वयं युक्तियुक्तमाह ।

यद्ग्राम्यैरपि विस्तृतं बहुतरैस्तन्त्रं प्रकारान्तरै-
र्मन्दानन्दकरं तदत्र निपुणैः प्राज्ञैरवज्ञायते ।
आख्याते पृथुता सगोलगणिते व्यर्था हि तस्मान्मया
संक्षिप्तं न च विस्तृतं विरचितं रञ्ज्यो हि सर्वो जनः ॥९॥
रूपस्थानविभागतो दृढगुणच्छिद्भ्यां च संचारतो
नानाच्छेदविभेदभिन्नगुणकैर्नानाप्रकारेष्वपि ।
आद्याद्यत्र विचित्रभङ्गिभिरभिप्रेतप्रसिद्धौ क्रिया
लब्धा वाऽथ समा तदेव सुधिया कार्यं प्रकारान्तरम् ॥१०॥

वा.भा. स्पष्टार्थमिदं श्लोकद्वयम् ॥ ९-१० ॥

मरीचिः—नन्वत्राहर्गणग्रहानयनप्रकाराणां पूर्वग्रन्थोक्तप्रकारेभ्योऽल्पत्वादनुपादेयोऽयम् । पूर्वग्रन्था एव चोपादेया अधिकविषयज्ञानकर्तृत्वादतः सिंहावलोकनन्यायेन सर्वोपादेयत्वयुक्त्या शार्दूलविक्रीडितेनाह यद्ग्राम्यैरिति । ग्राम्यैरचतुरैः पूर्वाचार्यैर्वटेश्वरश्रीपतिलल्लादिभिः । अतिशयेन बहवो बहुतरास्तैः प्रकारान्तरैरिष्टज्ञानोपयोगिकर्मान्तरैः । यत् तन्त्रं शास्त्रं कृतं तन्मन्दानन्दकरं ज्योतिःशास्त्रविचारे कुण्ठितबुद्धीनां संतोषकरम् । अत्र जगति । अत्र हेतुमाह निपुणैरिति । चतुरैः प्राज्ञैः सुबुद्धिभिः । अवज्ञायते तिरस्क्रियते । अत्रापि हेतुमाह आख्याते इति । हि यतः सगोलगणिते गोलस्वरूपनिरूपणयुतगणितनिरूपणग्रन्थे आख्याते कथिते पृथुता प्रकारान्तरैः शास्त्रविस्तृतता व्यर्था निष्प्रयोजिका । गोलज्ञाने स्वरूपज्ञानद्वारा सकलतद्विषयस्य स्वतो ज्ञेयत्वात् । तथा च पूर्वग्रन्था एव प्राज्ञानामनुपादेया इति भावः । ननु बहुप्रकारान्तराभावेनायं मन्दानुपादेयोऽपि किञ्चित्प्रकारान्तरसत्त्वेन प्राज्ञानुपादेयश्चात आह तस्मादिति । यस्मात् मन्दसुबुद्ध्योः क्रमेण संक्षिप्तविस्तृतग्रन्थयोरनादरस्तस्मादित्यर्थः । मया भास्करशर्मणा चतुरेण । एतत् तन्त्रं संक्षिप्तं प्रकारान्तराभाववत्

विरचितं कृतं न विस्तृतम् । बहुप्रकारान्तरयुक्तमपि न कृतम् । तथा चोभयोरप्युपादेयः । मिश्ररीत्यैकपक्षाग्रहादिति भावः । ननु मन्दोपादेय-पूर्वग्रन्थानां सत्त्वात् । प्रकारान्तराभावयुते रूपसंक्षिप्तमेव कुतो न कृत-मिदम् । प्राज्ञानन्दकरत्वान्यथोक्तप्रकारान्तरे प्राज्ञानां नासिकामंकोचा-त्पत्त्यापत्तेरत आह रञ्ज्य इति । हि यतः सर्वो मन्दसुबुद्धिसाधारणो जनः विपटिषू रञ्ज्योऽनुरञ्जनीयः । ग्रन्थोऽनुरक्तः कार्य इत्यर्थः । तथा च प्राज्ञानां प्रकारान्तरे स्पष्टार्थद्योतकत्वज्ञानं स्यात् । पूर्वग्रन्थेऽपि यावत्प्र-कारान्तराभावात् तदीयान्यप्रकारान्तरज्ञानं मन्दानां तथाऽत्रापि स्वल्पप्रकारान्तरैरप्यधिकप्रकारान्तरज्ञाने तेषां बुद्धिर्भवतीति भावः ॥९॥

ननु पूर्वग्रन्थेष्वनेकप्रकारान्तराणां सत्त्वात् कथं तदन्तर्गताः स्वल्पा अप्युक्तप्रकारा गृहीतास्तदन्ये च न गृहीता इत्यतः प्रकारान्तर-करणोपदेशव्याजेनोत्तरं शार्दूलविक्रीडितेनाह रूपस्थानविभागत इति । रूपगुणनं रूपविभागगुणनं स्थानविभागगुणनम् । एकशेषः । द्वन्द्वे एक-त्वम् । एभ्यो लीलावत्युक्तेभ्यः ।

"गुण्यान्त्यमङ्कं गुणकेन हन्यादुत्सारितेनैवमुपान्तिमादीन् ।
गुण्यस्त्वधोऽधो गुणखण्डतुल्यस्तैः खण्डकैः संगुणितो युतो वा ॥
भक्तो गुणः शुद्ध्यति येन तेन लब्ध्या च गुण्यो गुणितः फलं वा ।
द्विधा भवेद्रूपविभाग एवं स्थानैः पृथग्वा गुणितः समेतः" ॥

इत्यनेन । दृढगुणच्छिद्भ्याम् ।

"परस्परं भाजितयोर्ययोर्यः शेषस्तयोः स्यादपवर्तनं सः ।
तेनापवर्तेन विभाजितौ यौ तौ भाज्यहारौ दृढसंज्ञकौ स्तः" ॥

इत्युक्तरीत्याऽपवर्तितगुणहराभ्यां संचारतो गुणसंचाराद्धरसंचा-राच्च । अस्मिन् गुणे हरे वा क्रमेणायं गुणो हरो वा लभ्यते तदा कल्पिते हरे गुणे वा को गुणो हरो वेति संचारजगुणहराभ्यामित्यर्थः ।

"इष्टोनयुक्तेन गुणेन निघ्नोऽभीष्टघ्नगुण्यान्वितवर्जितो वा" ।

इतीष्टसंवारादित्यन्ये। नाना अनेके ये छेदविभेदाः। भिन्नगुणकैरनेकगुणकभेदैश्च "समेन केनाप्यपवर्त्त्य हारभाज्यौ भजेद्वा" इति।

"छेदं लवं च परिवर्त्त्य हरस्य शेषः कार्योऽथ भागहरणे गुणनाविधिश्च"।

"अंशाहतिश्छेदवधेन भक्ता लब्धं विभिन्ने गुणने फलं स्यात्"।

इत्युक्तभेदैर्नानाप्रकारेषु कल्पितेषु अपिशब्दादाद्योक्तप्रकारेषु च। यत्र प्रकारे आद्यात् प्राचीनोक्तप्रकारात्। विचित्ररचनाभिर्बुद्धिजनिताभिरभिप्रेतप्रसिद्धौ अहर्गणादिपदार्थज्ञाननिमित्तम्। क्रिया गणितेतिकर्त्तव्यता लघ्वी लघुभूता। गौणमाह वेति। अथ वा प्रकारान्तरेण समा तुल्या क्रिया भवति तत् तादृशं प्रकारान्तरमभीष्टज्ञानोपजीव्योपायान्तरम्। एवकार आद्योक्तप्रकाराधिकगौरवप्रकारान्तरव्यवच्छेदार्थः। स्वग्रन्थे कार्ये निबन्धनीयम्। सुधियेति हेतुगर्भम्। यथा यथा लघुभूतप्रकारज्ञानं भवति तथा विचार्यमित्यर्थः। अल्पप्रयासेन कार्यसिद्धेर्महदुत्कर्षद्योतकत्वात्। तथा चाद्योक्तप्रकारेषु लघुभूताः प्रकारा अङ्गीकृताः कल्पिता अपि तल्लघुभूता उक्ता इति भावः। अत एव जगद्गुरुविष्णुदैवज्ञोक्तिः।

'यस्मात् क्रियालाघवमत्र तन्त्रे तत्तद्गुरुत्वाय भवेत् कृतीनाम्।

क्रियागुरुत्वान्नितरां लघुत्वमहो विचित्रा गणितप्रसक्तिः"—इति॥१०॥

वा.भा.—इति श्रीभास्कराचार्यविरचिते सिद्धान्तशिरोमणिवासनाभाष्ये मिताक्षरे मध्यगतिसाधनाधिकारः प्रथमः॥ १ ॥

मरीचिः—अग्रिमग्रन्थासंगतत्वं फक्किकया परिहरति इति श्रीभास्करीये सिद्धान्तशिरोमणौ मध्यमाधिकार इति। श्रीमद्भास्कराचार्यकृते सिद्धान्तशिरोमणिनाम्नि ग्रन्थे मध्यममानेनाधिकृतं गणितं ग्रहाणां संपूर्णं जातमित्यर्थः। तथा चाग्रिमग्रन्थस्य मिश्रविषयत्वेन सङ्गतमेवेति भावः।

दैवज्ञवर्यगणसन्ततसेव्यपार्श्व—

श्रीरङ्गनाथगणकात्मजनिर्मितेऽस्मिन्।

मध्यः शिरोमणिमरीच्यभिधे समाप्ति
यातोऽधिकार इति खेचरनिर्णयोऽयम् ॥

इति श्रीसकलगणकसार्वभौमश्रीबल्लालदैवज्ञसूनुरङ्गनाथगणकात्मजमुनीश्वरापरनामकविश्वरूपनिर्मितसिद्धान्तशिरोमणिमरीचौ मध्यमाधिकारः संपूर्णः ।

महामण्डल शास्त्रप्रकाशक समिति यन्त्रेऽम्बिकाचरण
चक्रवर्तिना मुद्रितम् ।